高等学校电子信息类系列教材

数字电子与 EDA 技术

秦进平　刘海成　编著

清华大学出版社
北京交通大学出版社
·北京·

内 容 简 介

　　本书以数字电子技术基本理论和基本技能为引导，以 EDA 平台和硬件描述语言为主要设计手段，以全面提升学生的课程应用能力为宗旨，将传统的数字电子技术课程和 EDA 技术课程深度融合，建立传统数字电子技术设计和现代设计方法相结合的新课程体系。本书涵盖了数字电子技术和 EDA 技术的内容，实现了课时有效"压缩"，实践性也大大加强。在传统设计的基础上，有效地利用 EDA 工具加强教学；在电子系统设计中，突出现代设计方法。

　　本书可作为电子信息工程、电气工程及其自动化、测控技术与仪器、通信工程、电子科学与技术、自动化、计算机科学与技术等专业数字电子技术、数字逻辑课程的教材，也可以作为 EDA 技术课程的教材或参考书，亦可供工程技术人员参考。

图书在版编目(CIP)数据

　　数字电子与 EDA 技术/秦进平，刘海成编著．—北京：北京交通大学出版社：清华大学出版社，2019.8（2021.9 重印）
　　ISBN 978-7-5121-4007-3

　　Ⅰ．①数…　Ⅱ．①秦…　②刘…　Ⅲ．①数字电路-电路设计-计算机辅助设计-高等学校-教材　Ⅳ．①TN79

　　中国版本图书馆 CIP 数据核字(2019)第 165127 号

数字电子与 EDA 技术
SHUZI DIANZI YU EDA JISHU

责任编辑：龙嫚嫚
出版发行：清 华 大 学 出 版 社　　邮编：100084　　电话：010-62776969　　http://www.tup.com.cn
　　　　　北京交通大学出版社　　邮编：100044　　电话：010-51686414　　http://www.bjtup.com.cn
印 刷 者：艺堂印刷（天津）有限公司
经　　销：全国新华书店
开　　本：185 mm×260 mm　　印张：21　　字数：524 千字
版　　次：2019 年 8 月第 1 版　　2021 年 9 月第 2 次印刷
书　　号：ISBN 978-7-5121-4007-3/TN·123
印　　数：2 001～3 000 册　　定价：55.00 元

前　言

现代电子和通信技术及计算机技术的发展，归根结蒂是数字电子技术的发展。作为信息社会的技术基础，几十年来数字电子技术一直是电子信息工程、电气工程及其自动化、测控技术与仪器、通信工程、自动化、计算机科学与技术等专业必修的基础课。传统的数字电子技术课程以逻辑代数的公式和定理、逻辑函数的表示方法，以及逻辑函数的简化方法作为分析与设计数字逻辑电路的数学工具，且将卡诺图作为数字逻辑电路设计中的核心工具。当进行数字逻辑系统设计时，首先要根据逻辑功能画出卡诺图，并最终得到一张线路图，这就是传统的原理图设计方法。为了能够对设计进行验证，设计者通常还要搭建硬件电路板，效率低下。随着信息科技的发展，数字逻辑电路的集成度、复杂度越来越高，传统的数字系统设计方法已满足不了设计的要求。目前，硬件描述语言（hardware description language，HDL）和电子设计自动化（electronic design automation，EDA）技术日趋完善，基于卡诺图的方法只适用于极简单的应用场合，复杂的数字逻辑电路都采用可编程逻辑器件（programmable logic device，PLD）和HDL，即编写描述代码来实现。

另外，在传统的数字系统设计中，学生在没有逻辑分析仪等仪器的情况下，很难直观经历和感受数字系统分析与调试的过程。很多学生一直处在数字系统设计的初等水平，甚至对数字电路的设计仅仅是"纸上谈兵"，他们自然对这门课的实验毫无兴趣。EDA环境不但可以仿真，还可以在线测试，能大幅提升学生的数字系统应用能力。

显然，以PLD为基础的数字系统设计早已成为工程应用的主流，所采用的方法也并非是传统的卡诺图，而是采用HDL。为了能够提升学生设计数字系统的能力，能够与工程应用接轨，EDA技术课程作为数字电子技术的延伸和实训环节早已进入大学的课堂。

然而，在多年的实践中，两门课程的教学相对孤立，不能做到有机融合，并且，学生不能完全做到互促式学习，形成扎实的技能。究其原因，主要是：首先，EDA技术课程一般在第6或第7学期，相对于数字电子技术课程，两门课程之间有空档期，造成学习的不连贯；其次，数字电子技术课程具有较多的学时，甚至具有较多的实践学时和集中实践环节，而EDA技术课程最多也不过32学时，更没有集中实践环节，相对于目前的工程实践，本末倒置；最后，相对于EDA技术课程，数字电子技术课程只能进行小规模应用水平实践教学，学生很难进行创新应用和创业实践。

因此，两门课程的深度融合是数字电子技术课程教学的必然。目前，各经典教材都在尝试做两门课程的融合，促进和配合教学改革，尤其是满足新工科建设和工程教育专业认证需要。

本书将传统的数字电子技术与EDA技术有机地整合在一起，统筹安排教学内容、合理整合教学资源，使得学生能将数字系统设计的原理与实践紧密结合起来，总学时可以保持与传统的数字电子技术课程的授课学时一致。由于数字系统设计相关课程是电类相关专业后续多门课程的基础，因此，加大对该课程理论和实践环节的改革和建设力度，对于快速提高学生的专业能力具有格外重要的意义。同时，课程整合后，集中实践环节更具工程内涵，为学生的快速成才提供捷径。

鉴于以上考虑，本书以数字电子基本理论和基本技能为引导，以 EDA 平台和 HDL 为主要设计手段，以培养工程能力为宗旨；逻辑电平由早已过时的 5 V 改为 3.3 V 描述，淡化电路的内部结构，强调电路的外部特性；淡化逻辑表达式的化简，由数字电子基本知识快速过渡到以 HDL 技术为核心的数字系统设计方法上来，建立传统数字电子技术设计和现代设计方法相结合的新课程体系。使得整个教学过程，在原理图设计层面，通过 EDA 环境讲述数字逻辑基础；在 PLD 层面，基于 HDL 讲述数字系统设计。即在电子系统设计中，突出现代设计方法设计；在传统设计中，有效地利用 EDA 工具加强教学。同时，本书以注重基本概念、基本单元电路、基本方法和典型电路为出发点，促进学生基本应用能力的形成。

多年教学实践证明，在数字电子技术的教学过程中全面融入 EDA 技术，不仅可以使学生形象、直观地理解电路的相关原理和工作过程，还可以通过修改电路的形式或参数，与学生一起讨论电路中出现的各种现象，找出解决问题的方法。这样不仅可以活跃课堂气氛，还可以提高学生学习兴趣，同时，理论和实验的结合紧密充分发挥学生的积极性和创造性，达到了较好的教学效果。

本书由秦进平教授主持编写，与刘海成副教授合编完成，其中，秦进平编写第 1 章、第 2 章、第 3 章和第 4 章，刘海成编写第 5 章、第 6 章和第 7 章。参与编写的还有：周正林副教授编写了第 8 章，高旭东副教授编写了第 9 章。全书由哈尔滨工程大学阳昌汉教授主审，提出了很多宝贵意见，在此表示由衷的感谢。北京交通大学出版社对本书的出版给予具体的帮助和指导，并细致审定书稿，纠正一些错误和不妥之处，为提高书稿质量付出了艰苦劳动，在此谨向他们表示衷心感谢。

编者虽然力求完美，但由于水平有限，书中不足之处在所难免，敬请读者不吝指正和赐教，不胜感激！

编　者
2019 年 7 月

目　　录

第1章　数字电子系统分析与设计基础

随着现代电子技术的发展，数字电路的发展与模拟电路一样，经历了由电子管、半导体分立器件到集成电路等几个时代。但是，数字电子技术的发展比模拟电子技术的发展具有更快的速度。

本章首先介绍了数字信号与数字电路的概念、几种常用数制的表示及转换、采用二进制数补码形式进行加减法运算方法；然后讨论了逻辑代数的基本定义、逻辑函数的代数化简法和卡诺图化简法；之后介绍了数字系统中常用的几种编码方式及其应用；最后简述了数字系统设计和 EDA 技术。

1.1　数字信号与数字电路

1.1.1　模拟信号与数字信号

自然界中存在各种各样的物理量，如温度、湿度、压力、速度、电压等。这些物理量随着时间变化的规律都可以看成是时间的函数，把表示承载不同信息物理量的时间函数称之为信号（signal）。从时间的连续性角度可以把信号分为两类：模拟信号（analog signal）和数字信号（digtal signal）。其中，物理量的变化在时间上和数值上都是连续的称为模拟量，表示模拟量的信号称为模拟信号，如图 1.1（a）所示。例如，室内的温度、湿度、光强、气压等都是模拟信号；再如正弦信号和锯齿波信号等。

另外，若物理量的变化在时间和数值上都是离散的，即物理量在时间上和数值上都不连续，或者说它们只在一些离散的瞬间出现，而且它们在数值上是不连续的整数，这类物理量称为数字量，表示数字量的信号称为数字信号，如图 1.1（b）所示。例如，采用温度计测量某环境温度的变化，要求自零点开始每半小时读取数据 1 次，并且读取的数据弃小数取整。这样记录的温度数据在时间上和数值上都是离散的，即不连续，是数字信号，温度以1℃为单位增加和减少。

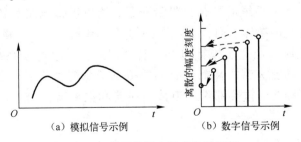

（a）模拟信号示例　　　　　（b）数字信号示例

图 1.1　模拟信号和数字信号示例

1.1.2 数字电路与模拟电路的区别及联系

电子技术中讨论的信号都是电信号，非电信号要经过传感器转换为电信号才能应用电子技术展开分析与设计。处理模拟信号的电子电路称为模拟电路（analog circuit），而处理数字信号的电子电路称为数字电路（digtal circuit）。数字电路主要研究电压信号。

模拟电路主要包括信号放大、功率放大、模拟有源滤波、电源稳压、模拟信号产生电路等。在实际的电子设备中，模拟电路主要出现在前端传感器和模数转换器之间，起到阻抗匹配、信号调理、放大、滤波的作用；以及后端的数模转换器和执行器（如扬声器）之间，起到功率放大等作用。模拟电路的分析与设计将在模拟电子技术课程中学习。

数字电路是本书的主要内容，包括组合逻辑电路（编码器、译码器、数据选择器等）和时序逻辑电路（计数器、寄存器、有限状态机等），其处理的直接对象就是数字信号，用于数字信号的算术运算和逻辑运算的电路，亦称为数字系统。由于数字电路具有逻辑运算和逻辑处理功能，所以数字电路有时也称为数字逻辑电路（digital logic circuit）。数字电路在现代电子设备中应用非常广泛，例如手机、计算机、数字照相机、数字电视等主要部分都属于数字电路。数字电路负责信号的数字运算、逻辑处理、数字滤波、波形产生、数据存储等功能，基于数字电路的各类计算机是智能设备的核心。

数字电路与模拟电路相比有以下优点。

（1）数字电路是幅度离散的，且只有两个逻辑电平（logic level）状态。如果用高电平表示逻辑"1"，而用低电平表示逻辑"0"，则称这种表示方法为正逻辑；反之，用低电平表示逻辑"1"，用高电平表示逻辑"0"，这种表示方法为负逻辑，本书中一律采用正逻辑。以 5 V 表示高电平为例，在临近 5 V 的较大范围内都表示高电平；而在临近 0 V 的较大范围内都表示低电平。因此，数字电路相比模拟电路抗干扰性能高，且稳定。

（2）数字运算可重复性好、精度高。16 位宽的逻辑电平所能表示数的精度就已达 $1/2^{16} \approx 1.5 \times 10^{-5}$，而模拟电路的精度很难超过 10^{-3}。

（3）数字电路结构简单，便于大规模集成，成本低，速度快。

（4）可以通过编程改变芯片的逻辑功能，便于采用计算机辅助设计。比如利用本书第 6 章所讲的硬件描述语言编写代码设计可编程逻辑器件的逻辑功能，达到设计数字系统的目的，即具有可自定制特性。

虽然数字电路在现代电子设备中处于核心地位，可以说是电子系统的大脑和神经中枢。但是模拟电路所能实现的一些功能也是数字器件无法完成的，比如放大、阻抗匹配等，模拟电路相当于电子系统的耳朵、眼睛和手。所以模拟电路和数字电路是相辅相成且相互配合的一个有机的整体。而且数字电路的基本单元——门电路，分析其工作原理、输入输出特性时，还应该把它当模拟电路对待。因此，数字电子系统离不开模拟技术，一个具有操作方便、功能完善、性能可靠的模拟电子系统也离不开数字电路。将数字电路和模拟电路相关联的两个重要部件：模数转换器和数模转换器，将在本书的第 8 章进行详细的介绍。

1.2　数制及转换

　　数制又称"计数制"，是指用一组固定的数码和一套统一的规则表示数值的方法。人们通常利用进位的方法来进行计数，简称进位制。在"逢 n 进 1"进位制中，n 称为"基数"，对应计数方式称为 n 进制。显然，n 进制的基数 n 也表示该进位制所用数码的个数。如，用 $0\sim9$ 共 10 个数码表示数的大小称十进制（decimal）数；用 $0\sim1$ 两个数码表示数的大小称为二进制（binary）数；用 $0\sim9$、a、b、c、d、e 和 f（或 $0\sim9$、A、B、C、D、E 和 F）十六个数码表示数的大小称为十六进制（hexadecimal）数；类似的还有八进制（octal）数等。

　　n 进制数由若干个数码组成，每个数码和对应数码所在的位置共同决定了该数的大小，即每个数码的位置载有该数大小的一个特定值，称为"位权"。每个位置的"位权"用"基数"的幂次来确定，用位权展开式来确定数的大小。要强调的是，数的数值大小与进制无关。

　　二进制、十进制、八进制和十六进数分别用字母 B、D、O 和 H 表示。在程序中使用不同进制数要注意区别，具体做法是：在二进制数后面加标志字符 B，例如，二进制数 10101100，应写为 10101100B；在十六进制数后面加标志字符 H，例如，3AFH 或 0CAH，如果十六进制数以字母开头，应在前面加一个 0，以表明是十六进制数而不是字符组合；而十进制数后面可以加 D，也可以什么也不用加，因为它是常用进制。在数制转换时，通常把数用括号括起来，以角标的形式写明进制，例如 $(10101100)_B$、$(108)_D$、$(3AF)_H$ 等。

　　由于实际工程中较少使用八进制，因此，本书没有讲述八进制的相关知识。

1.2.1　十进制

　　十进制有 0、1、2、3、4、5、6、7、8、9 共 10 个数码，基数为 10，计数规则为"逢十进一"。例如，十进制数 321.45 的位权展开式为

$$(321.45)_D = 3\times10^2 + 2\times10^1 + 1\times10^0 + 4\times10^{-1} + 5\times10^{-2}$$

　　任意一个具有 n 位整数和 m 位小数的 10 进制数按权展开式可以表示为

$$(N)_D = d_{n-1}10^{n-1} + d_{n-2}10^{n-2} + \cdots + d_1 10^1 + d_0 10^0 + d_{-1}10^{-1} + d_{-2}10^{-2} + \cdots + d_{-m}10^{-m}$$

$$= \sum_{i=-m}^{n-1} d_i 10^i \tag{1.1}$$

式中：10^i 表示各位的权值。

1.2.2　二进制

　　在进位计数制中二进制最简单，它只包括"1"和"0"两个数码，与数字电路的高低电平一一对应，也和电子器件的开关状态相对应。因此，二进制相关知识是数字系统分析与设计的基础。二进制的基数为 2，计数规则为"逢二进一"。例如，二进制数 101.01 的位权展开式为

$$(101.01)_B = 1\times2^2 + 0\times2^1 + 1\times2^0 + 0\times2^{-1} + 1\times2^{-2}$$

$$= 4+0+1+0+0.25 = (5.25)_D$$

具有 n 位整数和 m 位小数的二进制数的一般形式为

$$(N)_B = b_{n-1}2^{n-1} + b_{n-2}2^{n-2} + \cdots + b_1 2^1 + b_0 2^0 + b_{-1}2^{-1} + b_{-2}2^{-2} + \cdots + b_{-m}2^{-m} = \left(\sum_{i=-m}^{n-1} b_i 2^i \right)_D$$

$$(1.2)$$

二进制数与数字系统中的各节点物理状态相对应，是数字电路分析的数学基础。但是，其缺点是：同一个数用二进制表示比用十进制表示的位数多，尤其当表示数较大时更为明显。

1.2.3　十六进制

上面提到若用二进制表示一个比较大的数时，位数比较长且不易读写，因此在数字系统设计时，经常将其改为 2^n 进制来表达，其中最常用的是十六进制（2^4 进制）。十六进制数的基数为 16，由 16 个不同的数码组成，计数规则是"逢十六进一"。十六进制数用 16 个不同的数码表示：除了 0~9 这十个数字外，还用字母 A、B、C、D、E、F 或 a、b、c、d、e、f 来分别表示 10、11、12、13、14、15。例如，十六进制数 8C2.E 的位权展开式为

$$(8C2.E)_H = 8 \times 16^2 + 12 \times 16^1 + 2 \times 16^0 + 14 \times 16^{-1}$$

$$= 2048 + 192 + 2 + 0.875 = (2242.875)_D$$

类似地，任意一个十六进制数可以写成按位权展开式

$$(N)_H = \left(\sum_{i=-m}^{n-1} h_i 16^i \right)_D$$

$$(1.3)$$

1.2.4　不同进制之间的相互转换

1. 二进制数和十六进制数之间转换

由于 4 位二进制数恰好有 16（$= 2^4$）个状态，而把 4 位二进制数看成一个整体时，它的进位输出正好是逢十六进一，即 4 位二进制数对应 1 位十六进制数，如表 1.1 所示。这是二进制数和十六进制数之间转换的理论前提和具体方法。

表 1.1　4 位二进制数与 1 位十六进制数及十进制数对照表

十 进 制 数	十六进制数	二 进 制 数	十 进 制 数	十六进制数	二 进 制 数
0	0	0000	8	8	1000
1	1	0001	9	9	1001
2	2	0010	10	A	1010
3	3	0011	11	B	1011
4	4	0100	12	C	1100
5	5	0101	13	D	1101
6	6	0110	14	E	1110
7	7	0111	15	F	1111

1）二-十六进制转换

将二进制数转换成等值的十六进制数称为二-十六进制转换。具体方法是将二进制数从

小数点向左向右每 4 个二进制位分为一组，并用等值的十六进制数代替，就可以得到相应的十六进制数。实际应用中，十六进制通常作为二进制的简写来缩短二进制数的长度。尤其是在计算机技术中更是如此。

【例 1.1】 将二进制数(110101101.101011)$_B$转换成十六进制数。

解：将该二进制数从小数点向左右每 4 位分为一组得

(110101101.101011)$_B$

=$\underbrace{1}_{1}\underbrace{1010}_{A}\underbrace{1101}_{D}.\underbrace{1010}_{A}\underbrace{1100}_{C}$

=($1AD.AC$)$_H$

2）十六-二进制转换

把十六进制转换成等值的二进制数称为十六-二进制转换。转换时，不论整数部分还是小数部分，把每一位十六进制数都用相应的 4 位二进制数代替，即可得到等值的二进制数。

【例 1.2】 将十六进制数($FE2.B1D$)$_H$转换成二进制数。

解：把($FE2.B1D$)$_H$的每位用相应的 4 位二进制数代替，得

($FE2.B1D$)$_H$

=$\underset{1111}{F}\ \underset{1110}{E}\ \underset{0010}{2}.\underset{1011}{B}\ \underset{0001}{1}\ \underset{1101}{D}$

=($111111100010.101100011101$)$_B$

2. 二进制数和十六进制数转换成十进制数

人们习惯于十进制数，将二进制数和十六进制数转换为等值的十进制数便于观察大小。转换时只需要将被转换的数按位权展开，再按照十进制数运算规则运算，即可得到相应的十进制数。其实，在讲述二进制和十六进制时已经给出转换方法，这里再举两个例子。

【例 1.3】 将二进制数(1010.11)$_B$转换成十进制数。

解：(1010.11)$_B$=$1\times2^3+0\times2^2+1\times2^1+0\times2^0+1\times2^{-1}+1\times2^{-2}$=$8+2+0.5+0.25$=($10.75$)$_D$

【例 1.4】 将十六进制数（$1BC.A$)$_H$转换成十进制数。

解：（$1BC.A$)$_H$=$1\times16^2+11\times16^1+12\times16^0+10\times16^{-1}$=$256+176+12+0.0625$=($444.0625$)$_D$

3. 十进制数转换成二进制和十六进制数

十进制数转换成二进制数和十六进制数，需要将十进制数的整数部分和小数部分分别进行转换，然后将它们合并起来。

1）十进制整数转换成二进制数或十六进制数

如果对十进制整数的个位、十位、百位……进行提取，只需要不断地对商进行除以 10，再取余数即可，依次取得的余数就是个位、十位、百位……相类比，将被转换的十进制整数采用逐次除以基数 2（或 16）取余数的方法即可将十进制整数转换为对应基数进制，步骤如下。

（1）将给定的十进制整数除以基数 2（或 16），余数作为二进制（或十六进制）数的最低位。

（2）把第（1）步的商再除以基数 2（或 16），余数作为次低位。

（3）重复第（2）步，记下余数，直至商为 0，最后的余数作为对应进制数的最高位。

【例 1.5】 将十进制数（123)$_D$转换成二进制数。

解：因为二进制数的基数为 2，所以采用逐次除 2 取余法，即

```
2 | 123    商   余数
 2 | 61 ←……1……最低位
  2 | 30 ……0
   2 | 15 ……0
    2 | 7 ……1
     2 | 3 ……1
      2 | 1 ……1
       0 ……1……最高位
```

所以，$(123)_D = (1111011)_B$。

其实，一个优秀的电子工程师对于二进制位权是熟记在心的。n 位二进制数（$b_n \cdots b_i \cdots b_7 b_6 b_5 b_4 b_3 b_2 b_1 b_0$）的位权依次为 2^{n-1}，$\cdots$，2^i，$\cdots$，128，64，32，16，8，4，2 和 1。其第 i 位的位权值是 $i+1$ 位二进制数所表示数的范围（2^{i+1}）的一半。在十进制整数转换成二进制数过程中，其实质就是该十进制整数依次与各个权值相减，够减则作差用于后续判断，且该权值位为 1，否则该位为 0，判断下一位，直至差为 0。例如：

```
       123       59        27        11       3        3        1
     -64 ↓     -32 ↓    -16 ↓      -8 ↓     -4 ↓     -2 ↓     -1 ↓
差     59        27        11         3       3        1        0
商     1（够减） 1（够减） 1（够减）  1（够减） 0（不够减） 1（够减） 1（够减）
      高位
```

【例 1.6】 将十进制数 $(456)_D$ 转换成十六进制数。

解： 因为十六进制数的基数为 16，所以采用逐次除 16 取余法，即

```
16 | 456      商   余数
 16 | 28 ←……8 …… 最低位
   16 | 1 ……12（C）
        0 ………1 …… 最高位
```

所以，$(456)_D = (1C8)_H$。

2）十进制纯小数转换成二进制数或十六进制数

将十进制纯小数部分转换成等值的二进制（或十六进制）数时，采用将小数部分逐次乘以基数 2（或 16），结果的整数部分就是转换后的 1 位数值，然后将去除整数部分后的小数继续乘以基数，直到最后乘积无小数部分或者达到一定的精度为止。然后取乘积的所有整数部分作为二进制（或十六进制）数的各有关位。

注意，转换过程中可能发生小数部分永不为 0 的情况，这时只能根据精度要求的位数决定转换后小数的位数。

【例 1.7】 将十进制数 $(0.875)_D$ 转换成二进制数。

解： 因为二进制数的基数为 2，所以采用逐次乘 2 取整法，即

```
    0.875
  ×   2           整数部分
   1.750 ……… 1 ……作为小数
    0.750              最高位
  ×   2
   1.500 ……… 1
    0.500
  ×   2
     1.0 ……… 1
```

所以，$(0.875)_D = (0.111)_B$。

【例 1.8】 将十进制数 $(0.90625)_D$ 转换成十六进制数。

解： 十六进制数的基数为 16，所以采用逐次乘 16 取整法。

$$
\begin{array}{r}
0.90625 \\
\times\ \ \ 16 \\
\hline
14.5 \quad\cdots\cdots\ E\ \cdots \\
0.5 \\
\times\ \ \ 16 \\
\hline
8.0 \quad\cdots\cdots\ 8
\end{array}
\quad
\begin{array}{l}
\text{整数部分} \\
\text{作为小数} \\
\text{最高位}
\end{array}
$$

所以，$(0.90625)_D = (0.E8)_H$。

1.3 逻辑运算与逻辑代数

逻辑代数是分析和设计数字电路的基本数学工具。逻辑代数是按一定逻辑规律进行逻辑运算的代数，又称布尔代数（Boolean algebra）。逻辑代数中进行逻辑运算的变量称为逻辑变量（logic variable），和普通代数变量一样，也用字母表示。在二值逻辑中，只有两种对应的逻辑状态，每个逻辑变量的取值只有 "0" 或者 "1" 两种。与数字电路及应用相对应，这里的 "0" 和 "1" 不代表数量的大小，只表示两种不同的逻辑状态，如电平的高低、开关的通断、事件的真假等。

1.3.1 逻辑运算及其表示方法

逻辑代数中的基本逻辑运算有与（AND）、或（OR）、非（NOT）三种。下面在分别讨论这三种基本逻辑运算基础上讨论复合逻辑运算。

1. 逻辑 "与" 运算

当决定某事件的全部条件都满足时，事件才发生，这种因果关系称为逻辑 "与"。逻辑 "与" 的概念可以用图 1.2 所示的数字逻辑图来说明。对逻辑变量定义如下：$A=1$ 表示开关 A 接通，$A=0$ 表示开关 A 断开；$B=1$ 表示开关 B 接通，$B=0$ 表示开关 B 断开；$F=1$ 表示灯亮，$F=0$ 表示灯灭。显然，只有当 A 和 B 同时为 1 时灯才亮，否则灯灭。将上述逻辑关系列于表 1.2 中，这种表称之为真值表（truth table）。真值表是用于表征逻辑变量输入和输出之间全部可能状态的表格，是数字电路分析与设计的重要工具之一。可以看出，只有所有的输入都为逻辑 "1"，逻辑 "与" 的输出才为 "1"。

表 1.2 逻辑 "与" 运算真值表

A	B	F
0	0	0
0	1	0
1	0	0
1	1	1

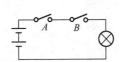

图 1.2 逻辑 "与" 开关电路

　　为了便于运算，常用等式表示一定的逻辑关系，称为逻辑函数式或逻辑表达式。逻辑"与"运算也叫逻辑乘，逻辑"与"运算可以表示为

$$F = A \cdot B \tag{1.4}$$

式中："·"表示 A 和 B 之间的"与"运算。为了书写方便，在不引起混淆的前提下，常将"·"省略。

　　观察逻辑"与"运算的真值表可知，任何逻辑变量（"0"或"1"）和逻辑"1"进行"与"运算结果将保持原值不变，而和"0"进行"与"运算结果被清零。基于此可以实现指定位清零操作，且不影响其他位。例如，将 8 位二进制数 A 和（11111110）$_B$ 进行按位逻辑"与"运算，并且将运算结果存入 A 中，即

$$A = A \cdot (11111110)_B$$

由于 A 的高 7 位都是和"1"进行"与"运算，所以保持原数不变；而 A 的最低位由于和"0"进行"与"运算，所以，无论该位原来为何值都被清零。

　　逻辑"与"运算也可以用图 1.3 中的与门符号表示。采用逻辑符号的组合及连线来表示逻辑关系的方法称为数字逻辑图或逻辑电路图。与门是实现逻辑"与"运算的逻辑器件。门电路实现原理将在第 2 章讲述。

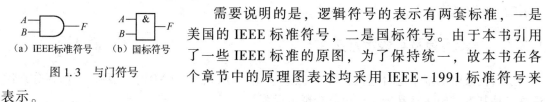

（a）IEEE标准符号　　（b）国标符号

图 1.3　与门符号

需要说明的是，逻辑符号的表示有两套标准，一是美国的 IEEE 标准符号，二是国标符号。由于本书引用了一些 IEEE 标准的原图，为了保持统一，故本书在各个章节中的原理图表述均采用 IEEE–1991 标准符号来表示。

　　数字电子系统设计中，与门经常被用作门控开关，如图 1.4 所示。只有当与门的门控输入 G 为高电平时，$1 \cdot A = A$，即输出 F 才随输入 A 电平的变化而变化，门控被打开；而当与门的门控输入 G 为低电平时，$0 \cdot A = 0$，即输出恒为低电平，门控关闭。

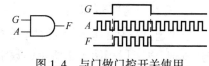

图 1.4　与门做门控开关使用

2. 逻辑"或"运算

　　当决定某事件的全部条件中，只要有条件为真事件就发生，这种因果关系称为逻辑"或"。逻辑"或"的概念可以用图 1.5 所示的数字逻辑图来说明，当开关 A 和 B 任意一个接通时，灯就会亮。逻辑"或"运算真值表如表 1.3 所示。可以看出，只有所有的输入都为逻辑"0"，逻辑"或"的输出才为"0"。逻辑"或"运算也叫逻辑加，逻辑"或"运算可以表示为

$$F = A + B \tag{1.5}$$

式中："+"表示 A 和 B 之间的"或"运算。逻辑"或"运算用图 1.6 所示符号表示。或门是实现逻辑"或"运算的逻辑器件。

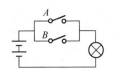

图 1.5　逻辑 "或" 开关电路

表 1.3　逻辑 "或" 运算真值表

A	B	F
0	0	0
0	1	1
1	0	1
1	1	1

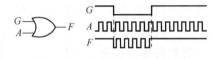

(a) IEEE标准符号　　(b) 国标符号

图 1.6　或门符号

观察逻辑 "或" 运算真值表可知，任何逻辑变量（"0" 或 "1"）和逻辑 "0" 进行 "或" 运算结果保持不变，而和 "1" 进行 "或" 运算结果被置位（变为逻辑 "1"）。逻辑 "或" 运算常用于实现指定位置 1 操作，且不影响其他位。例如，将 8 位二进制数 A 和 $(00000001)_B$ 进行按位逻辑 "或" 运算，并且将运算结果存入 A 中，即

$$A = A + (00000001)_B$$

由于 A 的高 7 位都是和 "0" 进行 "或" 运算，所以保持原数不变；而 A 的最低位由于和 "1" 进行 "或" 运算，所以，无论该位原来为何值都被置 1。

另外，或门在电路设计中也可以被用作门控开关，如图 1.7 所示。只有当或门的门控输入 G 为低电平时，$0 + A = A$，即输出 F 才随输入 A 电平的变化而变化，门控被打开；而当或门的门控输入 G 为高电平时，$1 + A = 1$，即输出恒为高电平，门控关闭。相比于或门门控应用，与门门控的应用更广泛。

图 1.7　或门做门控开关使用

3. 逻辑 "非" 运算

当决定事件的条件具备时，此事件不发生，而条件不具备时，此事件发生，这种因果关系称为逻辑 "非"。逻辑 "非" 可用图 1.8 所示的数字逻辑图来说明，当开关 A 接通时灯不亮，而当开关 A 断开时灯亮。逻辑 "非" 运算真值表如表 1.4 所示，逻辑 "非" 可表示为

$$F = \overline{A} \tag{1.6}$$

在逻辑代数中，在逻辑变量上加一横线即表示为该变量的非，"非" 运算又称求反运算。"非" 运算也可用图 1.9 所示的非门符号表示。非门是实现非运算的逻辑器件，非门又称为反相器。

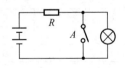

图 1.8　逻辑 "非" 开关电路

表 1.4　逻辑 "非" 运算真值表

A	F
0	1
1	0

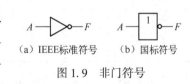

(a) IEEE标准符号　　(b) 国标符号

图 1.9　非门符号

4. 复合逻辑运算

用逻辑 "与" "或" "非" 运算的组合可以实现任何复杂的逻辑函数运算，称之为复合逻辑运算。常用的复合逻辑运算有 "与非" "或非" "与或非" "异或" "同或" 等，它们的逻辑符号和逻辑函数式如表 1.5 所示。

表 1.5　复合逻辑运算的逻辑符号和逻辑函数式

逻 辑 运 算		与非	或非	与或非	异或	同或
逻辑函数		$F=\overline{AB}$	$F=\overline{A+B}$	$F=\overline{AB+CD}$	$F=A\oplus B$	$F=A\odot B$
逻辑符号	国标符号					
	IEEE标准符号					

1）"与非"逻辑、"或非"逻辑和"与或非"逻辑

表 1.6 到表 1.8 分别为"与非"逻辑、"或非"逻辑和"与或非"逻辑的真值表。"与非"逻辑是先进行"与"运算，并将其结果再作"非"运算，用于实现"与非"逻辑的器件是与非门；"或非"逻辑是先进行"或"运算，并将其结果再作"非"运算，用于实现"或非"逻辑的器件是或非门；"与或非"逻辑是将对应逻辑变量进行逻辑"与"运算，然后将各结果进行逻辑"或"运算，最后将"或"运算的结果再作"非"运算。

表 1.6　"与非"逻辑真值表

A	B	F
0	0	1
0	1	1
1	0	1
1	1	0

表 1.7　"或非"逻辑真值表

A	B	F
0	0	1
0	1	0
1	0	0
1	1	0

表 1.8　"与或非"逻辑真值表

A	B	C	D	F	A	B	C	D	F
0	0	0	0	1	1	0	0	0	1
0	0	0	1	1	1	0	0	1	1
0	0	1	0	1	1	0	1	0	1
0	0	1	1	0	1	0	1	1	0
0	1	0	0	1	1	1	0	0	0
0	1	0	1	1	1	1	0	1	0
0	1	1	0	1	1	1	1	0	0
0	1	1	1	0	1	1	1	1	0

【例 1.9】 作为飞机功能监测系统的一部分，需要一个电路来指示着陆之前起落架的状态。准备着陆时先要将"放慢速度"开关激活，着陆状态指示电路开始工作。如果所有的三个起落架都正确展开的话，绿色 LED 就会被点亮。如果着陆之前有任何一个起落架没有正确展开的话，红色 LED 就会被点亮。当起落架展开时，它的传感器就会产生低电压。当起落架收回时，传感器就会产生高电压。用逻辑门实现一个电路来满足这个需求。

解： 如图 1.10 所示，可以采用一个或非门用以检测三个起落架传感器的低电压。当所

有三个门的输入都是低电压，也就是这三个起落架都被正确展开了，那么来自或非门的结果就是高电压输出，绿色 LED 被点亮，否则红色 LED 警告显示。可见，红色 LED 采用的是灌电流驱动，而绿色 LED 采用的是拉电流驱动。

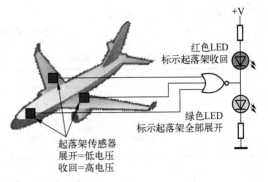

图 1.10　飞机起落架状态监测电路

2)"异或"逻辑和"同或"逻辑

"异或"逻辑真值表如表 1.9 所示。两个逻辑变量的"异或"运算的规律是：相同输入（都是"0"或都是"1"），则输出为逻辑"0"，不同的输入（一个输入"0"，另一个输入"1"），则输出为逻辑"1"。"异或"运算用符号 $\oplus$ 表示，因此，"异或"逻辑可用逻辑函数式（1.7）表示。$F=\overline{A}B+A\overline{B}$ 作为其复合方法。

$$F=A\oplus B=\overline{A}B+A\overline{B} \qquad\qquad (1.7)$$

"异或"逻辑具有广泛的应用，常用于两个数的比较，若两个数对应二进制的"异或"都为逻辑"0"，说明两个数相等。另外，根据"异或"运算规律，任何逻辑变量（"0"或"1"）和逻辑"0"进行"异或"运算结果保持不变，而和逻辑"1"进行"异或"运算结果被取反，即

$$A\oplus 0=A,\ A\oplus 1=\overline{A}$$

基于此，"异或"逻辑也可用来实现多位二进制数中指定位的"非"运算，例如，将 8 位二进制数 A 的最低位取反，其他位不变，利用"异或"运算实现有

$$A=A\oplus 00000001$$

上述基于"异或"目标位的取反方法在计算机技术中被广泛应用。另外，在多变量"异或"运算中，如果变量"1"的个数为奇数，"异或"运算的结果为"1"，而如果变量"1"的个数是偶数，则"异或"运算的结果为"0"，和逻辑变量"0"的个数无关。

此外，还可以推导出"异或"逻辑的因果互换关系，即如果 $A\oplus B=C$，则有

$$A\oplus C=B\ \text{和}\ B\oplus C=A$$

这可以通过对 $A\oplus B=C$ 两侧同时与 C 进行"异或"运算，然后再在其两侧分别与 B 和 A 进行"异或"运算即可证得上述两式。

"异或"逻辑的因果互换关系常用于加密和解密。例如，要发送信息

$$X=1001011001$$

采用一个"密码"

$$H=1010010001$$

把二者作"异或"运算后，可得

$$X_1=0011001000$$

为了加密，在发送端实际发送的是 X_1。接收端在已知密码的情况下，基于"异或"逻辑的因果互换关系，通过密码 H 和 X_1 的"异或"运算就可解密得到 X。

"同或"逻辑真值表如表 1.10 所示。"同或"逻辑对应"异或"逻辑的非运算，用符号 $\odot$ 表示。其所实现的功能是，相同输入，则输出为"1"；不同的输入，输出为"0"。很显然，"同或"和"异或"互为反逻辑，即 $\overline{A\oplus B}=A\odot B$（或 $\overline{A\odot B}=A\oplus B$）。"同或"逻辑的表

示和复合方法为

$$F = A \odot B = AB + \overline{A}\,\overline{B} \tag{1.8}$$

表 1.9　"异或"逻辑真值表

A	B	F
0	0	0
0	1	1
1	0	1
1	1	0

表 1.10　"同或"逻辑真值表

A	B	F
0	0	1
0	1	0
1	0	0
1	1	1

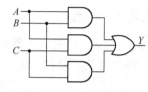

图 1.11　$Y = AB + AC + BC$ 的
数字逻辑图

5. 逻辑运算的表示方法及相互转换

综上所述，逻辑运算可以采用逻辑函数式、真值表和数字逻辑图来表示。逻辑函数式和真值表前面已经给出多个，图 1.11 是对应逻辑函数式 $Y = AB + AC + BC$ 的数字逻辑图。

除此之外，逻辑运算还有卡诺图和时序图表示法，其中，卡诺图将在 1.4 节介绍，时序图是指按时间轴给出的各个输入和输出逻辑的逻辑电平变化波形图，是时序和逻辑分析的重要手段，也称为数字波形图。图 1.12 就是某逻辑电路的时序图例，用以表征各个时刻输入输出的逻辑。各种逻辑运算的表示法之间也可以相互转换，逻辑函数式、真值表和数字逻辑图之间的转换方法如图 1.13 所示。

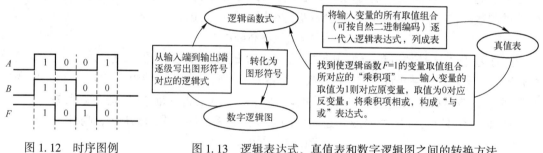

图 1.12　时序图例　　　　图 1.13　逻辑表达式、真值表和数字逻辑图之间的转换方法

1.3.2　逻辑代数的定理和定律

前面介绍了逻辑代数的"与""或""非"基本逻辑关系，以及复合逻辑关系。根据这些逻辑关系可以导出逻辑代数的基本定理和定律，如表 1.11 所示。

表 1.11　逻辑代数的基本定理和定律

定理和定律	与	或	异或
基本定理	$A \cdot 0 = 0$	$A + 0 = A$	$A \oplus 0 = A$
	$A \cdot 1 = A$	$A + 1 = 1$	$A \oplus 1 = \overline{A}$
	$A \cdot A = A$	$A + A = A$	$A \oplus A = 0$
	$A \cdot \overline{A} = 0$	$A + \overline{A} = 1$	$A \oplus \overline{A} = 1$
结合律	$(AB)C = A(BC)$	$(A+B) + C = A + (B+C)$	$(A \oplus B) \oplus C = A \oplus (B \oplus C)$
交换律	$AB = BA$	$A + B = B + A$	$A \oplus B = B \oplus A$

续表

定理和定律	与	或	异或
分配律	$A(B+C)=AB+AC$ $A(B\oplus C)=AB\oplus AC$	$A+BC=(A+B)(A+C)$	—
反演律	$\overline{A\cdot B}=\overline{A}+\overline{B}$	$\overline{A+B}=\overline{A}\cdot\overline{B}$	—
吸收律	$A\cdot(A+B)=A$	$A+AB=A$	—
	$(A+B)(A+\overline{B})=A$	$AB+A\overline{B}=A$	$AB\oplus A\overline{B}=A$
消去律	$A+\overline{A}B=A+B$		
冗余律	$AB+\overline{A}C+BC=AB+\overline{A}C$ $AB+\overline{A}C+BCD=AB+\overline{A}C$		
还原律	$\overline{\overline{A}}=A$		

　　证明表 1.11 中定理和定律的基本方法均可采用真值表法。因为，若两个逻辑函数具有完全相同的真值表，则这两个逻辑函数相等。其实，基本定理、结合律和交换律作为基本逻辑功能无须证明。而分配律、反演律、吸收律和消去律的证明也只需要将逻辑变量 A 分为 0 和 1 两种情况即可。冗余律的证明如下：

　　证明： $AB+\overline{A}C+BC = AB+\overline{A}C+(A+\overline{A})BC = AB+\overline{A}C+ABC+\overline{A}BC$
$$= (AB+ABC)+(\overline{A}C+\overline{A}BC)=AB+\overline{A}C$$

　　请读者仿照前一个消项公式的方法证明 $AB+\overline{A}C+BCD=AB+\overline{A}C$。

　　反演律又称为德·摩根（De. Morgan）定理，其建立了"与""或""非"之间的转换关系，在应用中极其重要。

　　逻辑"与""或""非"是基本逻辑，其实"与非"逻辑也是一种通用的逻辑，任何逻辑函数都能用"与非"逻辑实现。如图 1.14 所示，"与非"逻辑的输入接到一起就实现了逻辑"非"运算；"与非"运算的输出，再经过"与非"逻辑实现的逻辑"非"运算，就实现了逻辑"与"运算；根据还原律和德·摩根定理，逻辑变量先经过"与非"逻辑实现的逻辑"非"运算，然后再接至"与非"逻辑的输入，则可以实现逻辑"或"运算。一片"与非"门集成电路通常集成多个"与非"门，这样使用"与非"逻辑实现电路能使电路结构更为紧凑。

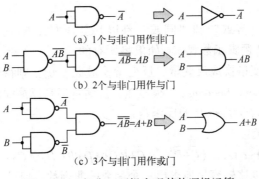

(a) 1个与非门用作非门

(b) 2个与非门用作与门

(c) 3个与非门用作或门

图 1.14　"与非"逻辑实现其他逻辑运算

实际应用中，多采用与非门实现逻辑电路的搭建。

另外，"或非"逻辑也是一种通用的逻辑，用"或非"逻辑表示其他逻辑运算如图1.15 所示。

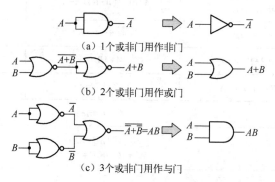

(a) 1 个或非门用作非门

(b) 2 个或非门用作或门

(c) 3 个或非门用作与门

图 1.15　"或非"逻辑实现其他逻辑运算

若在逻辑门的输入端加一个小圆圈，则表示对应的输入先非运算后再接入对应的门。根据德·摩根定理，可得到图 1.16 所示的与非门和非或门，或非门和非与门的等价关系。

$$A \cdot B \overline{AB} \Leftrightarrow A \cdot B \overline{A+B} \quad\quad A \cdot B \overline{A+B} \Leftrightarrow A \cdot B \overline{AB}$$

与非门　　　　　　非或门　　　　　　或非门　　　　　　非与门

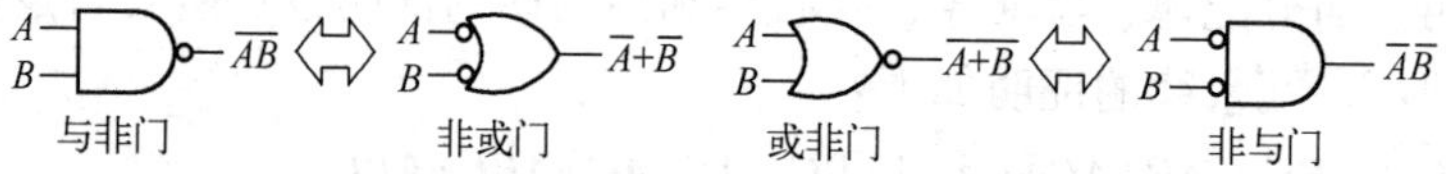

图 1.16　与非门和非或门，或非门和非与门的等价关系

另外，逻辑代数还有四个重要的定理：代入定理、反演定理、对偶定理和展开定理。分别介绍如下。

1）代入定理

任何一个逻辑等式，如果用同一逻辑函数代入式中某一逻辑变量，则该等式仍然成立。

例如，在等式 $A+BC=(A+B)(A+C)$ 中，将逻辑变量 B 用 $A+D$ 代替，则得到新的等式仍然成立，即 $A+(A+D)C=(A+A+D)(A+C)$。其实质可理解为，B 是 $A+D$ 逻辑运算的输出。

再如，将德·摩根定理表达式 $\overline{A \cdot B}=\overline{A}+\overline{B}$ 中的逻辑变量 B 用 BC 替代，则有 $\overline{A \cdot B \cdot C}=\overline{A}+\overline{BC}=\overline{A}+\overline{B}+\overline{C}$，这表明德·摩根定理可以推广到更多个变量。

代入定理可将逻辑代数的基本定理和定律中的变量用某一逻辑函数代入，从而扩大原定理、定律的使用范围。

2）反演定理

将逻辑函数式中的"异或"和"同或"都以其复合方式表示，即 $F=A \oplus B=\overline{A}B+A\overline{B}$ 和 $F=A \odot B=AB+\overline{A}\overline{B}$。任意逻辑函数式 Y，如果将所有的"·"换成"+"，"+"换成"·"，0 换成 1，1 换成 0，原变量换成反变量，反变量换成原变量，则得到的结果是 $\overline{Y}$，这个规律称为反演定理（complement theorems）。很显然，反演定理是反演律的扩展。

【例 1.10】　求 $Y=A(B+C)+CD$ 的反函数 $\overline{Y}$。

解：根据反演定理有

$$\overline{Y}=(\overline{A}+\overline{B}\overline{C}) \cdot (\overline{C}+\overline{D})=\overline{A}\overline{C}+\overline{B}\overline{C}+\overline{A}\overline{D}+\overline{B}\overline{C}\overline{D}=\overline{A}\overline{C}+\overline{B}\overline{C}+\overline{A}\overline{D}$$

利用反演定理，可以比较容易地求出一个函数的非函数。但是，应用反演定理时应注意以下两点。

（1）保持原来的运算优先级，即先括号，然后进行逻辑"与"运算，最后进行逻辑"或"运算。

（2）不属于单个逻辑变量上面的"非"符号保持不变，即对于反变量以外的"非"符号应保持不变。

【例 1. 11】 求 $Y=A(\overline{B}+C)+A+\overline{C}$ 的反函数 $\overline{Y}$。

解： 根据反演定理有

$$\overline{Y}=(\overline{A}+B\ \overline{C})\cdot\overline{AC}=(\overline{A}+B\ \overline{C})\cdot(A+\overline{C})$$

要说明的是，注意事项的第二条等价于：对于多层的"非"逻辑部分，应用反演定理时，只去除最外层的非符号，最外层非符号内部的所有内容保持不变。从例 1.11 中已说明该点，读者可基于此简化应用反演定理的过程。

【例 1. 12】 求 $Y=\overline{A}+\overline{B}+C+A+\overline{C}$ 的反函数 $\overline{Y}$。

解： 根据反演定理有

$$\overline{Y}=\overline{A}(\overline{B}+C+A+\overline{C})=\overline{A}(\overline{B}+C+\overline{AC})=\overline{A}(\overline{B}+C)=\overline{A}\ \overline{B}+\overline{A}C$$

可见，对于多层非逻辑，去除最外层非号的方法简化了应用反演定理的运用过程。

3）对偶定理

同样，将逻辑函数式中的"异或"和"同或"都以其复合方式表示。此时，对任意逻辑函数式 Y，将其中所有"·"换成"+"，"+"换成"·"，0 换成 1，1 换成 0，则所得的逻辑式叫作 Y 的对偶式。若两个逻辑函数式相等，则它们的对偶式也相等，称为对偶定理。Y 与其对偶式互为对偶函数。

和反演定理相同的是，变换过程中原函数的运算先后顺序保持不变，不属于单个变量上的非号不变；不同的是，对偶定理对函数中的原变量、反变量不进行变换。例如，已知逻辑等式 $A(B+C)=AB+AC$，则等式两端的对偶式分别为 $A+BC$ 和 $(A+B)(A+C)$，根据对偶定理有等式 $A+BC=(A+B)(A+C)$。此等式也是前面介绍的分配律公式。

4）展开定理

定理一：对于多变量逻辑函数有

$$F(A,B,C,\cdots)=(A+\overline{A})\cdot F(A,B,C,\cdots)=A\cdot F(A,B,C,\cdots)+\overline{A}\cdot F(A,B,C,\cdots)$$

前一项仅在 $A=1$ 时有效，后一项仅在 $A=0$ 时有效，因此

$$F(A,B,C,\cdots)=A\cdot F(1,B,C,\cdots)+\overline{A}\cdot F(0,B,C,\cdots) \tag{1.9}$$

定理二：由

$$F(A,B,C,\cdots)=[A\overline{A}+F(A,B,C,\cdots)][A\overline{A}+F(A,B,C,\cdots)]$$

若前一项取 $A=0$ 时有效，后一项取 $A=1$ 时有效，有

$$F(A,B,C,\cdots)=[A+F(0,B,C,\cdots)][\overline{A}+F(1,B,C,\cdots)] \tag{1.10}$$

应用一次展开定理，可以使逻辑函数内部的变量数目减少 1 个。

1.3.3　逻辑函数的代数化简法

在数字电路中，用逻辑门实现逻辑函数时，一般要用逻辑函数的某种简化形式。因为，一个逻辑函数式越简单，它所表达的逻辑关系就越明显，实现它的电路就越简单，可靠性也

越高。因此，通常需要用一定的化简手段找出逻辑函数的最简形式。

当每个逻辑变量都可由其本身和其非运算给出，那么，最常用的逻辑函数式的最简形式是将其化简为最简与或式。在"与或"逻辑函数式中，如果其中包含的乘积项已经最少，而且每个乘积项的因子也不能再减少时，此逻辑函数式称为最简与或式。

化简逻辑函数式通常有两种方法：代数化简法和卡诺图化简法。代数化简法是利用上面介绍的逻辑代数的基本定理和基本定律将逻辑函数式化成所需要的最简形式。卡诺图化简法将在 1.4 节讲述。代数化简法没有固定的步骤可循，运用逻辑代数的能力是化简的关键。下面介绍几种常用的代数法化简方法。

1. 并项法

利用吸收律 $A B+A \bar{B}=A$ 或 $A+A B=A$ 消去多余的项，并消去一个变量。

【例 1.13】 化简函数 $Y=\bar{A} B+A B C+A B \bar{C}$。

解：$Y=\bar{A} B+A B C+A B \bar{C}=\bar{A} B+(A B C+A B \bar{C})=\bar{A} B+A B=B$

【例 1.14】 化简函数 $Y=A \bar{B}+A \bar{B} C(D+E)$。

解：$Y=A \bar{B}+A \bar{B} C(D+E)=A \bar{B}$

【例 1.15】 化简函数 $Y=A \bar{B}+B \bar{C}+\bar{B} C+\bar{A} B$。

解：$Y=A \bar{B}+B \bar{C}+\bar{B} C+\bar{A} B$

$\quad\quad=A \bar{B}+B \bar{C}+\bar{B} C(A+\bar{A})+\bar{A} B(C+\bar{C})$

$\quad\quad=(A \bar{B})+\{B \bar{C}\}+(A \bar{B} C)+[\bar{A} \bar{B} C+\bar{A} B C]+\{\bar{A} B \bar{C}\}$

$\quad\quad=A \bar{B}+B \bar{C}+\bar{A} C$

2. 消去法

利用消去律 $A+\bar{A} B=A+B$ 消去项中的多余因子。

【例 1.16】 化简函数 $Y=\overline{A B}+A C+B D$。

解：$Y=\overline{A B}+A C+B D=\bar{A}+\bar{B}+A C+B D=\bar{A}+C+\bar{B}+D$

【例 1.17】 化简函数 $Y=A \bar{B} \bar{C}+\bar{A} \bar{B}+A D+C+B D$。

解：$Y=A \bar{B} \bar{C}+\bar{A} \bar{B}+A D+C+B D \quad\quad (A \bar{B} \bar{C}+C=A \bar{B}+C)$

$\quad\quad=A \bar{B}+\bar{A} \bar{B}+A D+C+B D \quad\quad (A \bar{B}+\bar{A} \bar{B}=\bar{B})$

$\quad\quad=\bar{B}+A D+C+B D \quad\quad\quad\quad (\bar{B}+B D=\bar{B}+D)$

$\quad\quad=\bar{B}+D+A D+C \quad\quad\quad\quad (D+A D=D)$

$\quad\quad=\bar{B}+C+D$

3. 配项消项法

利用冗余律 $A B+\bar{A} C=A B+\bar{A} C+B C$ 或 $A B+\bar{A} C=A B+\bar{A} C+B C D$ 消去多余的项，即在逻辑函数式中加上多余的项冗余项，以消去更多的乘积项，从而获得最简与或式。

【例 1.18】 化简函数 $Y=A B+\bar{A} C+\bar{B} C$。

解：$Y=A B+\bar{A} C+\bar{B} C \quad\quad\quad (A B+\bar{A} C=A B+\bar{A} C+B C)$

$\quad\quad=A B+\bar{A} C+B C+\bar{B} C \quad\quad (\bar{B} C+B C=C)$

$\quad\quad=A B+\bar{A} C+C \quad\quad\quad\quad (\bar{A} C+C=C)$

$\quad\quad=A B+C$

使用配项消项法要有一定的经验，否则越配越乱。另外，通常对逻辑函数的化简要综合使用以上各种方法。

4. 利用展开定理化简逻辑函数

应用一次展开定理，可以使逻辑函数内部的变量数目减少 1 个，因此，合理利用展开定理可以化简逻辑函数。

【例 1. 19】 化简函数 $Y = \overline{A}\overline{B} + AC + \overline{C}D + \overline{B}\,\overline{C}D + \overline{B}CE + \overline{B}C\overline{G} + \overline{B}CF$。

解： 由展开定理一，有

$$Y = C \cdot Y\big|_{C=1} + \overline{C} \cdot Y\big|_{C=0}$$
$$= C(\overline{A}\overline{B} + A + 0 + 0 + 0 + \overline{B}\,\overline{G} + \overline{B}F) + \overline{C}(\overline{A}\overline{B} + 0 + D + \overline{B}\overline{D} + \overline{B}E + 0 + 0)$$
$$= C(\overline{B} + A + \overline{B}\,\overline{G} + \overline{B}F) + \overline{C}(D + \overline{B} + E)$$
$$= C(\overline{B} + A) + \overline{C}(D + \overline{B} + E)$$
$$= AC + \overline{B}C + \overline{B}\,\overline{C} + \overline{C}D + \overline{C}E$$
$$= AC + \overline{B} + \overline{C}D + \overline{C}E$$

【例 1. 20】 化简函数 $Y = A(A+B)(B+C)(\overline{A}+\overline{B}+D)(\overline{A}+C+D)(A+B+\overline{C}+D)$。

解： 由展开定理二，有

$$Y = \big[A + Y\big|_{A=0}\big]\big[\overline{A} + Y\big|_{A=1}\big]$$
$$= [A+0]\big[\overline{A} + 1 \cdot (1+B)(B+C)(0+\overline{B}+D)(0+C+D)(1+B+\overline{C}+D)\big]$$
$$= A(B+C)(\overline{B}+D)(C+D) = A\overline{B}C + ABD + ACD$$
$$= A\overline{B}C + ABD$$

1.4 逻辑函数的卡诺图化简法

卡诺图是由美国工程师 Karnaugh 在 1952 年提出的。在数字逻辑设计中，卡诺图无论是在逻辑函数的化简中，还是在数字逻辑电路设计中，以及在组合逻辑电路竞争冒险现象的分析中都占有重要的地位。它贯穿了数字电路的各个层面，是十分重要且有用的基础知识。

1.4.1 逻辑函数的最小项表达式

1. 最小项的定义及性质

在 n 变量逻辑函数中，若每个乘积项都以这 n 个变量为因子，而且这 n 个变量都是以原变量或反变量形式在各乘积项中仅出现一次，则称所有这些乘积项为 n 变量逻辑函数的最小项。例如，一个两变量的逻辑函数 $F(A,B)$ 有 $4(=2^2)$ 个最小项，分别为 $\overline{A}\overline{B}$、$\overline{A}B$、$A\overline{B}$、AB，三变量的逻辑函数 $F(A,B,C)$ 有 $8(=2^3)$ 个最小项，分别为 $\overline{A}\overline{B}\overline{C}$、$\overline{A}\overline{B}C$、$\overline{A}B\overline{C}$、$\overline{A}BC$、$A\overline{B}\overline{C}$、$A\overline{B}C$、$AB\overline{C}$、$ABC$。以此类推，$n$ 变量的逻辑函数有 2^n 个最小项。除此之外，最小项还具有如下三个性质。

（1）每一个最小项和各逻辑变量的一组取值相对应，只有该组取值才使其为 "1"。例如，最小项 $A\overline{B}C$，只在取值为 101 时，$A\overline{B}C$ 的值为 "1"，在其他七组取值下，其值为 "0"；

（2）任意两个最小项之积为 "0"；

（3）全体最小项之和恒为 "1"。

2. 最小项的编号

为了使用方便，采用每个最小项对应的十进制数对其进行编号，例如，三变量的逻辑函数 $F(A,B,C)$ 中，$A\overline{B}C=1$ 时，需要 $A=1$，$B=0$，$C=1$，可组成一个二进制数 101，它所表示的数是 5，故 $A\overline{B}C$ 这个最小项记为 m_5。三变量最小项的编号如表 1.12 所示。

表 1.12　三变量最小项的编号

最　小　项	令最小项为 1 的变量取值			对应十进制数	编　　号
	A	B	C		
$\overline{A}\,\overline{B}\,\overline{C}$	0	0	0	0	m_0
$\overline{A}\,\overline{B}C$	0	0	1	1	m_1
$\overline{A}B\overline{C}$	0	1	0	2	m_2
$\overline{A}BC$	0	1	1	3	m_3
$A\,\overline{B}\,\overline{C}$	1	0	0	4	m_4
$A\,\overline{B}C$	1	0	1	5	m_5
$AB\overline{C}$	1	1	0	6	m_6
ABC	1	1	1	7	m_7

3. 逻辑函数的最小项表达式

利用逻辑函数基本定理和常用公式，可以把任何逻辑函数化成唯一的最小项之和的形式，这种表达式是逻辑函数的一种标准形式，称为最小项表达式，也称为标准与或式。具体方法是将"与或"逻辑函数式中的每一项添加其不具备逻辑变量的互补和项，然后将相同的最小项合并为一项。

【例 1.21】将逻辑函数 $F=AB+C$ 化成最小项表达式。

解：
$$F(A,B,C)=AB+C=AB(C+\overline{C})+(A+\overline{A})(B+\overline{B})C$$
$$=ABC+AB\,\overline{C}+ABC+A\overline{B}C+A\,\overline{B}C+\overline{A}\,\overline{B}C$$
$$=ABC+AB\overline{C}+A\overline{B}C+\overline{A}BC+\overline{A}\,\overline{B}C$$
$$=m_7+m_6+m_3+m_5+m_1=\sum m(1,3,5,6,7)$$

4. 逻辑函数的最大项表达式

在 n 变量逻辑函数中，若每个和项都以这 n 个变量为因子，而且这 n 个变量都是以原变量或反变量形式在各和项中仅出现一次，则称所有这些和项为 n 变量逻辑函数的最大项。例如，A、B 和 C 三个变量的最大项有 $A+B+C$、$A+B+\overline{C}$、$A+\overline{B}+C$、$A+\overline{B}+\overline{C}$、$\overline{A}+B+C$、$\overline{A}+B+\overline{C}$、$\overline{A}+\overline{B}+C$ 和 $\overline{A}+\overline{B}+\overline{C}$ 共八项。易知，对于逻辑"或"运算，有且仅有一个最大项的值为"0"，且可推导得到，任意两个最大项之和为"1"和全体最大项之积为"0"的结论。

全部由最大项构成的和之积式称为最大项表达式，也称为标准或与式，是逻辑函数的另一种标准表达式。由于本书采用最小项表达式进行论述，尽管标准或与式也较常用，后面若无特殊需要，不再提及最大项表达式和标准与或式。

1.4.2　用卡诺图化简逻辑函数

1. 卡诺图

卡诺图是真值表的图形化表示，具体为：将 n 变量逻辑函数的全部（2^n 个）最小项各用一个小方格表示，将它们排列成矩阵形式（行变量为高位组，列变量为低位组），每个小方格的编号和最小项的编号相同，并使任何在逻辑相邻（指对应最小项编号中仅有一个二进制位不同）的最小项在几何位置（指上下和左右，不包括对角）上也相邻，即矩阵的行和列的逻辑变量取值都按格雷码排列，由个 2^n 小方格按此规则组成的矩形矩阵拼图叫作 n 变量的卡诺图。图 1.17 给出了二变量、三变量、四变量的卡诺图的画法。

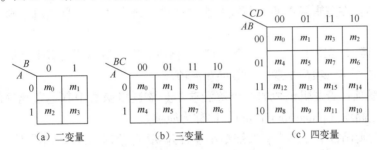

图 1.17　二变量、三变量和四变量卡诺图

在图 1.17 中可以看出，不仅任意两个相邻的最小项是逻辑相邻的，两侧的也相邻，是循环码。二变量的最小项有两个最小项与它相邻；三变量的最小项有三个最小项与它相邻；四变量的最小项有四个最小项与它相邻。

五变量的卡诺图可由两幅四变量卡诺图组成，如图 1.18 所示。两幅四变量卡诺图的同一位置的两个最小项也逻辑相邻，如，m_3 与 m_1、m_2、m_7、m_{11}、m_{19} 都相邻。

六变量卡诺图可由四幅四变量卡诺图组成，如图 1.19 所示。在考虑相邻关系时，除了要注意左右两幅四变量考诺图的重合关系，还要注意上下两幅卡诺图的重合关系。如 m_3 与 m_1、m_2、m_7、m_{11}、m_{19} 相邻外，还与 m_{35} 相邻。多于六个变量时，卡诺图变得很复杂，优越性大减，不建议使用。

DEF／ABC	000	001	011	010		100	101	111	110
000	m_0	m_4	m_{12}	m_8		m_{16}	m_{20}	m_{28}	m_{24}
001	m_1	m_5	m_{13}	m_9		m_{17}	m_{21}	m_{29}	m_{25}
011	m_3	m_7	m_{15}	m_{11}		m_{19}	m_{23}	m_{31}	m_{27}
010	m_2	m_6	m_{14}	m_{10}		m_{18}	m_{22}	m_{30}	m_{26}
100	m_{32}	m_{36}	m_{44}	m_{40}		m_{48}	m_{52}	m_{60}	m_{56}
101	m_{33}	m_{37}	m_{45}	m_{41}		m_{49}	m_{53}	m_{61}	m_{57}
111	m_{35}	m_{37}	m_{47}	m_{43}		m_{51}	m_{55}	m_{63}	m_{59}
110	m_{34}	m_{38}	m_{46}	m_{42}		m_{50}	m_{54}	m_{62}	m_{58}

CDE／AB	000	001	011	010		100	101	111	110
00	m_0	m_4	m_{12}	m_8		m_{16}	m_{20}	m_{28}	m_{24}
01	m_1	m_5	m_{13}	m_9		m_{17}	m_{21}	m_{29}	m_{25}
11	m_3	m_7	m_{15}	m_{11}		m_{19}	m_{23}	m_{31}	m_{27}
10	m_2	m_6	m_{14}	m_{10}		m_{18}	m_{22}	m_{30}	m_{26}

图 1.18　五变量卡诺图　　　　　图 1.19　六变量卡诺图

2. 逻辑函数的卡诺图化简法原理及方法

如果将逻辑函数所包含的全部最小项在卡诺图中相应的方格中填 "1"，其他方格填 "0"，就得到了表示该逻辑函数的卡诺图。

利用卡诺图化简逻辑函数的方法称为卡诺图化简法。化简时依据的基本原理是逻辑相邻的两个最小项可以合并成一项，消去互为非的一个变量，即 $AB + A\overline{B} = A$。由于在卡诺图上，几何位置相邻和逻辑相邻是一致的，可推广为，$2^k (k = 0, 1, 2, \cdots, n)$ 个逻辑相邻的最小项可合并为一项，同时消去 k 个逻辑变量。因而从卡诺图上能直观地找出具有相邻性的最小项并将其合并化简，最终得到最简与或式。

在化简中涉及的几个概念如下。

（1）蕴涵项：在逻辑函数的 "与或" 表达式中，每个 "与" 项被称为该函数的蕴涵项（implicant）。

显然，在函数卡诺图中，任何一个 "1" 方格所对应的最小项或者卡诺圈中的 2^k 个相邻最小项所对应的 "与" 项都是逻辑函数的蕴涵项。

（2）质蕴涵项：若逻辑函数的一个蕴涵项不是该逻辑函数中其他蕴涵项的子集，则此蕴涵项称为质蕴涵项（prime implicant），简称为质项。

显然，在逻辑函数卡诺图中，按照最小项合并规律，如果某个卡诺圈不可能被其他更大的卡诺圈包含，那么，该卡诺圈所对应的 "与" 项为质蕴涵项。

（3）必要质蕴涵项：若逻辑函数的一个质蕴涵项包含了不被函数的其他任何质蕴涵项所包含的最小项，则此质蕴涵项称为必要质蕴涵项（essential prime implicant），简称为必要质项。

在逻辑函数卡诺图中，若某个卡诺圈包含了不可能被任何其他卡诺圈包含的 "1" 方格，那么，该卡诺圈所对应的 "与" 项为必要质蕴涵项。

根据以上概念，基于卡诺图化简逻辑函数的步骤及合并原则如下。

（1）将逻辑函数化为最小项之和的形式 $F = \sum_i m_i$，画出表示该逻辑函数的卡诺图，包含的最小项在对应方格中填 "1"，其余方格填 "0"。

（2）将逻辑相邻为 "1" 的方格圈成包围圈（称为卡诺圈），得到所有质蕴涵项。

卡诺圈为矩形，圈内相邻方格包括上下左右相邻，上下底相邻，左右边相邻，卡诺圈越大，逻辑函数越趋于最简。每个卡诺圈中最小项的个数为 $2^k (k = 0, 1, 2, \cdots, n)$ 个：1，2，4，8，16，$\cdots$）；

所有的卡诺圈应该包含逻辑函数的所有最小项，为 "1" 的格不能漏圈，否则最后得到的表达式与原逻辑函数式不等。

（3）获取必要质蕴涵项。最小项允许被重复圈画，但是为了得到 "最简" 逻辑函数式，每个包围圈至少有一个最小项未被其他包围圈包围，即卡诺圈所对应的 "与" 项为必要质蕴涵项。

（4）求逻辑函数的最小覆盖。即将每个包围圈都写成一个乘积项，含 $2^k (k = 0, 1, 2, \cdots, n)$ 个最小项的卡诺圈合并消去 k 个不同的变量，化简为一个具有 $(n-k)$ 个变量的 "与" 逻辑项。然后，将所有包围圈所对应的乘积项相加，写出最简与或式。

举例说明，如图 1.20 所示，两个卡诺图对应的化简结果分别为：$Y = \overline{A}\,\overline{C} + A\overline{B}\,\overline{D} + BCD$ 和

$Y = A + CD$，分别有 3 和 2 个必要质蕴涵项。

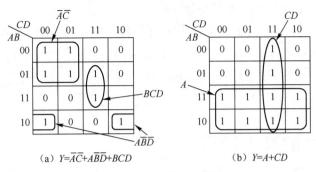

(a) $Y = \overline{AC} + A\overline{BD} + BCD$ (b) $Y = A + CD$

图 1.20   最小项相邻的卡诺图圈法

另外，容易证明：对卡诺图中为 "0" 的方格画卡诺圈，化简得到的是 $\overline{Y}$。

【例 1.22】 画出下列 3 个逻辑函数的卡诺图，并利用卡诺图进行化简。

$Y_1 = AB + \overline{A}\,\overline{B} + A\overline{B}$，$Y_2 = AB\overline{C} + A\overline{B}C + \overline{A}\,\overline{B}C + ABC$，

$Y_3 = \overline{A}\,\overline{B}CD + A\overline{B}\,\overline{C}D + \overline{A}\,\overline{B}CD + AB\overline{C}\,\overline{D} + \overline{A}BC\overline{D} + ABC\overline{D}$

解： Y_1 最小项表达式为 $Y_1 = m_0 + m_1 + m_3$，画出其卡诺图如图 1.21（a）所示，有 2 个必要质蕴涵项，化简得 $Y_1 = \overline{A} + B$。

根据 Y_2 的表达式可知 Y_2 包含最小项有 m_1、m_5、m_6 和 m_7，画出其卡诺图，如图 1.21（b）所示，也有 2 个必要质蕴涵项，化简得 $Y_2 = AB + \overline{B}C$。

根据 Y_3 的表达式可知 Y_3 包含最小项有 m_3、m_6、m_9、m_{12}、m_{13} 和 m_{14}，画出其卡诺图，如图 1.21（c）所示，有 4 个必要质蕴涵项，化简得 $Y_3 = \overline{A}\,\overline{B}CD + AB\overline{C} + A\overline{C}D + BC\overline{D}$。

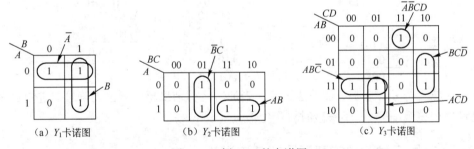

(a) Y_1 卡诺图   (b) Y_2 卡诺图   (c) Y_3 卡诺图

图 1.21   例 1.22 的卡诺图

3. 具有随意无关项的逻辑函数的卡诺图化简法

对于输入变量的每一个最小项，逻辑函数都有确定的值，则这类逻辑函数称为完全描述的逻辑函数。对于输入变量的某些最小项，逻辑函数值不确定（可以为 "1"，也可以为 "0"），这类逻辑函数称为非完全描述的逻辑函数。对应输出函数值没有确定值的最小项称为无关项、任意项或非约束项，记为 ⌀ 或 ×，对应的逻辑输入称为伪码。例如，用 4 位二进制数表示 0~9 时，将有 6 个最小项为无关项。含有无关项的逻辑函数式可表示为

$$F = \sum m(\cdots) + \sum \varnothing(\cdots) \tag{1.11}$$

含有无关项的逻辑函数，由于在无关项的相应取值下，函数值随意取成 "0" 或 "1" 都不影响函数原有的功能，因此，可以充分利用这些无关项来化简逻辑函数，即采用卡诺图

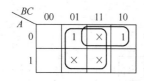

图 1.22　例 1.23 的卡诺图

化简函数时，可以利用 ∅（或×）来扩大卡诺圈。原则是，需要时才用，不需要时不用。

【例 1.23】用卡诺图将下面的逻辑函数化简为最简与或式。

$$Y = \sum m(1,2) + \sum \varnothing(3,5,7)$$

解：如图 1.22 所示，利用无关项扩大卡诺圈。最简与或式为

$$Y = C + \bar{A}B$$

1.5　二进制数的算术运算

在数字系统中，二进制数"0"和"1"既可以表示数量信息也可以表示逻辑状态，相应的运算分别成为算术运算和逻辑运算。本节将讨论无符号数和有符号数的算术运算。无符号二进制数没有符号位，即全部位数都表示数值信息；而有符号二进制数的最高位是符号位，符号位表示此数的正负，当该位为 0 时表示此数为正数，而当该位为 1 时表示此数为负数。有符号数有原码、反码和补码三种表示方法。

1.5.1　无符号二进制数的算术运算

n 位无符号二进制数的范围为 $0 \sim 2^n - 1$，共 2^n 个数。无符号二进制数的算术运算和十进制数的算术运算规则相同，无本质差异，所不同的是二进制中相邻位之间的进位关系为"逢二进一"。例如，无符号二进制数 1101 和 0110 的算术运算如下。

```
   加法运算        减法运算        乘法运算              除法运算
                                   1101                 10.001…
                                 × 0110          0110 )1101
                                   0000                 0110
     1101            1101          1101                  1000
   + 0110          - 0110          1101                  0110
   10011            0111        1001110                   10
```

进行 n 位无符号二进制数加减法运算，当加法运算结果超出 n 位无符号二进制数表示范围时将产生进位（carry），不够减时将产生借位（borrow）。

1.5.2　有符号二进制数的表示及加减法运算

1. 有符号二进制数的原码、反码和补码表示法

对于有符号数，符号位（最高位）是"0"的二进制数为正的二进制数，而符号位为"1"的二进制数表示负数。

其中，有符号二进制数的原码，除符号位外，其他位用于表示该数的绝对值大小，如原码为 0101，则表示正 5；有符号二进制数原码为 1110，则表示负 6。原码表示法有两个零，例如，4 位有符号二进制原码 0000 为正零，1000 为负零。

两个原码有符号数相加，首先要判断符号位，如果符号位相同，就把两个数的绝对值相加，结果的符号位不变；如果符号位不相同，则要做减法，将绝对值大的数减去绝对值小的数，结果的符号与绝对值大的数的符号相同。

两个原码有符号数相减，首先将减数的符号取反，然后被减数与变符号后的减数做原码加法。可以看出，有符号数的原码表示法的最大缺点是加减运算时还要判断符号位，以及两个数的绝对值大小才能选择计算方法得到结果，运算规则比较复杂。下面说明有符号二进制数的加法和减法运算可以统一归结为补码求和运算的原理。

考虑实际的数字系统和数字器件都有一定的字长限制，超过字长表示范围则会溢出归零。以 8 位字长运算为例说明如下：若某一正数 $A = 00110101 = (53)_D$，那么其按位取反后即为 $B = 11001010$，将 A 和 B 相加结果定为 11111111，再加 1，结果为 100000000，当然，对于 8 位运算，最高位自然舍去，结果就是零。经过这个运算的启示，就形成了补码运算。例如，$(-53)_D$ 的原码为 10110101，若其符号位不变，其他位都取反就得到 11001010，定义为 B；若 B 再加 1，定义为 C，则 $C = 11001011$。那么根据前面推导定有 $A + C = 0$，即 $53 + (-53) = 0$。这里称 B 是 -53 的反码，C 就是 -53 的补码。

有符号正数和正零的原码、反码和补码相同。负数的反码是符号位（最高位）不动，将符号位后面的所有位都取反（0 变 1、1 变 0）。负数的补码是其反码加 1。若 n 位二进制数负数的原码为 $N_原$，其反码为 $N_反$，则其二进制补码为

$$N_补 = N_反 + 1 = 2^n - |N_原| \tag{1.12}$$

显然，正负数的补码之和为 2^n，也就是 0。另外，反码的意义一般仅在于求补码。

为了对补码的定义有进一步的理解，下面说明模和同余的概念。

模式指总容量，记作 M。例如，$n = 2$ 位十进制数，$M = 10^n = 10^2 = 100$，计数范围为 0~100。钟表的模为 12，相当于十二进制。同理，n 位二进制数的模为 $M = 2^n$。模就是 n 位数表示的数的总个数，就是最大数加 1，就是重新开始的数值 0。

如果两个数对 M 取余数相等，那么这两个数同余，记作

$$A = kM + A, k = 0, 1, 2, 3, \cdots$$
$$A = B(\bmod M)$$

"模"实质上是计量器产生"溢出"的量，它的值在计量器上表示不出来，计量器上只能表示出模的余数。任何有模的计量器，均可以化减法为加法运算。如图 1.23 所示，设标准时间为 6 点整，一只表处于 8 点整，为了校准时间，可以采用两种方法：一是将时针退拨 8-6=2 格；另一种方法是根据钟表的模是 12，将时针向前拨 12-2=10 个格，顺时针和逆时针都能调整到目的时刻。两种方法都可以实现钟表校准，其实质(8-2)%12 和 (8+10)%12 是等价的，都等于同一个值（此例中为 6）。因此，有符号数用补码表示，可以把减法转化为加法。

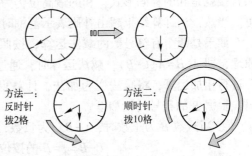

图 1.23　指针式钟表调整时间的两种方法

综上所述，有符号数才有原码、反码和补码表示问题，且有符号正数和正零的原码、反码和补码相同。表 1.13 列出了 4 位有符号二进制数的原码、反码和补码。可见，n 位的二进制补码，其范围为 $-2^{n-1} \sim 2^{n-1}-1$，共 2^n 个数。

表 1.13　4 位有符号二进制数的原码、反码、补码对照表

十进制数	二进制数			十进制数	二进制数		
	原码（带符号数）	反码	补码		原码（带符号数）	反码	补码
+7	0111	0111	0111	−1	1001	1110	1111
+6	0110	0110	0110	−2	1010	1101	1110
+5	0101	0101	0101	−3	1011	1100	1101
+4	0100	0100	0100	−4	1100	1011	1100
+3	0011	0011	0011	−5	1101	1010	1011
+2	0010	0010	0010	−6	1110	1001	1010
+1	0001	0001	0001	−7	1111	1000	1001
+0	0000	0000	0000	−8	—	—	1000
−0	1000	1111	—				

　　由表 1.13 可知补码只有 1 个零，那么−0 为什么可以用−2^{n-1}表示呢？作为思考题，请读者自行分析。

　　那么，如何将负数的补码转换为原码呢？直接的思路就是先对补码数减 1 后，再对除符号位以外的其他位取反。其实，可以和由负数的原码求补码一样，先对除符号位外的其他位取反，然后再加 1，再即可获得原码。即补码的补码是原码。

2. 基于补码的有符号数加减运算

　　数字系统中有符号数用补码表示对完成加减运算有如下突出优点。

　　（1）可以将减法运算变为加法运算，因此可使用同一个运算器实现加法和减法运算，简化了电路。分析如下。

　　设 A 和 B 是两个相同位数的补码数，符号位对齐。如果是两个有符号数 A 和 B 的加法，那么直接相加即可，无论各加数是正数还是负数，不需要预先判断符号位，直接采用它们的补码相加，符号位和数值位一起参加运算，只要结果不超出补码所表示的范围时，计算的结果直接就是和的补码形式，和的最高位仍为符号位，符号位相加后如果有进位则直接舍弃即可。当然，当计算结果超出补码表示范围时，结果就不正确了，这种情况称为溢出。

　　如果是两个有符号数的减法运算，按照"减去一个数相当于加上这个数的相反数"的原理，即 $A-B = A+(-B)$，减法运算时，通过把补码形式的减数 B 变为其相反数的补码，然后进行相加运算，将减法变为加法，计算得到的和即为差的补码。为了求减数相反数的补码，根据 B 的符号讨论如下。

　　① 当减数 B 为正数时，$(-B)$ 为负数，$A-B = A+(-B)_补$，其中

$$(-B)_补 = B \text{ 的按位取反（包括符号位）} + 1$$

　　B 为正数，因此，B 的按位取反使得符号位也取反，符号位由"0"变为表征负数的"1"。其他位取反再加 1 是为了求其补码。

　　② 当减数 B 为负数时，$(-B)$ 为正数，同样有

$$(-B)_补 = B \text{ 的按位取反（包括符号位）} + 1$$

　　B 为负数，因此，B 的按位取反使得符号位变为表征正数的"0"。其他位取反再加 1，通过补码的补码运算求得正数 $(-B)$ 的原码（正数的原码和补码相同，即得到了补码）。

③ 而当 B 为 0 时，"B 的按位取反+1" = 0。

显然，补码相减等效为

$$差的补码 = A + "B 的按位取反（包括符号位）" + 1 \qquad (1.13)$$

采用补码，可以方便地将有符号数的加减法运算统一为补码的加法运算。

（2）无符号数和有符号数的加法运算可以用同一个加法器实现，结果都是正确的。

3. 补码运算的溢出问题

当两个符号相同的数相加时可能产生溢出现象。例如，$(6+7)_补 = (6)_补 + (7)_补 = 0110 + 0111 = 1101$，结果为 -5，而实际正确的结果应该为 13。产生错误的原因在于 4 位二进制补码中，有 3 位是数值位，而本例的结果需要 4 位数值位表示，所以产生溢出现象，解决溢出的办法是进行位扩展，本例中，如果用 5 位或更高位数的二进制补码表示就不会产生溢出了。

综上所述，无符号数运算结果超出机器数的表示范围，称为进位或借位；有符号数运算结果超出机器数的表示范围，称为溢出。两个无符号数相加可能会产生进位；两个同号有符号数相加可能会产生溢出。无论是进位、借位，还是溢出，超出的部分将被丢弃，留下来的结果将不正确。因此，任何数字系统中都应该设置进位、借位和溢出的判断逻辑。如果产生进位、借位或溢出，要给出进位、借位或溢出标志，以根据标志审定计算结果。

无符号数加法的进位、借位标志称为 C（CY），有符号数加减法的溢出标志称为 OV。C 的判知很容易，但 OV 的判知要设立专门的硬件单元。补码定点加减运算溢出判断有三种方法。

（1）用一位符号位判断溢出。对于加法，只有同号相加才可能出现溢出。对于减法，异号相减才可能出现溢出。因此，溢出判断可以根据参加运算的两个加数和结果的符号位进行：两个符号位相同的补码相加，如果和的符号位与加数的符号相反，则表明运算结果溢出；两个符号位相反的补码相减，如果差的符号位与被减数的符号位相反，则表明运算结果溢出。

实际应用中减法运算要转换为加法运算，即减数要转换为其相反数的补码，也就是说，两个符号位相反的补码相减最终会变为两个符号位相同的补码相加。因此，加减运算统一后，两个加数的符号位（x_s 和 y_s）一致时，若和的符号位（z_s）与加数的符号位不一致则产生溢出，判断溢出的逻辑表达式为

$$OV = x_s y_s \bar{z}_s + \bar{x}_s \bar{y}_s z_s \qquad (1.14)$$

（2）采用双符号位补码进行判断。高位的两个符号位相同，且两个符号位都直接参与加法运算，若运算结果中的两个符号位不同则表明发生了溢出：运算结果的符号位为 01，表明两个正数相加，结果大于机器所能表示的最大正数，称为上溢；运算结果的符号位为 10，表明两个负数相加，结果小于机器所能表示的最小负数，称为下溢。且不论溢出与否，最高位始终指示正确的符号。同样，这个结论也有严格的证明。

在双符号位补码中，正常的数据里两个符号位总是相同的，所以在存储数据时不必重复存储，只是在将数据送往运算部件进行运算时才把符号位进行复制形成双符号位补码。

（3）两个补码的加法运算，若最高数值位向符号位的进位值与符号位产生的进位输出值不同，则表明加减运算产生了溢出。以 8 位二进制补码运算为例，如图 1.24 所示，b_7 位为符号位，b_6 位是最高数值位，溢出标志 OV 则由 C 与 C_6（b_6 位向 b_7 位的进位）的"异或"运算来确定。发生溢出时，$C = 0$ 说明发生正溢，$C = 1$ 说明发生负溢。该种方法在本质上与

双符号位补码判断在逻辑上是一致的，可以基于此来证明，这里不再展开。

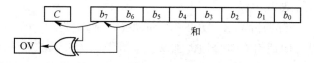

图 1.24　8 位二进制补码运算溢出判断

【例 1.24】 用二进制补码运算出 17+15、17−15、−17+15、−17−15。

解：为保证计算时不发生溢出，先确定需要二进制的位数，由于 17+15 的绝对值是 32，所以用有效数字为 6 位的二进制数表示，再加上一位符号位，就得到 7 位的二进制补码。根据前面介绍求解补码的方法，写出 +17 的 7 位二进制补码为 0010001（最高位是符号位），−17 的二进制补码为 1101111，+15 的二进制补码为 0001111，−15 的二进制补码为 1110001。

因此有

$$
\begin{array}{ll}
+17 & 0\,010001 \\
\underline{+15 \quad +\,0\,001111} \\
+32 & 0\,100000
\end{array}
\qquad
\begin{array}{ll}
+17 & 0\,010001 \\
\underline{-15 \quad +\,1\,110001} \\
+2 & 0\,000010
\end{array}
\qquad
\begin{array}{ll}
-17 & 1\,101111 \\
\underline{+15 \quad +\,0\,001111} \\
-2 & 1\,111110
\end{array}
\qquad
\begin{array}{ll}
-17 & 1\,101111 \\
\underline{-15 \quad +\,1\,110001} \\
-32 & 1\,100000
\end{array}
$$

1.6　二进制编码

数字系统不仅用到数字，还要用到各种字母、符号和控制信号等。为了表示这些信息，常用一组一定位数的特定二进制数来表示所规定的字母、数字和符号等。把将一定位数的数码按照一定的规则排列起来表示特定的对象的过程叫作编码。

1.6.1　二–十进制码

用 4 位二进制数码来表示 1 位十进制数的编码方法，称为二进制编码的十进制数（binary coded decimal），简称二–十进制码或 BCD 码。常用的 BCD 码如表 1.14 所示。

表 1.14　常用的 BCD 码

十进制数	有 权 码		无 权 码	
	8421 码	5421 码	余 3 码	余 3 循环码
0	0000	0000	0011	0010
1	0001	0001	0100	0110
2	0010	0010	0101	0111
3	0011	0011	0110	0101
4	0100	0100	0111	0100
5	0101	1000	1000	1100
6	0110	1001	1001	1101
7	0111	1010	1010	1111
8	1000	1011	1011	1110
9	1001	1100	1100	1010

8421 码和 5421 码都是有权码，有权码的每位都有固定的权，据位值按权相加对应于各自代表的十进制数。8421 码的每位的权值和自然二进制码相应位的权一致，从高到低依次为 8、4、2、1，故称为 8421BCD 码，是 BCD 码中最常用的一种代码。5421 码从高到低权值依次为 5、4、2、1，类似的还有 2421BCD 码和 5211BCD 码。未指明权值时均指8421BCD 码。

余 3 码和余 3 循环码属于无权码，这种码的每位没有固定的权值，各组代码与十进制数之间的对应关系是人为规定的。

余 3 码是较为常用的一种无权码，每组代码总是比它们所代表的十进制数多 3，因此称为余 3 码。如果用余 3 码做加法时，若两数之和为 10，正好等于十进制数的 16，于是便从高位自动产生进位信号，余 3 码的这个特定在数字系统设计时很有用。

余 3 循环码就是由 4 位格雷码中（自然顺序为 3~12）的十个代码组成的，因此具有格雷码的优点，即两个相邻代码之间仅有一个位不同。

1.6.2 格雷码

能减少错误，发现错误，甚至纠正错误的编码称为可靠性编码。对应的常用编码为：编码本身不易出错的格雷码（Gray code），出错能检查出来的奇偶校验码，以及检查并能纠错的汉明码（Hamming code）。

格雷码是用二进制码表示的一种无权码，其特点是任意两相邻代码之间只有一位数不同，其余各位均相同，即具有逻辑相邻特性。

4 位自然二进制码和 4 位格雷码的比较如表 1.15 所示。可以看出，在 4 位自然二进制码中，相邻的两组代码可能有 2 位、3 位甚至 4 位不同，比如当代码由 0111 变到 1000 时，4 位代码都将发生变化，在实际的数字电路中对应这 4 位的逻辑电路输出的变化绝对不可能同时发生，即使时间再短也会有先有后，这样就会在极短的瞬间出现中间状态，比如最后一位变化慢的话就会出现 1001 这个状态，这个状态将成为转换过程中出现的噪声，这种噪声可能导致数字系统产生错误响应。而应用格雷码的数值转换过程中就不会出现这种过渡噪声。

表 1.15 4 位自然二进制码和 4 位格雷码的比较

编码顺序	格雷码	二进制码	编码顺序	格雷码	二进制码
0	0000	0000	8	1100	1000
1	0001	0001	9	1101	1001
2	0011	0010	10	1111	1010
3	0010	0011	11	1110	1011
4	0110	0100	12	1010	1100
5	0111	0101	13	1011	1101
6	0101	0110	14	1001	1101
7	0100	0111	15	1000	1111

格雷码常用于模拟信号到数字信号的转换中，当模拟量发生微小变化时，格雷码仅改变 1 位，这样与其他码同时改变两位或多位的情况相比更为可靠，可减少多位同时变化瞬间错码出现的可能性，提高电路的抗干扰能力。另外，由于最大数与最小数之间也仅一个数不

同，故格雷码通常又叫格雷反射码或循环码。

卡诺图是数字逻辑电路设计和分析最常用和有效的数学工具，排列多变量的卡诺图则不是易事。格雷码的相邻码之间只有一位不同，这与卡诺图的循环邻接相一致。在工程应用中，常基于格雷码构建多变量卡诺图。

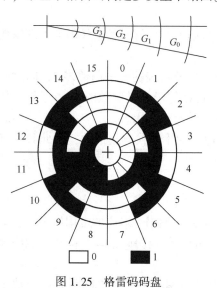

图 1.25 格雷码码盘

图 1.25 是一种用格雷码编制的码盘平面图，码盘可装在旋转体的轴上，以便将轴角转换为数字，或进行反变换。盘上黑色区表示高，白色区为低，当用四个排成径向分布的扫描指针接触该盘，并用导线引出，就得 4 位格雷码。

格雷码的特点总结如下。

（1）两个等长二进制数对应位数值不同的总位数称为汉明距离。格雷码的汉明距离为 1。

（2）格雷码具有循环特性。位数 n 一定时，最大数的第 $n-1$ 位为 1，其余各位为 0。

（3）格雷码具有反射特性。即以最高位的 0、1 交界处为轴上下对称。因此，一个 $n+1$ 位的格雷码，可由 n 位格雷码产生，方法是在 n 位码前加 0，再作对称镜像。

下面说明多位自然二进制数与二进制格雷码的转换方法。

1. 自然二进制码转换成二进制格雷码

转换方法为：保留 n 位自然二进制码的最高位 B_{n-1} 作为格雷码的最高位，而次高位格雷码为二进制码的高位与次高位相进行"异或"运算，而格雷码其余各位与次高位的求法相类似。即

$$\begin{cases} G_{n-1} = B_{n-1} \\ G_i = B_i \oplus B_{i+1}, \quad i \neq n-1 \end{cases} \tag{1.15}$$

【例 1.25】将自然二进制码 10110 转换为对应的格雷码。

解：转换过程为

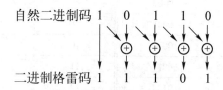

自然二进制码 1　0　1　1　0

二进制格雷码 1　1　1　0　1

如图 1.26 所示，基于此就可以计算并构建五变量卡诺图。

2. 二进制格雷码转换成自然二进制码

转换方法为：保留 n 位格雷码的最高位 G_{n-1} 作为自然二进制码的最高位，而次高位自然二进制码为高位自然二进制码与次高位格雷码进行

AB\\CDE	000	001	011	010	110	111	101	100
00	m_0	m_1	m_3	m_2	m_6	m_7	m_5	m_4
01	m_8	m_9	m_{11}	m_{10}	m_{14}	m_{15}	m_{13}	m_{12}
11	m_{24}	m_{25}	m_{27}	m_{26}	m_{30}	m_{31}	m_{29}	m_{28}
10	m_{16}	m_{17}	m_{19}	m_{18}	m_{22}	m_{23}	m_{21}	m_{20}

图 1.26 五变量卡诺图

"异或"运算，而自然二进制码的其余各位与次高位自然二进制码的求法相类似。即

$$\begin{cases} B_{n-1} = G_{n-1} \\ B_i = G_i \oplus B_{i+1}, i \neq n-1 \end{cases} \tag{1.16}$$

【例 1.26】 将二进制格雷码 10110 转换为对应的自然二进制码。

解：转换过程为

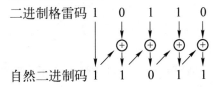

二进制格雷码　1　0　1　1　0

自然二进制码　1　1　0　1　1

1.6.3　ASCII 码

ASCII（American Standard Code for Information Interchange，美国信息交换标准码）是由美国国家标准化协会制定的一种信息代码，广泛地应用到计算机和通信领域中。ASCII 码已经由国际标准化组织（ISO）认定为国际通用的标准代码。ASCII 码是用 7 位二进制数码来表示字符的，对应关系如表 1.16 所示。它共有 128 个代码，其中表示阿拉伯数字 0~9 的有 10 个代码，表示大小写字母的有 52 个，表示各种符号代码的有 32 个，控制码有 34 个。

表 1.16　ASCII 码对照表

$b_3b_2b_1b_0$	$b_6b_5b_4$							
	000	001	010	011	100	101	110	111
0000	NUL	DLE	Space	0	@	P	`	p
0001	SOH	DC1	!	1	A	Q	a	q
0010	STX	DC2	"	2	B	R	b	r
0011	ETX	DC3	#	3	C	S	c	s
0100	EOT	DC4	$	4	D	T	d	t
0101	ENQ	NAK	%	5	E	U	e	u
0110	ACK	SYN	&	6	F	V	f	v
0111	BEL	ETB	'	7	G	W	g	w
1000	BS（退格）	CAN	(	8	H	X	h	x
1001	HT	EM	)	9	I	Y	i	y
1010	LF（换行）	SUB	*	:	J	Z	j	z
1011	VT	ESC	+	;	K	[	k	|
1100	FF	ES	,	<	L	\	l	|
1101	CR（Enter 键）	GS	_	=	M	]	m	}
1110	SO	RS	.	>	N	^	n	~
1111	SI	US	/	?	O	—	o	DEL（删除）

可见，每个 ASCII 码由高 3 位列码和第 4 位行码所构成，例如，小写字母 a 的 ASCII 码为 110 0001，即 97。阿拉伯数字 0~9，小写字母 a~z，大写字母 A~Z 的 ASCII 码都是连续编码的。

1.7 数字系统设计与 EDA 技术概述

1.7.1 数字系统设计及设计方法的发展

伴随着计算机、集成电路、电子系统设计的发展，数字系统的设计主要经历了计算机辅助设计（computer assist design，CAD）和电子设计自动化（electronic design automation，EDA）技术两个发展阶段。

1. 20 世纪 70 年代的 CAD 阶段

早期的电子系统硬件设计采用的是分立元件，随着集成电路的出现和应用，硬件设计进入到发展的初级阶段。初级阶段的硬件设计大量选用中小规模标准逻辑门集成电路，人们将这些器件焊接在 PCB（printed-circuit board）板上，做成初级电子系统，对电子系统的调试至少是在电路板级别上进行的。

由数字电路构成的数字系统，其实质就是利用各种逻辑运算的组合实现相应的逻辑功能。由于条件的制约，过去的数字设计工作并不涉及计算机软件工具，只有利用一个原始的工具——如图 1.27 所示的模板，可以利用它手工画出原理图的逻辑符号来开展数字逻辑设计。

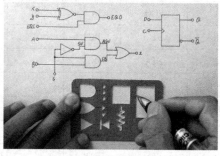

（a）自制逻辑电路画板　　　　　　　　　　（b）手工制图

图 1.27　逻辑符号模板

由于设计师对图形符号使用数量有限，传统的手工布图方法无法满足产品复杂性的要求，更不能满足工作效率的要求。20 世纪 70 年代，电子线路 CAD 技术悄然发展。这时，人们开始将产品设计过程中高度重复性的繁杂劳动，如绘图布线工作，用二维图形编辑与分析的 CAD 工具替代。人们开始习惯应用 CAD 软件工具，在计算机中绘制电路图和设计电路，甚至还可以仿真验证设计的正确性，计算机软件工具成了数字设计的重要部分。

但是这个时期，数字电路设计还处于基于逻辑函数、真值表和卡诺图等传统手段完成的时期，效率低，且对于复杂数字系统设计时工程师难以摆脱设计过程中的繁重劳动量，也就是说，电路的设计和优化等工作是由工程师来完成的。

2. 20 世纪 90 年代的 EDA 阶段

随着微电子工艺的发展，相继出现了大规模和超大规模集成电路，特别是可编程逻辑器件（programmable logic device，PLD）的发展使数字系统设计进入了崭新的阶段。PLD 具有丰富的片上逻辑资源，具有半定制特性，即可定制其内部资源的连接关系，从而实现不同的逻辑功能，以满足千差万别的系统用户提出的设计要求，使设计者通过设计芯片实现电子系统功能。数字电路的设计也开始分化为两个方面：一个方面是简单的数字逻辑应用电路仍然按照传统的数字电路设计方法设计；另一方面是基于 PLD 进行数字系统设计。

在初期，基于 PLD 的数字系统设计还是从原理图出发，并利用计算机软件工具将其转换为配置 PLD 逻辑的文件，最终通过专用工具将文件烧写入 PLD 并形成自定制逻辑芯片。但是，这种工具仍然不能适应复杂电子系统的设计要求，而具体化的元件图形制约着优化设计。随着 EDA 技术的发展，开始逐步进入基于 EDA 技术的数字系统设计阶段。

20 世纪 90 年代，设计师逐渐从单个电子产品开发转向单片系统（system on chip，SOC）级电子产品开发。工程师基于硬件描述语言（hardware description language，HDL）可以在不熟悉各种半导体工艺的情况下，利用微电子厂家提供的设计库来完成自定制专用集成电路（application specific integrated circuit，ASIC）的设计与验证。如果说 CAD 工具代替了设计工作中绘图的重复劳动，那么，EDA 工具则代替了设计师的部分设计工作，对保证电子系统的设计，制造出最佳的电子产品起着关键的作用。基于 HDL 的数字系统设计的过程更多的是 EDA 的综合器来完成电路设计和优化。

也就是说，PLD 可以看作是逻辑资源丰富的集成电路，利用 EDA 工具的原理图方式或 HDL 方式设计逻辑功能，并可以在 PLD 中定制该逻辑，而且，输入和输入引脚的位置也可以在 PLD 上定制。如图 1.28 所示。

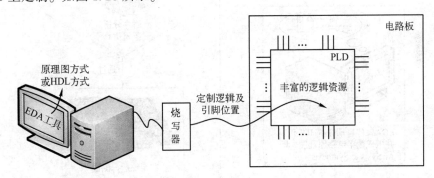

图 1.28　基于 PLD 的数字逻辑及数字器件（系统）设计和定制方法

综上所述，基于 HDL 和 EDA 环境进行自上而下的数字系统设计、仿真验证和应用可以有效地将复杂的大问题分解为相对简单的小问题，找出每个问题的关键、重点所在，然后用精确的思维定性、定量地去描述问题。其核心本质是"分解"。

图 1.29 所示为现代数字系统设计的基本流程，由于采用了 HDL，即使从事一个超级复杂的数字系统的设计任务，设计者也不会陷入混乱，而在以前的传统设计中实现这样复杂的系统设计是难以想象的。另外，利用 EDA 技术，各种各样的计算机软件工具提高了设计者的工作效率，并帮助改善了设计的正确性和质量，让某些低级的重复性工作可以高效地自动完成，而不受低级重复性工作的拖累，尤其是各种 IP 核（intellectual property core）资源，

技术成熟，引用方便。在竞争激烈的当今世界，往往要强制性地使用软件工具，这样才能在紧张的生产进度中获得高质量的成果。

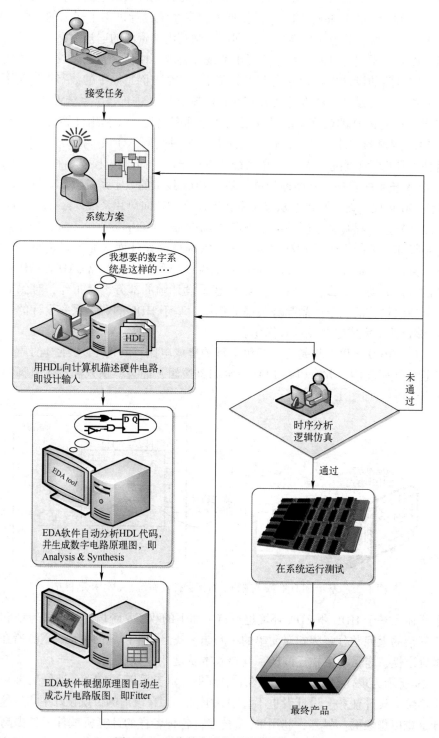

图 1.29　现代数字系统设计的基本流程

1.7.2 EDA 技术的含义及主要内容

什么叫 EDA 技术？由于它是一门迅速发展的新技术，涉及面广，内容丰富，理解各异，目前尚无统一的说法。当今 EDA 技术有狭义的 EDA 技术和广义的 EDA 技术之分。狭义的 EDA 技术，就是指以大规模 PLD 为设计载体，以 HDL 为数字系统逻辑描述的主要表达方式，以计算机、大规模 PLD 的开发软件及实验开发系统为设计工具，自动完成数字电路设计中某些过程的一门新技术，或称为 ASIC 自动设计技术。广义的 EDA 技术，除了狭义的 EDA 技术外，还包括电子线路 CAD 技术（如 altium designer、PADS 和 Cadence SPB 等）。本书所讲述的对象是狭义的 EDA 技术，本书后面非特指时都是指狭义的 EDA 技术。

EDA 技术涉及面广，内容丰富，从实用的角度看，主要应掌握如下四个方面的内容：①PLD 产品；②HDL；③EDA 软件工具；④开发工具。其中，PLD 产品是利用 EDA 技术进行电子系统设计的载体，HDL 是利用 EDA 技术进行电子系统设计的主要表达手段，EDA 软件工具是利用 EDA 技术进行电子系统设计的智能化的自动化设计工具，开发工具则是利用 EDA 技术进行电子系统设计的下载工具及硬件验证工具。

众所周知，C 语言等高级语言要经过编译器的编译后才能产生计算机可执行的汇编语言和机器语言代码。同样，HDL 源代码也要转换成门电路级才能完成最终设计，这个过程称为综合。业界最出名的综合器是 Cadence 公司的 Synopsys 软件。

目前比较流行的、主流厂家的 EDA 的软件工具有 Intel-PSG 公司的 Quartus II 和 Xilinx 公司的 ISE 等。这些软件的基本功能相同，且大都集成第三方优秀的仿真器和综合器，如集成 Mentor Graphics 公司著名的仿真软件 Modelsim，集成综合器软件 Synopsys。主要差别在于：面向的目标器件不一样，性能各有优劣。

在本书的后续各个章节中，读者将学会如何利用 EDA 技术，通过绘制原理图或者编写 HDL，在 PLD 里设计数字电路或子系统。如果用 PLD 设计的电路初次不能工作，可以通过修改程序或者在物理层面上重新调整器件，不必在系统级层次上改变任何元件或连接就可以解决问题。基于 PLD 的系统易于构造数字电路的原始模型（即原型）和修改，因而也不需要在电路板级层次上进行试运行；只需要在芯片级层次的设计中进行仿真就可以完成大部分工作。

从工业发展趋势中反映的最广泛观点来看，随着芯片工艺的进步，越来越多的数字设计将会在芯片级上完成，而不是在电路板级别上完成。因此，对于数字设计者来说，具有进行完全和精确仿真的能力，将变得越来越重要。当然，数字系统最终还要通过实践才能保证系统的正确设计。作者鼓励仿真加实践的学习方式，读者可酌情配置合适自己的实验开发系统，以加深理论的理解，同时提高数字电路设计的实用技能，为后续学习打下良好基础。

虽然 EDA 软件工具很重要，但它们并不是数字设计者成败的关键。比如一个写作者从别的地方搬过来进行模仿，就不能认为他是一名伟大的作家，因为他只是一个快速打字员或者是文字处理能手而已。在学习数字设计期间，要记住学会使用所有对自己有用的 EDA 工具，例如，原理图输入工具、仿真器和编译器等。但同时也要记住，学会使用工具并不能保证就能够做出好的设计来，数字电路的基本设计原理和方法才是设计与优化思想源泉。

本书的第 1 章、第 3 章、第 4 章和第 7 章（部分）讲述基本层次的传统数字电路设计，第 6 章和第 7 章将讲述基于 HDL 和 EDA 环境的现代数字系统设计方法。

习题与思考题

1.1 将下列无符号二进制数和十六进制数转化成等值的十进制数。

(1) $(01101)_B = ($ 　　　$)_D$　　　　　(2) $(10100)_B = ($ 　　　$)_D$

(3) $(0.1011)_B = ($ 　　　$)_D$　　　　　(4) $(0101.1011)_B = ($ 　　　$)_D$

(5) $(4B)_H = ($ 　　　$)_D$　　　　　(6) $(BF)_H = ($ 　　　$)_D$

(7) $(0.75)_H = ($ 　　　$)_D$　　　　　(8) $(56.7C)_H = ($ 　　　$)_D$

1.2 将下列十进制数和十六进制数转化成等值的二进制数。

(1) $(357)_D = ($ 　　　$)_B$　　　　　(2) $(0.625)_D = ($ 　　　$)_B$

(3) $(255.875)_D = ($ 　　　$)_B$　　　　　(4) $(956.8125)_D = ($ 　　　$)_B$

(5) $(75.69)_H = ($ 　　　$)_B$　　　　　(6) $(B3.A7)_H = ($ 　　　$)_B$

(7) $(5AB.6D)_H = ($ 　　　$)_B$　　　　　(8) $(25.6)_H = ($ 　　　$)_B$

1.3 将下列无符号二进制数和十进制数转化成等值的十六进制数。

(1) $(0.11011)_B = ($ 　　　$)_H$　　　　　(2) $(10100101)_B = ($ 　　　$)_H$

(3) $(101.1001)_B = ($ 　　　$)_H$　　　　　(4) $(101010.011)_B = ($ 　　　$)_H$

(5) $(0.65625)_D = ($ 　　　$)_H$　　　　　(6) $(127.255)_D = ($ 　　　$)_H$

(7) $(147.75)_D = ($ 　　　$)_H$　　　　　(8) $(34.725)_D = ($ 　　　$)_H$

1.4 写出下列 8 位二进制原码有符号数对应的十进制数。

(1) $(11110101)_B = ($ 　　　$)_D$　　　　　(2) $(11001101)_B = ($ 　　　$)_D$

(3) $(10101101)_B = ($ 　　　$)_D$　　　　　(4) $(01011010)_B = ($ 　　　$)_D$

1.5 用 8 位二进制补码表示下列十进制数。

(1) $+16 = ($ 　　　$)_B$　　(2) $+27 = ($ 　　　$)_B$　　(3) $64 = ($ 　　　$)_B$

(4) $90 = ($ 　　　$)_B$　　(5) $101 = ($ 　　　$)_B$　　(6) $127 = ($ 　　　$)_B$

(7) $-1 = ($ 　　　$)_B$　　(8) $-9 = ($ 　　　$)_B$　　(9) $-14 = ($ 　　　$)_B$

(10) $-46 = ($ 　　　$)_B$　　(11) $-79 = ($ 　　　$)_B$　　(12) $-121 = ($ 　　　$)_B$

1.6 用 6 位二进制数表示下列各式并进行二进制补码运算。

(1) $6+13$　　　(2) $4+14$　　　(3) $13-8$　　　(4) $25-13$

(5) $7-10$　　　(6) $12-14$　　　(7) $-12-5$　　　(8) $-13-10$

1.7 试画出图 1.30（a）中各逻辑门电路输出端的波形，输入端 A、B 的电压波形如图 1.30（b）所示。

1.8 逻辑电路如图 1.31 所示，当 $M=0$ 时该电路实现何种功能？当 $M=1$ 时又实现什么功能？并说明工作原理。

1.9 写出下列函数的对偶式。

(1) $\overline{\overline{AB}+A\,\overline{B}}(AC+BD)$　　　　　(2) $(\overline{A}+B)(\overline{B}+C)+\overline{(\overline{C}+D)(\overline{D}+\overline{A})}$

(3) $\overline{(A+\overline{B})(B+D)}+ACD$　　　　　(4) $A(B+\overline{D})+(AC+BD)E$

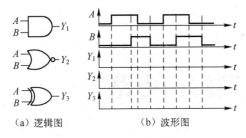

（a）逻辑图　　　　　　（b）波形图

图 1.30　题 1.7 图

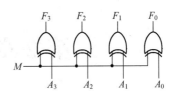

图 1.31　题 1.8 图

1.10 求下列逻辑函数的非，并化为最简与或形式。

（1）$\overline{(\overline{A}+B)\overline{C}+D}$

（2）$\overline{A\,\overline{B}+C+\overline{A}D}$

（3）$\overline{\overline{A+B}+C\,\overline{D}+C+\overline{D}+A\,\overline{B}}$

（4）$\overline{(A\oplus B)C+(B\oplus\overline{C})D}$

1.11 用逻辑代数的基本公式和常用公式化简下列各式。

（1）$AC+\overline{A}D+\overline{C}D$

（2）$\overline{A}BC+(A+\overline{B})C$

（3）$(\overline{A}B+C)ABD+AD$

（4）$\overline{E}\,\overline{F}+\overline{E}F+E\,\overline{F}+EF$

（5）$AB(A+\overline{B}C)$

（6）$A\overline{B}+AC+BC$

（7）$A\overline{B}(A+B)$

（8）$ABC+BD+\overline{A}\,\overline{D}+1$

（9）$\overline{AB+A\,\overline{B}}+\overline{AB}(\overline{A}\,\overline{B}+CD)$

（10）$(AB+A\overline{B})\cdot\overline{(\overline{A}+B)\overline{AB}}$

1.12 用卡诺图化简法将下列函数化为标准与或形式。

（1）$Y=A\,\overline{B}+AC+\overline{B}C$

（2）$Y=A\overline{B}\,\overline{C}+\overline{A}B\overline{C}+AB\overline{C}$

（3）$Y=ABC+A\overline{B}+\overline{B}C$

（4）$Y=A\overline{B}\,\overline{C}+AC+\overline{A}BC+\overline{B}CD$

（5）$Y=\overline{A}\,\overline{B}\,\overline{C}+A\overline{B}C+\overline{A}CD+\overline{B}\,\overline{D}$

（6）$Y(A,B,C)=\sum m(0,2,4,5,6)$

（7）$Y(A,B,C)=\sum m(0,1,2,3,5,7)$

（8）$Y(A,B,C)=\sum m(0,4,6)$

（9）$Y(A,B,C)=\sum m(0,1,2,3,4,5,8,10,11,12)$

（10）$Y(A,B,C)=\sum m(4,8,9,11,13)+\sum d(5,6,7,12)$（不拒绝伪码）

1.13 用卡诺图化简逻辑函数 $F=\overline{A}B+AC+BC$ 为标准与或式，并用与非门实现。

1.14 写出表 1.17 描述的逻辑函数表达式，并画出实现该逻辑函数的逻辑图。

表 1.17　题 1.14 表

A	B	C	F	A	B	C	F
0	0	0	1	1	0	0	1
0	0	1	1	1	0	1	1
0	1	0	0	1	1	0	0
0	1	1	0	1	1	1	1

第 2 章　逻辑门电路

第 1 章初步认识了 "与" "或" "非" 三种基本逻辑运算和 "与非" "或非" "与或非" "异或" "同或" 等复合逻辑运算。在第 1 章中，这些运算关系都是用逻辑符号来表示的，而在工程中每一个逻辑符号都对应着一种电路，输入与输出量之间能满足某种逻辑关系的逻辑运算电路称为逻辑门电路，逻辑符号仅是这些集成逻辑门电路的 "黑匣子"。本章将介绍小规模集成电路（small scale integration circuit，SSI）逻辑门电路的两种主要类型——TTL 门和 MOS 管门电路的工作原理、逻辑功能及外部特性，同时对内部结构也做简要介绍；并将 TTL 门电路和 CMOS 管门电路之间的互相驱动方法加以阐述；以及阐述了如何解决不同逻辑电平互相兼容的问题。

2.1　高低电平与脉冲信号

用以实现基本逻辑运算和复合逻辑运算的单元电路称为逻辑门电路，简称门电路。常用的门电路有与门（AND gate）、或门（OR gate）、非门（NOT gate）、与非门（NAND gate）、或非门（NOR gate）、异或门（exclusive OR gate）、同或门（exclusive NOR gate）等。其中，与门、或门和非门是基本逻辑门。构成门电路的电子器件有半导体二极管、三极管和场效应管。在数字电路中这些电子器件大都工作在开关状态。

在用电路实现逻辑运算时，用输入端的电压或电平表示自变量，用输出端的电压或电平表示因变量。正逻辑数字电路中，一般用低电平（0 V 左右）表示逻辑 "0"；而用高电平（近似于 5 V、3.3 V 等电压）作为逻辑 "1"。采用 5 V 作为逻辑 "1" 的称为 5 V 逻辑电路，用 3.3 V 作为逻辑 "1" 的称为 3.3 V 逻辑电路，依次类推。

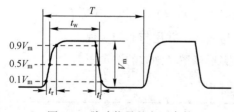

图 2.1　脉冲信号的主要参数

在数字系统中，电平信号进行来回的变化，但是由于各种原因，电平变化的边沿并不是严格陡峭的。如图 2.1 所示，电平由低到高，再由高到低就形成一个脉冲信号，脉冲信号的参数如下。

（1）脉冲周期 T：周期性重复的脉冲序列中，两个相邻脉冲之间的时间间隔。有时也使用频率 $f=1/T$ 表示单位时间内脉冲重复的次数。

（2）脉冲幅度 V_m：脉冲电压的最大变化幅度。

（3）脉冲宽度 t_w：从脉冲前沿到达 $0.5V_m$ 起，到脉冲后沿到达 $0.5V_m$ 为止的一段时间。

（4）上升时间 t_r：脉冲上升沿从 $0.1V_m$ 上升到 $0.9V_m$ 所需要的时间。

（5）下降时间 t_f：脉冲下降沿从 $0.9V_m$ 下降到 $0.1V_m$ 所需要的时间。

（6）占空比 q：脉冲宽度与脉冲周期的比值，即 $q=t_w/T$。

2.2 基于二极管和三极管的简单逻辑门电路

2.2.1 二极管与门和二极管或门电路

1. 二极管与门电路

二极管与门电路如图 2.2（a）所示。分析如下。

（1）$V_A = V_B = 0\,V$。此时二极管 VD_1 和 VD_2 都导通，由于二极管正向导通时的钳位作用，$V_F \approx 0.7\,V$，输出低电平。

（2）$V_A = 0\,V$，$V_B = 5\,V$。此时二极管 VD_1 导通，由于钳位作用，$V_F \approx 0.7\,V$，二极管 VD_2 受反向电压而截止。

（3）$V_A = 5\,V$，$V_B = 0\,V$。此时二极管 VD_2 导通，$V_F \approx 0.7\,V$，二极管 VD_1 受反向电压而截止。

（4）$V_A = V_B = 5\,V$。此时二极管 VD_1 和 VD_2 都截止，V_F 由上拉电阻 R 拉至 $V_{CC}(=5\,V)$。

显而易见，图 2.2（a）所示电路实现了逻辑"与"运算，即 $F = A \cdot B$。对于该电路，增加一个输入端和一个二极管，就可变成三输入与门。按此办法可构成更多输入端的与门。

2. 二极管或门电路

二极管或门电路如图 2.2（b）所示。分析如下。

（1）输入端 A、B 都为 0 V 时，二极管 VD_1、VD_2 两端的电压值均为 0 V，因此都处于截止状态，从而 V_F 被电阻 R 下拉为 0 V；

（2）若 A、B 中有任意一个为 +5 V，则 VD_1、VD_2 中有一个必定导通。注意到电路中输出 F 和接地点之间有一个电阻，正是该电阻的分压作用，使得 V_F 处于接近 +5 V 的高电压（扣除掉二极管的导通电压），VD_2 受反向电压作用而截止，这时 $V_F \approx$ +4.3 V，输出高电平。

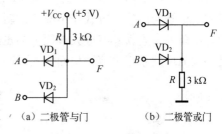

（a）二极管与门　　　（b）二极管或门

图 2.2　二极管门电路

可见，它实现了逻辑"或"运算，即 $F = A + B$。同样，可用增加输入端和二极管的方法，构成更多输入端的或门。

2.2.2 三极管非门电路

图 2.3 是由 NPN 型三极管组成的非门电路。设输入信号为 0 V 或 +5 V，与之相对应，三极管工作在截止态或饱和态。分析如下。

（1）$V_A = 0\,V$。此时三极管的发射结电压小于死区电压（0.7 V），满足截止条件，所以三极管截止，$V_F = V_{CC} = 5\,V$。

（2）$V_A = 5\,V$。此时三极管的发射结正偏，三极管导通，只要合理选择电路参数，使其满足饱和条件 $I_B \geq I_{BS}$，则三极管工作在饱和状态，有 $V_F = U_{CES} \approx 0.3\,V$，输出低电平。

可见，此电路实现了非逻辑关系。另外，图 2.4 是由 PNP 型三极管组成的非门电路，应用广泛，工作原理请读者自行仿照分析。

图 2.3　基于 NPN 型三极管的非门　　　　图 2.4　基于 PNP 型三极管的非门

2.3　TTL 门电路

TTL 是晶体管–晶体管逻辑（transistor–transistor logic）电路的简称，也称为 TTL 数字集成电路。在 TTL 门电路中，输入和输出部分的开关元件均采用晶体三极管。TTL 电路是构建 TTL 改进系列的基础，且鉴于与非门是 TTL 电路的基本结构，因此，本节将重点介绍 TTL 与非门的工作原理、特性和参数，并且给出 TTL 改进系列的参数及对比。

2.3.1　基本 TTL 与非门的工作原理

图 2.5 是 TTL 与非门的电路图，它由输入级、中间级和输出级三部分组成。输入级由多发射极晶体管 VT_1 和 R_{b1} 构成。多发射极晶体管中的基极和集电极是共用的。多发射极晶体管的二极管与门输入方式在不改变逻辑与关系的同时又具有三极管的特性，一旦满足了放大的外部条件，它就具有放大作用，为迅速消散后级电路因三极管饱和时的超量存储电荷提供足够大的反向基极电流，从而大大提高了开关速度。

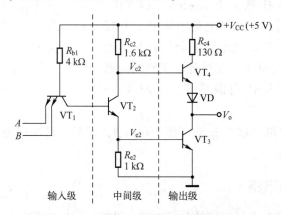

图 2.5　TTL 与非门的电路图

中间级的核心器件是 VT_2，其集电极和发射极产生相位相反的信号，分别驱动输出级的 VT_3 和 VT_4。输出级由 VT_3、VT_4 和 VD 构成推拉式输出。

假定晶体管发射结导通时 $U_{BE} = 0.7\,V$，晶体管饱和时 $U_{CE} = 0.3\,V$，二极管导通时电压 $U_D = 0.7\,V$。因为图 2.5 所示电路的输出高低电平分别为 $3.6\,V$ 和 $0.3\,V$（VT_3 的饱和压降），所以在下面的分析中假设输入高低电平也分别为 $3.6\,V$ 和 $0.3\,V$。下面分析 TTL 与非门的逻辑关系，并估算电路有关各节点的电平。

1. 各个输入全为高电平 3.6 V

如图 2.6 所示，当各个输入全为高电平时，VT_2、VT_3 导通，$V_{B1} = 0.7 \times 3 = 2.1$ V，从而使 VT_1 的发射结因反偏而截止。此时 VT_1 的发射结反偏，而集电结正偏，$I_{B1} = I_{B2}$。只要合理选择 R_{b1}、R_{c2} 和 R_{e2}，就可以使 VT_2 和 VT_3 处于饱和状态。由于 VT_3 饱和导通，输出电压为 $V_o = U_{CES3} \approx 0.3$ V，即输出低电平。

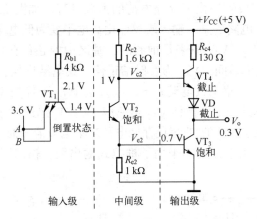

图 2.6　输入全为高电平时的 TTL 与非门电路工作情况

这时，$V_{E2} = V_{B3} = 0.7$ V，而 $U_{CE2} = 0.3$ V，故有 $V_{C2} = V_{E2} + U_{CE2} = 1$ V。1 V 的电压作用于 VT_4 的基极，致使 VT_4 和二极管 VD 都截止。

可见实现了与非门的逻辑功能之一：输入全为高电平时，输出为低电平。

2. 输入有低电平 0.3 V

如图 2.7 所示，此时 VT_1 对应的发射结导通，VT_1 的基极电位被钳位到 $V_{B1} = 1$ V。VT_2、VT_3 都截止。由于 VT_2 截止，流过 R_{c2} 的电流仅为 VT_4 的基极电流，这个电流较小，在 R_{c2} 上产生的压降也较小，可以忽略，VT_4 工作在射随器状态。所以，$V_{B4} \approx V_{CC} = 5$ V，使 VT_4 和 VD 导通，则有

$$V_o \approx V_{CC} - U_{BE4} - V_D = 5 \text{ V} - 0.7 \text{ V} - 0.7 \text{ V} = 3.6 \text{ V}$$

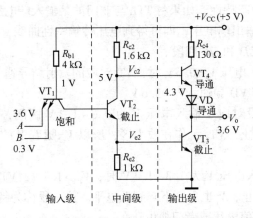

图 2.7　输入有低电平时的 TTL 与非门电路工作情况

可见，图 2.7 所示电路实现了与非门的逻辑功能：输入有低电平时，输出为高电平。综合上述两种情况，该电路满足与非运算的逻辑功能，是一个与非门。

2.3.2　TTL 与非门的技术参数

1. TTL 与非门的开关速度

（1）采用多发射极三极管加快了存储电荷的消散过程。如图 2.8 所示，设 TTL 与非门电路原来输出低电平，当电路的某一输入端突然由高电平变为低电平，VT_1 的一个发射结导通，V_{B1} 变为 1 V。由于 VT_2、VT_3 原来是饱和的，基区中的超量存储的电荷还来不及消散，V_{B2} 仍维持在 1.4 V。在这个瞬间，VT_1 为发射结正偏，集电结反偏，工作于放大状态，其基极电流 $i_{B1} = (V_{CC} - V_{B1})/R_{b1}$，集电极电流 $i_{C1} = \beta_1 i_{B1}$。这个 i_{C1} 正好是 VT_2 的反向基极电流 i_{B2}，可将 VT_2 的存储电荷迅速地拉走，促使 VT_2 迅速截止。VT_2 迅速截止又使 VT_4 迅速导通，而使 VT_3 的集电极电流加大，使 VT_3 的超量存储电荷从集电极消散而达到截止。

（2）如图 2.9 所示，由于输出端采用了推拉式输出级，输出阻抗比较小，可迅速给负载电容充放电。

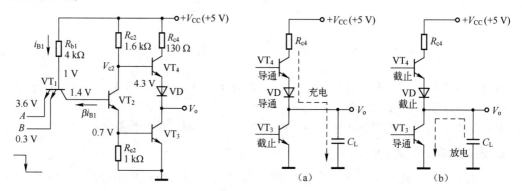

图 2.8　多发射极三极管消散 VT_2 存储电荷的过程　　　图 2.9　TTL 电路的推挽输出电路结构

2. 电压传输特性

电压传输特性曲线是指与非门的输出电压与输入电压之间的对应关系曲线，即 $V_o = f(V_i)$，它反映了电路的静态特性。如果将 TTL 与非门的某输入端电压由 0 V 逐渐增加到 5 V，其他输入端接 5 V，测量输出端电压，即可得到电压传输特性曲线，如图 2.10 所示。特性曲线大致可分为 AB、BC、CD 和 DE 四段。

AB 段截止区：当输入电压 $V_i < 0.6$ V 时，VT_1 对应的发射结导通，$V_{B1} < 1.3$ V，VT_2 和 VT_3 处在截止状态，而 VT_4 和 VD 导通，$V_o = 3.6$ V。

BC 段线性区：这一段对应于输入电压 V_i 为 0.6～1.3 V 区间，V_{B2} 在 0.7～1.4 V 之间，VT_2 导通，而 VT_3 仍然截止，VT_2 工作在放大区，所以 V_{c2} 随着 V_i 的增加而减小，使得 V_o 也随之减小。

CD 段转折区：当输入电压 V_i 为 1.3～1.4 V 时，$V_{B2} > 1.4$ V，VT_3 开始导通，且 V_{c2} 急剧下降，引起 VT_4 和 VD 截止，V_o 也急剧下降到低电平。这一段称为特性曲线转折区，其对应的输入电压称为与非门阈值电压或者门槛电压。

DE 段饱和区：当输入电压大于 1.4 V 之后，虽然仍继续增加，可是由于 VT_3 逐渐由导通进入饱和导通状态，输出电压基本不再下降，并维持在 0.3 V。

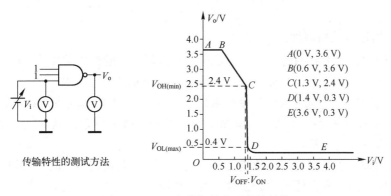

传输特性的测试方法

图 2.10 TTL 与非门的电压传输特性

3. 输入和输出高、低电平及噪声容限

TTL 门电路，3.6 V 代表逻辑"1"，0.3 V 代表逻辑"0"，但是在实际应用中，由于受到噪声干扰，信号高、低电平要发生变化。为了保证逻辑门正确实现逻辑运算，规定了高、低电平偏离数值容许的范围。参见图 2.10，下面分别予以介绍。

（1）输出高电平电压 V_{OH}：V_{OH} 的理论值为 3.6 V，TTL 电路产品规定输出高电压的最小值 $V_{OH(min)} = 2.4$ V，即大于 2.4 V 的输出电压就可称为输出高电平时的电压 V_{OH}。

（2）输出低电平电压 V_{OL}：V_{OL} 的理论值为 0.3 V，TTL 电路产品规定输出低电压的最大值 $V_{OL(max)} = 0.4$ V，即小于 0.4 V 的输出电压就可称为输出低电平时的电压 V_{OL}。

由上述规定可以看出，TTL 门电路的输出高低电压都不是一个值，而是一个范围。

（3）关门电平电压 V_{OFF}：是指输出电压下降到 $V_{OH(min)}$ 时对应的输入电压。显然只要 $V_i <$ V_{OFF}，V_o 就是高电压，所以 V_{OFF} 就是输入低电压的最大值，在产品手册中常称为输入低电平电压，用 $V_{IL(max)}$ 表示。从电压传输特性曲线上看 $V_{OFF} \approx 1.3$ V，产品规定 $V_{IL(max)} = 0.8$ V。

（4）开门电平电压 V_{ON}：是指输出电压上升到 $V_{OL(max)}$ 时对应的输入电压。显然只要 $V_i >$ V_{ON}，V_o 就是低电压，所以 V_{ON} 就是输入高电压的最小值，在产品手册中常称为输入高电平电压，用 $V_{IH(min)}$ 表示。从电压传输特性曲线上看 V_{ON} 略大于 1.3 V，产品规定 $V_{IH(min)} = 2$ V。

可见，TTL 门电路的输入、输出电平不是一个值，而是一个范围。把输入信号电压所允许的容差称为噪声容限。噪声容限用于描述逻辑门的抗干扰能力，门电路的噪声容限大，其抗干扰能力强。噪声容限分为高电平噪声容限 V_{NH} 和低电平噪声容限 V_{NL}：

$$V_{NH} = V_{OH(min)} - V_{IH(min)} = 2.4 \text{ V} - 2.0 \text{ V} = 0.4 \text{ V}$$
$$V_{NL} = V_{IL(max)} - V_{OL(max)} = 0.8 \text{ V} - 0.4 \text{ V} = 0.4 \text{ V}$$

因此，TTL 门电路的抗干扰能力为 0.4 V，也就是说，叠加在信号上的噪声电压不能大于 0.4 V，否则，逻辑门电路将会发生逻辑错误。同时，也可看出二值数字逻辑中的"0"和"1"都是允许有一定的容差的，这也是数字电路的一个突出的特点。

（5）阈值电压 V_{th}：决定电路截止和导通的分界线，也是决定输出高、低电压的分界线。从电压传输特性曲线上看，V_{th} 的值界于 V_{OFF} 与 V_{ON} 之间，而 V_{OFF} 与 V_{ON} 的实际值又差别不大，所以，近似为 $V_{th} \approx V_{OFF} \approx V_{ON}$。$V_{th}$ 是一个很重要的参数，在近似分析和估算时，常把它作为决定与非门工作状态的关键值，即当 $V_i < V_{th}$，与非门开门，输出高电平；而当 $V_i > V_{th}$ 时，与非门关门，输出低电平。前面已经指出，V_{th}又被形象化地称为门槛电压。V_{th}的值为 1.3 ~ 1.4 V。

4. 扇入扇出系数及负载能力

在数字系统中，门电路的输出端一般都要与其他门电路的输入端相连，称为带负载。一个门电路最多允许带几个同类的负载门，就是这一部分要讨论的问题。

逻辑门电路的扇入（fan-in）系数和扇出（fan-out）系数与其带负载的能力有关。扇入系数用 N_I 来表示，其大小由 TTL 门电路的输入端的个数来确定，例如，一个三输入端的与非门，其扇入系数 $N_I = 3$。

扇出系数用来衡量逻辑门的负载能力，它表示一个门电路能驱动同类门的最大数目。根据负载电流流向，扇出系数的描述分为以下两种情况。

1）灌电流负载

TTL 与非门输出为低电平时的等效电路如图 2.11（a）所示。负载电流是来自下一级负载与非门的输入低电平电流 I_{IL}，即来自负载门输入端的电流从驱动门的 VT_3 的集电极灌入，故称为灌电流负载。

如图 2.11（b）所示，输入低电平电流 I_{IL} 是指当门电路的输入端接低电平时，从门电路输入端流出的电流。可以算出 $I_{IL} = \dfrac{V_{CC} - V_{B1}}{R_{b1}} = \dfrac{5-1}{4}$ mA = 1 mA，产品规定 $I_{IL} < 1.6$ mA。

在正常情况下，VT_3 的基极电流 I_{B3} 很大，因此，VT_3 处于深度饱和状态，以保证输出为低电平。如果负载的个数增加，使电流 I_{IL} 增加，引起 V_o 升高，若达到某值后，VT_3 将退出饱和状态进入放大状态，V_o 迅速上升，如图 2.11（c）所示。当 V_o 大于 $V_{OL(max)}$ 时，超出了规定的低电平值，逻辑关系被破坏，这是不允许的。因此，对负载的灌电流要予以限制，不得大于输出低电平电流的最大值 $I_{OL(max)}$。为了保证与非门的输出 V_{OL} 保持在 0.4 V 之内，所能驱动同类门的个数为

$$N_{OL} = \frac{I_{OL(max)}}{I_{IL(max)}} \tag{2.1}$$

N_{OL} 称为输出低电平时的扇出系数。

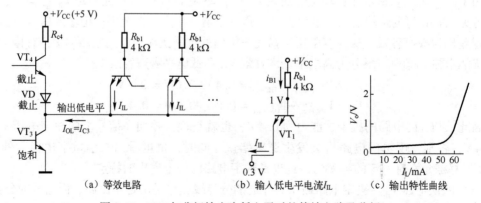

（a）等效电路　　　（b）输入低电平电流 I_{IL}　　　（c）输出特性曲线

图 2.11　TTL 与非门输出为低电平时的等效电路及分析

2）拉电流负载

TTL 与非门输出为高电平时的等效电路如图 2.12（a）所示。负载电流方向是由输出端流向负载，此输入高电平电流 I_{IH} 称为拉电流。

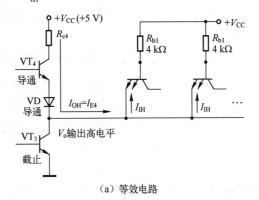

（a）等效电路

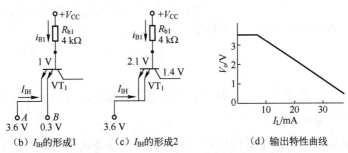

（b）I_{IH} 的形成 1　　　（c）I_{IH} 的形成 2　　　（d）输出特性曲线

图 2.12　TTL 与非门输出为高电平时的等效电路及分析

高电平电流 I_{IH} 的形成有以下两种情况。

（1）发射结间构成的寄生三极管效应电流。如图 2.12（b）所示，当与非门一个输入端（如 A 端）接高电平，其他输入端接低电平，发射结间构成寄生三极管。这时 $I_{IH} = \beta_p i_{B1}$，β_p 为寄生三极管的电流放大系数，β_p 远小于 1。

（2）VT_1 倒置工作状态的反偏电流。如图 2.12（c）所示，当与非门的输入端全接高电平，这时，VT_1 的集电结正偏，发射结反偏，I_{IH} 极小。

综上所述，I_{IH} 的数值比较小，产品规定 $I_{IH} < 40\ \mu A$。

在正常情况下，VT_4 作为射极跟随器工作在放大区。但当负载的个数增加，使电流 I_{IL} 增加较大时，R_{c4} 上压降较大，引起 V_{c4} 下降较大，使 VT_4 进入饱和状态，VT_4 作为射极跟随器失去跟随作用，输出电压随着负载电流增加而线性下降，如图 2.12（d）所示。当输出电压下降超出 $V_{OH(min)}$ 时，则造成逻辑错误。因此，对拉电流也要限制，不得大于输出高电平电流的最大值 $I_{OH(max)}$。这样当 TTL 门电路输出高电平时，扇出系数为

$$N_{OH} = \frac{I_{OH(max)}}{I_{IH(max)}} \tag{2.2}$$

N_{OH} 称为输出高电平时的扇出系数。

【例 2.1】若已查得 7410 与非门的参数为：$I_{OL(max)} = 16\ mA$，$I_{IL(max)} = 1.6\ mA$，$I_{OH(max)} = 0.4\ mA$，$I_{IH(max)} = 0.04\ mA$，试计算带同类门的扇出系数。

解：根据式（2.1）可以计算输出低电平时的扇出系数

$$N_{OL} = 16\,\text{mA}/1.6\,\text{mA} = 10$$

根据式（2.2）可计算出输出高电平时的扇出系数

$$N_{OH} = 0.4\,\text{mA}/0.04\,\text{mA} = 10$$

可见，此时 $N_{OL} = N_{OH}$。当 $N_{OL} \neq N_{OH}$ 时，工程上取较小的值作为电路的扇出系数，用 N_O 表示。

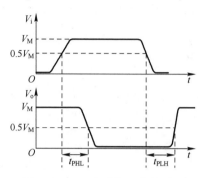

图 2.13　TTL 与非门的传输时间

5. TTL 与非门的平均传输延迟时间 t_{pd}

当与非门输入一个脉冲波形时，其输出波形有一定的延迟，如图 2.13 所示，定义了以下两个延迟时间。

导通延迟时间 t_{PHL}：从输入波形上升沿的中点到输出波形下降沿的中点所经历的时间。

截止延迟时间 t_{PLH}：从输入波形下降沿的中点到输出波形上升沿的中点所经历的时间。

TTL 门电路的平均传输延迟时间 t_{pd} 是 t_{PHL} 和 t_{PLH} 的平均值，即

$$t_{pd} = \frac{t_{PLH} + t_{PHL}}{2} \tag{2.3}$$

t_{pd} 越小，说明工作速度越快。一般 TTL 门电路的传输延迟时间 t_{pd} 的值为几 ns。

6. 其他 TTL 门电路

TTL 与非门的输入和输出级结构具有 TTL 门电路代表特征，例如图 2.14 和 2.15 所示的 TTL 非门电路和 TTL 或非门电路。可见，TTL 门电路的特性一致性较好。

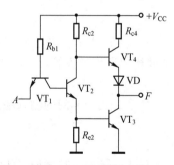

图 2.14　TTL 非门电路

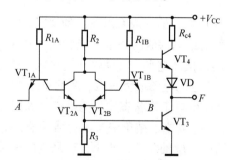

图 2.15　TTL 或非门电路

2.3.3　标准 TTL 集成逻辑门的改进系列及参数

（1）74 系列。即标准 TTL 系列，属中速 TTL 器件，其平均传输延迟时间约为 9 ns，平均功耗约为 10 mW/门。

（2）74L 系列。为低功耗 TTL 系列，又称 LTTL 系列。用增加电阻阻值的方法将电路的平均功耗降低为 1 mW/门，但平均传输延迟时间较长，约为 33 ns。

（3）74H 系列。为高速 TTL 系列，又称 HTTL 系列。与 74 系列相比，电路结构上主要作了两点改进：一是输出级采用了达林顿结构；二是大幅度地降低了电路中的电阻阻值。从而提高了工作速度和负载能力，但电路的平均功耗增加了。该系列的平均传输延迟时间约为

6 ns，平均功耗约为 22 mW/门。

（4）74S 系列。为肖特基 TTL 系列，又称 STTL 系列。图 2.16 为 74S 系列与非门的电路，与 74 系列与非门相比较，为了进一步提高速度主要做了以下三点改进。

① 输出级采用了达林顿结构，VT_4、VT_5 组成复合管电路，替代原来的 VT_4 和 VD，降低了输出高电平时的输出电阻，有利于提高速度，也提高了带负载的能力。

② 采用了抗饱和三极管。抗饱和三极管由双极型三极管和肖特基势垒二极管（Schottky barrier diode，SBD）组成，如图 2.17 所示。肖特基势垒二极管具有两个特点：一是正向压降较小，为 0.1~0.3 V；二是本身没有电荷存储作用，开关速度快。把 SBD 并接在 NPN 型三极管的 b 和 c 两个电极上，当三极管集电结正向偏置时，SBD 导通，把集电正向电压钳位在 0.3 V 左右，同时 SBD 将三极管基极的过驱动电流分流至集电极，有效地避免了三极管进入深饱和状态而工作在临界饱和状态，从而大大提高了工作速度。

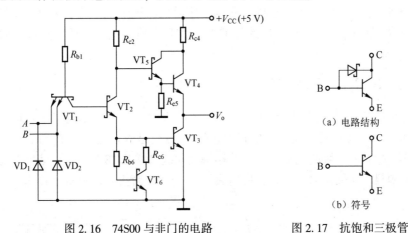

图 2.16　74S00 与非门的电路　　　　图 2.17　抗饱和三极管

③ 用 VT_6、R_{b6}、R_{C6} 组成的"有源泄放电路"代替了原来的 R_{e2}。另外，输入端的两个二极管 VD_1、VT_2 用于抑制输入端出现的负向干扰，起保护作用。

由于采取了上述措施，74S 系列的延迟时间缩短到 3 ns，但电路的平均功耗较大，约为 19 mW。

（5）74LS 系列（low-power Schottky TTL）。为低功耗肖特基系列，又称 LSTTL 系列。电路中采用了抗饱和三极管和专门的肖特基势垒二极管来提高工作速度，同时通过加大电路中电阻的阻值来降低电路的功耗，从而使电路既具有较高的工作速度，又有较低的平均功耗。其平均传输延迟时间为 9.5 ns，平均功耗约为 2 mW/门。该系列被广泛应用。

（6）74AS 系列。为先进肖特基系列，又称 ASTTL 系列，它是 74S 系列的后继产品，在 74S 系列的基础上大大降低了电路中的电阻阻值，从而提高了工作速度。其平均传输延迟时间为 1.7 ns，但平均功耗较大，约为 8 mW/门。

（7）74ALS 系列（advanced low-power Schottky TTL）。为先进低功耗肖特基系列，又称 ALSTTL 系列，是 74LS 系列的后继产品，在 74LS 系列的基础上通过增大电路中的电阻阻值、改进生产工艺和缩小内部器件的尺寸等措施，降低了电路的平均功耗，提高了工作速度。其平均传输延迟时间约为 4 ns，平均功耗约为 1.2 mW/门。

（8）74F 系列（Fast TTL）在速度和功耗上介于 74AS 和 74ALS 之间，为设计人员提供一种速度和功耗折中的一种选择。附录 A 中的表 A.1 给出了不同系列 TTL 两输入与非门的性能参数。

2.4　MOS 管门电路

用 MOS 场效应管（简称 MOS 管）作为开关元件的逻辑电路总称为 MOS 管（集成）门电路。MOS 管门电路是在 TTL 门电路问世之后开发出的第二种广泛应用的数字集成器件。

MOS 管分为 NMOS 管和 PMOS 管。MOS 管门电路主要包括 PMOS 管、NMOS 管和 CMOS 管三种门电路。其中，CMOS 管门电路是将 PMOS 管和 NMOS 管按照互补对称推挽的形式构成的门电路，故 CMOS 管门电路称为互补对称 MOS 管门电路。最常用的 CMOS 管门电路有 CMOS 反相器、CMOS 与非门和 CMOS 或非门等，其中 CMOS 反相器是 MOS 管门电路的基本结构。MOS 管门电路具有电压控制范围宽、功耗低、抗干扰能力强和可高度集成等优点，在大规模的集成电路中，主要采用的是 CMOS 管门电路，这已经成为集成电路工艺的发展趋势。

2.4.1　MOS 管及其开关特性

MOS 管按所用材料可分为 P 沟道和 N 沟道两大类，由于采用的工艺不同，又分成增强型和耗尽型两种。被广泛应用于门电路工艺的 MOS 管是 N 沟道增强型和 P 沟道增强型两类 MOS 管。这两类 MOS 管的表示符号和转移特性曲线如图 2.18 所示，D 表示漏极，G 表示栅极，S 表示源极，B 表示衬底，箭头向里表示 N 沟道，箭头向外表示 P 沟道。

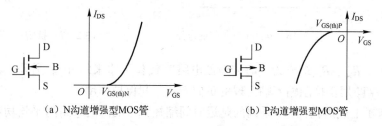

（a）N沟道增强型MOS管　　　　　　　　　（b）P沟道增强型MOS管

图 2.18　增强型 MOS 管的表示符号和转移特性曲线

在使用中，P 沟道衬底接电路中最高电平；而 N 沟道衬底接电路中最低电平。由转移特性曲线可见，N 沟道增强型 MOS 管的开启电压 $V_{GS(th)N}$ 为正值，而 P 沟道增强型 MOS 管的开启电压 $V_{GS(th)P}$ 为负值，并且当栅源电压 V_{GS} 大于 $V_{GS(th)N}$（N 沟道）或 V_{GS} 小于 $V_{GS(th)P}$（P 沟道）比较多的情况下，漏源电流 I_{DS} 比较大，也就是漏源导通电阻 R_{ON} 比较小。

1. NMOS 非门

当 MOS 管工作在大信号条件下时，可以通过栅源电压 V_{GS} 来控制其漏、源之间的导通或截止，使 MOS 管工作在开、关状态。如图 2.19 所示，N 沟道增强型 MOS 管开关电路中，如果 $V_{GS}<V_{GS(th)N}$，则 MOS 管工作于截止区，漏、源之间相当于断开，输出端电平近似为电源电压，即 $V_{DS}\approx V_{DD}$。若 $V_{GS}>V_{GS(th)N}$，则 MOS 管工作在导通区，漏、源之间导通电阻为 R_{ON}，输出电平为 $V_{DS}=\dfrac{V_{DD}}{R_D+R_{ON}}\cdot R_{ON}$。因为 R_{ON} 比较小，只要选择 $R_D\gg R_{ON}$，则 $U_{DS}\approx 0\,\mathrm{V}$。可见，该电路实现了非逻辑。

2. PMOS 非门

P 沟道增强型 MOS 管的开关运用，根据 PMOS 管的转移特性曲线，分析方法与 NMOS 非门完全相同，如图 2.20 所示。这里不再赘述。

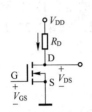

图 2.19　NMOS 非门电路

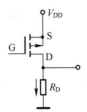

图 2.20　PMOS 非门电路

2.4.2　CMOS 反相器

1. COMS 反相器的电路结构与工作原理

CMOS 反相器就是用 MOS 管构成的非门电路，是构成各种 CMOS 管门电路的基本单元电路，其电路原理图如图 2.21 所示。电路中 P 沟道增强型 MOS 管 TP 作为 N 沟道增强型 MOS 管 TN 的有源负载，它们的漏极接在一起作为反相器的输出端，栅极接到一起作为反相器的输入端。CMOS 反相器采用正电源供电，P 沟道 MOS 管的源极接电源正极 V_{DD}，N 沟道 MOS 管源极接地，要求电源电压大于两个管子的开启电压绝对值之和（$V_{DD} > V_{GS(th)N} + |V_{GS(th)P}|$）。其中，NMOS 管的开启电压为正值；PMOS 管的开启电压为负值。VD_1 和 VD_2 是保护二极管，确保输入限定在 -0.7 V 与 $V_{DD} + 0.7\text{ V}$ 之间。

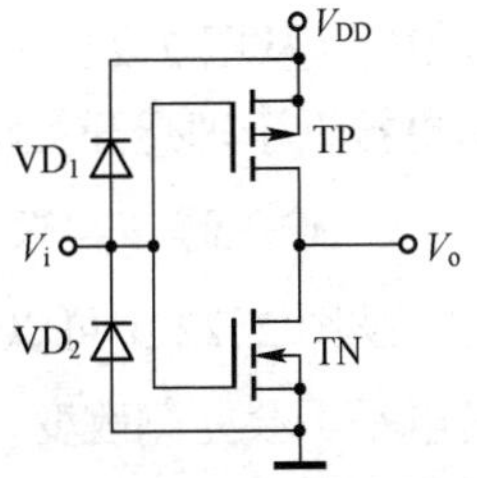

下面分析其工作原理。

（1）当输入电压 V_i 为高电平时，TP 的栅源电压不满足开启电压绝对值 $|V_{GS(th)P}|$ 条件，而 TN 的栅源电压大于开启电压，所以 TN 导通，TP 截止。导通管的导通内阻（在 V_{GSN} 足够大时）可小于 $1\text{ k}\Omega$；截止管内阻高达 $10^8 \sim 10^9\ \Omega$，因此反相器输出低电平 V_{OL}，$V_{OL} \approx 0\text{ V}$。

图 2.21　CMOS 反相器的电路原理图

CMOS 反相器输出低电平时，其等效电路见图 2.19。V_i 越大，输出电阻越小，反相器带负载能力越强。当 $V_i = V_{IH} = V_{DD}$ 时，输出电阻值接近 0。

（2）当输入电压 V_i 为低电平时（$V_i = V_{IL} = 0\text{ V}$）。TP 的栅源电压的绝对值大于其开启电压绝对值 $|V_{GS(th)P}|$，且 V_{GS} 为负值；而 TN 的栅源电压小于其开启电压，所以 TN 截止，TP 导通，故反相器输出高电平 V_{OH}，且 $V_{OH} = V_{DD}$。CMOS 反相器输出高电平时，其等效电路见图 2.20。

可见，上述电路的 CMOS 反相器输入输出具有逻辑非的功能。无论是高电平输入还是低电平输入，MOS 管 TN 和 TP 总有一个导通，另外一个截止，只有在两管转换瞬间，两管同时导通，即 CMOS 反相器从一种稳定状态突然转变到另一种稳定状态过程中产生的功耗，但是由于同时导通时间极短，故 CMOS 反相器平均功耗极小。这也是 CMOS 管门电路最显著的一个优点。

由于实际的数字集成逻辑门器件都是带有缓冲级的逻辑门电路，其输入和输出的缓冲级都是 CMOS 反相器，所以只要理解 CMOS 反相器的电性能参数，就可以知道其他各种门电路的电性能参数。

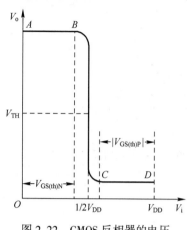

图 2.22 CMOS 反相器的电压传输特性曲线

2. 电压传输特性

CMOS 反相器的电压传输特性是指输入电压和输出电压的关系曲线，如图 2.22 所示。横坐标是输入电压 V_i，纵坐标是输出电压 V_o。$V_{DD} > V_{GS(th)N} + |V_{GS(th)P}|$，且 $V_{GS(th)N} = |V_{GS(th)P}|$，TN 和 TP 具有相同的导通内阻 R_{ON} 和截止内阻 R_{OFF}。

当反相器工作在 AB 段时，$V_i < V_{GS(th)N}$，而 $|V_{GSP}| > |V_{GS(th)P}|$，故 TP 导通并工作在低内阻区，TN 截止，输出电压 $V_o = V_{OH} \approx V_{DD}$。

当反相器工作在 CD 段时，$V_i > V_{DD} - |V_{GS(th)P}|$，即 $|V_{GSP}| < |V_{GS(th)P}|$，故 TP 截止；而 $U_{GSN} > V_{GS(th)N}$，故 TN 导通，$V_o = V_{OL} \approx 0V$。

当反相器工作在 BC 段时，$V_{GS(th)N} < V_i < V_{DD} - |V_{GS(th)P}|$，故 $V_{GSN} > V_{GS(th)N}$，$|V_{GSP}| > |V_{GS(th)P}|$，TN 和 TP 同时导通。设 TN 和 TP 参数完全对称，则当 $V_i = 1/2V_{DD}$ 时两管的导通内阻相等，$V_o = 1/2V_{DD}$，所以反相器的阈值电压为 $V_{TH} = 1/2V_{DD}$。从图 2.22 中可以看出，CMOS 反相器的电压传输特性曲线的转折区变化率很大，所以更接近于理想开关特性。

3. 输入噪声容限

从图 2.22 中可以看出，当输入电压从正常的低电平（$V_{OL} \approx 0 V$）逐渐升高时，输出的高电平不会立刻改变。同样，当输入电压从正常的高电平（$V_{OH} \approx V_{DD}$）逐渐降低时，输出的低电平也不会立即改变。所以在保证输出高、低电平基本不变的条件下，允许输入信号的高、低电平的波动范围，称为输入噪声容限。

图 2.23 给出了噪声容限的计算方法。在实际应用中都是多个门电路互相连接组成系统，前一级门电路的输出接后一级门电路的输入，根据输出高电平的最小值 $V_{OH(min)}$ 和输入高电平的最小值 $V_{IH(min)}$ 可以求出输入为高电平时的噪声容限 $V_{NH} = V_{OH(min)} - V_{IH(min)}$。

同理，根据输出低电平的最大值 $V_{OL(max)}$ 和输入低电平的最大值 $V_{IL(max)}$ 可以求得输入为低电平时的噪声容限 $V_{NL} = V_{IL(max)} - V_{OL(max)}$。

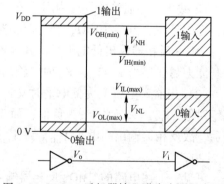

图 2.23 CMOS 反相器输入噪声容限示意图

在 CMOS 数字系统中，由于 MOS 管为电压控制器件，基本不吸收电流。在输出的高、低电平变化小于限定的 $10\% V_{DD}$ 情况下，输入信号的高、低电平允许变化量小于 $30\% V_{DD}$。故 $V_{NL} = V_{NH} = 20\% V_{DD}$。可见在 CMOS 管门电路中，适当地提高 V_{DD} 可以增大噪声容限。

4. CMOS 反相器的传输延迟时间 t_{PLH} 和 t_{PHL}

由于 CMOS 反相器内部的 MOS 管的电极之间存在寄生电容，反相器的负载也有负载电容，根据 RC 电路对交流信号具有移相的作用可知，当输入信号发生跳变时，输出信号（电容两端）一定滞后于输入信号的变化。输出电压变化落后于输入电压变化的时间称为传输延迟时间，将输出电压由高电平跳变到低电平的传输延迟时间记为 t_{PHL}，将输出电压由低电平跳变到高电平的传输延迟时间记为 t_{PLH}。在 CMOS 管门电路中，用输出电压最大幅度的 1/2 和输入电压最大幅度的 1/2 两点间的时间间隔来定义 t_{PLH} 和 t_{PHL}，如图 2.24 所示。CMOS 管门电路中，一般 t_{PLH} 和 t_{PHL} 相等，所以经常用平均传输延迟时间 t_{pd} 来表示 t_{PLH} 和 t_{PHL}。平均传输延迟时间反映 CMOS 反相器的速度，在设计应用选用器件时必须参考这个参数。

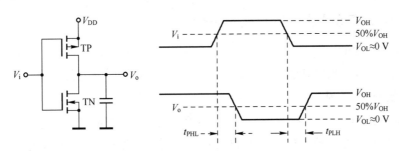

图 2.24 CMOS 反相器的传输延迟时间

2.4.3 CMOS 管与非门电路和 CMOS 管或非门电路

下面再举两个 CMOS 管门电路的例子。

1. CMOS 管与非门电路

如图 2.25 所示，将两个 PMOS 管 VT_3 和 VT_4 的源极和漏极分别并联，两个 NMOS 管 VT_1 和 VT_2 串联就构成了一个二输入 CMOS 管与非门电路。其中，VT_1 和 VT_2 为驱动管，VT_3 和 VT_4 为负载管，输入端 A 和 B 都分别连接到一个 NMOS 管和一个 PMOS 管的栅极。可以看出当 A 和 B 只要有一个为低电平（逻辑 0）时，对应的 NMOS 管呈现截止状态，而对应的 PMOS 管导通，故输出端 Y 为高电平（逻辑 1）；只有当 A 和 B 全为高电平（逻辑 1）时，VT_1 和 VT_2 才全部导通，VT_3 和 VT_4 全部截止，输出端 Y 为低电平（逻辑 0）。所以电路实现与非逻辑功能，是一个与非门电路，即 $Y=\overline{AB}$。图 2.25 中略去了各个输入的保护二极管。

2. CMOS 管或非门电路

如图 2.26 所示，将两个 CMOS 反相器的开关管部分并联，负载管部分串联就构成了或非门电路。当输入端 A 和 B 有高电平（逻辑 1）时，相并联的 NMOS 管 VT_1 和 VT_2 至少有一个导通，相串联的 PMOS 管都截止，故输出端 Y 为低电平（逻辑 0）；当输入端 A 和 B 均为低电平（逻辑 0）时，NMOS 管 VT_1 和 VT_2 均截止，PMOS 管 VT_3 和 VT_4 均导通，故输出端 Y 为高电平（逻辑 1）。所以此电路实现或非逻辑功能，是一个或非门电路，即 $Y=\overline{A+B}$。同样，图 2.26 中略去了各个输入的保护二极管。

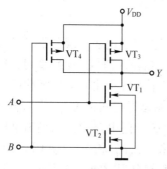

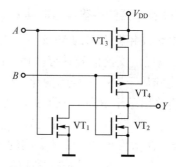

图 2.25　CMOS 管与非门电路　　　图 2.26　CMOS 管或非门电路

2.4.4　CMOS 集成逻辑门的种类及参数

由于微电子技术的不断发展，促使 CMOS 制造工艺水平不断改进，CMOS 电路各方面的性能也得到了迅速提高。按照其性能指标的逐步提升，使 CMOS 集成电路产生出不同的系列。

1. 标准型 4000 系列

标准型 4000 系列是我国投放市场的 CMOS 集成电路，其最大特点是工作电源电压范围宽（3~18 V）、功耗小、速度较低（传输延迟时间可达 100 ns）、带负载能力差，输出负载电流只有 0.5 mA。目前已经逐渐被 74HC/HCT 系列产品所取代。

2. 74HC/HCT 系列

74HC（High-Speed CMOS）系列和 74HCT（High-Speed CMOS, TTL Compatible）系列是高速 CMOS 标准逻辑电路系列，具有与 74LS 系列同等的工作速度（约 10 ns）和 CMOS 集成电路固有的低功耗及电源电压范围宽等特点。74HC×××是 74LS×××同序号的翻版，型号最后几位数字相同，表示电路的逻辑功能、管脚排列完全兼容。HC/HCT 系列的带负载能力提高到了 4 mA 左右。74HC 系列和 74HCT 系列的区别主要是工作电压范围和输入信号电平要求，74HC 系列工作电源电压范围是 2~6 V，不能与 TTL 门电路混用，而 74HCT 系列与 TTL 门电路完全兼容，可以混合使用。该系列是目前最常用的集成逻辑门电路。

本书相关部分也将以 74HC 系列为基础进行数字逻辑电路设计。

3. 74AHC/AHCT 系列

74AHC（Advanced High-Speed CMOS）系列又称改进高速 CMOS 集成电路系列。该系列与 74HC/HCT 系列完全兼容，而且较 74HC 系列工作速度提高一倍，带负载能力也提高近一倍。74AHCT 系列与 74AHC 系列性能相同，并且和 TTL 门电路兼容。

4. 74LVC/ALVC 系列

74LVC（Low Voltage CMOS）系列是低压 CMOS 逻辑系列，工作电压为 1.65~3.3 V，传输延迟时间缩短到 3.8 ns，负载驱动电流提高到 24 mA。74ALVC（Advanced Low-Voltage CMOS）系列比 74LVC 系列在速度上又有所提高，其他方面的性能也有所改进，是目前性能最好的 CMOS 逻辑门集成电路系列。

附录 A 中的表 A.2 给出了不同系列 CMOS 反相器的主要性能参数，通过这些参数可以计算 CMOS 集成逻辑门的扇出系数等，计算方法同 TTL 门电路一样。

2.5　三态门及应用

数字系统的数据总线中经常用到三态门电路，三态门电路的输出端除了有高、低电平这两个逻辑状态外，还有第三个状态，即高阻态。高阻态用 Z（或 z）表示。

当门电路的拉电流输出开关管导通而灌电流开关管截止时，输出为高电平，反之就是低电平。如果两个开关管都截止时，输出端就相当于浮空（没有电流流动），其电平随外部电平高低而定，即该门电路放弃对输出端电路的控制，电路进入高阻态。也就是说，高阻态可做开路理解，尽管高阻态不是真的开路，而实际应用上与引脚的悬空几乎是一样的。

2.5.1　三态门的结构及工作原理

1. 晶体管三态门的结构及原理

如图 2.27 所示，当 $\overline{EN}=0$ 时，非门 G 输出为 1，VD_1 截止，与 P 端相连的 VT_1 的发射结也截止。三态门按逻辑非工作，输出 $Y=\overline{A}$，称为正常工作状态。

当 $\overline{EN}=1$ 时，非门 G 输出为 0，即 $V_P=0.3\,V$，这一方面使 VD_1 导通，$V_{c2}=1\,V$，VT_4 和 VD 截止；另一方面使 $V_{b1}=1\,V$，VT_2、VT_3 也截止。这时从输出端 Y 看进去，对地和对电源都相当于开路。所以称这种状态为高阻态。

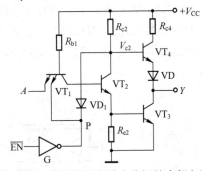

图 2.27　晶体管三态输出非门的内部电路

这种 $\overline{EN}=0$ 时处于正常工作状态的三态门称为低电平有效的三态门，其逻辑符号如图 2.28 所示。

表 2.1　三态反相器的真值表

$\overline{EN}$	A	Y
1	×	Z
0	0	1
0	1	0

表 2.1 是三态反相器的真值表。对于国标符号，三态控制输入端的小圆圈代表低电平有效，即当其为低电平时，电路处于正常工作状态；输出端的小圆圈表示正常工作是输出 Y 和输入 A 是反相的关系。而当输出端 Y 处没有小圆圈时，表示正常工作时 Y 与 A 逻辑状态相同。

如果将图 2.27 中的非门 G 去掉，则使能端 EN＝1 时为正常工作状态，EN＝0 时为高阻状态，这种三态门称为高电平有效的三态门，逻辑符号如图 2.29 所示。

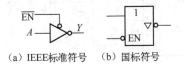

（a）IEEE标准符号　　（b）国标符号

图 2.28　低电平使能三态门的逻辑符号

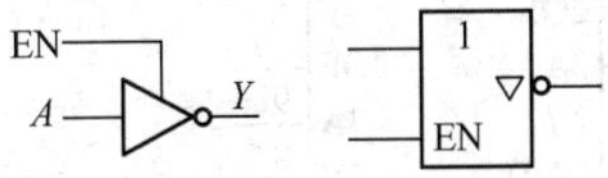

（a）IEEE标准符号　　（b）国标符号

图 2.29　高电平使能三态门的逻辑符号

2. MOS 管三态门的结构及原理

图 2.30 所示为 MOS 管三态输出反相器的电路结构图，具有 A 和 $\overline{EN}$ 两个输入端，其中，A 为逻辑输入端，$\overline{EN}$ 为三态控制端。当 $\overline{EN}=0$ 时，如果 A 为高电平，则与非门 G_4 和或非门

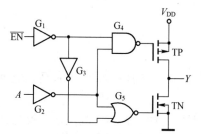

图 2.30 MOS 管三态输出反相器的电路结构图

G_5 输出均为高电平，故 TP 截止，TN 导通，输出 Y 为低电平；如果 A 为低电平，则 G_4 和 G_5 输出均为低电平，故 TP 导通，TN 截止，输出 Y 为高电平。所以 $Y=\overline{A}$ 反相器处于正常工作状态。而当 $\overline{EN}=1$ 时，无论输入端 A 是高电平还是低电平，G_4 输出高电平，而 G_5 输出低电平，TP 和 TN 均处于截止状态，输出呈现高阻态。

如果将图 2.30 中的非门 G_1 去掉，电路则变为高电平使能控制的三态非门电路。

2.5.2 三态门的应用

三态输出非门的输入端先经过一个非门，则构成三态缓冲器，简称缓冲器，如图 2.31 所示。当 $\overline{EN}=0$ 时，$Y=A$；当 $\overline{EN}=1$ 时，$Y=Z$。将三态缓冲器接至任何逻辑电路的输出端，则原电路的输出就具备了三态控制功能。

74HC125 是十分常用的具有 4 个低电平使能的缓冲器芯片；74HC126 是具有 4 个高电平使能的缓冲器芯片；74HC244 具有 8 个三态缓冲器，并被分成 2 组，4 个一组，每组 1 个高电平使能公共使能端。这三个芯片的引脚及内部结构分别如图 2.32、图 2.33 和图 2.34 所示。

（a）三态缓冲器的内部结构图

（b）三态缓冲器的电路符号

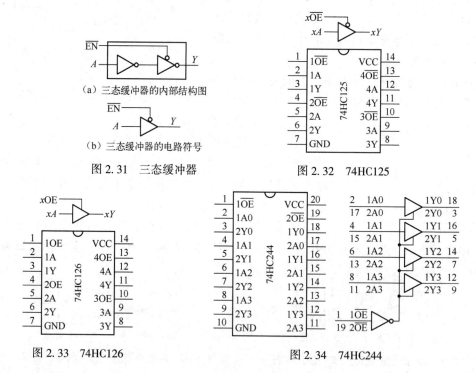

图 2.31 三态缓冲器

图 2.32 74HC125

图 2.33 74HC126

图 2.34 74HC244

三态缓冲器常用总线分时复用的切换来实现和多个外围设备进行数据交换，电路如图 2.35 所示，其中的 G_1，G_2，…，G_n 均为高电平使能三态门。只要工作过程中控制各个三态门的 EN 控制端轮流为 1（有效），就可以通过三态缓冲器轮流的将不同外围设备的数据传到数据总线上，并且保证互不干扰。

如图 2.36 所示，三态门的这种连接方式可以实现数据的双向传输。当 EN = 1 时，G_1 工作而 G_2 处于高阻态，电路内部的数据 D_0 经过 G_1 传到数据总线；当 EN = 0 时，G_1 处于高阻态而 G_2 工作，来自总线上的数据经过 G_2 传输到电路中，从而实现数据的双向传输。

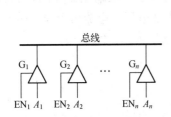
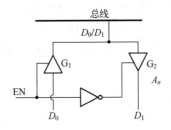

图 2.35 基于三态缓冲器的总线切换　　　　图 2.36 双向传输数据总线结构三态门反相器

74HC245 是 8 路双向总线驱动器，其 DIR 引脚用于控制方向。$\overline{\text{OE}}$ 为输出能使控制引脚，低有效。74HC245 的引脚及逻辑功能如图 2.37 所示。驱动器是增强型的缓冲器，具有更强的扇出系数能力。

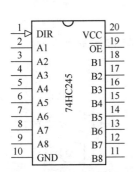
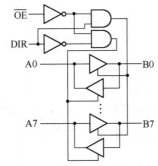

输入		输入/输出	
$\overline{\text{OE}}$	DIR	A_n	B_n
L	L	$A=B$	输入
L	H	输入	$B=A$
H	X	Z	Z

图 2.37 74HC245 的引脚及内部逻辑功能

2.6 OC 门、OD 门及应用

在工程实践中，有时需要将几个门的输出端并联到同一总线使用，以实现逻辑与运算，且要求都输出 1 的时候，总线才为高电平，称为"线与"。一般推挽结构的 TTL 门电路和 CMOS 管门电路的输出结构决定了它不能进行"线与"。以图 2.38 所示的 TTL 门电路为例，当有逻辑 1 和逻辑 0 同时输出时，形成一个低阻通路，产生很大的电流，输出既不是高电平也不是低电平，电源与地近似短路，逻辑功能将被破坏，还可能烧毁器件。本节讲述用于实现"线与"功能的集电极开路（open collector，OC）门和漏极开路（open drain，OD）门。

2.6.1 OC 门的电路结构

图 2.39（a）是一种集电极开路 TTL 与非门电路，电路符号如图 2.39（b）所示。与前面介绍的与非门不同，不同之处在于用外接电阻 R_p 代替了原来的 VT_4、VD 和 R_{c4} 部分。R_p 和 VT_3 构成的三极管非门电路是实现"线与"功能的关键电路。上拉电阻 R_p 作为高电平输出的输出阻抗，即使高低电平直接相连也不会烧毁器件，且总线上有低电平输出就会通过

VT₃ 将总线拉至低电平。要注意的是，OC 门在使用中必须加外接上拉电阻 R_p 才能工作，以保证 OC 门输出满足要求的高电平和低电平，所以称为 OC 门。如图 2.40 所示，任何逻辑电路的输出连接图中虚线的结构，就变为 OC 门输出。

两个 OC 门实现"线与"的电路如图 2.41 所示。当两个门的输出 Y_1 和 Y_2 均为高电平时，其输出 Y 为高电平。Y_1 和 Y_2 有一个为低电平时，Y 为低电平，电流由上拉电阻和输出低电平门的三极管流入地，而不会烧毁。显然完成的是"与"运算，即 $Y=Y_1 \cdot Y_2$。

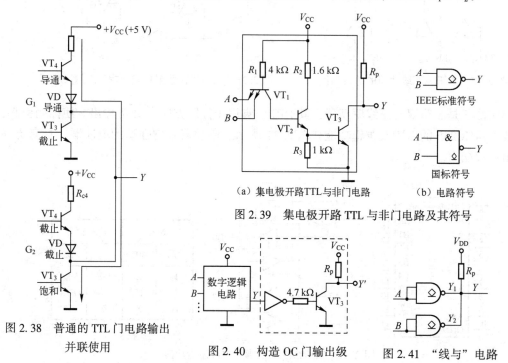

图 2.38　普通的 TTL 门电路输出
并联使用

（a）集电极开路TTL与非门电路　　（b）电路符号

图 2.39　集电极开路 TTL 与非门电路及其符号

图 2.40　构造 OC 门输出级　　　图 2.41　"线与"电路

假定有 n 个 OC 门的输出端并联，后面接 m 个普通的 TTL 与非门作为负载，如图 2.42 所示，则 R_p 的选择按以下两种最坏情况考虑。

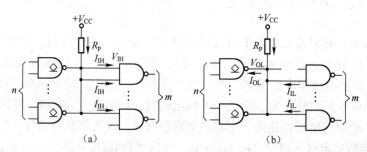

图 2.42　外接上拉电阻 R_p 的选择

一种情况如图 2.42（a）所示，当所有的 OC 门都通过 R_p 上拉输出为高电平时，R_p 不能太大。如果 R_p 太大，则其压降太大，输出高电平就会太低。因此当 R_p 为最大值时要保证输出电压为 $V_{IH(min)}$，由

$$V_{CC} - V_{IH(min)} = m \cdot I_{IH} \cdot R_{p(max)}$$

得

$$R_{\text{p(max)}} = \frac{V_{\text{CC}} - V_{\text{IH(min)}}}{m \cdot I_{\text{IH}}} \tag{2.4}$$

式中：$V_{\text{IH(min)}}$ 是 OC 门输出高电平的下限值；I_{IH} 是负载的输入高电平电流；m 是负载输入端的个数（不是负载门的个数）。因 OC 门中的 VT_3 都截止，几乎没有电流流入 OC 门。

另一种情况是 OC 门中至少有一个输出低电平。考虑最坏情况，即只有一个 OC 门导通，如图 2.42（b）所示。这时 R_p 不能太小，如果 R_p 太小，则灌入导通的那个 OC 门的负载电流超过 $I_{\text{OL(max)}}$，就会使 OC 门的 VT_3 脱离饱和，导致输出低电平上升。因此当 R_p 为最小值时要保证输出电压为 $V_{\text{OL(max)}}$，由

$$I_{\text{OL(max)}} = \frac{V_{\text{CC}} - V_{\text{OL(max)}}}{R_{\text{p(min)}}} + m' \cdot I_{\text{IL}}$$

得

$$R_{\text{p(min)}} = \frac{V_{\text{CC}} - V_{\text{OL(max)}}}{I_{\text{OL(max)}} - m' \cdot I_{\text{IL}}} \tag{2.5}$$

式中：$V_{\text{OL(max)}}$ 是 OC 门输出低电平的上限值；$I_{\text{OL(max)}}$ 是 OC 门输出低电平时的灌电流能力；I_{IL} 是负载门的输入低电平电流；m' 是负载门输入端的个数。

综合以上两种情况，R_p 可由下式确定。一般，R_p 应选几千欧姆的电阻。

$$R_{\text{p(min)}} < R_p < R_{\text{p(max)}} \tag{2.6}$$

2.6.2　OD 门的电路结构

推挽输出 CMOS 管门电路两个对称的功率开关管（一个 PMOS 管和一个 NMOS 管）每次只有一个导通，所以导通损耗小效率高。输出既可以向负载灌电流，也可以从负载抽取电流。如果把 PMOS 管去掉，就形成漏极开路形式的电路，简称开漏输出门，即 OD 门。开漏输出门电路如图 2.43 所示。OD 门工作时，和 OC 门一致，必须在输出端外接上拉电阻至电源上，以提供高电平输出。

设 NMOS 管 TN 的导通电阻和截止电阻分别为 R_{ON} 和 R_{OFF}，只要选择上拉电阻 R_p 满足 $R_{\text{ON}} \ll R_p \ll R_{\text{OFF}}$，就可以使得 TN 导通时输出正确的低电平 $V_{\text{OL}} \approx 0$ V，TN 截止时输出正确的高电平 $V_{\text{OH}} \approx V_{\text{DD}}$。

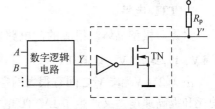

图 2.43　开漏输出门电路

将多个开漏输出的引脚连接到一条线上，通过一个上拉电阻接到电源上，在不增加任何器件的情况下，形成"线与"逻辑关系。两个与非逻辑的"线与"输出电路如图 2.44 所示，逻辑图与图 2.41 相同。某些数字系统中的总线连接必须采用 OC 门或 OD 门结构，如 I^2C 总线等就是利用"线与"逻辑来实现对总线占用状态判断，从而实现多机通信，I^2C 的两线接口如图 2.45 所示。

请读者思考，在前面的论述中，OC 门或 OD 门都作为输出来分析，那么，参见图 2.44，OC 门或 OD 门的输出引脚同时也作为输入时，应该如何处理？

但是当 OC 门或 OD 门接容性负载时，下降沿是芯片内的晶体管有源驱动，速度较快，而上升延是无源的上拉电阻驱动，低通的作用，速度慢。如果要求速度高，电阻选择要小，功耗会大。所以负载电阻的选择要兼顾功耗和速度。OC 门和 OD 门与推挽输出电路相比，优点是具有"线与"功能和电平转换功能。电平转换功能将在 2.7 节讲述。

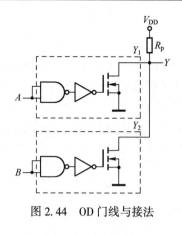

图 2.44　OD 门线与接法

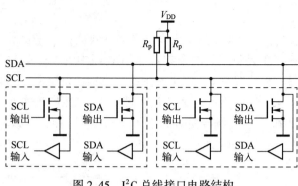

图 2.45　I^{2}C 总线接口电路结构

2.7　逻辑电平接口转换

2.7.1　数字逻辑电平

前面讲过用高电平代表逻辑 1，用低电平代表逻辑 0 称为正逻辑，本书均使用正逻辑。但是电压值究竟在哪个范围表示 1，在哪个范围表示逻辑 0 呢？这就需要知道数字逻辑电平标准。现在常用的逻辑电平标准有 TTL 电平、CMOS 电平、LVTTL 电平、LVCMOS 电平、RS232 电平和 RS485 电平等。下面介绍几种最常用的数字逻辑电平标准，先介绍几个重要的逻辑电平参数。

V_{CC} 为双极型晶体管工艺数字芯片电源供电电压；V_{DD} 为 MOS 管数字芯片电源供电电压；V_{IL} 为输入低电平；V_{IH} 为输入高电平；V_{OL} 为输出低电平；V_{OH} 为输出高电平。数字逻辑电平标准就是规定以上参数的取值范围。

1. TTL 电平

这是双极型晶体管组成的门电路的逻辑电平。供电电压 $V_{CC} = 5\,V$，$V_{OH} \geqslant 2.4\,V$，$V_{OL} \leqslant 0.4\,V$，$V_{IH} \geqslant 2.0\,V$，$V_{IL} \leqslant 0.8\,V$。

由于 2.4 V 和 5 V 之间有很大的空闲空间，对改善噪声容限并没有好处，而且为了降低功耗和提高速度，又产生了 LVTTL 电平。

2. 3.3 V LVTTL（low voltage TTL）电平

$V_{CC} = 3.3\,V$，$V_{OH} \geqslant 2.4\,V$，$V_{OL} \leqslant 0.4\,V$，$V_{IH} \geqslant 2.0\,V$，$V_{IL} \leqslant 0.8\,V$。

3. 2.5 V LVTTL 电平

$V_{CC} = 2.5\,V$，$V_{OH} \geqslant 2.0\,V$，$V_{OL} \leqslant 0.2\,V$，$V_{IH} \geqslant 1.7\,V$，$V_{IL} \leqslant 0.7\,V$。

4. CMOS 电平

与 TTL 门电路相比，CMOS 管门电路有更大的噪声容限，电压范围宽，输入电阻远大于 TTL 输入电阻。

$V_{DD} = 5\,V$，$V_{OH} \geqslant 4.45\,V$，$V_{OL} \leqslant 0.5\,V$，$V_{IH} \geqslant 3.5\,V$，$V_{IL} \leqslant 1.5\,V$。

5. 3.3 V LVCMOS (low voltage CMOS) 电平

$V_{DD}=3.3\,V$，$V_{OH}\geqslant 3.2\,V$，$V_{OL}\leqslant 0.1\,V$，$V_{IH}\geqslant 2.0\,V$，$V_{IL}\leqslant 0.7\,V$。

6. 2.5 V LVCMOS 电平

$V_{DD}=2.5\,V$，$V_{OH}\geqslant 2.0\,V$，$V_{OL}\leqslant 0.1\,V$，$V_{IH}\geqslant 1.7\,V$，$V_{IL}\leqslant 0.7\,V$。

正 5 V 逻辑电平是过去用得最多的一种逻辑电平，但是，随着集成电路工艺技术的不断发展，要求实现更高的速度和更低的功耗，在数字产品中体现出向 3.3 V 电平发展的趋向。目前，5 V 逻辑电平和 3.3 V 逻辑电平集成电路各自发展得都不错，数字电路中难于避免只采用一种电平，因此，数字系统接口设计涉及电平转换问题。

比 2.5 V 更低的逻辑电平主要用在集成电路内部，比如 1.8 V 逻辑电平和 1.2 V 逻辑电平。

2.7.2　TTL 门电路与 CMOS 管门电路的接口

在实际应用中，有时电路需要同时使用 CMOS 管门电路和 TTL 门电路，由于两类电路的电平并不能完全兼容，因此存在相互连接的匹配问题。最常见的就是 TTL 门电路和 CMOS 管门电路的互相驱动问题。CMOS 管门电路和 TTL 门电路之间连接必须满足以下两个条件。

(1) 电平匹配。驱动门输出高电平要大于负载门的输入高电平，驱动门输出低电平要小于负载门的输入低电平。

(2) 电流匹配。驱动门输出的电流要大于负载门的输入电流。

1. CMOS 管门电路驱动 TTL 门电路

只要两者的电压参数兼容，一般情况下不用另加接口电路，仅按电流大小计算扇出系数即可。

2. TTL 门电路驱动 CMOS 管门电路

首先考虑驱动电流条件，TTL 门电路的高电平输出电流至少为 0.4 mA，低电平最小吸收电流都大于 8 mA，而 CMOS 管门电路的高低电平输入电流都在 1 μA 以下，所以用任何一种 TTL 门电路驱动 CMOS 管门电路都可以满足驱动电流条件。

然后考虑逻辑电平条件，74HCT 系列和 74AHCT 系列 CMOS 管门电路与 TTL 门电路完全兼容。因此，可以将 TTL 门电路的输出端直接接到 74HCT 系列和 74AHCT 系列电路的输入端。

但是，当用 TTL 门电路驱动 74HC 系列和 74AHC 系列电路时，虽然 TTL 门电路的 $V_{OL(max)}$ 均低于 74HC 系列和 74AHC 系列的 $V_{IL(max)}$，满足驱动要求，可是 TTL 门电路的 $V_{OH(min)}$ 均低于 74HC 系列和 74AHC 系列的 $V_{IH(min)}$，不能满足要求。为了使得 TTL 门电路的 $V_{OH(min)}$ 高于 74HC 系列和 74AHC 系列的 $V_{IH(min)}$，通常采用将 TTL 门电路的输出端接上拉电阻的方法来提高其 $V_{OH(min)}$，使其大于 CMOS 管门电路的 $V_{IH(min)}$，电路如图 2.46 所示。只要选择合适的 R_p，就可以使 TTL 门电路的输出高电平提高至 CMOS 管门电路的供电电压 V_{DD}，从而满足驱动

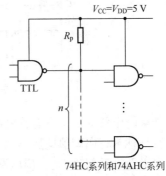

图 2.46　用接入上拉电阻提高 TTL 门电路输出的高电平

要求。

2.7.3　OC 门和 OD 门的电平转换应用

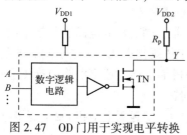

除实现"线与"功能外，OC 门和 OD 门还常用于实现电平转换。上拉电阻的电源电压可以和前级逻辑电路的电源电压不同（如图 2.47 中的 V_{DD1} 和 V_{DD2} 就可以不相等），而且上拉电阻的电源电压决定输出端电平，这样就可以进行所需要的电平转换了。比如将逻辑电平为 3.3 V 数字系统驱动逻辑电平为 5 V 的数字系统就可以通过 OD 门或 OC 门来实现。

图 2.47　OD 门用于实现电平转换

2.8　施密特触发特性与抗干扰设计

实际的数字系统设计，除了具有逻辑功能外，还应当采取一定的抗干扰措施。

1. 多余输入端的处理

集成逻辑门电路在使用时，一般不让多余的输入端悬空，尤其对于 CMOS 管门电路，以防止干扰信号引入。对多余输入端的处理在不改变电路工作状态的条件下，对于 TTL 门电路，以与非门为例，将多余的输入端通过上拉电阻接电源正极，或者将一个反相器的输入端接地，把反相器输出端的高电平接到多余的输入端；对于 CMOS 管门电路，多余输入端可根据需要使之接地或者接电源正极 V_{DD}。

2. 施密特触发特性输入

门电路有一个阈值电压，当输入电压从低电平上升到阈值电压或从高电平下降到阈值电压时电路的状态将发生变化。如图 2.48 所示，当输入电压在阈值电压上下波动时，门电路的输出将发生多次跃变。显然，门电路的输入电压在阈值电压附近具有波动敏感性，容易造成错误输出。

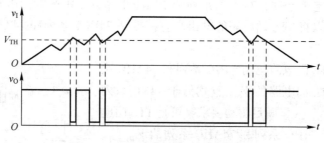

图 2.48　CMOS 非门的输入输出波形

如果门电路的输入具有施密特触发（Schmitt trigger）特性时，则该门电路有两个阈值电压，分别称为正向阈值电压（V_{T+}）和负向阈值电压（V_{T-}）。如图 2.49 所示，在输入信号 v_I 从低电平上升并超过 V_{T+}，门电路才认为输入电平变为了高电平，并按输入电平为高电平产生输出；同理，在输入信号 v_I 从高电平降低并低于 V_{T-}，门电路才认为输入电平变为了低电平，并按输入电平为低电平产生输出。正向阈值电压与负向阈值电压之差称为回差电压。

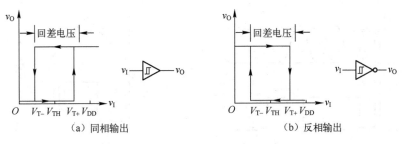

图 2.49 施密特特性输入的电压传输特性

利用施密特触发特性具有两个阈值电压的特点，可以将边沿变化缓慢的信号波形（如锯齿波等）整形为边沿陡峭的矩形波，以及消除叠加在脉冲信号高、低电平上的噪声。

在数字系统中，矩形脉冲经传输后往往发生波形畸变。当传输线上电容较大时，波形的上升沿和下降沿将明显变坏，如图 2.50（a）所示。当传输线较长，而且接收端的阻抗与传输线的阻抗不匹配时，在波形的上升沿和下降沿将产生振荡现象，如图 2.50（b）所示。当其他脉冲信号通过导线间的分布电容或公共电源线叠加到矩形脉冲信号上时，信号上将出现附加的噪声，如图 2.50（c）中所示。混有随机噪声的矩形脉冲信号，如图 2.50（d）所示。

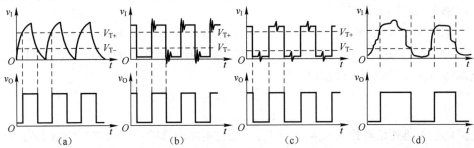

图 2.50 用施密特触发特性对脉冲整形

无论出现上述的哪一种情况，对于不具备施密特触发特性的普通的门电路，在其阈值电压附近的输入都可能导致输出多次翻转，这不是所希望的。然而，这些问题都可以通过用施密特整形而获得比较理想的矩形脉冲波形。由图 2.50 可见，由于回差电压的存在，施密特触发特性可有效阻止输入电压在阈值电压附近出现微小变化引起输出电压的振荡，以及实现对输入信号的或整形。

另外，施密特触发特性也可以用来实现波形变换。如图 2.51 所示输入信号是由直流分量和正弦分量叠加而成的，只要输入信号的幅度大于 V_{T+}，即可到同频率的矩形脉冲信号。再比如输入信号 v_I 为三角波，则经施密特输入门电路后，产生同频的矩形波，如图 2.52 所示。

那么，施密特触发特性是如何实现的呢？实现施密特触发特性的方法很多，但一般通过电路内部的正反馈过程实现。下面通过 COMS 非门构成的施密特触发门电路说明施密特触发特性的原理。如图 2.53 所示，将两级反相器串联起来，同时通过分压电阻把输出端的电压反馈到输入端，就构成了施密特触发特性电路。

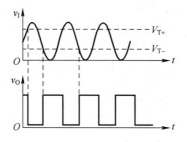

图 2.51　用施密特触发器实现波形变换

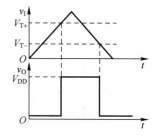

图 2.52　施密特触发器工作波形示例

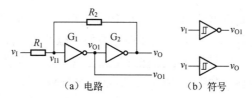

（a）电路　　　　　　（b）符号

图 2.53　用 CMOS 反相器构成的施密特触发特性门电路及其符号

假定反相器 G_1 和 G_2 是 CMOS 管门电路，它们的阈值电压为 $V_{TH} \approx V_{DD}/2$，且 $R_1 < R_2$。v_{I1} 的电平决定电路的输出状态。

当 $v_I = 0\,V$ 时，因 G_1 和 G_2 接成了正反馈电路，G_1 的输入 $v_{I1} \approx 0\,V$，所以 $v_O = V_{OL} \approx 0\,V$。当 v_I 从 $0\,V$ 逐渐升高并达到 $v_{I1} = V_{TH}$ 时，由于 G_1 进入了电压传输特性的转折区（放大区），所以 v_{I1} 的增加将引发如下的正反馈过程

$$v_{I1}\uparrow \longrightarrow v_{O1}\downarrow \longrightarrow v_O\uparrow$$

于是电路的状态迅速地转换为 $v_O = V_{OH} \approx V_{DD}$。通过电路内部的正反馈过程使输出电压波形的边沿变得很陡。由此便可以求出 v_I 上升过程中电路状态发生转换时对应的输入电压 $v_I = V_{T+}$，因为这时有

$$v_{I1} = V_{TH} \approx \frac{R_2}{R_1+R_2}V_{T+} \Rightarrow V_{T+} = \frac{R_1+R_2}{R_2}V_{TH} = \left(1+\frac{R_1}{R_2}\right)V_{TH} \tag{2.7}$$

式中：V_{T+} 称为正向阈值电压。

当 v_I 从高电平 V_{DD} 逐渐下降并达到 $v_{I1} = V_{TH}$ 时，v_{I1} 的下降会引发又一个正反馈过程

$$v_{I1}\downarrow \longrightarrow v_{O1}\uparrow \longrightarrow v_O\downarrow$$

使电路的状态迅速转换为 $v_O = V_{OL} \approx 0\,V$。由此又可以求出 v_I 下降过程中电路状态发生转换时对应的输入电平 V_{T-}，因为这时有

$$v_{I1} = V_{TH} \approx V_{T-} + (V_{DD}-V_{T-})\frac{R_1}{R_1+R_2} \Rightarrow V_{T-} = \frac{R_1+R_2}{R_2}V_{TH} - \frac{R_1}{R_2}V_{DD} \tag{2.8}$$

将 $V_{DD} = 2V_{TH}$ 代入式（2.8）后得到

$$V_{T-} = \left(1-\frac{R_1}{R_2}\right)V_{TH} \tag{2.9}$$

式中：V_{T-} 称为负向阈值电压。

回差电压为

$$\Delta V_{T} = V_{T+} - V_{T-} = 2\frac{R_{1}}{R_{2}}V_{TH} \tag{2.10}$$

显然，通过改变 R_1 和 R_2 的比值可以调节 V_{T+}、V_{T-} 和回差电压 ΔV_T 的大小。但 R_1 必须小于 R_2，否则电路将进入自锁状态，不能正常工作。

因为 v_0 和 v_1 的高、低电平是同相的，所以也把这种形式的电压传输特性叫作同相输出的施密特特性。如果以 v_{01} 作为输出端，由于 v_{01} 与 v_1 的高、低电平是反相的，因此把这种形式的电压传输特性叫作反相输出的施密特特性。74HC14 就是具有施密特触发特性的非门。施密特触发特性电路符号见图 2.53（b）。

3. 电源滤波和退耦

数字电子系统往往由多片逻辑门电路构成，它们由公共的直流电源供电。由于电源一般是由整流稳压电路供电，具有一定的内阻抗。为了保证电路的稳定性，供电电源的质量一定要好。在电源的引线端并联大的滤波电容，如图 2.54 所示，并联 $10 \sim 100\,\mu F$ 的电解电容或者钽电容，以避免由于电源通断的瞬间而产生冲击电压。而且，要在每个集成芯片的电源和地之间接一个 $0.1\,\mu F$（104）独石电容器，用于退耦，滤除高频开关噪声。

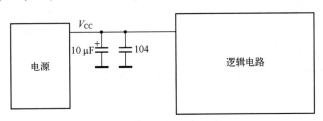

图 2.54 数字逻辑电路电源的处理

4. 接地和安装工艺

在设计印制电路板时，应避免引线过长，以防止串扰和对信号传输延迟。此外要把电源线设计得宽些，地线要进行大面积接地，这样可减少接地噪声干扰。正确的接地技术对于降低电路噪声是很重要的。可将电源地与信号地分开，先将信号地汇集在一点，然后将二者用最短的导线连在一起，以避免含有多种脉冲波形（含尖峰电流）的大电流引到某数字器件的输入端而导致系统正常的逻辑功能失效。此外，CMOS 器件在使用和储藏过程中要注意静电感应导致损伤的问题，静电屏蔽是常用比较有效的防护措施。

习题与思考题

2.1 数字电路中晶体管大多工作于（　　）。

　　A. 放大状态　　　　　　　B. 开关状态　　　　　　C. 击穿状态

2.2 晶体管的开关作用是（　　）。

　　A. 饱和时集—射极接通，截止时集—射极断开

　　B. 饱和时集—射极断开，截止时集—射极接通

　　C. 饱和和截止时集—射极均断开

2.3 在 CMOS 管门电路中，有时采用图 2.55 所示的方法来扩展输入端，试分析图中的逻辑

功能，写出其输出 F_1 和 F_2 的逻辑函数式。

（1）图 2.55（a）中，C、D、E 为二极管与门输入端。

（2）图 2.55（b）中，C、D、E 为二极管或门输入端。

2.4　TTL 与非门的扇出系数是（　　）。

　　A. 输出端允许驱动各类型门电路的最大数目

　　B. 输出端允许驱动同类型门电路的最小数目

　　C. 输出端允许驱动同类型门电路的最大数目

2.5　试分析图 2.56 所示 CMOS 电路的逻辑功能。

2.6　某一 74 系列与非门输出低电平时，最大允许

　　的灌电流 $I_{\text{OL(max)}} = 16\ \text{mA}$，输出高电平时最大

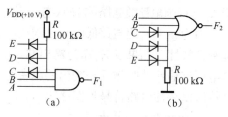

图 2.55　题 2.3 图

允许拉电流 $I_{\text{OH(max)}} = 400\ \mu\text{A}$，测得其输入低电平电流为 $I_{\text{IL}} = 0.8\ \text{mA}$，输入高电平电流 $I_{\text{IH}} = 1.5\ \mu\text{A}$，试问若不考虑余量，此与非门的扇出系数是多少？

2.7　图 2.57 所示为三态门的总线连接方式，n 个三态门的输出端接到数据传输总线上，D_1，D_2，$\cdots$，D_n 为数据输入端，S_1，S_2，$\cdots$，S_n 为片选信号输入端。试问：

　　（1）片选信号 S 如何进行控制，才能使数据 D_1，D_2，$\cdots$，D_n 通过总线进行正常传输？

　　（2）片选控制信号能否两个或两个以上同时有效？如果 S 出现两个或两个以上同时有效，会发生什么情况？

　　（3）如果片选控制信号均无效，总线处于什么状态？

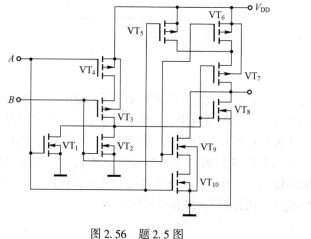

图 2.56　题 2.5 图

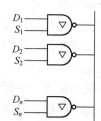

图 2.57　题 2.7 图

2.8　在数字系统中，常用的逻辑电平标准有哪些？这些逻辑电平具体是怎样规定的？

2.9　当 TTL 门电路和 CMOS 管门电路互相连接时，需要考虑哪几个电压和电流的参数？这些参数应该满足怎样的关系？

2.10　当用 74HC 系列 CMOS 管门电路去驱动 74LS 系列 TTL 门电路时，简述其设计思路？是否需要加接口电路？

2.11　当用 74LS 系列 TTL 门电路去驱动 74HC 系列 CMOS 管门电路时，简述其设计思路？是否需要加接口电路？计算其扇出系数，并对接口电路的开关速度和功耗两方面做出评价。

2.12　试说明下列各种门电路中哪些可以将输出端并联使用（输入端的状态不一定相同），并说明理由。

（1）具有推拉式输出级的 TTL 门电路；

（2）TTL 门电路的 OC 门；

（3）TTL 门电路的三态输出门；

（4）普通的 CMOS 管门电路；

（5）CMOS 管门电路的三态输出门。

2.13　用三个漏极开路与非门 74HC03 和一个 TTL 与非门 74LS00 实现图 2.58 所示的电路，假设 CMOS 管截止漏电流为 $I_{OZ} = 5\,\mu A$，试计算外接负载电路 R_L 的取值范围 $R_{L(min)}$ 和 $R_{L(max)}$。

2.14　请采用三态门实现某信号和其非运算信号分时切换到同一总线上。

2.15　如图 2.59 所示，G_1、G_2 是两个集电极开路与非门，接成线与形式，每个门在输出低电平时允许灌入的最大电流为 $I_{OL(max)} = 13\,mA$，输出高电平时的输出电流 $I_{OH} < 25\,\mu A$。G_3、G_4、G_5、G_6 是四个 TTL 与非门，它们的输入低电平电流 $I_{IL} = 1.6\,mA$，输入高电平电流 $I_{IH} < 50\,\mu A$，$V_{CC} = 5\,V$。试计算外接负载电路 R_L 的取值范围 $R_{L(min)}$ 和 $R_{L(max)}$。

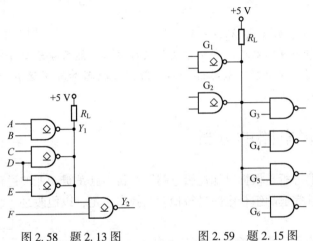

图 2.58　题 2.13 图　　　　图 2.59　题 2.15 图

2.16　使用逻辑门电路设计数字系统时，经常采取的抗干扰措施有哪些？

2.17　在图 2.60（a）所示的施密特触发器电路中，已知 $R_1 = 10\,k\Omega$、$R_2 = 30\,k\Omega$。$V_{DD} = 15\,V$。

（1）计算电路的正向阈值电压 V_{T+}、负向阈值电压 V_{T-} 和回差电压 ΔV_T。

（2）若将图 2.60（b）中给出的电压信号加到图 2.60（a）电路的输入端，试画出输出电压的波形。

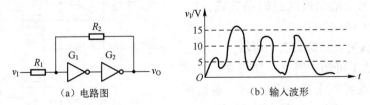

（a）电路图　　　　　　（b）输入波形

图 2.60　题 2.17 图

第3章　组合逻辑电路分析、设计及应用

数字逻辑电路可以分为组合逻辑电路和时序逻辑电路。在组合逻辑电路（combinational logic circuits）中，任意时刻的输出仅仅取决于该时刻的输入，电路中不含记忆单元，与电路原来的状态无关，即输出仅取决于输入的即时性，而与输入的历史无关。组合逻辑电路可以具有一个或多个输入端，也可以具有一个或多个输出端。图 3.1 给出了其一般示意框图。组合逻辑电路可以用逻辑函数式（3.1）表示其输出输入关系。

$$\begin{cases} Y_1 = f_1(X_1, X_2, \cdots, X_n) \\ Y_2 = f_2(X_1, X_2, \cdots, X_n) \\ \qquad\qquad \vdots \\ Y_m = f_m(X_1, X_2, \cdots, X_n) \end{cases} \quad (3.1)$$

图 3.1　组合逻辑电路框图

本章首先介绍组合逻辑电路的分析方法和设计方法，然后接着重介绍常用中规模集成组合逻辑电路（编码器、译码器、数据选择器、数值比较器和算术运算等）及基于它们进行组合逻辑电路设计的方法。

3.1　组合逻辑电路的分析

组合逻辑电路的分析是根据已知逻辑电路图分析出其逻辑功能的过程，是设计组合电路的基础，可以对设计完成的组合电路进行检验，找出不足，以便改进。组合逻辑电路的分析步骤大致如下。

（1）由逻辑电路图写出各输出端的表达式。

（2）根据逻辑表达式列出真值表。

（3）由真值表或者逻辑表达式分析判断逻辑电路的功能。

以上过程并非固定不变，应由实际情况和疑难程度进行取舍。

【例 3.1】试分析图 3.2 所示电路的逻辑功能。

解：（1）写出输出端的逻辑函数式，$Y = \overline{A}\,\overline{B}\,\overline{C} + \overline{A}BC + \overline{A}\,B\overline{C} + ABC$。

（2）列出真值表，如表 3.1 所示。

（3）由表 3.1 可知，当输入变量 A、B、C 只有一个为 1 或者三个同时为 1 时，输出端 $Y=1$，否则 $Y=0$。即输入端是奇数个 1 时，输出为 1，所以该逻辑电路为 3 位偶校验器。

奇偶校验用于检测数据中包含"1"的个

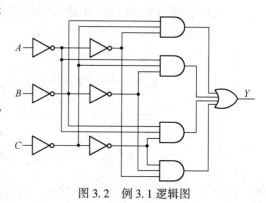

图 3.2　例 3.1 逻辑图

数是奇数还是偶数，奇校验时，当检测对象中共有奇数个"1"则输出 0，否则输出 1；偶校验与之相反。在计算机和一些数字通信系统中，常用奇偶校验来检查数据传输和数据记录中是否存在错误。

表 3.1　例 3.1 真值表

A	B	C	Y	A	B	C	Y
0	0	0	0	1	0	0	1
0	0	1	1	1	0	1	0
0	1	0	1	1	1	0	0
0	1	1	0	1	1	1	1

3.2　组合逻辑电路的设计

组合逻辑电路的设计是组合逻辑电路的分析的逆过程，就是根据要完成的任务，最终画出能够完成该任务且满足要求的组合逻辑电路图，并且用相应的门电路等予以实现。目前组合逻辑电路的设计方法主要有两种：自下向上的设计方法（即传统的基于中小规模集成电路的数字电路设计方法）和自顶向下的设计方法（基于 EDA 工具和 PLD 进行数字电路设计的方法）。本章介绍自下向上的设计方法，自顶向下的设计方法在第 6 章中详细阐述。

组合逻辑电路的自下向上的设计方法是传统的数字电路的一般设计方法，具体步骤如下。

（1）根据电路要实现的逻辑功能的要求，确定输入、输出逻辑变量，列出真值表。

（2）由真值表写出逻辑表达式。

（3）化简和变换逻辑表达式，画出逻辑图，使之最终能够直接用已有的数字逻辑芯片实现。

设计方法上通常要以电路简单、所用器件数量最少和器件种类最少为目标，且通常把逻辑函数转换为"与非–与非"形式或者"或非–或非"形式，这样可以用与非门或者或非门来实现。

3.2.1　单输出组合逻辑电路的设计

下面通过两个具体的实例来说明单输出组合逻辑电路的自下而上的设计方法。设计过程具有典型性，请读者认真揣摩。

【例 3.2】 在一个化工厂中，一种液体化学物质被应用在了加工生产过程中。这种化学物质储存在三个不同的储罐中。当储罐中化学物质的液位降低至某个特定点时，液位传感器产生一个高电压。设计一个电路，用以监测每个储罐中的化学物质液位，并在任意两个储罐中的液位降低至特定点以下时输出高电平至指示器。

解：（1）用三个逻辑变量 A、B、C 作为输入变量，表示有来自储罐 A、B、C 传感器的输入，变量为 1 表示液位降低至某个特定点；输出用逻辑变量 Y 表示，$Y=1$ 表示至少有两个储罐中的液位降低至特定点以下。

（2）根据题意列写真值表，如表 3.2 所示。

（3）根据真值表列写表达式

$$Y=\overline{A}BC+A\overline{B}C+AB\overline{C}+ABC$$

（4）用卡诺图或公式法化简逻辑表达式，卡诺图化简如图 3.3 所示。

$$Y=AB+AC+BC$$

表 3.2　例 3.2 的真值表

A	B	C	Y	A	B	C	Y
0	0	0	0	1	0	0	0
0	0	1	0	**1**	**0**	**1**	**1**
0	1	0	0	**1**	**1**	**0**	**1**
0	**1**	**1**	**1**	**1**	**1**	**1**	**1**

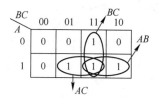

图 3.3　例 3.2 的逻辑函数式化简

（5）用与非门来实现，则

$$Y=AB+AC+BC=\overline{\overline{AB+AC+BC}}=\overline{\overline{AB}\cdot\overline{AC}\cdot\overline{BC}}$$

（6）画出逻辑图，如图 3.4 所示。电路的输入来自储罐 A、B、C 传感器，与非门 G_1 监测储罐 A 和 B 中的液位，与非门 G_2 监测储罐 A 和 C，与门非 G_3 监测储罐 B 和 C。当任意两个储罐中的化学物质液位过低时，某个与非门的两个输入就会同时具有高电压电位，从而使得它的输出也是低电平，所以输出 X 为高电压。这个高电压输出随后被应用于激活诸如灯泡或者音频报警之类的指示器。

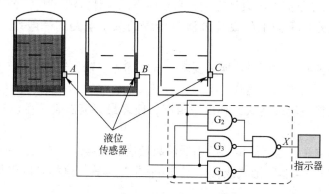

图 3.4　化工厂储存罐液位监测电路

实际应用中，例 3.2 具有广泛的适用性。比如，三人表决逻辑电路，即在三个人当中有两个或者三个人同意，则表决通过，否则不通过。

再如，设计一个可控制的门电路，要求当控制端 $E=0$ 时，输出 $Y=BC$，当 $E=1$ 时，输出 $Y=B+C$。画出对应的真值表与表 3.2 相同，自然而然地逻辑表达式也相同。

【例 3.3】 在大城市里为了缓解交通拥挤，常对某些重要街道规定汽车牌照的单双号与单双日吻合者方能行驶。试用与非门设计判别汽车能否行驶的组合逻辑电路。

解：（1）分析命题，建立真值表。

汽车牌号是十进制数，必须要变换成系统能识别的二进制代码。现用 8421BCD 码表示汽车牌号的末位数。

输入变量为 $X_8X_4X_2X_1$。输出函数 $F=1$ 为单日行驶的单号车，$F=0$ 为双日行驶的双号车。根据题意建立的真值表如

表 3.3　例 3.3 的真值表

X_8	X_4	X_2	X_1	F
0	0	0	0	0
0	0	0	1	1
0	0	1	0	0
0	0	1	1	1
0	1	0	0	0
0	1	0	1	1
0	1	1	0	0
0	1	1	1	1
1	0	0	0	0
1	0	0	1	1
1	0	1	0	×
1	0	1	1	×
1	1	0	0	×
1	1	0	1	×
1	1	1	0	×
1	1	1	1	×

表 3.3 所示。1010~1111 在 8421BCD 码中是不可能出现的取值组合，即伪码。

（2）采用"不拒绝伪码"电路，填卡诺图，如图 3.5 所示。

（3）化简为最简与或式：$F=X_1$。电路直接将 X_1 引出作为输出即可。

伪码中，当输入 $X_8X_4X_2X_1$ 为 1011、1101 和 1111 时，无关项的输出 F 等于 1。如果把无关项当 0 处理，对应的卡诺图如图 3.6 所示，确定出逻辑表达式如下

$$F=\overline{X_8}X_1+\overline{X_4}\,\overline{X_2}X_1=\overline{\overline{X_8X_1}\cdot\overline{X_4}\,\overline{X_2}X_1}$$

则得到拒绝伪码的电路如图 3.7 所示。

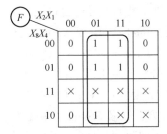

图 3.5　例 3.3 卡诺图 1

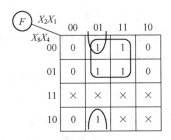

图 3.6　例 3.3 卡诺图 2

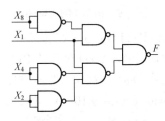

图 3.7　例 3.3 之拒绝伪码的电路

3.2.2　多输出组合逻辑电路的设计

设计多输出组合逻辑电路的方法、步骤与单输出组合逻辑电路的大致相同，所不同的只是化简时应考虑：同一个逻辑门尽可能为多个输出函数所共用。因此，化简时先选 N 个函数的共用"与项"，其次选（$N-1$）个函数的共用"与项"，……一直到两个的共用"与项"。这样做的结果，分别看来各输出函数不是最简的，但从整体上看，却可以减少所需要的门电路总数。这是多输出组合逻辑电路设计时必须要遵行的原则。

【例 3.4】试用最少门电路实现下列组合逻辑函数。

$$F_1(A,B,C)=\sum m(0,1,3,4,5)$$

$$F_2(A,B,C)=\sum m(0,4,5)$$

$$F_3(A,B,C)=\sum m(0,1,3,4)$$

解：如图 3.8 所示，先分别圈出 F_1、F_2 和 F_3 的卡诺图，化简得函数 F_1、F_2 和 F_3 的与或表达式为

$$F_1=\overline{B}\,\overline{C}+A\,\overline{B}+\overline{A}C \qquad F_2=\overline{B}\,\overline{C}+A\,\overline{B} \qquad F_3=\overline{B}\,\overline{C}+\overline{A}C$$

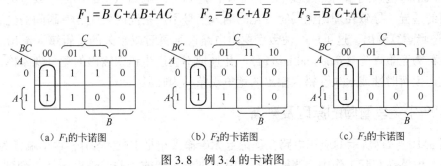

（a）F_1 的卡诺图　　　　　（b）F_2 的卡诺图　　　　　（c）F_3 的卡诺图

图 3.8　例 3.4 的卡诺图

可发现，F_1、F_2 和 F_3 中都含 $\overline{B}\,\overline{C}$ 项，F_1 和 F_2 中都含 $A\overline{B}$ 项，F_1 和 F_3 中都含 $\overline{A}C$ 项。这样，以保证用最少的门电路实现组合逻辑函数的功能。

因此，用与非门实现的数字逻辑图如图 3.9 所示。

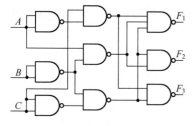

图 3.9　例 3.4 的逻辑图

有了之前学习的基本逻辑门和组合逻辑设计方法之后，读者就可以付诸实践——去完成一些简单的逻辑设计，自本节开始建议读者开始在 EDA 软件平台上，基于原理图输入方式实现组合逻辑电路，利用现代 EDA 技术手段仿真和实现最后的电路。

PLD 是可编程和可定制的数字集成电路。目前，生产 PLD 产品最大的两家公司是：Intel-PSG 和 Xilinx。全球 CPLD/FPGA 过半产品是由 Intel-PSG 和 Xilinx 提供的。当然，MicroSemi-Actel、Cypress 和 Microchip-Atmel 公司的 PLD 产品也各具特色，具有一定的市场份额。本书以 PSG 的 PLD 产品作为应用对象。PSG 的产品有多个系列，包括 MAX（主要为 10、V、II）系列、Cyclone（主要为 10、V、IV、II）系列、Arria（主要为 10、V）系列，以及 Stratix（主要为 10、V、I）系列，开发软件工具为 Quartus II。本书使用的 Quartus II 版本为 v13.0sp1，不同版本支持的器件会有不同，且需要下载需要的对应版本的各个器件库。读者可以在 Intel-PSG 公司的网站（http://www.PSG.com）获取免费的网络版。对于在校的学生，可以获取大学计划所支持的免费软件使用许可。

Quartus II 是 Intel-PSG 公司的综合性 PLD 开发软件，支持原理图输入、VHDL 和 Verilog HDL 等多种设计输入形式，内部集成了综合器、仿真器和功能强大的第三方 EDA 工具，可以完成从设计输入到硬件配置的完整 PLD 设计流程。它可以在 Windows 7、Windows 8.1、Windows 10 和 Linux 等操作系统上使用。Quartus II 支持 Intel-PSG 的 IP（Intellectual Property）核，包含了 LPM/Mega Function 宏功能模块库，使用户可以充分利用成熟的模块，简化了设计的复杂性，加快了设计速度。由于学时的限制，本书并不能对 Quartus II 软件进行过于详尽的讲解，建议读者参考该软件的使用手册或者实践指导类教程。

3.3　组合逻辑电路中的竞争冒险

前面在分析和设计组合逻辑电路时，都没有考虑门电路的延迟时间对电路产生的影响。实际上，从信号输入到输出的过程中，由于不同路径上门电路数量的不同，或者门电路平均延迟时间的差异，导致在理论上同时变化的输入信号不严格同时发生，有瞬间的先后顺序的"竞争"逻辑运算输出，这可能会使数字逻辑电路产生暂时或永久的逻辑错误输出。通常把这种现象称为竞争冒险（race and hazard）。并且把不会产生错误输出的竞争现象称为非临界竞争，把产生暂时性或永久性错误输出的竞争现象称为临界竞争。

3.3.1　产生竞争冒险的原因及判断

如图 3.10（a）所示的应用电路，理论上无论输入端是 10 还是 01，输出端皆为 $Y=0$。

但是，电路在实际工作中，当输入端 A 从 0 变到 1 超前于非门输出 $\overline{A}$ 从 1 变到 0，也就是说与门的两个输入端会出现同时为 1 的瞬间，则输出端会出现一个极窄的尖峰脉冲，俗称

"毛刺"，如图 3.10（b）所示。这个尖峰脉冲作为噪声会对整个系统进行干扰，是设计者不希望出现的。如图 3.10（c）所示，若把图 3.10（a）所示电路中的与门换成或门，当输入端 A 从 1 变到 0 超前于非门输出 $\overline{A}$ 从 0 变到 1，也就是说，常 1 的输出逻辑会出现极窄的负尖峰脉冲，波形如图 3.10（d）所示。

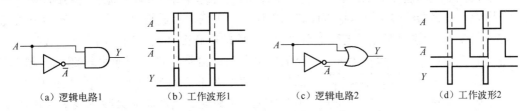

（a）逻辑电路1　　（b）工作波形1　　（c）逻辑电路2　　（d）工作波形2

图 3.10　电路中的竞争冒险现象

在组合逻辑电路中，当输出的逻辑函数在一定条件下（其他逻辑变量具有固定取值）变为 $Y=A\overline{A}$ 或者 $Y=A+\overline{A}$ 时，导致在理论上逻辑输出的输入信号是同时变化，而实际上有瞬间的先后顺序的"竞争"，电路存在竞争冒险现象，从而产生尖峰脉冲。这个原则可以作为检查组合逻辑电路是否存在竞争冒险现象的一种方法。

下面以一个具体实例来说明竞争冒险现象的判断及分析。

【例 3.5】 判断逻辑函数式 $Y=AB+\overline{A}C$ 是否存在竞争冒险现象。

解： 当 $B=C=1$ 时，逻辑函数式将变为 $Y=A+\overline{A}$。

所以，此逻辑函数式存在竞争冒险现象。

3.3.2　消除竞争冒险的方法

组合逻辑电路的竞争冒险可分为静态冒险和动态冒险。输入信号变化前后，输出的稳态值是一样的，但在输入信号变化时，输出信号产生了毛刺，这种冒险是静态冒险。而输入信号变化前后，输出的稳态值不同，并在边沿处出现了毛刺，称为动态冒险。在进行逻辑电路设计时，必须发现和判别出产生竞争冒险的可能，并采取积极有效的措施将竞争冒险予以消除。

消除竞争冒险现象主要采用下面几种方法。

1. 破坏互补相加项

例如，逻辑函数式 $Y=AB+\overline{B}C$，当 $A=C=1$ 时，$Y=B+\overline{B}$，出现了互补项相加，如果按照这个表达式组成逻辑电路，可能出现竞争冒险。但是把该式变换为

$$Y=AB+\overline{B}C=AB+\overline{B}C+AC$$

这样，当 $A=C=1$ 时，$Y=B+\overline{B}+1$，不会只出现互补项相加的情况，根据这个逻辑表达式设计电路就不会出现竞争冒险。这里采用增项的方式破坏了互补项相加的出现。

2. 破坏互补乘积项

例如，逻辑函数 $Y=(A+B)(\overline{A}+C)$，当 $B=C=0$ 时，$Y=A\overline{A}$。如果直接按照这个逻辑表达式组成逻辑电路，可能出现竞争冒险。但是把该式变换为

$$Y=(A+B)(\overline{A}+C)=A\overline{A}+AC+\overline{A}B+BC=AC+\overline{A}B+BC$$

此时，将互补乘积项 $A\overline{A}$ 已经消掉，此时按破坏互补相加项的方法分析知已经消除竞争

冒险隐患。也就是说，或与式要按分配律打开，去掉互补乘积项后再用破坏互补相加项的方法消除竞争冒险。

3. 输出端并联电容器

当电路在较慢的速度下工作时，可以采取在门电路的输出端并联一滤波电容的方法来消除竞争冒险。电容器的容量可以根据电路的工作频率来确定，通常可以采用小于 20 pF 的瓷片电容。图 3.11 为输出端并联电容来消除竞争冒险的电路图和波形图，图中 R_o 是逻辑门电路的输出电阻。由于电容 C 对窄脉冲起到平滑滤波的作用，使毛刺不能逾越门槛电压，从而使输出端不会出现逻辑错误。当然滤波会限制波形变化速度，容值过大会导致输出波形上升沿或下降沿变得过于缓慢而出现逻辑错误。

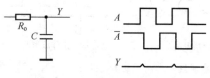

图 3.11 并联电容消除竞争冒险

3.3.3 卡诺图在组合逻辑电路竞争冒险中的应用

判断和消除竞争冒险的可以采用判断逻辑的输出是否有出现 $Y=A+\overline{A}$ 或 $Y=A\overline{A}$ 的情况的方法。不过，最简便和最直观的方法是使用卡诺图。

使用卡诺图判断一个组合逻辑电路是否存在竞争冒险的一般步骤如下：

首先，画出该电路逻辑函数的卡诺图，并在函数卡诺图上画出与表达式中所有乘积项相对应的卡诺圈。

然后，利用卡诺图法进行判断，判断的规则是：观察卡诺图中是否有两个卡诺圈相切但不相交，如有则存在竞争冒险，如图 3.12 所示的两幅图都有相切但不相交的卡诺圈。注意，不包括对角相切。这是因为，"两个卡诺圈相切但不相交"意味着相切处有形如 $Y=A+\overline{A}$ 的情况发生。且卡诺图中每个方格的最小项绝对不会出现形如 $Y=A\overline{A}$ 的情况。

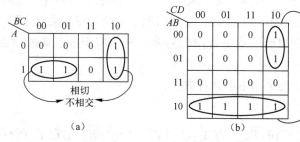

图 3.12 存在竞争冒险的卡诺图

那么，只要使函数的卡诺图中消除相切但不相交的卡诺圈，即可消除竞争冒险现象。方法是：在卡诺图上，加上一个与两相切卡诺圈相交的一个圈（1 项），破坏卡诺圈的单独相切性。加上此圈后，逻辑函数多了一个冗余项，冗余项的加入并不改变原逻辑函数的逻辑值，但冗余项的加入却可以有效地消除竞争冒险。

【例 3.6】如图 3.13 所示的卡诺图中，有两处存在卡诺圈相切现象，故其表示的逻辑函数式 $F=\overline{A}\,\overline{B}\,\overline{C}+ABD+A\overline{D}$ 存在冒险。可加两个卡诺圈（虚线圈）破坏其相切性，即增加两个冗余项

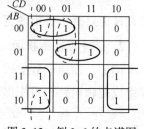

图 3.13 例 3.6 的卡诺图

BCD 和 ACD。消除竞争冒险后，该逻辑函数的表达式为

$$F = \overline{A}\,\overline{B}\,\overline{C} + ABD + A\overline{D} + \overline{B}\,\overline{C}\,\overline{D} + \overline{A}\,\overline{C}D$$

由此可见，使用卡诺图判断和消除数字电路中的竞争冒险，简便直观，易于操作。

另外利用计算机辅助分析手段，可以从原理上检查复杂电路中的竞争冒险。通过运行计算机上的数字电路仿真软件，能够迅速检查出电路是否存在竞争冒险。

由于竞争冒险出现的可能性很多，而且组合电路的竞争冒险只是可能产生，而不是一定产生，更何况非临界冒险是允许存在的。因此，比较可靠的方法是用实验来检查电路的输出端是否因为竞争冒险而产生了尖峰脉冲。此时，加到输入端的信号波形应该包含输入端变量的所有可能发生的状态变化。可以认为只有实验的结果才是最终的结论。

3.4　编码器与译码器

3.4.1　编码器

把具有特定意义的信息用相应的二进制代码来表示的过程，称为编码。用来实现编码的电路叫作编码器（encoder）。编码器有很多种类，常用的编码器有二进制编码器和优先编码器等。

二进制编码器（亦称为普通编码器）能将 $2^{M-1} < N \leqslant 2^M$ 个独热（one-hot，有且仅有一个为 1）或独冷（one-cold，有且仅有一个为 0）的输入变量变换成 M 位 BCD 码输出的器件，即对 N 个输入进行编码输出，如图 3.14 所示。如图 3.15 所示，例如要对 4 个输入信号进行编码，如果在任何情况下，有且只有一个输入为低电平（当然也可以为高电平），多个输入同时请求编码（即多个输入为低电平）的情况是不可能，也不允许的，这时将 4 个输入分别编码为 00、01、10 和 11 即可。

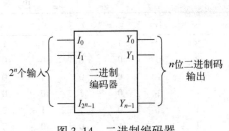

图 3.14　二进制编码器

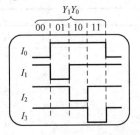

图 3.15　4 线–2 线二进制编码器

在实际应用中，满足二进制编码器应用的情况较少，经常会出现输入不满足独热或独冷的情况，编码器需要按照一定的优先次序，仅将优先级最高的输入信号作为编码对象，而不理睬级别低的输入信号，将按照优先顺序进行编码的电路称为优先编码器（priority encoder）。

3 位二进制优先编码器是将 I_0，I_1，…，I_7 共 8 个输入信号进行优先编码，也称 8 线–3 线优先编码器。常用的中规模集成电路（medium scale integrated circuit，MSI）8 线–3 线优先编码器芯片为 74HC148，图 3.16 给出了 74HC148 的内部原理图和引脚图。I_0，I_1，…，I_7 为编码器的输入端，$\overline{Y}_2\overline{Y}_1\overline{Y}_0$ 为编码器的输出端，输入 $\overline{I}_7$ 具有最高的优先级，$\overline{I}_0$ 的优先级最

低。$\overline{EI}$ 为输入使能端，当 $\overline{EI}=0$ 时才对输入进行编码输出，$\overline{EI}=1$ 时编码器不工作，$\overline{Y}_2\overline{Y}_1\overline{Y}_0$ 全输出 1。$\overline{EO}$ 为编码指示输出，$\overline{EX}$ 为允许扩展输出。74HC148 的真值表如表 3.4 所示。

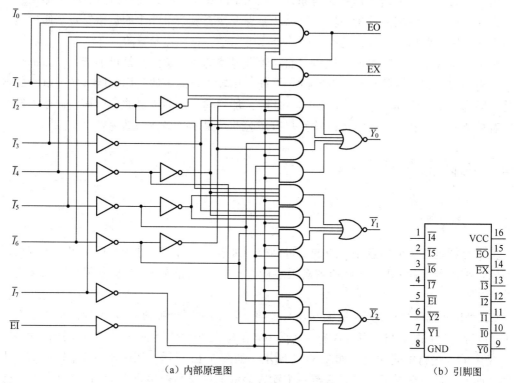

图 3.16　8 线–3 线优先编码器 74HC148

表 3.4　8 线–3 线优先编码器 74HC148 的真值表

输　　入									输　　出				
$\overline{EI}$	$\overline{I}_0$	$\overline{I}_1$	$\overline{I}_2$	$\overline{I}_3$	$\overline{I}_4$	$\overline{I}_5$	$\overline{I}_6$	$\overline{I}_7$	$\overline{Y}_2$	$\overline{Y}_1$	$\overline{Y}_0$	$\overline{EX}$	$\overline{EO}$
1	×	×	×	×	×	×	×	×	1	1	1	1	1
0	×	×	×	×	×	×	×	0	0	0	0	0	1
0	×	×	×	×	×	×	0	1	0	0	1	0	1
0	×	×	×	×	×	0	1	1	0	1	0	0	1
0	×	×	×	×	0	1	1	1	0	1	1	0	1
0	×	×	×	0	1	1	1	1	1	0	0	0	1
0	×	×	0	1	1	1	1	1	1	0	1	0	1
0	×	0	1	1	1	1	1	1	1	1	0	0	1
0	0	1	1	1	1	1	1	1	1	1	1	0	1
0	1	1	1	1	1	1	1	1	1	1	1	1	0

当 $\overline{EI}=0$ 时，编码器进行优先编码，此时分为以下两种情况。

（1）当所有输入端 $\overline{I}_0,\overline{I}_1,\cdots,\overline{I}_7$ 全为 1 时，即无输入编码信号（编码器输入端低电平有效），输出端 $\overline{Y}_2\overline{Y}_1\overline{Y}_0=111$，并通过 $\overline{EO}=0$ 表示无编码输入，$\overline{EX}=1$ 表示 $\overline{EX}$ 可以与其他优先编码器的 $\overline{EI}$ 配合将优先编码功能让出。

（2）当输入端 $\overline{I}_0,\overline{I}_1,\cdots,\overline{I}_7$ 至少有一个为 0 时，即编码器有输入信号。由于 $\overline{I}_7$ 具有最高

的编码优先级，当 $\overline{I_7} = 0$ 时，无论其他输入端为何值（表中用×表示），则输出端给出 $\overline{I_7}$ 的编码 $\overline{Y_2}\,\overline{Y_1}\,\overline{Y_0} = 000$；当 $\overline{I_7} = 1$，$\overline{I_6} = 0$ 时，无论其他输入端为何值，只对 $\overline{I_6}$ 编码，$\overline{Y_2}\,\overline{Y_1}\,\overline{Y_0} = 001$；其余输入情况依此类推。

显然，利用 $\overline{EX}$ 和 $\overline{EO}$ 可以实现电路的扩展功能。观察表 3.4 所示的真值表，$\overline{EO}$ 用于高优先级芯片向低优先级芯片的优先编码控制；$\overline{EX}$ 输出 0 时表征已被优先编码，用于更多位的优先编码器输出扩展，高优先级编码芯片的 $\overline{EX}$ 脚作为扩展后编码器编码输出的高位。例如，可采用 74HC148 组成一个 16 线-4 线的优先编码器，设编码输入为 $\overline{A_0} \sim \overline{A_{15}}$，$\overline{A_{15}}$ 级别最高，$\overline{A_0}$ 级别最低，编码输出为 $Z_3 Z_2 Z_1 Z_0$，电路如图 3.17 所示，分析如下。

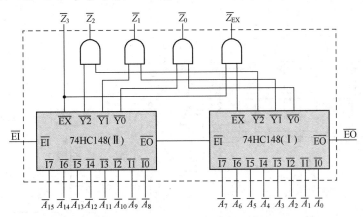

图 3.17　采用 74HC148 组成一个 16 线-4 线的优先编码器

（1）一片 74HC148 有 8 个编码输入端，所以需要用两片。级别低的输入 $\overline{A_0} \sim \overline{A_7}$ 接第 I 片 74HC148 的输入端，级别高的输入 $\overline{A_8} \sim \overline{A_{15}}$ 接第 II 片 74HC148 的输入端。

（2）按照优先顺序要求，只有在 $\overline{A_{15}} \sim \overline{A_8}$ 均无信号时，才允许对 $\overline{A_7} \sim \overline{A_0}$ 编码，所以只要把高位的 $\overline{EO}$ 接到低位的 $\overline{EI}$ 就可以了，因为高位无编码信号时 $\overline{EO} = 0$。

（3）当高位 $\overline{A_8} \sim \overline{A_{15}}$ 有编码输入时，它的优先扩展输出端 $\overline{EX} = 0$，高位无编码输入时，$\overline{EX} = 1$，正好可以用高位的 $\overline{EX}$ 产生编码输出的第四位 Z_3（$\overline{A_{15}} \rightarrow 0000$，…，$\overline{A_8} \rightarrow 0111$；$\overline{A_7} \rightarrow 1000$，…，$\overline{A_0} \rightarrow 1111$）。低三位输出 $Z_2 Z_1 Z_0$，直接通过两片优先编码器的对应输出端进行与运算得到。

（4）高位无编码输入时，第 II 片 74HC148 输出全 "1"，输出与低位片 74HC148 的输出一样；高位有编码输入时，低位片 74HC148 被封锁而输出全 "1"，输出与高位片 74HC148 的输出一样。因此，把两片的对应输出端与运算作为 Z_2、Z_1、Z_0。

3.4.2　译码器

译码是编码的逆过程，是将给定的二进制码或 BCD 码翻译成编码时赋予的含义。完成这种译码的组合逻辑电路称为译码器（decoder）。译码器是使用比较广泛的器件，按照其所完成的功能，译码器分为两类，即通用译码器和专用译码器。

1. 通用译码器

二进制通用 n 线-2^n 线译码器的主要任务是将输入的二进制代码变换成与之对应的十进

制数排序输出的独热或独冷码。具有如下特点。

（1）二进制译码器一般具有 n 个输入端、2^n 个输出端和一个（或多个）使能输入端。

（2）在使能输入端为有效电平时，对应每一组输入代码，仅一个输出端为有效电平，其余输出端为无效电平（与有效电平相反）。

（3）用于使能控制的有效电平可以是高电平（称为高电平译码），也可以是低电平（称为低电平译码）。

常用的 MSI 通用译码器有双 2 线-4 线译码器 74HC139、3 线-8 线译码器 74HC138 和 4 线-16 线译码器 74HC154 等。下面介绍最常用的中规模通用译码器 3 线-8 线译码器 74HC138，如图 3.18 所示。74HC138 译码输出端的有效电平为低电平。

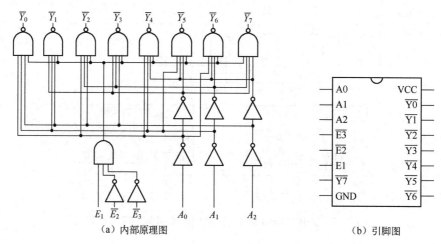

（a）内部原理图　　　　　　　　　　（b）引脚图

图 3.18　3 线-8 线译码器 74HC138

74HC138 的功能表如表 3.5 所示。74HC138 具有 3 个控制端 E_1、$\overline{E_2}$ 和 $\overline{E_3}$，只有当输入使能控制端 $E_1 = 1$，$\overline{E_2} = \overline{E_3} = 0$ 时，译码器处于译码状态。否则，无论译码器的输入端 $A_2 A_1 A_0$ 为何状态，译码器输出全为 1，表示无译码输出。

表 3.5　3 线-8 线译码器 74HC138 的功能表

输　　入						输　　出							
E_1	$\overline{E_2}$	$\overline{E_3}$	A_2	A_1	A_0	$\overline{Y_0}$	$\overline{Y_1}$	$\overline{Y_2}$	$\overline{Y_3}$	$\overline{Y_4}$	$\overline{Y_5}$	$\overline{Y_6}$	$\overline{Y_7}$
0	×	×	×	×	×	1	1	1	1	1	1	1	1
×	1	×	×	×	×	1	1	1	1	1	1	1	1
×	×	1	×	×	×	1	1	1	1	1	1	1	1
1	0	0	0	0	0	0	1	1	1	1	1	1	1
1	0	0	0	0	1	1	0	1	1	1	1	1	1
1	0	0	0	1	0	1	1	0	1	1	1	1	1
1	0	0	0	1	1	1	1	1	0	1	1	1	1
1	0	0	1	0	0	1	1	1	1	0	1	1	1
1	0	0	1	0	1	1	1	1	1	1	0	1	1
1	0	0	1	1	0	1	1	1	1	1	1	0	1
1	0	0	1	1	1	1	1	1	1	1	1	1	0

具有 3 个不同电平的使能译码控制端，为 74HC138 的灵活应用提供了方便。例如可以用两片 74HC138 扩展成一个 4 线－16 线译码器，如图 3.19 所示，将两片 74HC138 的三个输入端 A_2、A_1 和 A_0 分别连到一起，作为 4 线－16 线译码器的输入端 A_2、A_1 和 A_0。令第 I 片 74HC138 的 $E_1 = 1$，把第 II 片 74HC138 的 E_1 和第 I 片 74HC138 的 $\overline{E}_2$ 连接在一起作为译码器的输入端 A_3，把第 I 片 74HC138 的 $\overline{E}_3$ 和第 II 片 74HC138 的 $\overline{E}_2$、$\overline{E}_3$ 连接在一起作为译码器使能端。

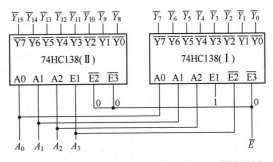

图 3.19　两片 74HC138 组成的 4 线－16 线译码器

当 $A_3 = 0$ 时，第 II 片 74HC138 译码器被禁止，第 I 片 74HC138 译码器工作，将 $A_3A_2A_1A_0$ 对应的 0000～0111 这 8 个二进制代码分别译为 $\overline{Y}_0 \sim \overline{Y}_7$ 对应的 8 个低电平信号；当 $A_3 = 1$ 时，第 II 片 74HC138 译码器被工作，第 I 片 74HC138 译码器被禁止，将 $A_3A_2A_1A_0$ 对应的 1000～1111 这 8 个二进制代码时分别被译为 $\overline{Y}_8 \sim \overline{Y}_{15}$ 的 8 个低电平信号，从而实现了 4 线－16 线译码的功能。鉴于此，很少使用用量不大的 74HC154 实现 4 线－16 线译码器。

基于 4 线－16 线译码器可以直接应用于 BCD-10 线译码器，只是有 6 种伪码处于不使用状态。

显然，利用通用译码器的使能端便于译码器进行扩展，实现数据选通作用，可以避免因输入信号的不同步变化，以及内部门电路延迟不均引起的译码噪声输出。

请思考：如何用多片 74HC138 实现 5 线－32 线译码器的功能？（提示：需要 4 片 74HC138 和 1 个反相器实现。）

2. 基于通用译码器设计组合逻辑电路

译码器的另一个十分重要的用途就是设计组合逻辑电路。原理如下。

因为二进制译码器可以提供 n 个输入变量的 2^n 个最小项输出，而任何逻辑函数式都可以用最小项之和的形式来表示。因此，可以先利用一个译码器产生最小项，再用一个或门取得最小项之和。也就是说，任何一个具有 n 个输入、m 个输出的组合逻辑电路，都可以用一个 n 线－2^n 线译码和 m 个或门来实现。

当 74HC138 处于译码状态时，其输出和输入间的逻辑关系可以用式（3.2）来表达

$$\overline{Y}_0 = \overline{\overline{A}_2\overline{A}_1\overline{A}_0} = \overline{m}_0 \quad \overline{Y}_1 = \overline{\overline{A}_2\overline{A}_1A_0} = \overline{m}_1 \quad \overline{Y}_2 = \overline{\overline{A}_2A_1\overline{A}_0} = \overline{m}_2 \quad \overline{Y}_3 = \overline{\overline{A}_2A_1A_0} = \overline{m}_3$$

$$\overline{Y}_4 = \overline{A_2\overline{A}_1\overline{A}_0} = \overline{m}_4 \quad \overline{Y}_5 = \overline{A_2\overline{A}_1A_0} = \overline{m}_5 \quad \overline{Y}_6 = \overline{A_2A_1\overline{A}_0} = \overline{m}_6 \quad \overline{Y}_7 = \overline{A_2A_1A_0} = \overline{m}_7$$

$$(3.2)$$

可以看出其每个输出端都对应译码输入的一个最小项的非，所以 74HC138 的译码输出需要接非门后再接或门实现组合逻辑电路设计。由于"非-或"运算的实质是"与非"逻辑，利用 n 线－2^n 译码器和与非门可以实现任意一个 n 变量的组合逻辑电路。

【例 3.7】 试用一片 74HC138 和与非门实现逻辑函数

$$F_1(A, B, C) = \sum m(0, 1, 3, 5, 7)$$

$$F_2(A, B, C) = \sum m(4, 5, 6)$$

解：由 $F_1(A,B,C) = \sum m(0,1,3,5,7)$

$$= \overline{\overline{m_0 + m_1 + m_3 + m_5 + m_7}}$$

$$= \overline{\overline{m_0} \cdot \overline{m_1} \cdot \overline{m_3} \cdot \overline{m_5} \cdot \overline{m_7}}$$

由 $F_2(A,B,C) = \sum m(4,5,6) = \overline{\overline{m_4 + m_5 + m_6}} = \overline{\overline{m_4} \cdot \overline{m_5} \cdot \overline{m_6}}$

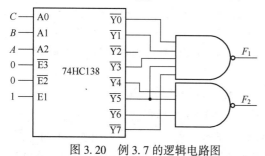

图 3.20　例 3.7 的逻辑电路图

从而得到如图 3.20 所示的逻辑图。

基于译码器设计组合逻辑电路的一个优点就是基于一片译码器可以实现逻辑函数，只不过是每实现一个逻辑函数则需要增加一个与非门将对应最小项合并输出。

请思考：如何用一片 74HC138 和与门实现该逻辑函数？（提示：$F_1(A,B,C) = \overline{\sum m(2,4,6)} = \overline{m_2} \cdot \overline{m_4} \cdot \overline{m_6}$，$F_2(A,B,C) = \overline{\sum m(0,1,2,3,7)} = \overline{m_0} \cdot \overline{m_1} \cdot \overline{m_2} \cdot \overline{m_3} \cdot \overline{m_7}$）。

【例 3.8】 试用一片 74HC138 和与非门实现逻辑函数

$$f(A,B,C,D) = \sum m(1,5,9,13)$$

解：4 个输入不符合直接运用 74HC138 进行组合逻辑电路设计，因为 74HC138 只有三个译码输入，两片 74HC138 组成 4 线–16 线译码器可以实现，但前提是只有一片 74HC138。那么是不是在这种情况下就无法完成设计任务了呢？首先观察 $f(A,B,C,D)$ 的真值表（如表 3.6 所示）。只有 $D=1$ 时，函数的最小项才存在，所以，可以将 D 当作为 74HC138 的高电平使能端 E_1，而非译码输入来实现输入变量的降维。逻辑函数降维为

$$f(A,B,C) = \sum m(0,2,4,6)$$

$$= \overline{\overline{m_0 + m_2 + m_4 + m_6}} = \overline{\overline{m_0} \cdot \overline{m_2} \cdot \overline{m_4} \cdot \overline{m_6}}$$

表 3.6　例 3.8 的真值表

A	B	C	D	F	A	B	C	D	F
0	0	0	0	0	1	0	0	0	0
0	**0**	**0**	1	1（m_1）	**1**	**0**	**0**	1	1（m_9）
0	0	1	0	0	1	0	1	0	0
0	0	1	1	0	1	0	1	1	0
0	1	0	0	0	1	1	0	0	0
0	**1**	**0**	1	1（m_5）	**1**	**1**	**0**	1	1（m_{13}）
0	1	1	0	0	1	1	1	0	0
0	1	1	1	0	1	1	1	1	0

从而得到对应逻辑函数的数字逻辑图，如图 3.21 所示。

在例 3.8 中，也可以将 C 连至译码器的低使能端进行降维，$f(A,B,D) = \sum m(1,3,5,7)$。显然，只有对应所有存在的最小项全为 "1" 或全为 "0" 的输入变量才能作为译码器的译码使能输入端，才能进行被降维设计。也就是说，基于译码器设计组合逻辑电路是通用的设计方法，但需要降维则是有条件的。

3. BCD 七段显示译码器

在数字系统中，经常需要将被测量或数值运算结果用十进制码显示出来。这就需要专门

的译码电路把二进制数译成需要显示的十进制
字符，通过驱动电路由数码显示器显示出来。
在中规模电路中，常把译码和驱动电路集于一
体，用来驱动数码管。完成这种功能的集成电
路称为 BCD 七段显示译码器。BCD 七段显示
译码器是常用的专用译码器。

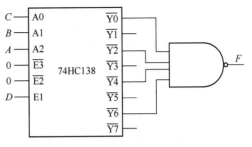

图 3.21　例 3.8 的数字逻辑图

数码显示器有液晶显示器和半导体数码管
等。七段数码显示器将 0~9 十进制字符通过七
段笔画亮灭的不同组合来实现。常用的七段数码管用半导体发光二极管来实现，也称 LED 数
码管，其结构和阿拉伯数字字形如图 3.22 所示。LED 数码管的每段为一个发光二极管，加上
适当的电压后对应段就会发光。七段 LED 数码管分为共阳极结构和共阴极结构。图 3.22（a）
为共阴极接法，此时内部发光二极管的阴极接到地上。当某个发光二极管的阳极通过限流电阻
接高电平时，该段亮；如果接在低电平上，该段灭。这样通过控制某些段同时接高电平使其点
亮，就可以显示一个十进制数码。共阳极接法的数码管则是阳极共同接高电平，阴极通过限流
电阻接低电平，使相应段发光来显示十进制数码，如图 3.22（b）所示。

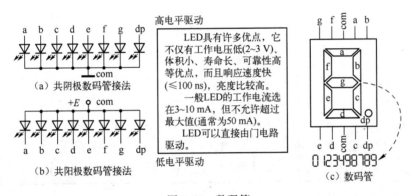

图 3.22　数码管

与七段 LED 数码管配合的译码器有 a~g 7 个输出端和 4 个输入端，共阴极数码管译码
驱动电路如图 3.23 所示。

为了便于灵活应用，在许多集成译码器上还增加了灭 LED 控制、灭零控制和 LED 测试
等附加功能的控制端，比如 74HC48 七段显示译码器就可以控制共阴极数码管。74HC48 的
引脚图如图 3.24 所示，功能真值表如表 3.7 所示。

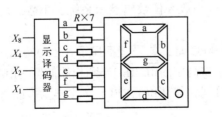

图 3.23　共阴极数码管译码驱动电路

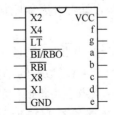

图 3.24　74HC48 引脚图

表 3.7 74HC48 译码器的真值表

输入						$\overline{BI}/\overline{RBO}$	输出							字形
$\overline{LT}$	$\overline{RBI}$	X_8	X_4	X_2	X_1		a	b	c	d	e	f	g	
1	0（灭零）	0	0	0	0	1/输出0	0	0	0	0	0	0	0	
1	1	0	0	0	0	1	1	1	1	1	1	1	0	0
1	×	0	0	0	1	1	0	1	1	0	0	0	0	1
1	×	0	0	1	0	1	1	1	0	1	1	0	1	2
1	×	0	0	1	1	1	1	1	1	1	0	0	1	3
1	×	0	1	0	0	1	0	1	1	0	0	1	1	4
1	×	0	1	0	1	1	1	0	1	1	0	1	1	5
1	×	0	1	1	0	1	0	0	1	1	1	1	1	6
1	×	0	1	1	1	1	1	1	1	0	0	0	0	7
1	×	1	0	0	0	1	1	1	1	1	1	1	1	8
1	×	1	0	0	1	1	1	1	1	0	0	1	1	9
1	×	1	0	1	0	1	0	0	0	1	1	0	1	c
1	×	1	0	1	1	1	0	0	1	1	0	0	1	⊃
1	×	1	1	0	0	1	0	1	0	0	0	1	1	∪
1	×	1	1	0	1	1	1	0	0	1	0	1	1	⊏
1	×	1	1	1	0	1	0	0	0	1	1	1	1	⊨
1	×	1	1	1	1	1	0	0	0	0	0	0	0	
0（测试）	×	×	×	×	×	1	1	1	1	1	1	1	1	8
×	×	×	×	×	×	$\overline{BI}=0$（消隐）	0	0	0	0	0	0	0	

74HC48 的附加功能控制端有：

（1）LED 测试输入端$\overline{LT}$，是为测试数码管好坏而设置的，当$\overline{LT}=0$ 时，a～g 全部为 1，数码管全部都亮，说明数码管正常工作。

（2）灭零输入$\overline{RBI}$，用来熄灭不需要显示的零。

（3）消隐输入端$\overline{BI}$，可控制数码管是否显示，$\overline{BI}=0$ 熄灭数码管。$\overline{RBO}$是灭零输出，自身处于灭零状态，则$\overline{RBO}$输出 0，否则输出 1。$\overline{RBO}$和$\overline{BI}$在内部接到一起，公用一根管脚。

【例 3.9】设计带有灭零控制功能的 3 位小数 8 位数码显示系统，小数点后至少保留一位有效数字。

解：当$\overline{LT}=1$，$\overline{RBI}=0$，且 $X_8 X_4 X_2 X_1 = 0000$ 时，数码管不显示，$\overline{RBO}$输出为 0。在多位数显示系统中，在显示数据的小数点左边，将高位的$\overline{BI}/\overline{RBO}$连到相邻低位的$\overline{RBI}$上，最高位的$\overline{RBI}$接地，小数点右边将低位的$\overline{BI}/\overline{RBO}$接到相邻高位的$\overline{RBI}$上，这样就可以将有效数字前后的零灭掉。电路如图 3.25 所示。

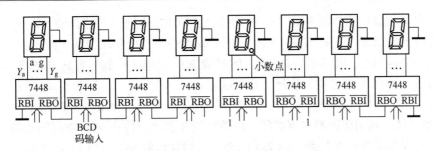

图 3.25　灭零控制的 8 位数码显示系统

3.5　数据选择器与数据分配器

3.5.1　数据选择器

在数字系统中有时需要从一组输入数据中选出某一个来，即经过选择电路将多路数据中的某一路数据选中并传送到公共数据线上，这时就需要数据选择器，或称多路开关，简称 MUX（multiplexer）。现以 4 选 1 数据选择器为例，说明其工作原理和功能表。其逻辑功能示意电路和逻辑电路如图 3.26 所示，功能表如表 3.8 所示。

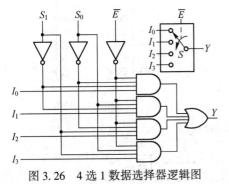

图 3.26　4 选 1 数据选择器逻辑图

表 3.8　4 选 1 数据选择器的功能表

输　入			输　出
使能	选择端		
$\overline{E}$	S_1	S_0	Y
1	×	×	0
0	0	0	I_0
0	0	1	I_1
0	1	0	I_2
0	1	1	I_3

使能输入端 $\overline{E}$ 是低电平有效，当 $\overline{E}$ 为高电平 1 时，所有与门输出都为 0，即被封锁，此时无论选择码是什么，Y 总是等于 0；当 $\overline{E}$ 为低电平 0，所有与门封锁解除，此时由选择码决定哪一个与门打开。通过两位选择输入 S_1S_0 对四个数据源进行选择，S_1S_0 确定后被选择的与门打开，对应的那一路数据送给输出端 Y。被选择数据源越多，所需地址选择码的位数也越多，若地址输入端为 n 位，可选输入通道位 2^n。

常用的 MSI 数据选择器芯片有四 2 选 1 数据选择器 74HC157、8 选 1 数据选择器 74HC151 和双 4 选 1 数据选择器 74HC153 等。有时为了应用方便，将多数据选择器的输出端接在一起，实现线与功能。这样就需要具有三态输出功能的数据选择器。具有三态输出功能的数据选择器有 74HC257、74HC251、74HC253 等。这些数据选择器除了有正常的 0 和 1 输出之外，当使能端 $\overline{E}=1$ 时，输出为高阻状态。

1. 集成数据选择器 74HC151

图 3.27（a）是集成电路选择器 74HC151 的内部逻辑电路图，图 3.27（b）为其引脚

图。表3.9是集成数据选择器74HC151的功能表。74HC151 有 3 个选择输入端 S_2、S_1 和 S_0，因此可以选择 8 路数据，其输出端有两个，同相输出端 Y 和反相输出端 $\overline{Y}$。

另外，很多应用中，将多片 74HC151 的对应选择端连在一起，形成新的 S_2、S_1 和 S_0，这样，通过 S_2、S_1 和 S_0 可以同时选择出多个信号。

用两片 8 选 1 数据选择器实现 16 选 1 数据选择器的功能，和用两片 74HC138 实现 4 线-16 线译码器一样，利用使能端实现扩展。电路如图 3.28 所示。D 通过非门构成的 1 线-2 线译码器译出处于数据选择工作状态的 74HC151，未被使能的 74HC151 输出 Y 为 0，即不影响后级的或门逻辑输出，被使能芯片的选择输出直达或门输出端。

请思考：如何用 4 片 8 选 1 数据选择器实现 32 选 1 数据选择器的功能？

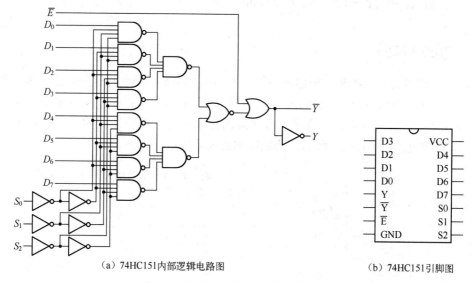

（a）74HC151内部逻辑电路图　　　　　　（b）74HC151引脚图

图 3.27　8 选 1 数据选择器 74HC151

表 3.9　74HC151 的功能表

输入				输出	
使能	选择				
$\overline{E}$	S_2	S_1	S_0	Y	$\overline{Y}$
1	×	×	×	0	1
0	0	0	0	D_0	$\overline{D}_0$
0	0	0	1	D_1	$\overline{D}_1$
0	0	1	0	D_2	$\overline{D}_2$
0	0	1	1	D_3	$\overline{D}_3$
0	1	0	0	D_4	$\overline{D}_4$
0	1	0	1	D_5	$\overline{D}_5$
0	1	1	0	D_6	$\overline{D}_6$
0	1	1	1	D_7	$\overline{D}_7$

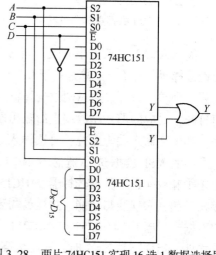

图 3.28　两片 74HC151 实现 16 选 1 数据选择器

2. 用数据选择器设计组合逻辑电路

根据 74HC151 的逻辑电路图和功能表可以得出输出端

$$Y = \sum_{k=0}^{7} m_k D_k \tag{3.3}$$

式中：m_k 是 $S_2 S_1 S_0$ 的最小项。当 $D_k = 1$ 时，数据选择器对应的最小项 m_k 在表达式中出现，当 $D_k = 0$ 时，对应的最小项就不出现。基于此，可以利用数据选择器设计组合逻辑电路。

具体方法是：逻辑函数变换成最小项表达式，逻辑函数的输入变量接入数据选择器的选择端 $S_2 S_1 S_0$，数据选择器的各个被选择输入端接对应的最小项值 D_k。

【例 3.10】使用 8 选 1 数据选择器 74HC151 产生逻辑函数 $Y = \overline{A}BC + AB\overline{C} + AC$。

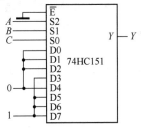

图 3.29　例 3.10 的逻辑图

解： 把逻辑函数式变换为最小项表达式形式

$$Y = \overline{A}BC + AB\overline{C} + AC = \overline{A}BC + AB\overline{C} + A\overline{B}C + ABC$$

将上式写成如下形式

$$Y = m_3 D_3 + m_5 D_5 + m_6 D_6 + m_7 D_7, \quad D_3 = D_5 = D_6 = D_7 = 1$$

因此，得到该逻辑函数式的电路如图 3.29 所示。

【例 3.11】试用一片双 4 选 1 数据选择器 74HC153 实现逻辑函数 $Z = AB + BC + AC$。

解：方法一： 用两个 4 选 1 数据选择器实现 8 选 1 数据选择器，再实现逻辑函数。

逻辑函数有 3 个输入，因此 8 选 1 数据选择器可直接实现其组合逻辑功能。用两个 4 选 1 数据选择器实现 8 选 1 数据选择器。然后基于逻辑函数 $Z = AB + BC + AC$ 的真值表（如表 3.10 所示）得到

$$Z = m_3 D_3 + m_5 D_5 + m_6 D_6 + m_7 D_7, \quad D_3 = D_5 = D_6 = D_7 = 1$$

因此，得到如图 3.30（a）所示电路。

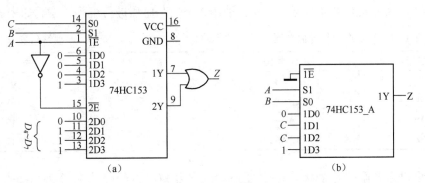

图 3.30　例 3.11 的逻辑图

方法二： 对逻辑函数 $Z = AB + BC + AC$ 降维。

若将 A、B 和 C 降维成 A 和 B，那么有 $S_1 = A$，$S_0 = B$，且 C 要以一定的形式作为数据选择器的选择输入端。由表 3.10 可知，A 和 B 的输入一致时，俩俩降维得到的降维真值表如表 3.11 所示。从而有 $D_0 = 0$、$D_1 = C$、$D_2 = C$ 和 $D_3 = 1$。得到数字逻辑图如图 3.30（b）所示。

当然，也可以将 A、B 和 C 降维成 A 和 C，或将 A、B 和 C 降维成 B 和 C，只要获得正确的降维真值表即可。

<table>
<tr><td colspan="4" align="center">表 3.10　例 3.11 的真值表</td></tr>
<tr><td align="center">A</td><td align="center">B</td><td align="center">C</td><td align="center">Z</td></tr>
<tr><td align="center">0</td><td align="center">0</td><td align="center">0</td><td align="center">0</td></tr>
<tr><td align="center">0</td><td align="center">0</td><td align="center">1</td><td align="center">0</td></tr>
<tr><td align="center">0</td><td align="center">1</td><td align="center">0</td><td align="center">0</td></tr>
<tr><td align="center">0</td><td align="center">1</td><td align="center">1</td><td align="center">1</td></tr>
<tr><td align="center">1</td><td align="center">0</td><td align="center">0</td><td align="center">0</td></tr>
<tr><td align="center">1</td><td align="center">0</td><td align="center">1</td><td align="center">1</td></tr>
<tr><td align="center">1</td><td align="center">1</td><td align="center">0</td><td align="center">1</td></tr>
<tr><td align="center">1</td><td align="center">1</td><td align="center">1</td><td align="center">1</td></tr>
</table>

俩俩降维

表 3.11　例 3.11 的降维真值表

A	B	Z
0	0	0
0	1	C
1	0	C
1	1	1

另外，降维也可以通过数据选择端输入的最小项表达式获得。由 $Z=AB+BC+AC=S_1S_0+S_0C+S_1C$，并将后两项补 S_0 或 S_1 的互补项并展开得到 $S_0 S_1$ 的各个最小项，即

$$Z=S_1S_0+S_1S_0C+\bar{S}_1S_0C+S_1S_0C+S_1\bar{S}_0C$$

然后进行补全缺失的 $\bar{S}_1\bar{S}_0$ 最小项，并合并相同的最小项得

$$Z=\bar{S}_1\bar{S}_0 \cdot 0+\bar{S}_1S_0C+S_1\bar{S}_0C+S_1S_0(1+C)$$
$$=\bar{S}_1\bar{S}_0 \cdot 0+\bar{S}_1S_0C+S_1\bar{S}_0C+S_1S_0 \cdot 1$$

即通过确定 S_1S_0 的最小项值也可以得到 $D_0=0$、$D_1=C$、$D_2=C$ 和 $D_3=1$，进而得到数字逻辑图。

可见，降维的方法可以大幅降低电路的复杂度。另外，与采用译码器设计组合逻辑电路不同的是，基于数据选择器设计组合逻辑电路降维是无条件的，未被降维逻辑变量对应的相同最小项合并，此时对应于每个合并后的最小项的输出一定能够直接用被降维的逻辑变量表示，因此，n 个数据选择端的数据选择器一定能可实现 $n+1$ 个变量的逻辑函数。

【例 3.12】试用一片 8 选 1 数据选择器和与非门为医院血站设计一个血型配对指示器，用以保证受血者的安全。当供血血型与受血血型不符合表 3.12 所列情况时，电路输出为 1，且指示灯亮。

解：（1）因为共有 4 种血型，因此，采用 2 个位对血型进行编码，编码如表 3.13 所示。

表 3.12　供血血型与受血血型

供 血 血 型	受 血 血 型
A	A，AB
B	B，AB
AB	AB
O	A，B，AB，O

表 3.13　血型编码表

血 型	编 码
A	00
B	01
AB	10
O	11

（2）设供血者血型为 $X(X_1,X_0)$，受血者血型为 $Y(Y_1,Y_0)$，依题意列出如表 3.14 所示的真值表。

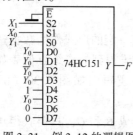

图 3.31　例 3.12 的逻辑图

（3）在表 3.14 的基础之上，可以利用两片 8 选 1 数据选择器组成 16 选 1 数据选择器，并仿照例 3.10 和例 3.11 的方法一实现本例所要求的逻辑功能。但是，本例要求仅用一片 8 选 1 数据选择器实现，所以必须将 4 输入逻辑变量降维到 3 个逻辑变量。观察表 3.14，俩俩依次配对可降维得到 F 与 Y_0 的关系，因此可得到表 3.15 所示的降维真值表。

（4）由表 3.15 得到数字逻辑图，如图 3.31 所示。

表 3.14　配血型真值表

X_1	X_0	Y_1	Y_0	F
0	0	0	**0**	0
0	0	0	**1**	1
0	0	1	**0**	0
0	0	1	**1**	1
0	1	0	**0**	1
0	1	0	**1**	0
0	1	1	**0**	0
0	1	1	**1**	1
1	0	0	**0**	1
1	0	0	**1**	1
1	0	1	**0**	0
1	0	1	**1**	1
1	1	0	**0**	0
1	1	0	**1**	0
1	1	1	**0**	0
1	1	1	**1**	0

俩俩降维

表 3.15　配血型降维真值表

X_1	X_0	Y_1	F
0	0	0	Y_0
0	0	1	Y_0
0	1	0	$\overline{Y_0}$
0	1	1	Y_0
1	0	0	1
1	0	1	Y_0
1	1	0	0
1	1	1	0

当然，也可以基于 F 与 Y_1、F 与 X_1 或 F 与 X_0 的关系降维，只不过俩俩配对选择时其他输入须一致。

【例 3.13】 分别用一片 74HC153 设计三人举手的总举手人数统计电路。

解：依题意列出如表 3.16 所示的真值表。俩俩依次配对降维得到表 3.17 所示的降维真值表。得到数字逻辑图如图 3.32 所示。

表 3.16　例 3.13 的真值表

A	B	C	Y_1	Y_0
0	0	0	0	0
0	0	1	0	1
0	1	0	0	1
0	1	1	1	0
1	0	0	0	1
1	0	1	1	0
1	1	0	1	0
1	1	1	1	1

俩俩降维

表 3.17　例 3.13 的降维真值表

A	B	Y_1	Y_0
0	0	0	C
0	1	C	$\overline{C}$
1	0	C	$\overline{C}$
1	1	1	C

至此，已经阐述了 3 种组合逻辑电路的设计方法，分别为基于逻辑门设计组合逻辑电路、基于通用译码器设计组合逻辑电路和基于数据选择器设计组合逻辑电路，各设计方法的设计要点和区别对照如表 3.18 所示。

3. 利用数据选择器进行并行数据到串行数据的转换

图 3.33 所示为 8 选 1 数据选择器构成的 8 位数据的并-串行转换的电路图。数据选择器地址输入端 S_2，S_1，S_0 的变化，按照图 3.33 所给波形从 000 到 111 依次进行，则选择器的

输出 Y 随之接通 D_0，D_1，D_2，$\cdots$，D_7。当数据选择器的数据输入端 $D_0 \sim D_7$ 与一个并行 8 位数 01001110 相连接时，输出端得到的数据依次为 0-1-0-0-1-1-1-0，即串行数据输出。

表 3.18　组合逻辑电路设计方法对照表

设计方法 过程及实现	基于逻辑门 设计组合逻辑电路	基于通用译码器 设计组合逻辑电路	基于数据选择器 设计组合逻辑电路
根据已知条件（功能真值表或逻辑函数式）需要进一步演化的条件	通过代数法或卡诺图得到化简的最简与或式，或者按要求得到去除竞争冒险后的逻辑表达式	获取最小项表达式	获取最小项表达式
实现方法	（1）可以直接通过逻辑表达式一一对应的逻辑门实现电路，电路形式各异； （2）基于非非律和反演律，可以通过单一的与非门实现逻辑电路	（1）一个通用译码器产生所有最小项的非，n 个与非门实现 n 输出组合逻辑电路； （2）输入降维是有条件的，即只有对应于所有存在的最小项全为 1 或全为 0 的输入变量才能作为译码器的译码使能输入端，才能进行被降维设计	（1）一个数据选择器仅用于设计一个单输出组合逻辑电路，各选择输入端作为最小项； （2）对任一输入可以直接降一维实现组合逻辑电路。降维时一般需要一个非门

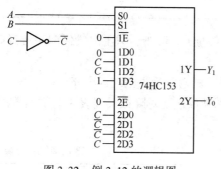

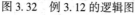

图 3.32　例 3.12 的逻辑图

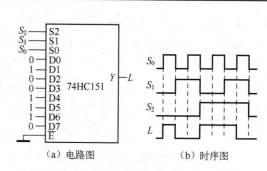

（a）电路图　　　（b）时序图

图 3.33　利用 74HC151 进行数据的并-串转换

3.5.2　数据分配器

与数据选择器相反，数据分配器的逻辑功能是，将 1 个输入数据传送到多个输出端中的 1 个输出端，具体传送到哪一个输出端，也是由一组选择控制信号确定。1 路-4 路数据分配器的真值表如表 3.19 所示。由选择端决定将输入数据 D 送给哪一路输出。

表 3.19　1 路-4 路数据分配器的真值表

	输　入		输　　出			
	S_1	S_0	Y_0	Y_1	Y_2	Y_3
	0	0	D	0	0	0
D	0	1	0	D	0	0
	1	0	0	0	D	0
	1	1	0	0	0	D

数据分配器实际上是具有"使能端"的通用译码器的一种应用。若通用译码器的"使能端"作为数据分配器的输入端使用，通用译码器的输入端作为数据分配器选择输入端，则通用译码器的输出端就是数据分配器的输出端。由 74HC138 构成的 1 路-8 路数据分配器如图 3.34 所示。

图 3.35 所示是由数据分配器和数据选择器一起构成 8 路数据传送分时复用系统。可基于此节约链路总线数量。

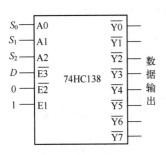

图 3.34　基于 74HC138 的 1 路-8 路数据分配器

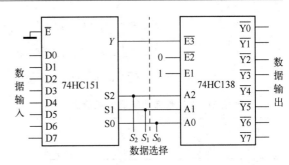

图 3.35　8 路数据传送分时复用系统

3.6　数值比较器

3.6.1　数值比较器的工作原理

在数字系统中，经常要求比较两个数字的大小。为完成这一功能所设计的逻辑电路称为数值比较器。若仅是比较是否相等，那么通过异或逻辑即可直接实现。下面说明，同时进行大于、小于和等于的比较判断的数值比较器工作原理。

1.　1 位数值比较器

先讨论两个 1 位二进制数 A 和 B 相比较的情况，1 位数值比较器是多位比较器的基础。先写出 1 位数值比较器的真值表，如表 3.20 所示。

根据真值表可以写出如下表达式

$$\begin{cases} F_{A>B} = A\overline{B} \\ F_{A<B} = \overline{A}B \\ F_{A=B} = \overline{A \oplus B} = \overline{\overline{A}B + A\overline{B}} \end{cases} \tag{3.4}$$

由以上逻辑表达式画出图 3.36 所示的逻辑电路。

表 3.20　1 位数值比较器的真值表

输	入	输		出
A	B	$F_{A>B}$	$F_{A<B}$	$F_{A=B}$
0	0	0	0	1
0	1	0	1	0
1	0	1	0	0
1	1	0	0	1

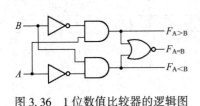

图 3.36　1 位数值比较器的逻辑图

2.　多位数值比较器

在比较两个多位二进制数大小时，必须自高而低地逐位进行比较，当高位相等时，再进行低位比较。例如，比较两个 2 位二进制数 A_1A_0 和 B_1B_0，用三个输出端 $F_{A>B}$、$F_{A<B}$ 和 $F_{A=B}$ 分别表示 $A_1A_0 > B_1B_0$、$A_1A_0 < B_1B_0$ 和 $A_1A_0 = B_1B_0$ 三种比较结果。现列出 2 位数值比较器的真值表，如表 3.21 所示。

由表 3.21 写出逻辑函数式（3.4）。并基于逻辑函数式画出如图 3.37 所示的逻辑电路。

$$F_{A>B} = F_{A_1>B_1} + F_{A_1=B_1} \cdot F_{A_0>B_0} = A_1\overline{B_1} + (\overline{A_1}\overline{B_1} + A_1B_1)A_0\overline{B_0}$$

$$F_{A<B} = F_{A_1<B_1} + F_{A_1=B_1} \cdot F_{A_0<B_0} = \overline{A_1}B_1 + (\overline{A_1}\overline{B_1} + A_1B_1)\overline{A_0}B_0 \tag{3.5}$$

$$F_{A=B} = F_{A_1=B_1} \cdot F_{A_0=B_0} = (\overline{A_1}\overline{B_1} + A_1B_1)(\overline{A_0}\overline{B_0} + A_0B_0)$$

表 3.21　2 位数值比较器的真值表

输　　入				输　　出		
A_1　B_1		A_0　B_0		$F_{A>B}$	$F_{A<B}$	$F_{A=B}$
$A_1>B_1$		×		1	0	0
$A_1<B_1$		×		0	1	0
$A_1=B_1$		$A_0>B_0$		1	0	0
$A_1=B_1$		$A_0<B_0$		0	1	0
$A_1=B_1$		$A_0=B_0$		0	0	1

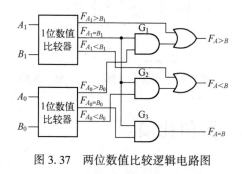

图 3.37　两位数值比较逻辑电路图

电路中，使用两个 1 位数值比较器作为输入单元，当高位(A_1，B_1)相等时三个与门都打开，此时输出结果只取决于低位(A_0，B_0)的比较结果；当高位(A_1，B_1)不相等时，三个与门都被封锁，低位(A_0，B_0)比较输出不起作用，输出端取决于高位的比较输出 $F_{A_1>B_1}$ 和 $F_{A_1<B_1}$，最终实现了两位二进制数比较的功能。利用这种原理可以构成更多位数的数值比较器。

3.6.2　集成数值比较器

常用的集成数值比较器有很多种，比如 CC14585、74HC85 等。

集成 4 位数值比较器 74HC85 的真值表如表 3.22 所示。其中，$I_{A>B}$、$I_{A<B}$ 和 $I_{A=B}$ 是作为低位比较输出的接入端，它们作为扩展端，只有在被比较的 4 位数值相等时，其才被直接传送到相应的输出端，在多片数值比较器级联组成更多位数值比较器时使用。74HC85 的引脚图如图 3.38 所示。

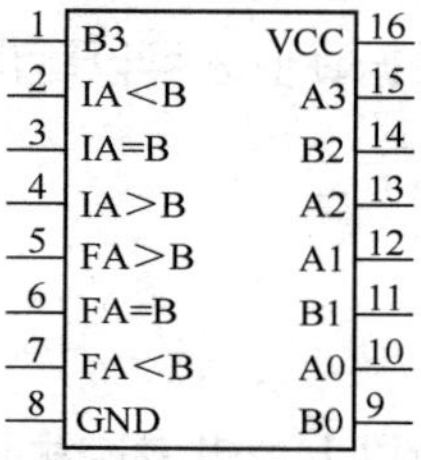

```
    ┌───────────┐
1 ─ B3      VCC ─ 16
2 ─ IA<B    A3  ─ 15
3 ─ IA=B    B2  ─ 14
4 ─ IA>B    A2  ─ 13
5 ─ FA>B    A1  ─ 12
6 ─ FA=B    B1  ─ 11
7 ─ FA<B    A0  ─ 10
8 ─ GND     B0  ─ 9
    └───────────┘
```

图 3.38　74HC85 的引脚图

表 3.22　4 位数值比较器 74HC85 的真值表

输　　入							输　　出		
A_3　B_3	A_2　B_2	A_1　B_1	A_0　B_0	$I_{A>B}$	$I_{A<B}$	$I_{A=B}$	$F_{A>B}$	$F_{A<B}$	$F_{A=B}$
$A_3>B_3$	×	×	×	×	×	×	1	0	0
$A_3<B_3$	×	×	×	×	×	×	0	1	0
$A_3=B_3$	$A_2>B_2$	×	×	×	×	×	1	0	0
$A_3=B_3$	$A_2<B_2$	×	×	×	×	×	0	1	0
$A_3=B_3$	$A_2=B_2$	$A_1>B_1$	×	×	×	×	1	0	0
$A_3=B_3$	$A_2=B_2$	$A_1<B_1$	×	×	×	×	0	1	0
$A_3=B_3$	$A_2=B_2$	$A_1=B_1$	$A_0>B_0$	×	×	×	1	0	0
$A_3=B_3$	$A_2=B_2$	$A_1=B_1$	$A_0<B_0$	×	×	×	0	1	0
$A_3=B_3$	$A_2=B_2$	$A_1=B_1$	$A_0=B_0$	1	0	0	1	0	0
$A_3=B_3$	$A_2=B_2$	$A_1=B_1$	$A_0=B_0$	0	1	0	0	1	0
$A_3=B_3$	$A_2=B_2$	$A_1=B_1$	$A_0=B_0$	×	×	1	0	0	1
$A_3=B_3$	$A_2=B_2$	$A_1=B_1$	$A_0=B_0$	1	1	0	0	0	0
$A_3=B_3$	$A_2=B_2$	$A_1=B_1$	$A_0=B_0$	0	0	0	1	1	0

【例 3.14】 利用两片 4 位数值比较器实现两个 8 位二进制数比较电路。

解： 根据多位二进制数的比较原则，从高位到低位逐位进行比较，若高 4 位相同，它们的大小则由低 4 位的数值比较器结果确定，所以低 4 位的比较结果应作为高 4 位的条件。关注扩展端 $I_{A>B}$、$I_{A<B}$ 和 $I_{A=B}$ 的用法，将低 4 位的数值比较器的输出端分别与高 4 位的数值比较器的 $I_{A>B}$、$I_{A<B}$ 和 $I_{A=B}$ 端连接即可。由两片 74HC85 的级联构成的 8 位数值比较器电路图如图 3.39 所示。低位片的 $I_{A>B}$、$I_{A<B}$ 和 $I_{A=B}$ 要给出初始条件（$I_{A=B}=1$）。

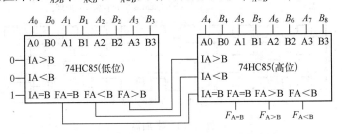

图 3.39　串联方式扩展数值比较器的位数

要说明的是，由于在高位片相等时需要根据低位片的比较情况得到比较结果，所以，这种情况下，高位片要等待低位片完成比较并形成正确的比较结果，级联使得整个电路的平均延迟时间增加了。

请思考：如何用四片 4 位数值比较器实现两个 16 位二进制数的比较？并试画出逻辑电路图。

3.7　算术运算电路

由算术运算单元和逻辑运算单元构成的算术逻辑单元（arithmetic logic unit，ALU）是所有 CPU 的运算器的核心部件。因此算术运算电路是数字系统不可或缺的组成单元。用于加法运算的电路称为加法器（adder），用于减法运算的电路称为减法器（subtractor）。下面介绍加法运算电路和减法运算电路。

3.7.1　加法运算电路

1. 1 位加法器

1 位加法器有 1 位半加器和 1 位全加器之分。如果只考虑了两个加数本身，而没有考虑低位进位的加法运算，称为半加运算。实现半加运算的逻辑电路称为半加器。两个 1 位二进制的半加运算可用表 3.23 所示的真值表表示，其中 A、B 是两个加数，S 表示和，C 表示进位。由真值表可得逻辑表达式

$$S = \overline{A}B + A\overline{B} = A \oplus B$$
$$C = AB \tag{3.6}$$

由上述表达式可以得到基于异或门和与门组成的半加器电路，图 3.40（a）所示为半加器的符号，如图 3.40（b）所示为 QuartusII 下半加器的原理图，仿真时序如图 3.40（c）所示。

表 3.23　半加器的真值表

输　　入		输　　出	
A	B	C	S
0	0	0	0
0	1	0	1
1	0	0	1
1	1	1	0

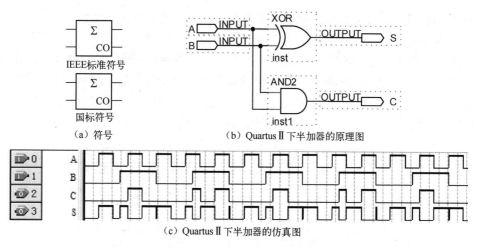

（a）符号 （b）Quartus Ⅱ下半加器的原理图

（c）Quartus Ⅱ下半加器的仿真图

图 3.40 半加器

表 3.24 全加器的真值表

输入			输出	
A_i	B_i	C_{i-1}	C_i	S_i
0	0	0	0	0
0	0	1	0	1
0	1	0	0	1
0	1	1	1	0
1	0	0	0	1
1	0	1	1	0
1	1	0	1	0
1	1	1	1	1

两个 1 位二进制数相加，并考虑低位的进位 C_{i-1} 的加法器称为全加器，即全加器的输入总共有 3 个。根据全加器的功能，可列得其真值表如表 3.24 所示。其中，A_i 和 B_i 分别是两个加数，C_{i-1} 为低位进位信号，S_i 为本位信号和数，C_i 为向高位的进位信号。全加器的逻辑符号如图 3.41（a）所示。

根据真值表 3.24 可以得出全加器两个输出信号的逻辑表达式如下：

$$S_i = \overline{A}_i \overline{B}_i C_{i-1} + \overline{A}_i B_i \overline{C}_{i-1} + A_i \overline{B}_i \overline{C}_{i-1} + A_i B_i C_{i-1} = A_i \oplus B_i \oplus C_{i-1}$$

$$C_i = \overline{A}_i B_i C_{i-1} + A_i \overline{B}_i C_{i-1} + A_i B_i \overline{C}_{i-1} + A_i B_i C_{i-1} = \begin{cases} (A_i \oplus B_i)C_{i-1} + A_i B_i \\ A_i C_{i-1} + B_i C_{i-1} + A_i B_i (\text{前 3 项分别与} A_i B_i C_{i-1} \text{结合}) \end{cases}$$

$$(3.7)$$

式（3.7）中 C_i 的两个表达式各具特点，视具体情况应用。比如，结合式（3.6）和式（3.7）的第一个 C_i 表达式可以画出由半加器和逻辑门构成全加器的逻辑图，如图 3.41（b）所示，仿真结果如图 3.41（c）所示。

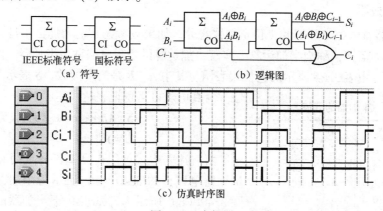

（a）符号 （b）逻辑图

（c）仿真时序图

图 3.41 全加器

2. 多位数加法器

若将 n 个全加器级联，即把低位进位输出端接到相邻高位的进位输入端，就可以得到一个 n 位二进制数相加的电路。图 3.42 给出了一个由四个 1 位全加器组成的 4 位二进制数加法器，其中 $A_3A_2A_1A_0$ 和 $B_3B_2B_1B_0$ 作为两个加数，$C_3S_3S_2S_1S_0$ 输出加法计算结果。

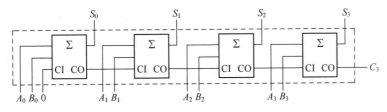

图 3.42　4 位串行进位全加器

图 3.42 所示结构的加法器称为串行进位加法器，这种加法器的特点是高位结果只有等到低位进位产生后才能建立，所以串行进位加法器的缺点是运算速度慢，且位数越多越明显。

为了提高运算速度，设计了一种超前进位加法逻辑电路，使得每位的进位只由两个加数和最低位进位信号直接决定，与低位的进位无关。即进位信号不再是逐级传递，而是采用超前进位技术。超前进位加法器的内部进位信号可以表示为

$$C_{i-1} = f_{i-1}(A_0, A_1, A_2, \cdots, A_{i-1}, B_0, B_1, B_2, \cdots, B_{i-1}, C_{-1}) \tag{3.8}$$

由式（3.7），并考虑多位数值相加，全加器的和数 S_i 和进位 C_i 的逻辑表达式为

$$S_i = A_i \oplus B_i \oplus C_{i-1}$$
$$C_i = A_iB_i + (A_i \oplus B_i)C_{i-1} \tag{3.9}$$

令 $G_i = A_iB_i$ 和 $P_i = A_i \oplus B_i$，有

$$S_i = P_i \oplus C_{i-1}$$
$$C_i = G_i + P_iC_{i-1} \tag{3.10}$$

各个位的进位表达式为

$$C_0 = G_0 + P_0C_{-1}$$
$$C_1 = G_1 + P_1C_0 = G_1 + P_1G_0 + P_1P_0C_{-1}$$
$$C_2 = G_2 + P_2C_1 = G_2 + P_2G_1 + P_2P_1G_0 + P_2P_1P_0C_{-1} \tag{3.11}$$
$$\vdots$$

也就是说，每个位的进位可以用输入 A_i、B_i 和 C_{-1} 直接表示，从而提前获得超前进位，直接全加器获得多位加法结果，避免串行进位的大延迟。图 3.43（a）为 4 位超前进位加法器 74HC283 的引脚图。其中，$A_3A_2A_1A_0$ 和 $B_3B_2B_1B_0$ 分别作为两个 4 位被加数和加数的输入端，$S_3S_2S_1S_0$ 是 4 位和输出端；CI 为最低位进位的输入端，也就是 C_{-1}，CO 为进位的输出端。图 3.43（b）为 74HC283 的内部逻辑图，包括超前进位电路和 4 个全加器电路。

【例 3.15】 将 8421BCD 码转换成余 3 码。

解： 余 3 码 = 8421BCD 码 +3（即 0011），所以得到如图 3.44 所示转换电路。

【例 3.16】 利用两片 74HC283 扩展成 8 位二进制数加法器。

解： 和前面讲到的串行进位加法器类似，利用多片 4 位加法器级联，就可以扩展成更多位的二进制数加法器。图 3.45 就是利用两片 74HC238 扩展成 8 位二进制数加法器的逻辑电

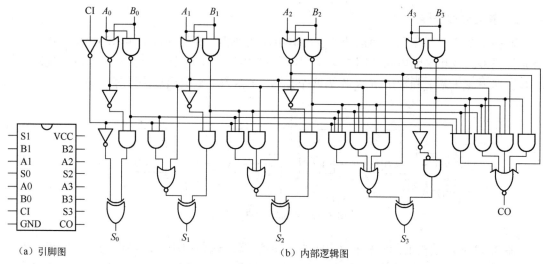

（a）引脚图　　　　　　　　　（b）内部逻辑图

图 3.43　4 位超进位加法器 74HC283

路图。该电路的级联是串行进位方式，低位（0）的进位输出连接到高位片（Ⅰ）的进位输入。但是，当级联数目增加时，也会影响运算速度。

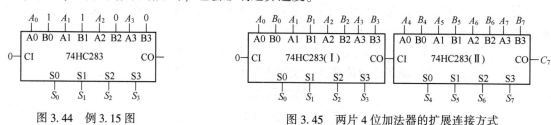

图 3.44　例 3.15 图　　　　　　　　　图 3.45　两片 4 位加法器的扩展连接方式

【例 3.17】请设计二-十进制加法器。

解：二-十进制加法器即逢十进一，也就是当结果大于 9，就要再加 6 并给出进位。

显而易见，正确判断结果是否大于 9 至关重要。这分为两种情况：当结果发生进位，即 $C_3 = 1$ 时为第一种情况；$C_3 = 0$，但是结果是 $10 \sim 15$ 为第二种情况。那如何判断结果为 $10 \sim 15$ 呢？如图 3.46 所示，通过卡诺图可得到 $S_3 S_2 + S_3 S_1$ 判据。因此，结果大于 9 等效为进位 $C = C_3 + S_3 S_2 + S_3 S_1$，即当 $C = 1$ 时，结果要再加 6，得到电路图。

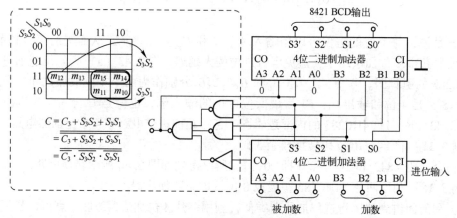

图 3.46　二-十进制加法器电路

3.7.2 减法运算电路

在本书的 1.3 节中已经介绍过带符号二进制数的加法和减法运算可以统一归结为补码求和的方式进行运算。当被减数 A 与减数 B 都为补码形式时，即

$$差的补码 = A + "B 的按位取反(包括符号位)" + 1$$

从而得到两个 4 位二进制数相减的减法器电路，如图 3.47（a）所示。其中，$A_3A_2A_1A_0$ 是被减数的输入端，$B_3B_2B_1B_0$ 是减数的输入端，$S_3S_2S_1S_0$ 是差的输出端。

电路将减数 $B_3B_2B_1B_0$ 求反加 1，并将结果与 $A_3A_2A_1A_0$ 相加，将减法运算转换为加法运算。电路巧妙地借助 74HC283 的 CI 端实现求补码的加 1 操作。

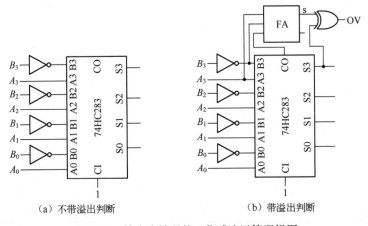

（a）不带溢出判断　　　　（b）带溢出判断

图 3.47　输出为补码的 4 位减法运算逻辑图

另外，有符号数加法需要进行溢出判断。可通过将 C_2 和 CO 进行异或运算得到溢出标志，若 C_2 已引出，那该方法是获取 OV 的尚好方法，可事实相反，只能搭建复杂的超前进位电路得到 C_2。一般采用再级联一个全加器扩展一个符号位，双符号位的异或运算获得溢出标志 OV，如图 3.47（b）所示，s 指示正确的符号。

图 3.48 是二进制并行加法/减法器。加减控制端为 0 时进行加法运算；加减控制端为 1 时进行二进制补码减法运算。输入端的异或门用于二进制补码减法运算时对减数的取反运算。电路采用级联全加器，并基于双符号位的异或运算方法获取溢出标志 OV。

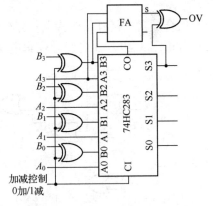

图 3.48　二进制并行加法/减法器

3.7.3 项目讨论：用译码器或数据选择器设计两位乘法器

用译码器或数据选择器设计两位乘法器（$A_1A_0 \times B_1B_0 = P_3P_2P_1P_0$）。将讨论过程，内容及设计结果记录到下面的方框内。

习题与思考题

3.1　组合逻辑电路有什么特点？分析组合逻辑电路的方法步骤是什么？

3.2　分析图 3.49 所示各组合逻辑电路的逻辑功能。

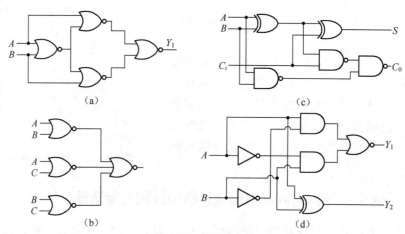

图 3.49　题 3.2 图

3.3　在举重比赛中有 A、B、C 3 名裁判，A 为主裁判，当有两名以上裁判（必须包括主裁判 A 在内）认为运动员举杠铃合格，按动电铃可发出裁决合格信号，设计该逻辑电路。

3.4　设计一个四输入奇偶校验逻辑电路，要求 4 个输入逻辑变量中有奇数个 1 时输出为 1，否则输出为 0。

3.5　某雷达站有 3 部雷达 A、B、C，其中 A 和 B 功率消耗相等，C 的功率是 A 的功率的两倍。这些雷达由两台发电机 X 和 Y 供电，发电机 X 的最大输出功率等于雷达 A 的功率消耗，发电机 Y 的最大输出功率是 X 的 3 倍。要求设计一个逻辑电路，能够根据各雷达的启动和关闭信号，以最节约电能的方式启、停发电机。

3.6　什么是竞争冒险？产生竞争冒险的原因有哪些？常用消除竞争冒险的方法是什么？

3.7　用卡诺图法化简逻辑函数

$$Y(A,B,C,D) = \sum m(0,1,4,5,12,13,14,15)$$

分析次函数是否存在竞争冒险。若有竞争冒险，请消除后用与非门实现。

3.8　什么是编码和译码？编码和译码各有什么作用？

3.9　试用 3 线–8 线译码器 74HC138 和门电路产生如下多输出逻辑函数，要求画出电路图并写出求解过程。

$$\begin{cases} Y_1 = AC \\ Y_2 = \bar{A}\,\bar{B}C + A\,\bar{B}\,\bar{C} + BC \\ Y_3 = \bar{B}\,\bar{C} + AB\bar{C} \end{cases}$$

3.10　用 3 线–8 线译码器 74HC138 和必要的门电路设计一位具有控制端 K 的半加、半减运算电路，要求 $K=1$ 时，实现半加运算；当 $K=0$ 时，实现半减运算。

3.11　用 3 线–8 线译码器 74HC138 和必要的门电路设计一位全加器电路。

3.12　试用一片 8 选 1 数据选择器 74HC151 和必要的门电路分别产生下列单输出逻辑函数，要求画出电路图并写出求解过程。

（1）$Y = AC + \bar{A}B\,\bar{C} + \bar{A}\,\bar{B}C$；

（2）$Y = A\,\bar{C}D + \bar{A}\,\bar{B}CD + BC + B\,\bar{C}\,\bar{D}$；

（3）$Y(A,B,C,D) = \sum m(0,3,5,6,8,9,12,15)$（允许再用一个非门）。

3.13　分别用一片 74HC138 和 74HC153 设计一位全加器。

3.14　用译码器设计四人投票指示电路。要求为：若判为成功至少需要三票，要有成功输出指示；如果两票赞成，两票反对，则必须重投，要有重投指示；如果至多有一票赞成，终止投票，并指示。

3.15　试设计一个实现半减器 $A-B$ 的电路，用 A 和 B 分别表示两个二进制数，用 D 和 B_i 分别表示本位差和借位，写出相关的真值表和表达式，画出逻辑电路图。

3.16　试设计一个实现全减器 $A-B-B_{i-1}$ 的电路，用 A 和 B 分别表示两个二进制数，用 B_{i-1} 表示低位的借位信号，用 D 和 B_i 分别表示本位差和借位，写出相关的真值表和表达式，画出逻辑电路图。

3.17　请设计 8421 转 5421 码电路。

3.18　用 Quartus II 软件原理图输入法设计 4 线–16 线译码器，并完成功能仿真。

3.19　用 Quartus II 软件原理图输入法设计 4 位减法器，并完成功能仿真。

第4章 存储器、锁存器与触发器

在数字电子系统中，除了需要组合逻辑电路完成逻辑运算和算术运算等功能外，还需要具有存储功能的电路。基本 RS 锁存器是构成存储电路的基本单元，具备 "0" 和 "1" 两种稳定状态，可以长期存储一位二进制数，且具备写 "0" 功能和写 "1" 功能。锁存器（latch）和触发器（flip-flop）是基于基本 RS 锁存器的两类基本同步时序元件，其特点是具有同步功能，即只有当外部有同步信号作用时才能写入新值。本章首先重点讨论锁存器和触发器的电路结构及工作原理，然后学习半导体存储器。

4.1 双稳态存储器

4.1.1 基本双稳态存储电路

通常，具有两个不同稳定的二进制存储单元，用于记忆 "0" 或 "1" 两个稳定状态的电路称为双稳态存储电路，简称为双稳态电路。如将两个非门 G_1 和 G_2 接成图 4.1 所示的交叉耦合形式，则构成了基本双稳态存储电路，其逻辑状态分析如下。

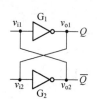

图 4.1 基本双稳态存储电路

若 $Q=0$，由于非门 G_2 的作用，则使 $\overline{Q}=1$，$\overline{Q}$ 反馈到 G_1 输入端，又保证了 $Q=0$。由于两个非门首尾相接的逻辑锁定，因而电路能自行保持在 $Q=0$，$\overline{Q}=1$ 的状态，形成第一种稳定状态，称为 "0" 状态。反之，若 $Q=1$，$\overline{Q}=0$，形成第二种稳定状态，称为 "1" 状态。由于电路能长期保持两种稳定状态，故为双稳态电路。在两种稳定状态中，输出端 Q 和 $\overline{Q}$ 总是互补的。

电路接通后，可能随机进入其中一种状态，并能长期保持不变，因此，电路具有存储或记忆一位二进制数据的功能。但是，因为没有控制信号输入，所以无法确定在上电时究竟进入哪一种状态。显然，还需要对基本双稳态存储电路进行改进，不但能够存储，而且状态可以控制。

4.1.2 基本 RS 锁存器

基本 RS 锁存器是由两个与非门交叉直接耦合而成的，如图 4.2 所示。当输入端 $\overline{R}$ 和 $\overline{S}$ 都为高时，基本 RS 锁存器的特性与图 4.1 所示的基本双稳态存储电路相同。根据 $\overline{R}$ 和 $\overline{S}$ 的输入不同，基本 RS 锁存器具备更加丰富的功能。分为以下四种情况。

1. $\overline{R}=\overline{S}=1$

$\overline{R}=\overline{S}=1$ 时，基本 RS 锁存器的输出状态取决于原来的状态。即无论其原来的状态是

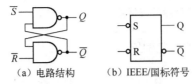

（a）电路结构　　（b）IEEE/国标符号

图 4.2　用与非门组成的基本 RS 锁存器

"0" 状态，还是为 "1" 状态，其将保持原来的状态不变，体现存储或记忆功能。

2. $\bar{R}=0$，$\bar{S}=1$

若 $\bar{S}$ 保持高电位，$\bar{R}$ 变为 "0" 的端加一低电平，促使电路处于 $Q=0$，$\bar{Q}=1$ 状态。

基本 RS 锁存器处于 "0" 状态，称为复位状态。其实，基本 RS 锁存器中的字母 R 就是英文 reset 的简写，$\bar{R}$ 端称为复位端或清零端。

3. $\bar{R}=1$，$\bar{S}=0$

若 $\bar{R}$ 保持高电位，$\bar{S}$ 变为 "0" 的端加一低电平，促使电路处于 $Q=1$，$\bar{Q}=0$ 状态。

基本 RS 锁存器处于 "1" 状态，称为置位状态。显然，基本 RS 锁存器中的字母 S 就是英文 set 的简写，$\bar{S}$ 端称为置位端或置 "1" 端。

4. $\bar{R}=\bar{S}=0$

当 $\bar{S}$ 端和 $\bar{R}$ 端同时输入低电平时，两个与非门都输出 "1"，破坏了 Q 与 $\bar{Q}$ 总是逻辑互补的关系。且当把该状态撤回到保持状态（$\bar{R}=\bar{S}=1$）后，Q 将由各种偶然因素决定最终状态。因此，必须要禁止使用 $\bar{R}=\bar{S}=0$ 状态。与非门组成的基本 RS 锁存器的真值表如表 4.1 所示。

用时序图来描述器件的逻辑功能是数字逻辑电路功能分析的重要手段。对于双稳态电路，一般先设初始状态 Q 为 "0"（也可以设为 "1"），然后根据给定输入信号波形，相应画出输出端 Q 的波形，这种波形图称为时序图，可直观地显示基本 RS 锁存器的工作情况。

表 4.1　与非门组成的基本 RS 锁存器的真值表

$\bar{R}$	$\bar{S}$	Q	功能说明
0	0	1	禁止
0	1	0	清零
1	0	1	置 "1"
1	1	不变	保持

【例 4.1】 若已知与非门组成的基本 RS 锁存器的 $\bar{R}$ 和 $\bar{S}$ 端的波形如图 4.3（a）所示，试画出 Q 和 $\bar{Q}$ 的时序图。

解： 已知 $\bar{R}$ 和 $\bar{S}$ 的输入时序确定 Q 和 $\bar{Q}$ 状态，只要根据 $\bar{R}$ 和 $\bar{S}$ 的值查表 4.1 即可，画出的波形图如图 4.3（b）所示。可以看出，虽然在 $t_3 \sim t_4$ 和 $t_7 \sim t_8$ 期间输入端出现了 $\bar{R}=\bar{S}=0$ 的状态，但由于 $\bar{S}$ 首先回到了高电平，所以之后的状态仍可确定。

实际上，具有 "非" 逻辑关系的两个门交叉耦合都可以构成基本 RS 锁存器。图 4.4 所示电路为用两个或非门构成的基本 RS 锁存器，与图 4.2 所示电路不同的是清零端和置 "1" 端通过高电平触发，其真值表列于表 4.2 中。其实，只要将表 4.1 中输入变量取 "非"，就可得到表 4.2。

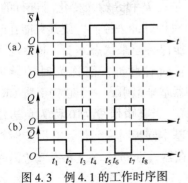

图 4.3　例 4.1 的工作时序图

表 4.2　或非门组成的基本 RS 锁存器的真值表

R	S	Q^{n+1}	功能说明
0	0	不变	保持
0	1	1	置"1"
1	0	0	清零
1	1	0	禁止

图 4.4　用或非门组成的基本 RS 锁存器电路

　　基本 RS 锁存器具有线路简单、操作方便等特点，应用广泛。下面介绍基本 RS 锁存器用于按键去抖动。通常按键开关为机械式开关，由于机械触点的弹性作用，一个按键开关在闭合时不会马上稳定地接通，断开时也不会马上断开，因而在闭合和断开的瞬间都会伴随着一串的抖动，造成一次动作多次误响应的后果，图 4.5（a）所示为单刀双掷型按键输入去抖动电路，两个上拉电阻给出按键悬空时的常态高电平输入。

　　常态时，按键与 S 端连接，此时 Q 端输出高电平。按键按下到抬起 Q 端输出的全过程时序如图 4.5（b）所示。按键按下动作的起始抖动时，由基本 RS 锁存器的特性可知，Q 保持输出高电平；当按键接通 $\overline{R}$ 瞬间 Q 输出低电平，并在此抖动期间，包括按下保持的非抖动期间，以及按键抬起离开 R 的抖动期间，由基本 RS 锁存器的特性可知，Q 始终保持输出低电平，直至按键抬起与 S 接触瞬间 Q 跳变输出高电平并保持，且此时的抖动对输出 Q 无影响。要注意，只有两个端子的按键的去抖动问题不能应用该方法。

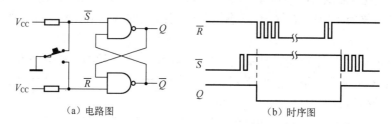

（a）电路图　　　　　　　　　　　　（b）时序图

图 4.5　基于与非门基本 RS 锁存器的开关型键盘去抖动电路

4.2　锁存器

4.2.1　RS 锁存器

　　在数字系统中，常常要求基本 RS 锁存器的状态改变不是在 $\overline{R}$ 和 $\overline{S}$ 输入变化时进行的，而是需要对其的翻转时段或时刻进行控制，因此要求有一个时钟脉冲来控制，使其只能在时钟脉冲到来时才更新状态，而在其他时间基本 RS 锁存器只能保持原来状态不变，将变与不变（保持）分开。这个控制脉冲即为同步（synchronous）时钟脉冲，简称为时钟脉冲（clock pulse），习惯上写作为 CP。也就是要在基本 RS 锁存器基础上引入一个时钟引脚 CK，即 CP。对于 CP，当其由 0 变为 1 称为正边沿（或上升沿），当其由 1 变为 0 称为负边沿（或下降沿）。锁存器和触发器是基于基本 RS 锁存器的两类基本同步时序元件。在同步时钟脉冲 CP 有效电平时段更新数据则构成同步锁存器，简称锁存器（latch）；在 CP 有效边沿时刻更新数据则构成触发器（flip-flop）。

为增加时钟控制端，克服基本 RS 锁存器直接由电平控制，即 $\bar{R}$、$\bar{S}$ 变化，Q 和 $\bar{Q}$ 就随之立刻变化的持续更新性质，需要对基本 RS 锁存器电路作进一步改进。由与非门构成的 RS 锁存器电路如图 4.6 所示，在基本 RS 锁存器电路基础上增加了两个与非门，使其只在 CP 出现（高电平）时才能接收输入更新状态。即 CP 为高电平时，其持续接受更新，而 CP 变为低电平时，锁存数据，保持 CP 变为低电平瞬间时的 Q 值不变。锁存器原来的状态（称为原态）为 Q^n，新的状态（称为次态）为 Q^{n+1}。对照与非门基本 RS 锁存器可得到由与非门构成的 RS 锁存器的真值表如表 4.3 所示。RS 锁存器的特性方程为

$$\begin{cases} Q^{n+1}=S+\bar{R}Q^n\,(\text{约束条件：}SR=0)\,,\text{CP}=1 \\ Q^{n+1}\text{保持原 }Q^n\text{ 值不变}\qquad\qquad\quad,\text{CP}=0 \end{cases} \tag{4.1}$$

若图 4.6 所示电路的 CP 输入端先经过"非"逻辑运算，再接入电路，则电路变为 CP 低电平更新、CP 高电平锁存的 RS 锁存器。

表 4.3　由与非门构成的 RS 锁存器的真值表

CP	S^n	R^n	Q^{n+1}	功能说明
0	×	×	Q^n	保持
1	0	0	Q^n	保持
1	0	1	0	清零
1	1	0	1	置"1"
1	1	1	×	不允许

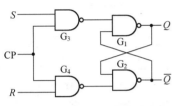

图 4.6　由与非门构成的 RS 锁存器电路

显然，对于锁存器，在 CP 的有效电平阶段输出与输入之间透明传输，与传输使能的含义是一致的，因此，锁存器 CP 输入端有时也标注为 EN。

在使用 RS 锁存器时，有时需要无论同步时钟 CP 处于何种状态都要立刻将其置成 0 态或 1 态，这种与 CP 信号不同步的操作方式称为异步（asynchronous）操作。此时，就需要在 RS 锁存器上设置异步置位端（或称异步置"1"端）和异步复位端（或称为异步清零端）。如图 4.7 所示电路，很显然，$\bar{R}_D=0$ 将异步复位锁存器，$\bar{S}_D=0$ 将异步置位锁存器。不需要异步操作时，$\bar{R}_D$ 和 $\bar{S}_D$ 要保持为高电平，使锁存器处于同步工作状态。

带有异步和使能控制的 RS 锁存器电路如图 4.8（a）所示。增加了 G_5 后，EN 作为使能控制引脚，当 EN = 1 时，RS 锁存器工作在同步操作和异步操作状态，而当 EN = 0 时，RS 锁存器仅工作在异步操作状态，即 EN 为同步使能控制端。RS 锁存器的符号如图 4.8（b）所示。

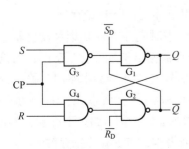

图 4.7　带有异步控制端的 RS 锁存器电路

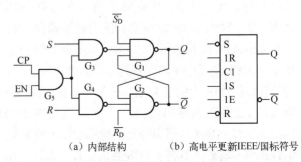

（a）内部结构　　　（b）高电平更新IEEE/国际符号

图 4.8　带有异步和使能控制的 RS 锁存器电路及其符号

4.2.2　D 锁存器

为了从根本上避免 RS 锁存器的 R 和 S 同时为"1"的情况出现，可以在 R 和 S 之间形成"非"逻辑运算。如图 4.9（a）所示，形成 D 和 CP 两个新的输入引脚，这样就成为只有一个输入端的 D 锁存器。

D 锁存器在时钟脉冲作用期间（CP＝1 时），将输入信号 D 转换成一对互补信号，送到基本 RS 触发器的两个输入端，使基本 RS 触发器的两个输入信号只能是"01"或"10"两种组合，从而消除了状态不确定的现象。

D 锁存器的工作时序如图 4.9（b）所示，其真值表如表 4.4 所示。D 锁存器的电路符号如图 4.9（c）所示。D 锁存器的特性方程为

$$\begin{cases} Q^{n+1}=D & ,CP=1 \\ Q^{n+1}\text{保持原 }Q^n\text{ 值不变}, CP=0 \end{cases} \quad (4.2)$$

表 4.4　D 锁存器的真值表

CP	D	Q	$\overline{Q}$	功能说明
0	×	不变	不变	保持
1	0	0	1	清零
1	1	1	0	置"1"

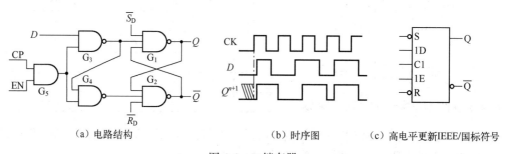

（a）电路结构　　　　　　（b）时序图　　　　　（c）高电平更新IEEE/国标符号

图 4.9　D 锁存器

很明显，在 CP＝1 时，D 锁存器是"透明的"，即 $Q=D$；而 CP＝0 时，D 锁存器保持原数据。这和与门、或门的开关作用很类似。因为，锁存器的重要特性是 CP 的电平触发更新数据，电平结束，锁存数据。行业里，称 CP＝1 时，锁存器的"透明"特性为空翻现象。

另外，实现 D 锁存器的电路不只图 4.9（a）所示一种方法。由于只关心逻辑，所以本书不过多介绍。

4.2.3　项目讨论：请用锁存器设计绝对公平的 8 路抢答器电路

多个 D 锁存器的 CK 接在一起，就构成同步 D 锁存器组，D 锁存器组常用作计算机应用系统中的地址锁存器，如常见地址锁存器有 74HC373 和 74HC573 等。图 4.10 所示电路为 74HC373、74HC573，以及他们的内部逻辑图，其核心组成都是 8 个 D 锁存器。

其中，LE 为前面所述的 CK。当接至 LE 的 CP 为高电平时允许所有 D 锁存器更新它们的状态；而 CP 为低电平时则保持 8 位数据不变。8 个 D 锁存器输出端都带有三态门，当输出三态门使能信号 $\overline{OE}$ 为低电平时，三态门有效，输出锁存的信号；当 $\overline{OE}$ 为高电平时，输出处于高阻状态。这种三态输出电路，一方面使锁存器与输出负载得到有效隔离，另一方面是使 74HC373 和 74HC573 可以方便地应用于微处理机或计算机的总线传输电路。不过鉴于 74HC373 引脚排列不规范，不利于 PCB 板的设计，实际应用中多采用 74HC573 作为锁存器。

请基于 74HC573 和组合逻辑电路实现绝对公平的 8 路抢答器电路，并由 8 个指示灯指

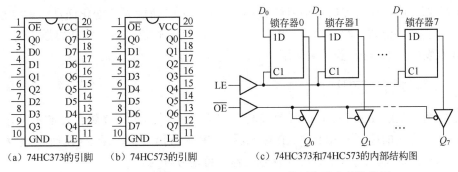

（a）74HC373的引脚　　（b）74HC573的引脚　　（c）74HC373和74HC573的内部结构图

图 4.10　8 位锁存器 74HC373 和 74HC573 的引脚及内部结构图

示抢答结果，请将讨论结果画到如下空白处。

4.3　触发器

若存储器的次态 Q^{n+1} 在 CP 高电平（或低电平）期间随输入变化，而在 CP 低电平（或高电平）期间保持 CP 由高变低（或由低变高电平）时刻的状态，输入信号状态的变化对输出状态不产生影响，称这类双稳态同步时序元件为锁存器。如前面讲的 D 锁存器。

若次态 Q^{n+1} 仅取决于 CP 下降沿（或上升沿）到达前瞬间的输入信号状态，而在此之前或之后的一段时间内，输入信号状态的变化对输出状态不产生影响，称这类双稳态同步时序元件为触发器。触发器可以有效地避免锁存器 CP 有效时随输入的变化而产生的空翻现象，而且还可以实现移位和计数等功能。触发器具有工作可靠性高、抗干扰能力强的优点，应用广泛。D 触发器和 JK 触发器是最常用的触发器。

4.3.1　D 触发器及应用

D 触发器（delay flip-flop）的真值表与 D 锁存器相同，其与 D 锁存器的不同之处只是输出状态发生变化的控制形式不同。D 触发器将 CP 上升沿或下降沿之前瞬间的输入数据 D 传输到输出端并保持。上升沿触发型 D 触发器的特性方程为

$$\begin{cases} Q^{n+1}=D & ,\text{CP}=\uparrow \\ Q^{n+1}\text{保持原 } Q^n \text{ 值不变,CP 为其他状态} \end{cases} \tag{4.3}$$

把握 D 触发器工作特性的关键是，确定每个 CP 上升沿之后的输出状态等于该上升沿前一瞬间 D 信号的状态，此状态要保持到下一个时钟脉冲 CP 上升沿到来时。图 4.11 所示为上升沿触发型 D 触发器的输入信号和时钟脉冲信号波形示例。

D 触发器的电路形式主要有由主从锁存器构成的 D 触发器和维持阻塞 D 触发器。

1. 由主从锁存器构成的 D 触发器

由主从锁存器构成的 D 触发器功能电路如图 4.12 所示。图中，左侧的锁存器作为主锁存器，右侧的锁存器作为从锁存器。所构成的触发器的输出端为 Q 和 $\overline{Q}$，输入端为 D。其工作过程分为以下两个阶段进行。

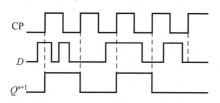

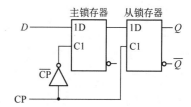

图 4.11　D 触发器工作时序示例图　　　　图 4.12　主从锁存器构成的 D 触发器电路

CP=0 期间，$\overline{\text{CP}}=1$，主锁存器打开，输入端 D 信号透明传输到主锁存器的输出端；从锁存器因 CP=0 而封锁，其输出保持不变，也就是整个主从锁存器构成的 D 触发器的输出保持不变。

CP 变为 1 时，$\overline{\text{CP}}=0$，主锁存器被封锁，此后无论输入 D 如何变化，其保持锁存前瞬间的状态不变；从锁存器因 CP=1 被打开，整个主从锁存器构成的 D 触发器的输出等于主锁存器输出的值。因此，在 CP 的上升沿，从锁存器将按照主锁存器在 CP=0 是接收的状态去改变从锁存器的状态，即整个触发器的状态：若 CP 上升沿前 $D=0$，则 $Q^{n+1}=0$；若 CP 上升沿前 $D=1$，则 $Q^{n+1}=1$。

可见，由主从锁存器构成的 D 触发器，其状态改变是在时钟脉冲 CP 的上升沿完成的，因而这种结构具有触发器特性，无空翻现象。

2. 维持阻塞 D 触发器

由六个与非门构成的上升沿维持阻塞 D 触发器的电路结构如图 4.13 所示。G_1、G_2 构成基本 RS 锁存器，G_3、G_4 起同步作用，G_5 和 G_6 的作用是将输入信号 D 同相送到 G_5 输出端，

反相送到 G_6 输出端。

当 CP = 0 时，G_3 和 G_4 输出都为 1，G_1 和 G_2 构成的基本 RS 锁存器保持原状态。

当 CP 的上升沿到达时，也就是 CP 从低电平变为高电平时，如果输入端 $D = 0$，则 G_5 输出 0，致使 G_3 输出 1。由 G_6 输出 1 导致 G_4 输出 0，从而使基本 RS 锁存器清零。同时 G_4 输出的 0 信号又反馈到 G_6 输入，将 G_6 封锁，即使 D 信号发生变化，也不会影响锁存器的输出状态。

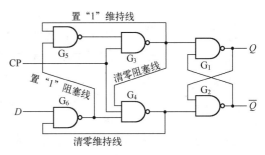

图 4.13 上升沿维持阻塞 D 触发器的电路结构

如果 CP 的上升沿到达时 $D = 1$，则 G_6 输出 0 致使 G_4 输出 1。而 G_5 输出 1，导致 G_3 输出 0，使基本 RS 锁存器置 "1"，同时 $G_3 = 0$ 的输出信号又反馈到 G_5 的输入端，将 G_5 封锁且恒输出 1，封锁了输入信号 D，即再与输入 D 无关，直到下一个上升沿到来。$G_3 = 0$ 的信号送到 G_4 输入端，使 G_4 在 CP = 1 期间保持高电平不变。

G_4 输出到 G_6 输入的连线叫清零维持线；G_3 输出到 G_5 输入的连线叫置 "1" 维持线；G_3 输出到 G_4 输入的连线是保持输出 1 期间的清零阻塞线；G_6 输出到 G_5 输入的连线是保持输出 0 期间的置 "1" 阻塞线。故该电路称为维持阻塞 D 触发器。

由以上分析知，维持阻塞 D 触发器在 CP = 0 时准备，准备时间是输入信号通过 G_5 和 G_6 的时间，即 $2t_{pd}$。CP = 1 时（上升沿）状态更新，并经 t_{pd} 建立起维持阻塞作用，然后 D 信号就可以随意变化，而不会产生空翻和误翻。也就是说 D 触发器接收的是 CP 上升沿到达前一瞬间 D 端的信号。

图 4.14 为 D 触发器的逻辑符号。在 IEEE 符号中，">" 表示为边沿触发型，以区分于电平同步的 D 锁存器。和锁存器一样，CP 经非门接入上升沿触发 D 触发器就变为下降沿触发 D 触发器。S 和 R 分别为异步置 "1" 端和异步清零端，同锁存器的异步控制一样直接作用于 D 触发器的输出存储器。无论 CP 为出于何种状态，只要 S 为 0，则 Q 立刻更新并处于高电平输出状态；只要 R 为 0，则 Q 立刻更新并处于低电平输出状态。只有 S 和 R 都为 1，D 触发器的输出 Q 才工作在边沿触发模式。

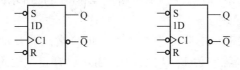

（a）上升沿触发 IEEE/国标符号　　（b）下降沿触发 IEEE/国标符号

图 4.14 D 触发器的符号

另外，CP 经二输入与门接入 D 触发器同步时钟端，则与门的另一个输入端作为该触发器的同步使能控制端，使得触发器具有同步使能功能。

常用 D 触发器集成芯片是 74HC74，它的内部包括两个完全相同且相互独立的上升沿触发 D 触发器，并且每个 D 触发器都带有异步清零和异步置位端。74HC74 芯片引脚如图 4.15 所示。

D 触发器（主要是上升沿触发 D 触发器）作为现代数字逻辑系统中的最基本时序元件，

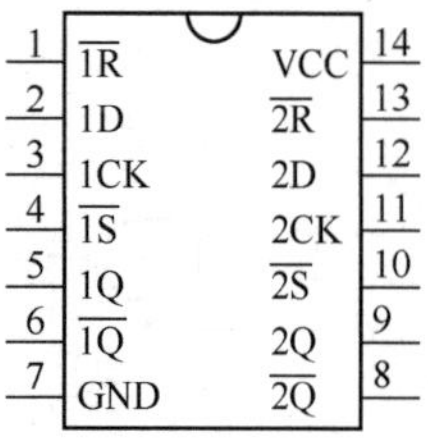

图 4.15　74HC74 芯片引脚

结构简单，控制方便，是可编程器件中构成时序电路的最基本资源单元。甚至，在可编程器件中，要构建 D 锁存器时，其实质是由 1 个 D 触发器和若干组合逻辑电路构成。因此，关于 D 触发器的相关知识请读者务必要认真研究和实践。

【例 4.2】 图 4.16（a）为由两个 D 触发器构成的电路图，设电路的初始状态 $Q_0 Q_1 = 00$，试确定 Q_0 和 Q_1 在时钟脉冲作用下的波形。

解：由于两个 D 触发器的输入信号分别互为另一个 D 触发器的输出，因此在确定它们的输出端波形时，应分段交替画出 Q_0、Q_1 的波形，在每个 CP 上升沿锁存出现 CP 上升沿前一时刻各个 D 端的输入数据。得到的时序图如图 4.16（b）所示。

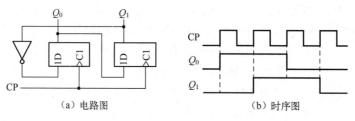

（a）电路图　　　　　　　　　（b）时序图

图 4.16　例 4.2 的电路图和时序图

【例 4.3】 两路同频方波信号，其相位差恒为 90°，如图 4.17（a）和图 4.17（b）所示。试设计一个图 4.17（c）所示检测电路来判断 A、B 相位情况。当 A 超前 B 90°时，F 输出 1；当 B 超前 A 90°时，F 输出 0。

解：如图 4.17（d）所示，将 B 接至 D 触发器的时钟端，A 作为 D 触发器的 D 输入即可。

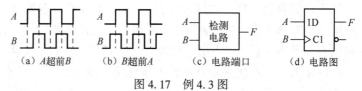

（a）A 超前 B　　　（b）B 超前 A　　　（c）电路端口　　　（d）电路图

图 4.17　例 4.3 图

【例 4.4】 D 触发器应用极其广泛。请分析图 4.18（a）所示的 D 触发器应用电路对周期方波进行二分频输出的原理。

解：工作时序如图 4.18（b）所示。当 $\bar{Q}$ 为 1 时，输入端 D 即为 1，Q 输出为 0，当 CP 脉冲出现上升沿时，Q 更新输出为 1，$\bar{Q}$ 变为 0，输入端 D 自然也跟着变为输入 0；当 CP 脉冲又出现上升沿时，Q 更新输出为 0，$\bar{Q}$ 变为 1，输入端 D 再次变为 1。依此类推。可见，输出端 Q 在 CP 脉冲的每个上升沿翻转一次，两次翻转构成 Q 输出信号的一个完整周期，实现

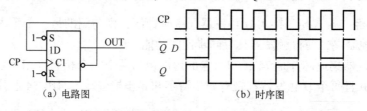

（a）电路图　　　　　　　　　（b）时序图

图 4.18　利用 D 触发器对周期波形二分频电路及工作时序图

二分频, 即当 CP 脉冲频率为 f 时, Q 端输出信号频率为 $f/2$。

4.3.2　项目讨论: 请用触发器设计绝对公平的 8 路抢答器电路

74HC273 是具有 8 个 D 触发器的芯片, 且共用同一个异步清零端 (主复位, 对应英文为 master reset, 简记为 $\overline{\mathrm{MR}}$) 和同一个同步脉冲引脚, 如图 4.19 所示。

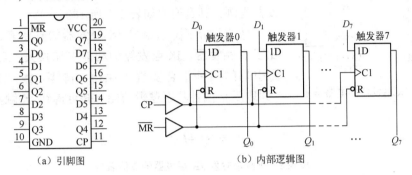

（a）引脚图　　　　　　　　　（b）内部逻辑图

图 4.19　74HC273

请基于 74HC273 和组合逻辑电路实现绝对公平的 8 路抢答器电路, 并由 8 个指示灯指示抢答结果, 请将讨论结果画到如下空白处。

4

4

4

4

4

4

4.3.3　JK 触发器

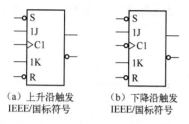

（a）上升沿触发
IEEE/国标符号　　（b）下降沿触发
IEEE/国标符号

图 4.20　JK 触发器的电路符号

JK 触发器（JK flip-flop）也是一种功能较完善，应用很广泛的双稳态触发器，JK 触发器的电路符号如图 4.20 所示。与 D 触发器一致，JK 触发器一般带有异步置"1"端和清零端。以下降沿触发 JK 触发器为例，其真值表如表 4.5 所示。

仔细分析下降沿触发 JK 触发器的真值表，可见，相比于 D 触发器，JK 触发器的功能更加强大，J、K 两个输入引脚的四种组合实现了保持、清零、置"1"和翻转（即取反）四种状态逻辑功能。并可得到 JK 触发器的特性方程为

$$Q^{n+1} = J\overline{Q}^n + \overline{K}Q^n \tag{4.4}$$

表 4.5　下降沿触发 JK 触发器的真值表

CK	S	R	J	K	Q^n	Q^{n+1}	功　能
×	0	1	×	×	×	1	异步置 1
	1	0	×	×	×	0	异步清 0
↓	1	1	0	0	0 1	0 1	保持
↓	1	1	**0**	1	0 1	0	清零
↓	1	1	**1**	0	0 1	1	置"1"
↓	1	1	1	1	0 1	1 0	翻转

式（4.4）仅在对应边沿到来时有效，Q^{n+1} 为对应 CP 边沿之后的状态，J、K 和 Q^n 为对应 CP 边沿之前的状态，其工作波形举例如图 4.21 所示。其要领是，要以 CP 的下降沿为基准，划分时间间隔，CP 下降沿到来前为现态 Q^n，下降沿到来后为次态 Q^{n+1}；每个 CP 下降沿到来后，根据 JK 触发器的特性方程确定其次态。

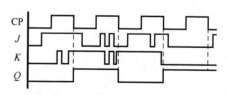

图 4.21　下降沿触发 JK 触发器的工作波形举例

JK 触发器由于功能齐全，在数字系统中得到了广泛的应用。实现 JK 触发器功能的方法很多，基于主从 RS 锁存器的下降沿触发 JK 触发器电路如图 4.22 所示，它是在从 RS 锁存器的输出端引回两条反馈线，使得主 RS 锁存器的输入 $S = J\overline{Q}^n$，$R = KQ^n$。

当，CP = 1 时，J、K、Q 和 $\overline{Q}$ 共同决定触发器的状态，将 $S = J\overline{Q}^n$，$R = KQ^n$ 代入 RS 锁存器的特性方程

$$Q^{n+1} = S + \overline{R}Q^n = J\overline{Q}^n + \overline{KQ^n}Q^n = J\overline{Q}^n + \overline{K}Q^n \tag{4.5}$$

当 CP 由高变为低时，主 RS 触发器保持不变，从 RS 锁存器接收主 RS 锁存器的信息并送到输出。

其实，不同类型触发器之间是可以相互转换的。转换方法为：变换获得到触发器的特性

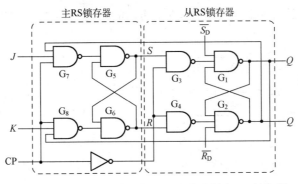

图 4.22　主从 RS 锁存器构成的下降沿触发 JK 触发器

方程，使之形式与已有触发器的特性方程一致，进而得到转换逻辑。由 D 触发器实现 JK 触发器，从 JK 触发器特性方程出发，得

$$J_n\overline{Q^n}+\overline{K_n}Q^n=\overline{\overline{J_n\overline{Q^n}}\cdot\overline{\overline{K_n}Q^n}}=D_n \tag{4.6}$$

所以，D 触发器转换成 JK 触发器的电路如图 4.23 所示。

当然，JK 触发器也可以作为 D 触发器使用。根据 D 触发器的特性方程，可得

$$Q^{n+1}=D=D(\overline{Q^n}+Q^n)=D\overline{Q^n}+DQ^n \tag{4.7}$$

可得 $J=D$，$K=\overline{D}$。所以，JK 触发器转换成 D 触发器的电路如图 4.24 所示。

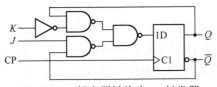

图 4.23　D 触发器转换为 JK 触发器

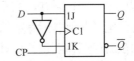

图 4.24　JK 触发器转换为 D 触发器

常见的下降沿触发 JK 触发器芯片有 74HC112、74HC113、74HC114 等。常见的上升沿触发 JK 触发器有 74HC73、74HC76 等。

4.3.4　T 触发器

将 JK 触发器的 J、K 连在一起，并命名为 T，就构成了 T 触发器（toggle flip-flop）。电路如图 4.25 所示。

上升沿触发 T 触发器的真值表如表 4.6 所示。在 $T=1$ 时，脉冲的上升沿输出取反；而在 $T=0$ 时，输出保持不变。T 触发器的电路符号如图 4.26 所示。T 触发器的特性方程为

$$Q^{n+1}=T\overline{Q^n}+\overline{T}Q^n \tag{4.8}$$

表 4.6　上升沿触发 T 触发器的真值表

输入		Q^{n+1}
T	CK	
1	↑	$\overline{Q^n}$
1	非↑	保持
0	×	保持

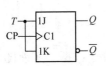

图 4.25　由 JK 触发器设计为 T 触发器

带有同步使能端的 D 触发器接成图 4.27 所示的 D 触发器二分频应用电路，也可以构成 T 触发器。

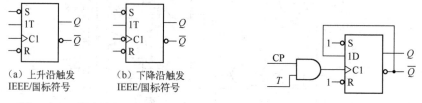

（a）上升沿触发 IEEE/国标符号　（b）下降沿触发 IEEE/国标符号

图 4.26　T 触发器的电路符号　　　　图 4.27　基于 D 触发器的 T 触发器

如果 T 触发器的输入端 T 恒接高电平，则变为 T′触发器。T′触发器的特性方程为

$$Q^{n+1} = 1\overline{Q}^n + \overline{1}Q^n = \overline{Q}^n \tag{4.9}$$

T′触发器的功能为翻转，T′触发器可直接应用于二分频电路。

4.3.5　锁存器、触发器与寄存器

寄存器（register）用于动态存储一组二进制代码，广泛地应用于各类数字系统和数字计算机中。一个锁存器或触发器可以存储一位二进制代码，N 个锁存器或触发器组成的存储器就可以作为寄存器，用于暂存 N 位二进制代码。

前面讲的 74HC373 和 74HC573 其实是 8 位 D 锁存器结构寄存器，而 74HC273 是 8 位 D 触发器结构寄存器。

要说明的是，当待暂存的数据可能与有效时钟边沿失之交臂时，只能采用锁存器作为寄存器，通过有效电平获取并锁存数据。尽管锁存器的时序分析较困难，且锁存器容易产生毛刺，不能用于同步时序逻辑电路的设计，但是锁存器比触发器快，所以非常适合应用于 CPU 设计和作为地址锁存等场合。另外，采用锁存器完成同一个功能所需要的门也比触发器要少，所以在 ASIC 中锁存器的应用较广泛。当然，在非 ASIC 设计领域，如果不是必须使用锁存器，建议尽量使用触发器，因为触发器是非透明传输的，可有效消除输入数据的毛刺。

4.4　半导体存储器

数字信息在运算或处理过程中，需要使用专门的存储器进行长时间的存储。存储器的种类很多，本节主要讨论半导体存储器。半导体存储器是重要的时序逻辑电路元件，也可以用于组合逻辑电路设计。

4.4.1　随机存取存储器及非易失性存储器

根据使用功能的不同，半导体存储器可分为随机存取存储器（random access memory，RAM）和非易失性存储器（non-volatile memory）。

1. RAM

就功能而言，RAM 为读/写存储器，既能方便地读出所存数据，又能随时写入新的数据。RAM 的缺点是数据的易失性，即一旦掉电，所存的数据全部丢失。RAM 的优点是其数据可随时快速修改。

按照存储机理的不同，RAM 又可分为静态 RAM（static RAM，SRAM）和动态 RAM（dynamic RAM，DRAM）两种。SRAM 基于基本 RS 锁存器原理存储数据。DRAM 则是利用 MOS 管栅极电容具有暂时存储信息的作用。由于漏电流的存在，栅极电容上存储的电荷不可能长久保持不变，因此为了及时补充漏掉的电荷，避免存储信息丢失，需要定时地给栅极电容补充电荷，通常把这种操作称作刷新或再生。即 DRAM 存储阵列需要不断地刷新来保证数据不丢失。常用的 DRAM 是 SDRAM（synchronous dynamic random access memory），即同步 DRAM，同步是指内部的命令的发送与数据的传输都以同步时钟为基准。

从存储密度来说，DRAM 和 SDRAM 的每个存储位只需要一个晶体管，而 SRAM 最少需要 4 个，高速 SRAM 需要 6 个以上，而且由于晶体管之间的互联 SRAM 十分复杂，占了很大的空间，所以同制程的 SRAM 容量要小得多。

从速度来说，DRAM 和 SDRAM 需要刷新和回写，极速比不上 SRAM。所以 CPU 的缓存是 SRAM，主内存用 SDRAM。

2. 非易失性存储器

非易失性存储器，即掉电不丢失，具有非易失性。且与 RAM 不同，非易失性存储器一般需要由专用装置（编程器或烧写器）写入数据。按照数据写入方式特点不同，非易失性存储器有以下几种。

（1）ROM（read-only memory）。也称掩模 ROM，这种 ROM 在制造时，厂家利用掩模技术直接把数据写入存储器中，ROM 制成后，其存储的数据也就固定不变了，用户对这类芯片无法进行任何修改。

（2）一次性可编程 ROM（programmable read-only memory，PROM）。PROM 在出厂时，存储内容全为 1（或全为 0），用户可根据自己的需要，利用编程器将某些单元改写为 0（或 1）。PROM 一旦进行了编程，就不能再修改了。

（3）紫外线可擦可编程 ROM（EPROM）。用户可根据自己的需要，利用编程器将 EPROM 某些单元改写为 0（或 1），前提是 EPROM 对应单元未被写入数据，否则要先擦除整片 EPROM 后方可写入。当外部紫外线光源长期加到 EPROM 上时，即可擦除所有写入的信息，这样 EPROM 又可以写入新的信息。

（4）电可擦可编程 ROM（E^2PROM）。E^2PROM 的单个字需要采用高电压进行擦除，并且擦除的速度比 EPROM 要快得多（一般为几个毫秒的数量级），擦除后可写入新的数据（一般也为几个毫秒的数量级）。也就是说，对于 E^2PROM，已经写入数据的单元再次写入新数据之前必须先进行擦除操作。因此，E^2PROM 即具有 ROM 的非易失性，又具备类似 RAM 的功能，可以随时改写（可重复擦写 1 万次以上）。目前，大多数 E^2PROM 芯片内部都备有升压电路。因此，只需要提供单电源供电，便可进行读、擦除/写操作，这为数字系统的设计和在线调试提供了极大方便。

（5）快闪存储器（flash memory）。类似 E^2PROM，具有电可擦除特性，但是非单个字节，一般采用页擦除方法（一个页具有多个字节）或整片擦除。一个字的写入时间约为几百微秒，一般一个芯片可以擦除/写入 1000 次到 10 万次不等。

4.4.2 半导体存储器的基本结构及访问

一般而言，半导体存储器由存储矩阵、地址译码器、字输入/输出及读/写控制、读/写控制器等几部分组成，如图4.28所示。

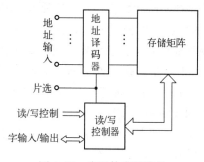

图4.28　半导体存储器的
结构示意框图

1. 存储矩阵

通常半导体存储器的各个1bit存储单元排列成矩阵形式构成存储矩阵，用来存储信息，这是半导体存储器的核心部分。存储器以字为单位组织内部结构，1个字有若干个存储单元，1个字中所含的位数（即存储单元个数）称为字长。存储器的字长一般为8或16。字数与字长的乘积表示存储器的容量。

2. 地址译码器

半导体存储器是按字读写的，因此就要指定字的位置，即待操作字的地址。地址译码器的作用就是实现将顺序编码二进制地址数译成有效的信号，从而选中待操作字所对应的存储单元，即地址与字一一对应。地址单元的个数N与地址线位数n的关系为

$$N = 2^n \tag{4.10}$$

在大容量半导体存储器中，通常采用双译码结构，即将输入地址分为行和列两部分，分别由行、列地址译码电路译码。字长为8，地址线位数n也为8的半导体存储器地址译码电路如图4.29所示，行、列地址译码电路的输出作为存储矩阵的行、列地址选择线，由它们共同确定欲选择的地址单元。行地址译码器用5输入32输出的译码器，地址线（译码器的输入）为A_0，A_1，…，A_4，输出为X_0，X_1，…，X_{31}；列地址译码器用3输入8输出的译码器，地址线（译码器的输入）为A_5，

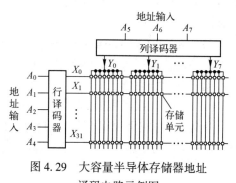

图4.29　大容量半导体存储器地址
译码电路示例图

A_6和A_7，输出为Y_0，Y_1，…，Y_7。例如，输入地址码$A[7:0] = 00000001$，则行选线$X_1 = 1$，列选线$Y_0 = 1$，选中第X_1行第Y_0列的字，从而对该半导体存储器进行数据的读出或写入。

3. 字输入/输出及读/写控制

字输入/输出端又称数据线，是双向数据端口，读出时它是输出端，写入时它是输入端，由读/写控制线控制。字输入/输出端数据线的条数，一般与字的位数相同。

访问半导体存储器时，对被选中的字，究竟是读还是写，通过读/写控制线进行控制。如果是读，则被选中字对应单元存储的数据经输入/输出线传送出；如果是写，数据经过输入/输出线存入被选中字单元。

半导体存储器的读/写控制线一般为两条，一个为读选通控制线（称为$\overline{RD}$或$\overline{OE}$），另一个是写选通控制线（称为$\overline{WR}$或$\overline{WE}$），且都为低有效。

由于受半导体存储器的集成度等限制，半导体存储器应用系统往往是由许多片半导体存储器组合而成的。因此，就需要建立存储器是否允许访问的机制，只有被允许的半导体存储器才能被或接受访问，片选引脚（称为$\overline{CS}$或$\overline{CE}$）就是用来实现这种控制的。通常一片半导体存储器有一根或几根片选线，当某芯片的片选线接入有效电平时，该片被选中，地址译码

器的输出信号控制该片某个地址的字对象与数据端口接通；当片选线接入无效电平时，则该片与数据端口之间处于断开状态。

图 4.30 给出实际的输入/输出控制电路。当片选信号 $\overline{CE}=1$ 时，G_3、G_4 输出为 0，三态门 G_1、G_2 均处于高阻状态，输入/输出（I/O）端与存储器内部完全隔离，存储器禁止读、写操作，即不工作。当 $\overline{CE}=0$ 时，芯片被选通，读和写分时进行。

当 $\overline{OE}=0$，$\overline{WE}=1$ 时，G_4 输出高电平，G_2 被打开，于是被选中的单元所存储的数据传送到 I/O 端，存储器执行读操作。

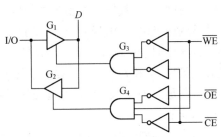

图 4.30　输入/输出控制电路
（$\overline{WE}$具有高优先权）

当 $\overline{WE}=0$ 时（读无效，即写入优先），G_3 输出高电平，G_1 被打开，此时加在 I/O 端的数据传送到半导体存储器内部数据线上，并被存入到所选中的存储单元，存储器执行写操作。

4. 半导体存储器的工作时序

为保证半导体存储器准确无误的工作，加到存储器上的地址、数据和控制信号必须遵守几个时间边界条件。图 4.31 为半导体存储器的读操作时序图。

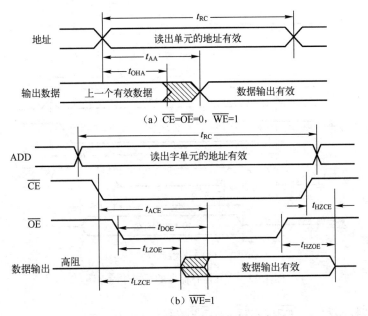

图 4.31　半导体存储器的读操作时序图

其中，图 4.31（a）为 $\overline{CE}=\overline{OE}=0$，$\overline{WE}=1$ 时的读操作，此时数据的输出只与输入的地址有关。图 4.31（b）为 $\overline{WE}=1$，地址预先输入或与 $\overline{CE}$ 同时输入时的读操作，操作过程表述如下。

（1）欲读出数据字的地址加载输入到存储器的地址输入端。

（2）加入有效的片选信号 $\overline{CE}$。

（3）在 $\overline{OE}$ 线上加低电平，经过一段延时后，所选择字的内容出现在 I/O 端；

（4）让片选信号$\overline{CE}$无效，I/O 端呈高阻态，本次读出过程结束。

由于地址译码器及输入/输出电路等存在延时，在地址信号加到存储器上之后，必须等待一段时间 t_{AA}，数据才能稳定地传输到数据输出端，这段时间称为地址存取时间。如果在存储器的地址输入端已经有稳定地址的条件下，加入片选信号，从选片信号有效到数据稳定输出，这段时间间隔记为 t_{ACE}。显然在进行存储器读操作时，只有在地址和选片信号加入，且分别等待 t_{AA} 和 t_{ACE} 以后，被读单元的内容才能稳定地出现在数据输出端，这两个条件必须同时满足。图 4.31 中 t_{RC} 为读操作时序的读周期，它表示该芯片连续进行两次读操作必需的时间间隔。

由于非易失性存储器的写时间延迟一般较大，这里的写操作主要指 SRAM 的写操作，时序如图 4.32 所示。

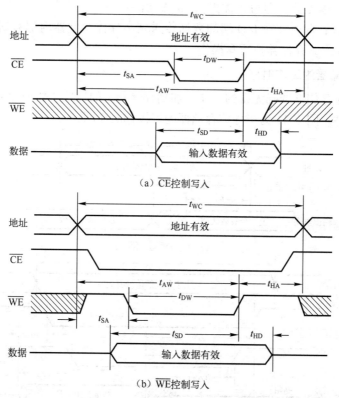

（a）$\overline{CE}$控制写入

（b）$\overline{WE}$控制写入

图 4.32　半导体存储器的写操作时序图

有两种方法控制写入：$\overline{CE}$控制写入和$\overline{WE}$控制写入。

（1）$\overline{CE}$控制写入时：如图 4.32（a）所示，$\overline{WE}$先有效，给出欲写入数据的字地址，且$\overline{WE}$有效和有效地址的加入顺序任意。然后将待写的数据加到数据输入端，$\overline{CE}$后有效使能写操作。$\overline{CE}$撤销使能状态后$\overline{WE}$方可撤销使能状态。

（2）$\overline{WE}$控制写入时：如图 4.32（b）所示，先将欲写入数据的字地址加载输入到存储器的地址输入端，然后$\overline{CE}$先有效，再将待写入的数据加到数据输入端，$\overline{WE}$后有效使能写操作。$\overline{WE}$撤销使能状态后$\overline{CE}$方可撤销使能状态。大都采用$\overline{WE}$控制写入方式。

最后，$\overline{CE}=1$，使选片信号无效，数据输入线回到高阻状态。

由于地址改变时，新地址的稳定需要经过一段时间，如果在这段时间内使能写入，就可能将数据错误地写入其他单元。为防止这种情况出现，在使能写入之前，地址必须稳定一段时间 t_{SA}，这段时间称为地址建立时间。同时在写使能失效后，地址信号至少还要维持一段写恢复时间 t_{AW}。为了保证速度最慢的存储器芯片的写入，写信号有效的时间 t_{DW} 不得小于最慢存储器芯片的使能写信号宽度。此外，对于写入的数据，应在写信号 t_{DW} 时间内保持稳定，且在写信号失效后继续保持 t_{HD} 时间。在时序图中还给出了写周期 t_{WC}，它反映了连续进行两次写操作所需要的最小时间间隔。对大多数 SRAM 来说，读周期和写周期是相等的，一般为十几到几十 ns。

综上可得到半导体存储器的引脚图。图 4.33 所示为 2048×8 位 SRAM 6116 的引脚排列图。A0~A10 是地址输入端，D0~D7 是数据线。表 4.7 是 SRAM 6116 的工作方式与控制信号之间的关系。

```
 1 ┌─────────┐ 24
  ─┤ A7   VDD ├─
 2 │          │ 23
  ─┤ A6    A8 ├─
 3 │          │ 22
  ─┤ A5    A9 ├─
 4 │          │ 21
  ─┤ A4    WE ├─
 5 │   6116   │ 20
  ─┤ A3    OE ├─
 6 │          │ 19
  ─┤ A2   A10 ├─
 7 │          │ 18
  ─┤ A1    CS ├─
 8 │          │ 17
  ─┤ A0    D7 ├─
 9 │          │ 16
  ─┤ D0    D6 ├─
10 │          │ 15
  ─┤ D1    D5 ├─
11 │          │ 14
  ─┤ D2    D4 ├─
12 │          │ 13
  ─┤ GND   D3 ├─
   └──────────┘
```

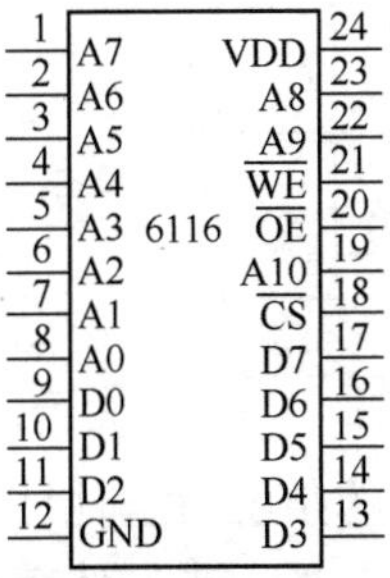

图 4.33　SRAM 6116 的引脚排列图

表 4.7　SRAM 6116 的工作方式与控制信号之间的关系

$\overline{CS}$	$\overline{OE}$	$\overline{WE}$	A0~A10	D0~D7	工作状态
1	×	×	×	高阻态	低功耗维持
0	0	1	稳定	输 出	读
0	×（写入优先）	0	稳定	输 入	写

5. 存储器容量扩展

在实际应用中，常需要大容量的存储器。当单片存储器容量不能满足要求时，就需要将多片存储器组合起来构成大容量存储器系统。存储器容量扩展包括字长扩展和字扩展两方面。

1）字长扩展

字长扩展就是扩展字的位数。如图 4.34 所示，是用两片 8192×8 位 SRAM 构成的 8192×16 位 SRAM 系统的例子。方法是：地址线和控制线共用，数据线依次排开形成新的数据线并排序。

2）字扩展

字扩展就是通过扩展地址线以扩展字数。

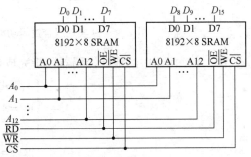

图 4.34　8192×8 位 SRAM 扩展成 8192×16 位 SRAM

图 4.35 所示为用 8 片 1024×8 位 SRAM 构成的 8192×8 位 SRAM 的例子。方法是：数据线、原地址线和读写控制线共用，利用片选扩展新的高位地址线。本例中高位地址码 A_{10}、A_{11} 和 A_{12} 经 74HC138 译码器 8 个输出端分别控制 8 片 1024×8 位 SRAM 的片选端，以实现字扩展。

如果需要，还可以采用位与字同时扩展的方法扩大 SRAM 的容量。

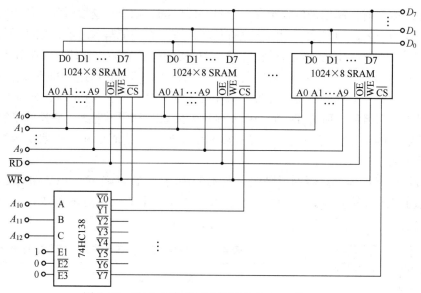

图 4.35　1024×8 位 SRAM 扩展成 8192×8 位 SRAM

4.4.3　基于半导体存储器的组合逻辑电路设计

半导体存储器的基本功能是存储数据。另外，从逻辑电路构成的角度看，地址线可以看作是某组合逻辑功能的输入，数据线看作是某组合逻辑功能的输出，采用半导体存储器可方便地实现各种逻辑函数。随着大规模集成电路成本的不断下降，利用半导体存储器构成的各种数字逻辑电路具有极大优势。如图 4.36 所示，m 位字数据线作为组合逻辑电路的输出线，下面从实现组合逻辑功能的角度来分析半导体存储器的基本结构。

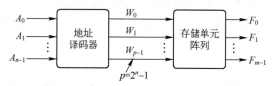

图 4.36　从实现组合逻辑功能的角度出发的半导体存储器结构

半导体存储器中的地址译码器用于完成半导体存储器阵列字选择，其逻辑函数是

$$\begin{cases} W_0 = \overline{A}_{n-1} \cdots \overline{A}_1 \overline{A}_0 \\ W_1 = \overline{A}_{n-1} \cdots \overline{A}_1 A_0 \\ \quad\vdots \\ W_{p-1} = A_{n-1} \cdots A_1 A_0 \end{cases} \tag{4.11}$$

可见，式（4.11）可以看成是固定的（不可编程的）逻辑与运算，即可以把半导体存储器的地址译码器看成是一个与阵列。而对于存储阵列的输出，可用下列逻辑函数表示

$$\begin{cases} F_0 = M_{p-1,0} W_{p-1} + \cdots + M_{1,0} W_1 + M_{0,0} W_0 \\ F_1 = M_{p-1,1} W_{p-1} + \cdots + M_{1,1} W_1 + M_{0,1} W_0 \\ \quad\vdots \\ F_{m-1} = M_{p-1,m-1} W_{p-1} + \cdots + M_{1,m-1} W_1 + M_{0,m-1} W_0 \end{cases} \tag{4.12}$$

式中：$M_{y,x}$ 是存储阵列 y 地址字的第 x 列的值，即把真值表存入存储器。

显然可以认为式（4.12）是一个或阵列，与上面的与阵列不同的是，在这里 $M_{y,x}$ 是可以编程的，即或阵列可编程，与阵列不可编程。

结合上述两个分析结果，可以把半导体存储器的结构表示为图 4.37。可见，半导体存储器的基本部分是与阵列和或阵列，与阵列实现对输入变量的译码，产生变量的全部最小项，或阵列完成有关最小项的或运算。因此从理论上讲，利用半导体存储器可以实现任何组合逻辑函数。当然，读选通和片选要始终使能。

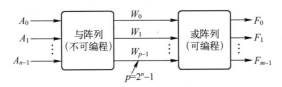

图 4.37　从实现组合逻辑功能的角度出发的半导体存储器等效逻辑阵列结构

【例 4.5】试用 PROM 实现下列函数。

$Y_0 = \overline{A}\,\overline{B}C + \overline{A}B\overline{C} + A\overline{B}\,\overline{C} + ABC$

$Y_1 = BC + AC$

$Y_2 = \overline{A}\,\overline{B}\,\overline{C}\,\overline{D} + \overline{A}\,\overline{B}CD + \overline{A}BC\overline{D} + A\overline{B}\,\overline{C}D + AB\overline{C}\,\overline{D} + ABCD$

$Y_3 = ABC + ABD + ACD + BCD$

解： 首先按 A、B、C、D 顺序排列变量，将 Y_0 和 Y_1 都扩展成为四变量逻辑函数，并将 Y_0、Y_1 和 Y_3 都写出最小项表达式，即得到各输出逻辑函数的标准与或表达式。

由 $Y_0 = \overline{A}\,\overline{B}C + \overline{A}B\overline{C} + A\overline{B}\,\overline{C} + ABC$

$\qquad = \overline{A}\,\overline{B}C(D+\overline{D}) + \overline{A}B\overline{C}(D+\overline{D}) + A\overline{B}\,\overline{C}(D+\overline{D}) + ABC(D+\overline{D})$

$\qquad = \overline{A}\,\overline{B}C\overline{D} + \overline{A}\,\overline{B}CD + \overline{A}B\overline{C}D + \overline{A}B\overline{C}\,\overline{D} + A\overline{B}\,\overline{C}\,\overline{D} + A\overline{B}\,\overline{C}D + ABC\overline{D} + ABCD$

得 $Y_0 = \sum m(2,3,4,5,8,9,14,15)$

由 $Y_1 = BC + AC$

$\qquad = (A+\overline{A})BC(D+\overline{D}) + A(B+\overline{B})C(D+\overline{D})$

$\qquad = \overline{A}BC\overline{D} + \overline{A}BCD + A\overline{B}C\overline{D} + A\overline{B}CD + ABC\overline{D} + ABCD$

得 $Y_1 = \sum m(6,7,10,11,14,15)$

Y_2 已经是最小项，所以 $Y_2 = \sum m(0,3,6,9,12,15)$

由 $Y_3 = ABC + ABD + ACD + BCD$

$\qquad = ABC(D+\overline{D}) + AB(C+\overline{C})D + A(B+\overline{B})CD + (A+\overline{A})BCD$

$\qquad = ABC\overline{D} + AB\overline{C}D + A\overline{B}CD + \overline{A}BCD + ABCD$

得 $Y_3 = \sum m(7,11,13,14,15)$

因此，选用 16×4 位 PROM。A、B、C 和 D 接入四位地址线，$D_0 \sim D_3$ 的输出即为 $Y_0 \sim Y_3$。按照标准与或表达式最小项地址译码指向的字的对应数据线位上填充 1，其他地方填充 0。填充好后，按字写入存储器，并将读选通和片选使能即可实现该组合逻辑电路。存储矩阵如表 4.8 所示。

表 4.8 例 4.5 的存储矩阵

输入					存储矩阵（输出）				输入					存储矩阵（输出）			
A_3	A_2	A_1	A_0	地址序号/最小项序号	D_3	D_2	D_1	D_0	A_3	A_2	A_1	A_0	地址序号/最小项序号	D_3	D_2	D_1	D_0
A	B	C	D		3	2	1	0	A	B	C	D		Y_3	Y_2	Y_1	Y_0
0	0	0	0	0	0	1	0	0	1	0	0	0	8	0	0	0	1
0	0	0	1	1	0	0	0	0	1	0	0	1	9	0	1	0	1
0	0	1	0	2	0	0	0	1	1	0	1	0	10	0	0	1	0
0	0	1	1	3	0	1	0	1	1	0	1	1	11	1	0	1	0
0	1	0	0	4	0	0	0	1	1	1	0	0	12	0	1	0	0
0	1	0	1	5	0	0	0	1	1	1	0	1	13	1	0	0	0
0	1	1	0	6	0	1	0	1	1	1	1	0	14	1	0	1	1
0	1	1	1	7	1	0	1	0	1	1	1	1	15	1	1	1	1

习题与思考题

4.1 简述锁存器和触发器的主要区别。

4.2 在图 4.38（a）所示时序逻辑电路中，设电路的初始状态为 0，试画出在图 4.38（b）所示波形作用下，Q 和 Y 的波形图。

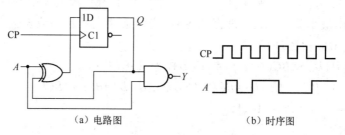

（a）电路图　　　　　　　　（b）时序图

图 4.38　题 4.2 图

4.3 在图 4.39（a）所示时序电路中，设电路的初始状态为 0，试画出在图 4.39（b）所示波形的作用下，Q 和 Y 的波形图。

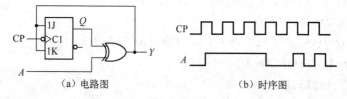

（a）电路图　　　　　　　　（b）时序图

图 4.39　题 4.3 图

4.4 用一片 16×4 位 PROM 实现下列各逻辑函数，给出各个字需要存储的数据。

（1）$Y_1 = ABC + \overline{A}(B + C)$　　　　　（2）$Y_2 = \overline{A}\overline{B} + AB$

（3）$Y_3 = \overline{(A + B)(\overline{A} + \overline{C})}$　　　　　（4）$Y_4 = ABC + \overline{ABC}$

第 5 章　可编程逻辑器件原理及典型产品

在前面的章节学习了数字逻辑设计的基本方法，同时也介绍了典型的数字逻辑芯片，但是这些芯片的逻辑功能是固定不变的，那么，有没有可以灵活改变逻辑功能的芯片呢？回答是肯定的，它的名字是可编程逻辑器件（programmable logic device，PLD）。PLD 是 20 世纪 70 年代发展起来的一种新的集成器件，是大规模集成电路技术发展的产物，是一种半定制的集成电路，基于计算机平台，利用 EDA 技术可以快速、方便地构建数字系统。

本章主要学习可编程逻辑器件的结构和工作原理，以及介绍 Intel-PSG 公司的 CPLD/FPGA 产品及其编程配置和开发流程。

5.1　PLD 概述

5.1.1　PLD 的特点及可编程的核心原理

逻辑器件可分类两大类——固定逻辑器件和 PLD。如其名，固定逻辑器件用于完成一种或一组功能，一旦制造完成，逻辑功能就无法改变。而 PLD 是能够为客户提供范围广泛的多种逻辑能力，且逻辑功能可自定制和随时改变。

对于固定逻辑器件，根据器件复杂程度的不同，从设计原型到最终生产所需要的时间可从数月至一年多不等。而且，如果器件设计有瑕疵，或者如果应用要求发生了变化，那么就必须重新设计。而设计和验证固定逻辑的前期工作需要大量的"非重发性工程成本"（non-recurring engineering cost，NRE）。NRE 表示在固定逻辑器件最终从芯片制造厂制造出来以前客户需要投入的所有成本，这些成本包括工程资源、昂贵的软件设计工具、用来制造芯片不同金属层的昂贵光刻掩模组，以及初始原型器件的生产成本等。这些 NRE 可能从数十万美元至数百万美元不等。

对于 PLD，设计人员可利用价格低廉的软件工具快速开发、仿真和测试其设计。设计阶段中客户可根据需要修改电路，直到对设计工作感到满意为止。因为 PLD 基于可重写的存储器技术，如果要改变设计，则只需要简单地对器件进行重新编程。一旦设计完成，客户可立即投入生产，只需要利用最终软件设计文件简单地编程所需要数量的 PLD 就可以了。且原型中使用的 PLD 与正式生产最终设备时所使用的 PLD 完全相同。这样就没有了 NRE，最终的设计也比采用定制固定逻辑器件时完成得更快。

也就是说，PLD 是作为一种通用集成电路产生的，它的逻辑功能在出厂后可以按照用户对器件编程来确定，PLD 的集成度很高，足以满足一般数字系统的设计需要，这样就可以由设计人员自行编程把一个数字系统"集成"在一片 PLD 上，而不必去请芯片制造厂商设计和制作专用的集成电路芯片了。故 PLD 是一种低成本、高效率的数字系统设计载体。

基于计算机平台，利用 EDA 技术可以快速、方便地构建数字系统。

那么实现 PLD 的核心原理是什么呢？目前，有两种实现 PLD 的方法，乘积项方法和查找表方法。

1. 基于乘积项方法实现 PLD

不论是简单还是复杂的数字电路系统都是由基本逻辑门构成的，如与门、或门、非门、传输门等。人们发现，不是所有的基本门都是必需的，例如，用与非门这样单一的一种基本门就可以构成其他的基本逻辑门。任何的组合逻辑函数都可以化为与或表达式，即任何的组合电路（需要提供输入信号的非信号），可以用与门和或门二级逻辑电路实现。同样，任何时序电路都可由组合逻辑电路加上存储元件（即锁存器、触发器、RAM 等）构成。

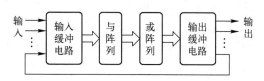

图 5.1　乘积项结构 PLD 的原理结构图

所以，只需要在芯片里配置一系列固定逻辑单元——与门、或门和触发器等电路，然后将这些逻辑单元之间的"内部连线"可编程即可。由此，人们提出了一种可编程电路结构，即乘积项逻辑可编程结构，其原理结构图如图 5.1 所示。

这时，问题就集中在怎样改变连线这个关键点上，这个问题在板级电路层次上非常容易解决（甚至通过手工改线即可），但是在微小的芯片级电路层次上怎样改变其内部连线是需要花费一番心思的。抛开物理尺寸数量级上的限制，当时能想到的改变连线的工艺无非两种，即"先连后断"或"先断后连"。这对应着以下两种工艺。

1）"先连后断"的熔丝（fuse）编程工艺

由于当时的生产工艺的限制，生产商大都选择了熔丝编程工艺。熔丝编程工艺的原理很简单，是基于金属导体高压熔断的原理，这跟家用电器中配备的保险丝工作原理相似，如图 5.2 所示。熔丝编程工艺是用熔丝作为开关元件，这些开关元件平时（在未编程时）处于连通状态，加电编程时，将不需要连接处将熔丝熔断，保留在器件内的熔丝模式决定相应器件的逻辑功能，图 5.3 所示为熔丝编程工艺的连线阵列。

图 5.2　电器用保险丝

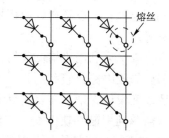

图 5.3　熔丝编程工艺的连线阵列

实现它的关键在于选择合适的工作电压和熔断电压，既要保证在编程时顺利熔断想要断开的连线，又要保证在芯片正常工作时，工作电压不至于熔断连线。一般熔断编程电压要比工作电压高出数倍。

编程过程就是根据设计的熔丝图文件（fuse map）来烧断对应的熔丝，达到编程的目的。

2）"先断后连"的反熔丝（antifuse）编程工艺

反熔丝编程工艺是对熔丝编程技术的改进，在编程处通过击穿漏层使得两点之间获得导通。与熔丝烧断获得开路正好相反。

无论是熔丝还是反熔丝结构，都只能编程一次，因而又被合称为 OTP（one time programming）器件，即一次性可编程器件。

2. 基于查找表方法实现 PLD

乘积项结构 PLD 原理简单，但是集成度不能做得很大。此后，人们从基于半导体存储器的组合逻辑电路设计方法（输入地址线与输出数据线间的关系），以及 ASIC 的门阵列法中获得启发，构造出另外一种可编程的逻辑结构，那就是 SRAM 查找表（look up table，LUT）的逻辑形成方法，它的逻辑函数发生采用 SRAM 数据查找的方式，并使用多个查找表构成了一个查找表阵列。

5.1.2　PLD 的发展历程及分类

很早以前人们就曾设想设计一种逻辑可再编程的器件，直到 20 世纪后期，集成电路技术有了飞速的发展，PLD 才得以实现。历史上，PLD 经历了从 PROM、PLA（programmable logic array）、PAL（programmable array logic）、可重复编程的 GAL（generic array logic），到采用大规模集成电路技术的 CPLD（complex programmable logic device）和 FPGA（field-programmable gate array）的发展过程，在结构、工艺、集成度、功能、速度和灵活性方面都有很大的改进和提高。目前，主流的 FPGA 都内嵌复杂功能模块（如乘法器、RAM、CPU 核、DSP 核、PLL 等），以实现 SOPC（system on a programmable chip）级应用。

PLD 的种类很多，几乎每个大的 PLD 供应商都能提供具有自身结构特点的 PLD。由于历史的原因，PLD 的分类和命名各异，在详细介绍 PLD 之前，有必要介绍几种 PLD 的分类方法。

较常见的分类是按集成度来区分不同的 PLD，一般可以分为以下两大类器件：一类是芯片集成度较低的，早期出现的 PROM、PLA、PAL、GAL 都属于这类，称为简单 PLD；另一类是芯片集成度较高的，如现在大量使用的 CPLD、FPGA 器件，称为复杂 PLD。这种分类方法比较粗糙，在具体区分时，一般以 GAL22V10 作为比对，集成度大于 GAL22V10 的称为复杂 PLD，反之归类为简单 PLD。复杂 PLD 属于大规模集成电路（large-scale integration，LSI）、甚大规模集成电路（very-large-scale integration，VLSI）或超大规模集成电路（ultra-large-scale integration，ULSI）。

前面已经提到，常用的 PLD 都是从与或阵列和 SRAM 查找表两类基本结构发展起来的，所以 PLD 从结构上可分为两大类器件：一类是乘积项结构器件，其基本结构为与或阵列的器件，大部分简单 PLD 和 CPLD 都属于这个范畴；另一类是查找表结构器件，由简单的查找表组成可编程门，再构成阵列形式，大部分 FPGA 属于于此类器件。

第三种分类方法是按编程工艺上划分：

（1）熔丝型器件和反熔丝型器件。OTP 的熔丝型器件和反熔丝型器件对于产品的研制和升级带来了麻烦，已经逐渐淡出 PLD 市场。当然，采用熔丝结构的 PROM 器件仍具有广泛市场，适用于定型的批量产品生产。

（2）E^2PROM 型和 Flash 型。大部分 GAL 及乘积项结构 CPLD 采用 E^2PROM 结构，解决了 OTP 的固有缺点。MicroSemi-Actel 和 Lattice 的部分 FPGA 则直接采用 Flash 结构。

（3）SRAM 型。即 SRAM 查找表结构的器件，大部分 FPGA 器件都采用此种编程工艺，如 Xilinx 的 FPGA、Intel-PSG 的部分 FPGA 器件。这种编程方式在编程速度、编程要求上优于前几种器件，不过 SRAM 型器件的编程信息存放在 SRAM 中，在断电后就丢失了，再次上电需要再次编程（配置），因此需要专用器件来完成这类配置操作。而前几种器件在编程后是不丢失编程信息的。

相比之下，电可擦除编程工艺的 E^2PROM 型和 Flash 型 PLD 的优点是编程后信息不会因掉电而丢失，但编程次数有限，编程的速度不快。对于 SRAM 型 FPGA 来说，配置次数为无限，在加电时可随时变改逻辑，但掉电后芯片中的信息即丢失，每次上电时必须重新载入信息，下载信息的保密性也不如前者。

5.1.3　PLD 的主要厂商

随着 PLD 应用日益广泛和随之而来的高利润，许多 IC 巨头陆续涉足 PLD 领域。目前世界上的 PLD 公司中最大的两家是：Intel-PSG 和 Xilinx，全球过半的 PLD 产品是由 Intel-PSG 和 Xilinx 提供的。可以讲 Intel-PSG 和 Xilinx 共同决定了 PLD 技术及产品的发展方向。

（1）Intel-PSG：Intel-PSG 的 PLD 产品有多个系列，主要有 MAX Ⅱ 系列、MAX Ⅴ 系列、MAX 10 系列、Cyclone Ⅱ 系列、Cyclone Ⅳ 系列、Cyclone Ⅴ 系列、Cyclone 10 系列、Arria 10 系列、Stratix10 系列等。开发软件工具为 Quartus II。

（2）Xilinx：FPGA 的发明者，老牌 PLD 公司，也是最大的 PLD 供应商之一。产品种类较全，主要有 XC9500/4000、Coolrunner（XPLA3）、Spartan、Virtex 等。

（3）Lattice：现为第三大 PLD 供应商。主要产品有 ispLSI2000/5000/8000、MACH4/5、ispMACH4000 等。

（4）Microchip：Microchip 的 Actel 系列 PLD 是混合信号反熔丝编程 PLD 的领导者，其反熔丝 PLD 产品具有抗辐射、耐高低温、功耗低、速度快等特点，并且融入了性能优异的模拟电路，所以在军品和宇航级上有较大优势。Intel-PSG 和 Xilinx 则一般不涉足军品和宇航级市场。另外，Microchip 还有采用 E^2PROM 工艺的 CPLD 和 Flash 工艺的 FPGA，不但可以实现多次可编程，也可以做到掉电后不需要重新配置。

（5）Cypress：PLD 不是 Cypress 的最主要业务，但有一定的用户群。

以上是全球知名 PLD 厂商的简介，如果读者想获取某厂商的详细信息，可登录其网站进一步了解。本书配套的实践环节都是应用 Intel-PSG 的产品进行的。

5.1.4　PLD 的电路符号表示

鉴于 PLD 的特殊结构，用通用的逻辑门符号表示比较繁杂，所以 PLD 的电路符合均采用 IEEE 标准及其衍生表示法，因此在本章还要额外规定一些衍生特殊符号来化简表示。接入 PLD 内部的与或阵列输入缓冲器电路，一般采用互补结构，可用图 5.4 来表示。它等效于图 5.5 的逻辑结构，即当信号输入 PLD 后，分别以其同相信号和反相信号接入。

图 5.4　PLD 的互补缓冲器　　图 5.5　PLD 互补缓冲器的等效逻辑

图 5.6 是 PLD 中与阵列的表示，其含义是可以选择 A、B、C 和 D 四个信号中的任一组合或全部作为与门的输入。在这里用以形象地表示与阵列，这是在原理上的等效。同样，或阵列也用类似的方式表示，道理也是一样的。图 5.7 是 PLD 中或阵列的表示。图 5.8 是阵列线连接的表示。十字交叉线表示两条线未连接；交叉线的交点上画黑点，表示固定连接，即在 PLD 出厂时已连接，十字交叉和交点上画黑点都不支持再编程；交叉线的交点上画叉，表示该点可编程，即其连接可随时改变。

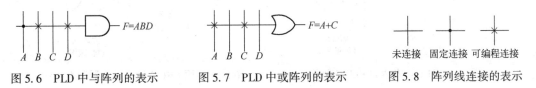

图 5.6　PLD 中与阵列的表示　　　图 5.7　PLD 中或阵列的表示　　　图 5.8　阵列线连接的表示

5.2　PLD 的结构及工作原理

常见的简单 PLD 有 PROM、PLA、PAL、GAL 等，属于基于乘积项结构的低密度 PLD，之后发展的乘积项结构 CPLD 被广泛应用。而基于查找表结构的 FPGA 是查找表结构 PLD 产品的典型代表。

5.2.1　从 PROM 到 PLA

1. PROM 作为 PLD

半导体存储器可作为组合逻辑电路使用，这是基于半导体存储器的可编程特性，也就是说，半导体存储器除了用作存储器外，还可作为 PLD 使用。可以把半导体存储器的地址译码器看成是一个固定的不可编程的与阵列；自存储矩阵的字输出可看作是可编程的或阵列。尤其低成本的 PROM 经常被作为 PLD 使用。

为了更清晰直观地表示 PROM 中固定的与阵列和可编程的或阵列，PROM 可以表示为 PLD 阵列图。以 4×2 bit PROM 为例，如图 5.9 所示。PROM 的地址线 $A_{n-1} \sim A_0$ 是与阵列（地址译码器）的 n 个输入变量，经不可编程的与阵列产生 $A_{n-1} \sim A_0$ 的 2^n 个最小项（乘积项）$W_2^{n-1} \sim W_0$，再经可编程或阵列按编程的结果产生 m 个输出函数 $F_{m-1} \sim F_0$，这里的 m 就是 PROM 的输出数据位宽。例如，对于半加器（逻辑表达方式为 $S = A_0 \oplus A_1$ 和 $C = A_0 \cdot A_1$）可用 4×2 bit PROM 编程实现。图 5.10 的连接结构表达的是半加器逻辑阵列。

$$F_0 = A_0 \overline{A_1} + \overline{A_0} A_1 \tag{5.1}$$

$$F_1 = A_1 A_0 \tag{5.2}$$

式（5.1）和式（5.2）是图 5.10 结构的布尔表达式，即所谓的乘积项方式。式中的 A_1 和 A_0

分别是加数和被加数；F_0 为和，F_1 为进位。反之，根据半加器的逻辑关系，就可以得到图 5.10 的阵列点连接关系，从而可以形成阵列点文件，这个文件对于一般 PLD 称为熔丝图文件。对于 PROM，则为存入存储矩阵的数据文件。

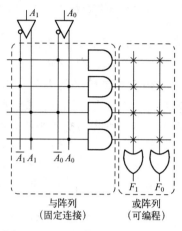

图 5.9　PROM 表达的 PLD 阵列图

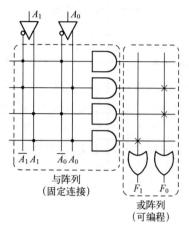

图 5.10　用 PROM 完成半加器逻辑阵列

　　PROM 只能用于组合逻辑电路的可编程上，且输入变量的增加会引起存储容量的增加，由前面学习可知，这种增加是 2 的幂次增加的，存储单元利用效率大大降低。所以多输入变量的组合逻辑函数不适合用单个 PROM 来编程表达。

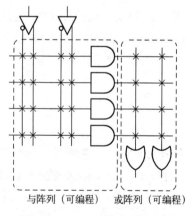

图 5.11　PLA 逻辑阵列示意图

2. PLA

　　PROM 的与阵列是全译码器，产生了全部的最小项，而在实际应用时，绝大多数组合逻辑函数并不需要所有的最小项。PLA 对 PROM 进行了改进。相对于 PROM 的或阵列可编程，而与阵列不可编程；PLA 则是与阵列和或阵列都可编程，图 5.11 是 PLA 的阵列图表示。

　　任何组合逻辑函数都可以采用 PLA 来实现，但在实现时，由于与阵列不采用全译码的方式，标准与或表达式已不适用。因此，需要把逻辑函数化简成最简与或表达式，然后用可编程的与阵列构成与项，用可编程的或阵列构成与项的或运算。在有多个输出时，要尽量利用公共的与项，以提高阵列的利用率。

　　PLA 不需要包含输入变量每个可能的最小项，仅仅需要包含的是在逻辑功能中实际要求的那些最小项。PROM 随着输入变量增加，规模迅速增加的问题在 PLA 中大大缓解。图 5.12 所示为 8×3 PROM 与 6×3 PLA 的比较，两者在大部分实际应用中，可以实现相同的逻辑功能，不过 6×3 PLA 只需要 6（2×3）条乘积项线，而不是 8×3 PROM 的 8（$=2^3$）条，节省了 2 条。当 PLA 的规模增大时，这个优势更加明显。

　　虽然 PLA 的利用率较高，可是需要有逻辑函数的与或最简表达式，对于多输出函数需要提取、利用公共的与项，涉及的软件算法比较复杂，尤其是多输入变量和多输出的逻辑函数，处理上更加困难。此外，PLA 的两个阵列均可编程，不可避免地使编程后器件的运行

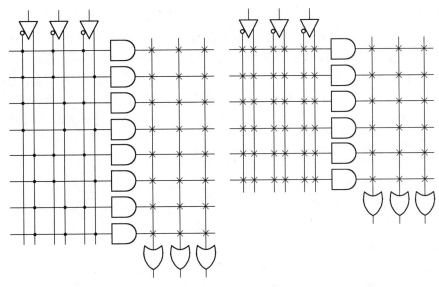

图 5.12　PROM 与 PLA 比较

速度下降了。因此，PLA 的使用受到了限制，只应用在小规模数字逻辑上。现在，专门的 PLA 芯片早已被淘汰。但由于其面积利用率较高，在全定制 ASIC 设计中获得了广泛的使用，这时，逻辑函数的化简则由设计者手工完成。

5.2.2　PAL 经 GAL 到乘积项结构 CPLD

PLA 的利用率很高，但是与阵列、或阵列都可编程的结构，造成软件算法过于复杂，运行速度下降。为此，PAL 应运而生，其结构与 PLA 相似，也包含与阵列、或阵列，但是或阵列是固定的，只有与阵列可编程。PAL 的结构如图 5.13 所示，由于 PAL 的或阵列是固定的，一般用图 5.14 来表示。

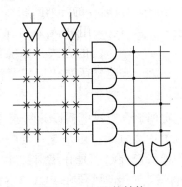

图 5.13　PAL 的结构

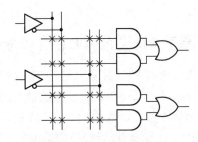

图 5.14　PAL 的常用表示

与阵列可编程、或阵列固定的结构，使得各个逻辑函数输出化简，不必考虑公共的乘积项，运行速度也有所提高。送到或门的乘积项数是固定的，大大简化了设计算法。另外，PAL 内部一般有多个与或逻辑阵列单元，对于多个乘积项，PAL 通过输出反馈和互连的方式解决，即允许逻辑输出端的信号再馈入下一个与阵列。

PROM 和 PLA 只能解决组合逻辑的可编程问题，面对时序逻辑电路却无能为力。由于时序逻辑电路是由组合逻辑电路及存储单元构成的，对其中的组合逻辑电路部分的可编程问题已经解决，所以只要再加上锁存器或触发器即可。PAL 加上了以 D 触发器为核心的 I/O 结构单元后，就实现了时序逻辑电路的可编程。但是，为适应不同应用需要，PAL 的 I/O 结构很多，往往一种结构就有一种 PAL，PAL 的应用设计者在设计不同功能的电路时，要采用不同 I/O 结构的 PAL。PAL 种类十分丰富，同时也带来了使用、生产的不便。此外，PAL 一般采用熔丝工艺生产，一次可编程，修改不方便。现今，在中小规模可编程应用领域，PAL 已经被 GAL 取代。

1985 年，Lattice 在 PAL 的基础上，设计出了 GAL，即通用阵列逻辑器件。相比以往的简单 PLD，GAL 首次在 PLD 上采用 E^2PROM 工艺，使得 GAL 具有电可擦除重复编程的特点，彻底解决了熔丝型可编程器件的一次可编程问题。GAL 沿用了 PAL 的与阵列可编程、或阵列固定的结构，但对 PAL 的 I/O 结构进行了较大的改进，在 GAL 的输出部分增加了输出逻辑宏单元（output logic macro cell，OLMC）。

GAL 的 OLMC 设有多种组态，可配置成专用组合输出、专用输入、组合输出双向口、触发器输出、触发器输出双向口等，为逻辑电路设计提供了极大的灵活性。由于具有结构重构和输出端的任何功能均可移到另一输出引脚上的功能，在一定程度上，简化了电路板的布局布线，使系统的可靠性进一步得到了提高。

由于 GAL 是在 PAL 的基础上设计的，与多种 PAL 保持了兼容性。GAL 能直接替换多种 PAL，方便应用厂商升级原有产品。因此，GAL 仍被广泛应用。除 GAL 外，许多简单 PLD 在实用中已被淘汰。但是，GAL 相比大规模集成的乘积项结构 CPLD 并没有明显的价格优势，已逐渐被淘汰。

乘积项结构 CPLD 即为传统的 CPLD，基于 GAL 进行了扩展和改进，如 Lattice 的 is-pLS1032 器件等。CPLD 和 FPGA 一般以逻辑宏单元数描述其资源的多少。CPLD 一般包含 32~512 个逻辑宏单元。每个逻辑宏单元含有一个可编程的与阵列和固定的或阵列，以及一个可配置寄存器（D 触发器）。

乘积项结构 CPLD 由基于宏单元的逻辑阵列块和特定的全局布线阵列组成。这种架构，随着逻辑密度的增加，布线区域呈指数增长，因此当密度大于 512 个宏单元时，不具有高效的可升级性。

5.2.3 基于查找表的 PLD 的工作原理简介

查找表结构的 PLD 其实就是基于半导体存储器可实现组合逻辑电路设计的原理实现的，一般 LUT 的存储体是 SRAM。目前多使用四输入的 LUT 作为基本逻辑单元，每一个 LUT 可以看成一个有 4 位地址线的 16×1 位的 SRAM。当用户通过原理图或 HDL 描述了一个逻辑电路以后，EDA 软件会自动计算逻辑电路的所有可能的结果，并把结果事先写入 SRAM。这样，每输入一个信号进行逻辑运算就等于输入一个地址进行查表，找出地址对应的内容，然后输出即可。

现以实现四输入与门逻辑为例，来对比基于乘积项的实现方式和基于 LUT 的实现方式之间的不同，如表 5.1 所示。由于 LUT 结构 PLD 随着逻辑密度的增加，布线区域呈线性增长，相比乘积项结构具有显著优势。

表 5.1 乘积项结构与查找表结构对比

基于乘积项的实现方式		基于 LUT 的实现方式	
a, b, c, d：逻辑输入	输出：逻辑运算结果	a, b, c, d：地址总线	输出：RAM 中存储的内容
0000	0	0000	0
0001	0	0001	0
…	0	…	0
1111	1	1111	1

Xilinx 的 XC4000 系列、Spartan/3/3E 系列 FPGA，Intel-PSG 的 Cyclone、Stratix 等系列都采用 SRAM 查找表结构，都是典型的 FPGA。

由于 SRAM 的易失性，Xilinx 和 Intel-PSG 的 FPGA 产品需要专门的电路完成每次上电时进行逻辑加载，即将 LUT 数据存储到专门的非易失性存储器中，然后上电时其将数据通过接口加载到 FPGA 的 SRAM 中。

另外，一些 CPLD 也基于查找表结构实现。如 Intel-PSG 的 MAX Ⅱ 系列的 CPLD 就是采用查找表结构的 PLD，不过它片上自带上电自动加载的 Flash（称为 CFM），使用上和基于 E^2PROM 的乘积项结构 CPLD 相一致，而不用理睬其具体的结构，极具性价比优势。

综上，有两种可编程原理实现 PLD，乘积项结构 PLD 和查找表 PLD。但是不能依据 PLD 的可编程原理作为区分 CPLD 和 FPGA 的依据。

5.3 Intel-PSG 的 PLD 产品及开发

5.3.1 Intel-PSG 的 PLD 产品编程与配置

在大规模 PLD 出现以前，人们在设计数字系统时，把器件焊接在电路板上是设计的最后一个步骤。当设计存在的问题得到解决后，设计者往往不得不重新设计印制电路板。设计周期被无谓延长了，设计效率也很低。PLD 的出现改变了这一切。现在，人们在逻辑设计时可以在尚未设计具体电路时，就把 CPLD、FPGA 焊接在印刷电路板上，然后在设计调试时可以一次又一次随心所欲地改变整个电路的硬件逻辑关系，而不必改变电路板的结构。这一切都有赖于 CPLD、FPGA 的在系统编程（in-system programming，ISP）和重新配置功能。

Intel-PSG 的 PLD 具有高性能、高集成度和高性价比的优点，并获得了广泛的应用。本节主要介绍 Intel-PSG 的 CPLD/FPGA 编程模式和配置方式。

1. 基于 JTAG 技术的 ISP 编程模式

JTAG 是英文 "joint test action group" 的词头字母的简写，该组织成立于 1985 年，是由几家主要的电子制造商发起制订的 PCB 和 IC 测试标准，最初主要用于芯片内部测试。基本原理是在器件内部定义一个 TAP（test access port），通过专用的 JTAG 测试工具对内部节点进行串行测试。JTAG 测试允许多个器件通过 JTAG 接口串联在一起，形成一个 JTAG 链，能实现对各个器件分别测试。JTAG 最初只用来对芯片进行测试，现在，也常用于实现多数的高级器件的 ISP 功能，如支持 JTAG 协议的嵌入式处理器、DSP 和 CPLD/FPGA。

　　Intel-PSG 的大部分 CPLD/FPGA 都支持基于 JTAG 技术的 ISP 编程模式，这种编程模式的应用，改变了传统的使用专用编程器编程方法的诸多不便。图 5.15 是 Intel-PSG PLD 的 ISP 编程硬件电路图。

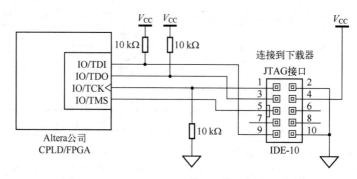

图 5.15　Intel-PSG PLD 的 ISP 编程硬件电路图

　　在系统板上的多个 JTAG 器件的 JTAG 接口可以连接起来，形成一条 JTAG 链。同样，对于多个支持 JTAG 接口 ISP 编程的 CPLD，也可以使用 JTAG 链进行编程，当然可以进行测试。图 5.16 就用 1 个 JTAG 对多个器件 ISP 在系统编程。JTAG 链使得对各个公司产生的不同 ISP 器件进行统一的编程成为可能。有的公司提供了相应的软件，如 Intel-PSG 的 Jam Player 可以对不同公司支持 JTAG 的 ISP 器件进行混合编程。

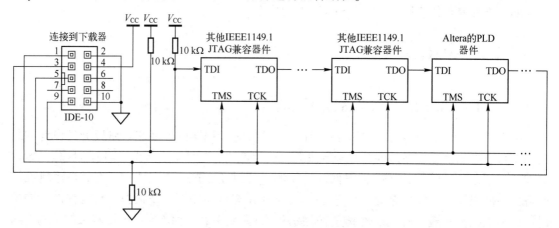

图 5.16　多 JTAG 芯片的 ISP 编程连接方式

2. PS 模式

　　虽然 FPGA 支持 ISP 编程模式，但受到其 SRAM 编程工艺的限制，在 ISP 编程模式下 FPGA 的电路程序必然会在系统掉电后丢失，这在 FPGA 的最终应用产品中是不可接受的。这就催生了 PS 模式（passive serial configuration mode），即被动串行加载模式。PS 模式下，目标 FPGA 芯片被动地接受来自 EPC 配置芯片的配置文件，加载所需的配置时钟信号 CCLK 由 FPGA 外部时钟源或外部控制信号提供，很明显，如果每次系统开始上电工作都对 FPGA

进行一次 PS 模式编程，就弥补了 FPGA 掉电丢失程序的缺点。但是，由于 PS 模式需要外部微控制器的支持，应用范围有限。

3. AS 模式

AS 模式（active serial configuration mode），即主动串行加载模式。在 AS 模式下，FPGA 主动从外部存储设备中（一般为串行 Flash，如 EPCS 器件）读取逻辑信息来为自己进行配置，此模式的配置时钟信号由 FPGA 内部提供，此时，应用工程师不必关心配置时序的细节。

一般在做 FPGA 应用开发的时候，同时使用 AS 模式和基于 JTAG 技术的 ISP 模式，这样，在研发阶段可以用 ISP 模式反复调试目标 PLD 芯片而不用担心将配置芯片写坏，等最后程序已经调试无误之后，再用 AS 模式把程序加载到配置芯片里去。这两种模式也是 Intel-PSG 目前推荐使用的模式。Cyclone Ⅱ FPGA 开发系统配置电路如图 5.17 所示，其中 MSEL1 和 MSEL0 两个引脚用于设置 FPGA 的编程与配置模式，如表 5.2 所示。Cyclone Ⅳ E 系列 FPGA 开发系统配置电路与 Cyclone Ⅱ FPGA 一致。Cyclone Ⅳ E 系列（E144 and F256 封装）FPGA 开发系统由 MSEL2、MSEL1 和 MSEL0 三个引脚用于设置 FPGA 的编程与配置模式，如表 5.3 所示。

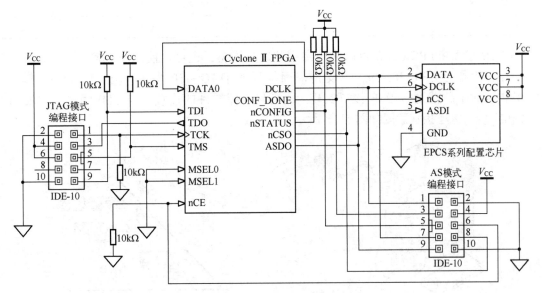

图 5.17　Cyclone Ⅱ FPGA 开发系统配置电路

表 5.2　Cyclone Ⅱ 的编程与配置模式设置

配置模式	MSEL1	MSEL0
AS（20 MHz）	0	0
PS	0	1
Fast AS（40 MHz）	1	0
JTAG	VCCIO 或 GND	VCCIO 或 GND

表 5.3　Cyclone Ⅳ E（E144 and F256 封装）的编程与配置模式设置

配置模式	MSEL2	MSEL1	MSEL0	配置电压
AS Fast（40 MHz）	1	0	1	3.3 V
	1	0	0	3.0 V，2.5 V
AS（20 MHz）	0	1	0	3.3 V
	0	1	1	3.0 V，2.5 V
PS Fast	1	0	0	3.3 V，3.0 V，2.5 V
PS	0	0	0	3.3 V，3.0 V，2.5 V
JTAG	VCCIO 或 GND	VCCIO 或 GND	VCCIO 或 GND	—

下面简单总结一下 CPLD 和 FPGA 所使用的编程方式，如表 5.4 所示。

表 5.4　CPLD 和 FPGA 的编程方式

	可使用的编程模式	应 用 场 合
CPLD	JTAG-ISP	调试或者程序固化（掉电不丢失）
FPGA	JTAG-ISP	调试（掉电丢失）
	AS	程序固化或者有限次调试（掉电不丢失）
	PS	程序固化或者有限次调试（掉电不丢失）

CPLD 编程和 FPGA 配置可以使用专用的编程设备，也可以使用下载器。目前，Intel-PSG 的下载器为 USB-Blaster，以支持前面提到的 JTAG-ISP 模式、AS 模式和 PS 模式。USB-Blaster 下载器通过 USB 接口实现 PC 机与目标器件的连接，与 PLD 间采用 IDE-10（FC10）接口，连接示意图如图 5.18 所示。

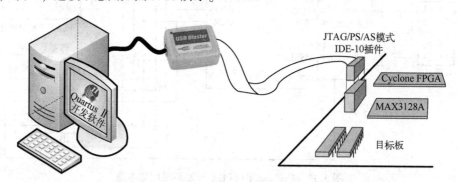

图 5.18　USB ByteBlaster 下载器连接示意图

提示：读者在使用 USB-Blaster 下载器的时候，需要安装相应的 USB 驱动程序，其文件路径为：…\altera\版本号\quartus\drivers\usb-blaster\。

USB-Blaster 用户，请参考：http://www.altera.com.cn/literature/ug/ug_usb_blstr.pdf。

5.3.2　Intel-PSG 的 PLD 及应用基础

下面介绍 Intel-PSG 的 MAX Ⅱ 系列 CPLD 和 Cyclone Ⅱ 系列 FPGA 的内部结构。

1. MAX Ⅱ系列器件

MAX Ⅱ系列 CPLD 虽然采用 LUT 结构，但内含 Flash，可以实现自动配置，即也属于上电即用、非易失性的通用 PLD 系列，具有较高的性价比。MAX Ⅱ系列器件在工作状态时能够下载第二个设计。可降低远程现场升级的成本。支持内部时钟频率达 300 MHz。内置用户可使用的非易失性 Flash 存储器块，称为 UFM，容量都为 8192 位，用以取代分立式非易失性存储器件以减少系统的芯片数量。

MAX Ⅱ系列器件有 EPM240、EPM570、EPM1270 和 EPM2210，共四款产品，分别具有240、570、1720 和 2210 个 LE。有 3、4 和 5 三个速度等级。

下面以 TQFP100（thin quad flat pack）封装的 EPM240 说明 MAX Ⅱ系列 PLD 的应用基础。如图 5.19 所示，V_{CCINT} 表示内核电源电压，V_{CCIO} 为 IOE（input/output element）的电源电压。MAX Ⅱ系列器件的内核电压（V_{CCINT}）支持 3.3 V、2.5 V 多种电压供电。

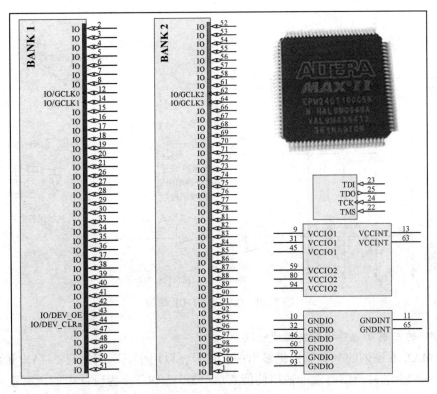

图 5.19 EPM240T100 芯片

为了实现一个芯片支持多个不同的逻辑电平，IOE 被进行分组，每个分组称为一个Bank。每个 Bank 都有其专用 V_{CCIO} 管脚，它加载的电压数值决定了该 Bank 所支持的电压标准。每个 Bank 都可以有不同的接口电平标准。每个 I/O Bank 通过改变 V_{CCIO}，都能支持多种电压等级用于输入和输出。EPM240 和 EPM570 有两个 Bank（Bank1 和 Bank2），EPM1270 和 EPM2210 还有 Bank3 和 Bank4。每一个 Bank 都支持所有的 LVTTL 和 LVCMOS标准。也就是说 MAX Ⅱ系列器件的 I/O 端口支持 3.3 V、2.5 V、1.8 V 和 1.5 V 多种 I/O 端口电压（V_{CCIO}）供电，作为逻辑电平。EPM1270 和 EPM2210 的 Bank3 提供对 3.3 V PCI I/O

标准的支持。V_{CCIO}同时向 MAX Ⅱ 系列器件的输入和输出缓冲器供电。

MAX Ⅱ 系列器件还提供了一个全芯片有效的复位管脚（DEV_CLRn），用于复位器件中的所有寄存器。使用 Quartus Ⅱ 软件的器件与引脚选项中有一个选项，可对这个管脚进行处理。这个全芯片有效的复位信号 reset 将覆盖所有的控制信号，并使用它自己专用的路由资源。如果没有使用这个全芯片范围有效的 reset 功能，该 DEV_CLRn 管脚则作为普通的 I/O 管脚。

MAX Ⅱ 系列的输入输出单元 IOE 支持许多功能，如图 5.20 所示，包括前面已经指明的 LVTTL 和 LVCMOS 的 I/O 标准，以及支持 3.3 V/66 MHz 的 PCI 标准。还有支持 JTAG 标准；输出接口的驱动电流强度可编程；用户模式下可编程的上拉电阻；电平转换速度控制；具有输出使能控制信号的三态缓冲器；总线保持电路；漏极开路输出；斯密特触发输入；快速 I/O 通道；可编程的输入延迟。下面说明 MAX Ⅱ 系列 CPLD 的 IOE 结构。

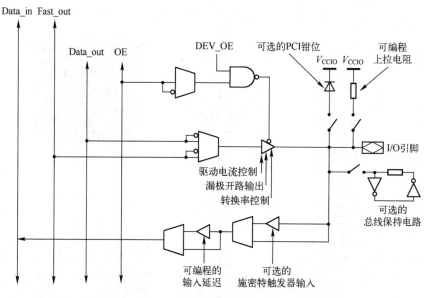

图 5.20　MAX Ⅱ 的 IOE 结构

1）I/O 的三态及施密特触发器使能控制

所有 MAX Ⅱ 系列的 IOE 都提供输出使能信号，以用于三态门控制。MAX Ⅱ 系列器件还提供了一个全芯片范围有效的输出使能管脚（DEV_OE），为设计中的所有输出管脚提供输出使能，Quartus Ⅱ 软件的器件与引脚选项中有一个选项，可以设置这个管脚。这个全芯片使用它自己的路由资源去有效地输出使能信号，而不占用任何全局资源。如果这个选项被选中，当 DEV_OE 有效时，芯片中所有输出管脚将是正常状态，当 DEV_OE 无效时，芯片中所有的输出管脚则呈现三态；如果这个选项不选，DEV_OE 管脚被屏蔽，或者用作 I/O 管脚。

MAX Ⅱ 系列器件的每个 I/O 管脚的输入缓冲器中，都有一个可选用的施密特触发器，它可用于 3.3 V 或 2.5 V 的电平标准。斯密特触发输入使输入缓冲器响应一个慢边沿的输入，产生一个快边沿的输出。重要的是，施密特触发器使输入缓冲器产生滞后，阻止了输入信号中的那些具有低速上升沿的噪声，而这些噪声来自输入信号的反射和震荡，并通往逻辑阵列。这就提高了 MAX Ⅱ 系列器件输入端的噪声容差，但增加了一点正常范围内的延迟。JTAG 输入管脚（TMS、TCK 和 TDI）当然也带有斯密特触发缓冲器，并一直保持使能。

2) 可编程的 I/O 驱动电流等级

MAX Ⅱ 系列器件的 I/O 管脚的输出缓存器有两个级别的驱动电流可选，以适应不同的 LVTTL 或 LVCMOS 的 I/O 标准。可编程驱动电流这一功能为高性能的 I/O 设计提供了减少系统噪声的措施。如果用低强度的驱动电流提供给电平转换速率控制器，则可以减少系统噪声和信号过冲。Quartus Ⅱ 软件用最大电流强度作为默认设置。PCI I/O 标准总是设置在 20 mA。

3) 可编程上拉电阻

在用户模式下，所有 MAX Ⅱ 系列器件的 I/O 管脚都有一个可选的可编程上拉电阻。如果设计者使能了一个管脚的这个功能，上拉电阻将输出保持，其值等于该输出管脚所在 Bank 的 V_{CCIO} 电压等级。

4) 总线保持

所有 MAX Ⅱ 系列器件的 I/O 管脚都有一个可选的总线保持功能。总线保持电路能够将信号的最后状态保持在它的管脚上。当总线是三态时，因为它保持管脚的最后状态，直到下一个信号出现，所以不需要用上拉和下拉电阻保持信号电平。

总线保持电路还将无驱动管脚上拉，使其离开输入阈值电压，否则该导致高频开关效应。

如果使能了总线保持功能，该器件就不能使用可编程上拉选项。

5) I/O 的输出转换速率控制器

MAX Ⅱ 系列器件中的所有 I/O 管脚的输出缓冲器中，都有一个可编程的输出转换速率控制器，它可配置应用于低噪声或者高速系统，能产生高速传输的快速率转换，可用于高性能的系统，但这种高速传输却可能将瞬态噪声引入系统。慢速率转换减少了噪声，但却会在输出中增加上升沿和下降沿的延迟。当低速转换被使能时，低电压标准会产生更大的输出延迟。每一个 I/O 管脚都有一个独立的转换速率控制器，允许设计者为该管脚指定转换速率。转换速率控制器既会影响上升沿，也会影响下降沿。

6) 全局高速时钟输入引脚 GCLK

每个 Bank 都设有 1 个或多个全局高速时钟输入引脚，可接入高速时钟，且内部已经进行优化。

7) 漏极开路输出

MAX Ⅱ 系列器件为每个 I/O 管脚提供一个漏极开路输出。

8) 可编程输入延迟

MAX Ⅱ 系列的 IOE 具有可编程输入延迟功能，它被用于零保持时序。一个由管脚直接连接至寄存器的路径，若其路由较短，则可能需要一个延迟以满足零保持时序；若其路由较长或者通过了组合逻辑，则可能不需要延迟。Quartus Ⅱ 软件在需要时使用这个延迟，以实现零保持时序。

9) 未使用管脚的处理

MAX Ⅱ 系列器件中每一个未使用的管脚都可以用作接地管脚。可编程接地管脚这一功能并不要求使用器件中相关的 LE。在 Quartus Ⅱ 软件中，可以通过全局默认设置或者单独设置，将未使用管脚接地。未使用管脚还有一个初始化的选项，可将其设置为三态输入。

2. Cyclone Ⅳ 系列 FPGA 简介

一般，FPGA 相比 CPLD 具有更加丰富的片上资源。一般采取图 5.21 所列的五项内容评价 FPGA 的资源丰富程度。

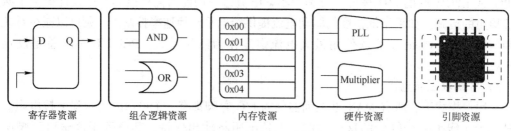

图 5.21　FPGA 的资源

Intel-PSG 的低成本系列 FPGA，平衡了逻辑、存储器、锁相环和高级 I/O 接口资源。Cyclone Ⅳ 系列 FPGA 在低成本和低功耗方面的特征更加明显。Cyclone Ⅳ 系列有两个子系列，Cyclone Ⅳ E 系列和 Cyclone Ⅳ GX 系列。Cyclone Ⅳ E 系列为中低端通用系列器件，表 5.5 列出了 Cyclone Ⅳ E 系列器件的片上资源。

表 5.5　Cyclone Ⅳ E 系列器件的片上资源

资　　源	EP4CE6	EP4CE10	EP4CE15	EP4CE22	EP4CE30	EP4CE40	EP4CE55	EP4CE75	EP4CE115
逻辑单元（LE）	6272	10320	15408	22320	28848	39600	55856	75408	114480
嵌入式存储器（Kb）	270	414	504	594	594	1134	2340	2745	3888
嵌入式 18×18 乘法器	15	23	56	66	66	116	154	200	266
通用 PLL	2	2	4	4	4	4	4	4	4
全局时钟网络	10	10	20	20	20	20	20	20	20
用户 I/O 块	8	8	8	8	8	8	8	8	8

Cyclone Ⅳ 系列的输入输出单元 IOE 与 MAX Ⅱ 系列类似，这里不再赘述。

常用的 Cyclone Ⅳ E 系列芯片 EP4CE6E22C8N（E144 封装）的引脚图如图 5.22 所示。

Cyclone Ⅳ E 系列通过 MSEL2、MSEL1 和 MSEL0 引脚用设置 FPGA 的编程与配置模式，如表 5.6 所示。

表 5.6　Cyclone Ⅳ E 系列的编程与配置模式设置

配置模式	MSEL2	MSEL1	MSEL0	配置电压/V
AS	0	1	0	3.3
	0	1	1	3.0, 2.5
Fast PS	1	0	0	3.3, 3.0, 2.5
PS	0	0	0	3.3, 3.0, 2.5
JTAG	VCCIO 或 GND	VCCIO 或 GND	VCCIO 或 GND	—

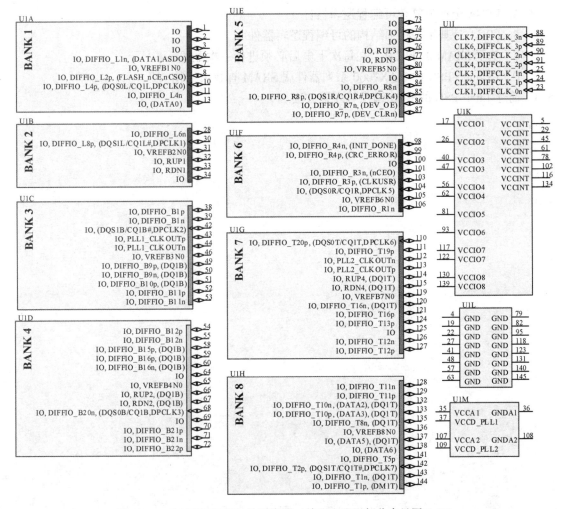

图 5.22　EP4CE6E22C8N 的引脚图（编程和配置部分参见图 5.17）

综上，CPLD 与 FPGA 的主要区别如下。

（1）CPLD 多采用乘积项结构，集成度低；FPGA 多采用 SRAM 查找表结构，集成度高。

（2）CPLD 多基于 E^2PROM 的乘积项结构，掉电逻辑不丢失；FPGA 由于采用 SRAM 查找表结构，上电需要重新配置逻辑。

（3）CPLD 多用于一般数字逻辑设计；FPGA 由于集成锁相环、SRAM 和乘法器等，多于 SOPC 系统和 DSP 系统等。

习题与思考题

5.1　简述可编程逻辑器件的发展历程。

5.2　大规模可编程器件主要有 FPGA、CPLD 两类，下列对 FPGA 结构与工作原理的描述中，正确的是（　　）。

A. FPGA 全称为复杂可编程逻辑器件

B. FPGA 是基于乘积项结构的可编程逻辑器件

C. 基于 SRAM 的 FPGA，在每次上电后必须进行一次配置

D. 在 Intel-PSG 的 MAX7000 系列器件属 SRAM 查找表结构

5.3　简述 Intel-PSG 的 PLD 编程与配置方法。

第6章 基于 Verilog HDL 数字系统设计基础

逻辑代数的公式和定理、逻辑函数的表示方法和逻辑函数的简化方法是分析与设计数字逻辑电路的数学工具。卡诺图曾经是数字逻辑电路分析与设计的重要工具，当电子工程师设计一个数字逻辑系统时，首先要根据逻辑功能画出卡诺图，并最终得到一张线路图，这就是传统的原理图设计方法。设计者通常还要通过搭建硬件电路板，对设计进行验证，效率低下。但随着电子设计自动化的出现，设计的集成度、复杂度越来越高，基于卡诺图的传统数字系统设计方法已满足不了设计的要求。

目前，采用 HDL 进行数字电路和数字逻辑系统设计已经成为数字系统设计的主流方法。电子工程师可利用 HDL 对电路或其功能进行描述，然后利用 EDA 工具进行仿真，并可自动综合到门级电路，最后用 CPLD 或 FPGA 实现其功能，甚至 ASIC 实现。本章将逐步学习 Verilog HDL 的语法和基于其进行数字系统设计的方法，重点掌握可综合的 Verilog HDL 语法及各个技术要点。

6.1 基于 HDL 进行数字系统设计概述

可以说，EDA 技术是以大规模 PLD 为设计载体，以 HDL 为系统逻辑描述的主要表达方式，以计算机、EDA 环境及实验开发系统为设计工具，自动完成用软件方式描述的电子系统到硬件系统的逻辑编译、逻辑化简、逻辑分割、逻辑综合（将设计描述转换为数字逻辑图）及优化、布局布线、逻辑仿真，直至完成对于特定目标芯片的适配编译、逻辑映射、编程下载等工作，最终形成集成电子系统或 ASIC 的一门多学科融合的综合性技术。

基于 HDL 和 EDA 平台进行数字系统设计，设计思想发生了根本性变化。HDL 和传统的原理图输入方法相比可移植性好，使用方便。当然，原理图输入的可控性好，效率高，比较直观，但设计大规模 CPLD/FPGA 时显得很烦琐，移植性差。因此，在复杂逻辑设计中，常采用原理图和 HDL 结合的方法，且大多是各个电路单元多以 HDL 方式实现，而在原理图层面将各个模块连接为一个整体。

当前业界的 HDL 中主要有 VHDL 和 Verilog HDL，本书以 Verilog HDL 为对象说明数字系统的描述和设计方法。Verilog HDL 最初是于 1983 年由 Gateway Design Automation 公司（简称 GDA）开发创建的硬件建模语言 Verilog-XL，用于数字逻辑的建模、仿真和验证，是一种专用语言。Verilog-XL 在业界取得了成功和认可，并逐渐为众多设计者所接受。1989 年，GDA 公司被 Cadence 公司收购。1990 年，Cadence 公司成立了 OVI（Open Verilog International）组织，公开了 Verilog HDL 语言，并由 OVI 组织负责促进 Verilog HDL 语言的发展。自 1992 年起，OVI 组织决定致力于推广 Verilog HDL 标准成为 IEEE（The Institute of

Electrical and Electronics Engineers）标准。这一努力最后获得成功，Verilog HDL 语言于 1995 年成为 IEEE 标准，称为 IEEE Std1364-1995，也称为 Verilog-1995。2001 年，IEEE 发布了 Verilog HDL 的第二个标准版本，即 IEEE Std1364-2001，简称为 Verilog-2001 标准。由于 Cadence 公司在集成电路设计领域的影响力和 Verilog HDL 的易用性，Verilog HDL 成为数字系统建模与设计中最流行的硬件描述语言。主流的 EDA 工具同时支持 Verilog-1995 和 Verilog-2001。Verilog HDL 语法与 C 语言的较相近，Verilog HDL 描述代码简明扼要，使用灵活，容易上手。

Verilog HDL 作为一种优秀硬件描述语言，用于从算法级、寄存器传输级（register transport level，RTL）、门级到开关级的多种抽象设计层次的数字系统建模，从而大大简化了硬件设计任务，提高设计效率和可靠性。其中，RTL 是指，细致表示时序元件，而以功能符号简略表示组合逻辑的逻辑电路图。尤其是面对当今电子产品生命周期短，需要多次重新设计以融入最新设计，改变工艺等方面，Verilog HDL 具有良好的适应性。用 Verilog HDL 进行电子系统设计的一个突出优势在于设计过程中，工程师仅专注于其功能的实现，而不需要对影响功能的与工艺有关的因素花费过多的时间和精力；当需要仿真验证时，可以很方便地从 RTL 和行为级等多个层次来验证。

20% 的基本 HDL 语句就可以完成 80% 以上的电路设计，30% 的基本 HDL 语句就可以完成 95% 以上的电路设计，很多生僻的语句并不能被所有的综合软件所支持，在代码的移植或者更换软件平台时，容易产生兼容性问题，也不利于其他人阅读和修改。无论是初学者，还是具有经验的工程师，都建议多用心钻研常用语句，理解这些语句的硬件含义，这比多掌握几个新语法要有用的多。再有就是，与计算机语言的一个不同是，很多 HDL 语句描述的功能是不能被综合实现的，即得不到与其对应的电路，因此，本书的第 6 章和第 7 章只讲述能够综合的 Verilog HDL 语句。

另外，Verilog HDL 在语法上与 C 语言相类似，但是要提前说明的是，HDL 与计算机语言有着本质的区别。计算机语言是逐条语句运行的，而 HDL 是描述电路内部的逻辑关系或功能，不是类似计算机语言按步骤（语句）执行的程序。采用 C 语言的思维去理解和分析 HDL 代码，这对于学习 HDL 非常不利，尤其是 HDL 的初学者，从硬件电路角度理解 Verilog HDL 描述是最好的方式。

6.2　Verilog HDL 的模块结构及语句

自上而下进行数字系统描述的 HDL 架构如图 6.1 所示。可以看出，Verilog HDL 最基本的设计单元是模块（module），无论是简单的逻辑门，还是复杂的数字系统，在 Verilog HDL 中都是模块。模块在概念上可等同一个器件，就如同用与门、三态门、计数器等器件组成一个逻辑电路一样，一个数字电路可由多个模块组合而成，因此一个模块的设计只是一个系统设计中的某个层次设计。各模块设计可采用多种建模方式，用于描述某个设计的功能或结构及与其他模块通信的外部端口。

从设计方法学的角度看，自顶向下的数字电路设计方法，系统架构师根据设计说明和特点，将整个设计划分为接口清晰、相互关系明确的子系统，子系统在规模和复杂性上比原系统都会有所下降，不同的子系统由不同的设计团队完成，如果某些子系统仍然比较复杂，那

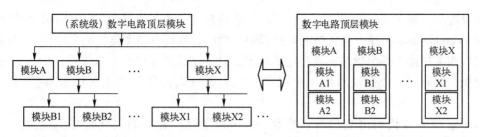

图 6.1　自上而下进行数字系统描述的 HDL 架构

么还需要对其进行划分，将子系统划分为更简单的子系统。这样的划分会一直进行下去，直到划分的子系统足够简单，即得到每个模块。

下面通过一个数值比较器的例子步入 Verilog HDL 的学习。

【例 6.1】 8 位数值比较器的设计。

```verilog
module compare(a, b, equal, greater, less);
    input [7:0] a, b;                    //定义输入信号
    output equal, greater, less;         //定义输出信号
    assign equal = (a == b) ? 1:0;       /*如果 a 等于 b, 输出 1, 否则输出 0*/
    assign greater = (a > b) ? 1:0;
    assign less = (a < b) ? 1:0;
endmodule
```

编译（综合）后，单击 Quartus Ⅱ 中的【tools】 → 【Netlist viewers】 → 【RTL viewers】即可看考综合后的 RTL 图（即逻辑电路图），如图 6.2（a）所示。该模块描述的是，只有当 a 和 b 相等时，equal 输出 1（高电平）；只有当 a 大于 b 时，greater 输出 1；只有当 a 小于 b 时，less 输出 1。例 6.1 的仿真时序如图 6.2（b）所示。与 C 语言一样，可综合的 Verilog HDL 关系运算符有：==、!=、>、<、>=和<=。//…和 /*…*/ 表示 verilog HDL 的注释部分，与 C 和 C++等计算机语言一致，分别为行注释（注释到本行结束）和块注释（可以跨越多行，但它们不能嵌套）。注释对仿真和综合都不起作用，但是其不仅可以帮助读者理解代码，也可以将某条语句或某段程序用注释方式临时屏蔽起来（不执行），便于调试和查错。

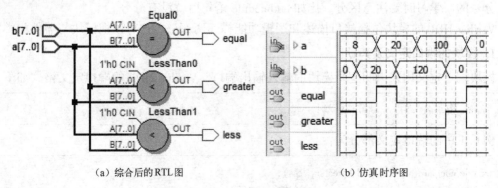

（a）综合后的 RTL 图　　　　　　　　　　（b）仿真时序图

图 6.2　例 6.1 图

可以看出，基于 Verilog HDL 的数字逻辑电路描述是由一个个模块（module）构成的。module 和 endmodule 引导一个完整的电路模块，对应着硬件电路实体，两个语句之间的部分为模块的相关描述。每个模块实现特定的功能，且一个设计至少有一个模块，例 6.1 就只有一个模块。同时，一个模块对应一个以".v"为扩展名的文件，且文件名与模块名必须相同。

Verilog HDL 源代码由空白符（空格、Tab 和空行）分隔的词法符号流组成。Verilog HDL 的书写格式自由，一行可以写几个语句，也可以一个语句分几行写，通过空白符来分隔各种不同的词法符号，合理地使用空白符可以使源程序具有一定的可读性，并反映编程风格。空白符如果不是出现在字符串中，编译源程序时将被忽略。但是，规范的 Verilog HDL 源代码书写习惯是高效的电路设计者所必备的。规范的书写格式能使别人和自己都能容易的阅读和检查错误。为了规范代码，每一行语句独立成行可以增加可读性和可维护性，同时保持每行小于或等于 72 个字符；一般在变量与符号、变量与括号之间等地方要添加一个空格；相对独立的代码之间加 1 个或多个空行。

HDL 的关键字与计算机语言中的关键字（keyword）的含义是一致的，指在语言中有特定含义，成为语法中一部分的那些字符，又称保留字。用户自定义的符号称为标识符，例 6.1 中的 a，b，equal，greater，less 都是标识符。Verilog HDL 中的标识符可以是任意一组字母、数字、$符号和_（下划线）符号的组合，但标识符的第一个字符必须是字母或者下划线，一个标识符中不能紧挨着两个或多个下划线，标识符最长可以达 1023 个字符。以$字符开始的标识符表示系统任务或系统函数。与 C 语言不同之处在于，Verilog HDL 中的标识符可以含有$符号。

和 C 语言一样，Verilog HDL 是区分大小写的。Verilog HDL 还规定，所有关键字必须小写，如 module 大写后 Module 就不是关键字了，而是用户的标识符。

一个优秀的程序员，一定要有好的"Coding Style"，硬件工程师基于 HDL 设计数字逻辑也不例外，否则代码的可读性会大打折扣。所写的代码不一定是最好的，但要足够严谨和规范，一个良好的习惯可以让一个团队之间互相共享代码，也可以避免低级错误。例如，同一个层次的所有语句左端对齐，各层 4 个字符缩进；逻辑运算符、算术运算符、关系运算符等运算符的两侧各留一个空格，与变量分隔开来。

Verilog HDL 的每个语句后面需要有分号表示该语句结束，由于部分结构性语句结尾是没有分号的，学习时要注意区分。比如 endmodule 语句后就没有分号。

Verilog HDL 的模块包括接口描述和逻辑功能描述两部分，这可以把模块与器件相类比。

1. 模块的端口定义及声明

模块端口定义用来声明逻辑模块的输入输出端口，Verilog HDL 的端口定义格式如下：

```
module 模块名(端口 1，端口 2，端口 3，…)；
```

例 6.1 中的端口定义部分为：

```
module compare( a, b, equal, greater, less);
    input [7:0] a, b;          //定义输入信号
    output equal, greater, less;   //定义输出信号
```

其中，module 是模块的关键字，compare 是模块名，相当于器件名，之间空一格或多格。括号内是该模块的端口定义，定义了该模块的"管脚名"，是该模块与其他模块通信的外部接口，相当于器件的 pin。管脚名间用 or 隔开，且自 Verilog-2001 开始支持用逗号隔开。端口定义之后，还要进行端口模式进行声明，如例 6.1 的端口模式声明语句为："input [7:0] a, b; output equal, greater, less; "。

Verilog HDL 中，关键字 input、output 和 inout 用于声明引脚模式，即引脚信号的流向，分别表示输入端口、输出端口和输入输出端口。RAM 的数据总线口就是典型的 inout 双向端口，将在 6.8 节专门介绍其应用方法。

引脚模式声明中需要指定引脚的位宽，例如 "input [7:0] a;" 定义了 8 根信号线，分别为 a[7]、a[6]、a[5]、a[4]、a[3]、a[2]、a[1] 和 a[0]。而形如没有指名位宽的 output equal 则表示 equal 为单根信号线，同理，greater 和 less 都为单根信号线。

此外，Verilog-2001 中增加了 ANSI C 风格的输入输出端口声明，即允许将端口声明和端口名同时描述。这种风格不但适用于 module，也适用于 6.5.6 节讲述的 task 和 function 语句。例 6.1 重新描述如下：

```
module compare(input [7:0] a, input [7:0] b, output equal, output greater, output less); //Verilog-2001
    assign equal = (a == b) ? 1:0 ;
    assign greater = (a > b) ? 1:0;
    assign less = (a < b) ? 1:0;
endmodule
```

2. 模块的逻辑功能描述

模块的逻辑功能描述用来产生各种逻辑，包括组合逻辑和时序逻辑。一个可综合（能够综合出可实现电路）的 Verilog HDL 描述，其电路逻辑的描述由以下三种语句构成：

（1）由 assign 引导的持续赋值语句；

（2）由 always 引导的过程语句；

（3）模块实例化语句。

从电路结构角度讲，每个可综合的 Verilog HDL 描述语句都描述出一个逻辑电路，模块中的各个描述语句描述的各逻辑电路总体表征该模块的功能。

必须要强调说明的是，HDL 描述的是逻辑电路，除过程语句内部可能为顺序语句外，每个 assign 语句、每个 always 语句，以及每个实例化语句，所有的语句相互之间并行同时执行，是同时工作的逻辑部件，与语句的前后顺序无关，而计算机语言则是顺序执行，这一点与计算机语言有本质不同。

assign 引导的持续赋值语句用来描述组合逻辑电路或锁存器结构时序电路，被赋值变量（等号左侧变量）表示电路的输出，右侧的逻辑表达式表示电路需要执行的逻辑操作。持续赋值的含义是只要赋值语句的右侧任何输入有变化，左侧随之立刻更新，不受任何限制，锁存器在透明传输情况下具有持续赋值特性。一个 assign 只能引导一条语句，各 assign 语句间并行执行，例 6.1 用了三条 assign 引导的持续赋值语句，即各自形成电路同时工作。

always 用于引导过程赋值语句。在 always 内一般有多条过程语句，语句间既可以并行执行，也可以顺序执行。要说明的是，当符合条件时 always 引导的过程语句才被执行，也就不一定是持续赋值。always 语句的形式非常丰富，可以由一般赋值语句、if else 语句和 case 语句等构成。always 语句将在 6.4.3 节讲述。

Verilog HDL 的运算符按其功能可分为七类：算术运算符、逻辑运算符、位运算符（包括按位逻辑运算符和缩减运算符）、关系运算符、条件运算符、移位运算符和并位运算符。形如例 6.1 的逻辑功能描述部分"assign equal =（a == b）? 1:0 ;"所描述的条件赋值语句看起来很亲切，因为与 C 语言的条件运算符语法含义相同，作为条件运算符，若 a 与 b 相等（条件为真），则输出为 1，否则输出为 0。

3. Quartus Ⅱ 的 Verilog HDL 设计环境

从原理图设计或 Verilog HDL 代码编写到完成整个数字系统设计，都要借助 EDA 工具来实现。其中，仿真器用于设计验证，ModelSim 是业界极富盛名的 HDL 仿真器，网络版 Quartus Ⅱ 中集成了 ModelSim 和优化后的 ModelSim Altera。综合器是由 HDL 到物理实现的最重要 EDA 工具，业界鼎鼎大名的 synplify 工具就是综合器，同样幸运的是网络版 Quartus Ⅱ 中集成了 synplify。Quartus Ⅱ 的 Verilog HDL 设计环境请参阅相关文档或有关实践教程。

6.3　Verilog HDL 的数值表示及变量数据类型

6.3.1　Verilog HDL 的数值表示

如图 6.3 所示，Verilog HDL 中有四种基本值，或者说任何变量都有四种不同逻辑状态的取值：0、1、z（或 Z）和 x（或 X）。z 和 x 都不分大小写。它们的含义有多个方面。

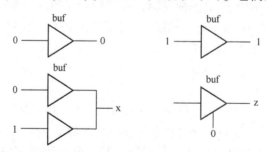

图 6.3　Verilog HDL 的四种基本值（或逻辑）例

（1）0：含义有 4 个，即二进制 0、低电平、逻辑 0、事件为伪的判断结果。

（2）1：含义有 4 个，即二进制 1、高电平、逻辑 1、事件为真的判断结果。

（3）z（或 Z）：表示高阻态或高阻值。高阻值还可以用"?"来表示。Z 会综合成一个三态门，必须在条件语句中赋值。

（4）x（或 X）：表示未知的逻辑状态。例如，输出 1 和输出 0 的两个输出连接在一起时，电平未知，甚至烧坏，因此，在 HDL 中不允许两个输出连接在一起。

Verilog HDL 中，数的表示方法和格式为

占用的二进制位宽 ' 进制符号 数字

其中，进制符号就是分别采用 b（或 B）、o（或 O）、d（或 D）和 h（或 H）表示二进制、八进制、十进制和十六进制，且不分大小写。'和进制字母之间，以及进制字母和数值之间不允许出现空格。x（或 z）在十六进制值中代表 4 位 x（或 z），在八进制中代表 3 位 x（或 z），在二进制中代表 1 位 x（或 z）。下面是一些具体实例。

（1）8'h55：表示二进制 01010101。

（2）4'd7：表示二进制 0111。

（3）4'B1x_01：4 位二进制数，下划线只为了易于分辨数字，不会被综合。

（4）4'hZ：4 位 z，即 zzzz。

（5）{8{1'b0}}：8 个二进制位，且都是 0。

{{{}}}是重复操作符，重复次数写在外层大括号内，复制因子放入第一层大括号中。例如：{8{1'b1}} = 8'b1111_1111；{8{1'b0}} = 8'bzzzz_zzzz；{3{2'b01}} = 6'b01_01_01。

（6）4'd−4：非法，数值不能为负。

（7）(2+3)'b10：非法，位长不能够为表达式。

如果没有定义长度，数的长度为相应值中定义的位数。例如：

（1）'bz：1 个位的位宽；

（2）'hAf：8 位十六进制数。

如果定义的长度比实际给出的长度长，通常在左边填 0 补位。但是如果数最左边一位为 x 或 z，就相应地用 x 或 z 在左边补位。例如：

（1）8'b10：左边添 0 占位，即 00000010；

（2）8'bx：8 位 x，即 xxxxxxxx。

如果长度定义得更小，那么最左边的位相应地被截断。例如：

（1）3'b1001_0011 与 3'b011 相等；

（2）5'H0FFF 与 5'H1F 相等。

6.3.2　Verilog HDL 的变量数据类型

1. Verilog HDL 的变量数据类型定义

Verilog HDL 中用变量来表示数字电路中的物理连接结点、数据存储对象和传输单元等。Verilog HDL 中的变量共有两种类型：网线型（net 型）和寄存器型（register 型）。要说明的是，Verilog-1995 标准中的 register 型在 Verilog-2001 标准中被重命名为 variable 型。

可综合的 net 型的子类型有 wire、tri、supply0 和 supply1 四种，wire 型最为常用。tri 型和 wire 型唯一的区别是名称书写上的不同，其功能、使用方法和综合结果完全相同。定义为 tri 型的目的仅仅是增强程序的可读性，表示该信号综合后的电路具有三态的功能。而 supply0 和 supply1 型分别表示地线和电源线。

定义为 wire 型的变量可以在任何语句中作为输入信号，也可在持续赋值语句或元件例化中用作输出信号，常被综合为硬件电路中的物理连接。net 型变量的值取决于驱动的值，如果 net 型变量没有连接到驱动，其值为高阻。wire（或 tri）型变量的特点是输出的值紧跟输入值的变换而变化，称之为持续更新或连续更新。wire 型变量只能在 assign 引导语句中被赋值，assign 语句的左端变量必须是 wire 型。

Verilog HDL 模块中，输入、输出引脚都默认为 wire 型。如果没有在模块中显示地定义引脚的类型，Verilog HDL 综合器都将其默认为 wire 型，如例 6.1 中的 a、b、equal、greater 和 less 都默认为 wire 型变量。

variable 型（即 register 型）变量除可描述组合逻辑电路外，还可以具有寄存器特性，用来暂存数据。Verilog HDL 中能综合的 variable 型的子类型有 reg 型和 integer 型两种。variable 型变量必须放在过程语句中，即只能在 always 语句中被赋值。换言之，在 always 语句结构中被赋值的变量必须是 variable 型。要说明的是，过程赋值语句中 variable 型变量可以具有寄存器特性，也可为非存储元件，视为导线结点，甚至被优化掉。

2. Verilog HDL 的变量位宽

网线型和寄存器型的变量可以声明位宽，如果声明中没有指定位宽，则默认位宽为 1。例如：

```
wire a;                    //网线型变量,默认位宽为 1
reg[3:0]busA, busB;        //声明 busA 和 busB 为 4 位宽的寄存器变量
reg[0:7]busC;              //声明 busC 为 8 位宽的寄存器变量
```

变量的位宽通过[high：low]或者[low：high]声明，方括号中左边数总是代表向量的最高有效位（most significant bit，MSB），在上面的例子中，向量 busA 的最高有效位为第 3 位，向量 busC 的最高有效位为第 0 位。

对于上面例子中声明的变量，可以指定它的某一位或若干个相邻位。举例如下：

```
busA[0]      //向量 busA 的第 0 位
busA[2:0]    //向量的低 3 位。如果写成 busA[0:2]非法,高位应该写在范围说明的左侧
busC[0:1]    //向量 busC 的高 2 位
```

除了用常量指定位域外，Verilog HDL 还允许指定可变的位段选择。下面是动态位域选择的两个专用操作符。

```
[starting_bit +: width]:    从起始位 starting_bit 开始递增,位宽为 width
[starting_bit -: width]:    从起始位 starting_bit 开始递减,位宽为 width
```

起始位可以是一个变量，但是位宽必须是一个常量。下面的例子说明了可变的位域选择的使用方法。

```
reg [255:0]data1;      //data1[255]是最高有效位
reg [0:255]data2;      //data2[0]是最高有效位
//用变量选择选择向量的一部分
byte = data1[31-:8];   //从第 31 位算起,位宽为 8 位,相当于 data1[31:24]
byte = data1[24+:8];   //从第 24 位算起,位宽为 8 位,相当于 data2[24:31]
```

另外，Verilog-2001 中允许端口声明和数据类型声明放在同一条语句中，设置将端口声明和端口数据类型都列入到端口定义中，具体语法结构示例如下：

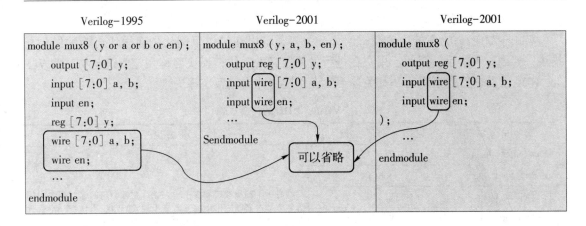

6.4 Verilog HDL 的三种建模方式

HDL 一般都有行为描述、数据流描述和结构化描述三种建模方式用以实现各种抽象级别电路的描述，Verilog HDL 也不例外。其中，算法级采用行为级描述方式建模，RTL 采用数据流描述方式建模，门级和开关级则采用结构化描述建模。

结构化描述是在已知逻辑电路图的情况下，通过实例化等手段进行描述的；数据流描述是在知晓电路的逻辑函数式的情况下，通过逻辑运算符进行描述的；行为描述则是通过真值表或其他的功能说明来描述的，EDA 环境将描述的代码综合成完成对应功能的电路。

半加器的电路及逻辑关系参见图 3.40 和表 3.23，下面主要以半加器为例说明 Verilog HDL 的三种建模方式。

6.4.1 结构化描述方式

结构化的建模方式就是通过对已知的电路结构的描述来建模的，对器件进行实例化，并使用网线来连接各器件的描述方式就属于结构化描述方式。这里的器件包括 Verilog HDL 的内置逻辑门，如与门 and，异或门 xor 等，也可以是用户的一个设计。结构化描述方式反映了一个设计的层次结构，半加器可由 1 个异或门和 1 个与门构成，半加器的结构化描述如例 6.2 所示。其中，a、b、so 和 co 都默认为 wire 型变量。

【例 6.2】半加器的结构化描述。

```
module h_adder (a, b, so, co);
    input a, b;
    output so, co;
    xor U1 (so, a, b);        //so = a^b;
    and U2(co, a, b);         //co = a&b;
endmodule
```

代码显示了用纯结构化建模方式，其中 xor 和 and 是 Verilog HDL 内置的门器件。例如，xor 表明调用一个内置的异或门，器件名称为 xor，实现异或逻辑。例化模块名 U1 类似于原理图输入方式的元件标号。括号内的 "so, a, b" 表明该器件管脚的实际连接线（信号）的名称，其中 a、b 是输入，so 是输出。

Verilog HDL 有大量的内置逻辑门和开关等，可以在模块里例化创建模块行为的结构化描述，如表 6.1 所示。因此，用户在进行模块定义的时候，模块名称一定要避免与这些 Verilog HDL 已经内置的逻辑门和开关等一致，否则将冲突导致编译失败。

表 6.1　Verilog HDL 的内置逻辑门

语 法 结 构	功　　能	用 法 说 明
and（Output, Input, …）	与门	都有一个输出端口和多个输入端口。各个门的端口列表中的第一个端口必是输出端口，其后为输入端口。当任意一个输入端口的值发生变化时，输出端的值立即重新计算
nand（Output, Input, …）	与非门	
or（Output, Input, …）	或门	
nor（Output, Input, …）	或非门	
xor（Output, Input, …）	异或门	
xnor（Output, Input, …）	同或门	
buf（Output, …, Input）	缓冲门	都是具有一个输入端口和多个输出端口。括号中的最后一个端口为输入端口，其他端口都为输出端口（输出同一值）
not（Output, …, Input）	非门	
bufif0（Output, Input, Enable）	低使能条件缓冲器	这四类门只有在控制信号有效的情况下才能传递数据；如果控制信号无效，则输出为高阻
bufif1（Output, Input, Enable）	高使能条件缓冲器	
notif0（Output, Input, Enable）	低使能条件非门	
notif1（Output, Input, Enable）	高使能条件非门	

基于半加器可以设计一位全加器，全加器电路虽然已经在 3.7 节给出，但是为了讲解结构化建模方便，结点起名后的全加器如图 6.4 所示。先看如下实例。

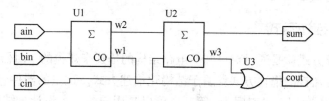

图 6.4　全加器的逻辑电路

【例 6.3】一位全加器的结构化描述。

```
`include"h_adder_1. v"
module f_adder（ain, bin, cin, sum, cout）;
    input ain, bin, cin;
    output sum, cout;
    wire w1, w2, w3;                              //定义 wire 型变量用作内部元件间连接
    h_adder U1（ain, bin, w2,w1）;                //位置关联法，参数位置一一对应
    h_adder U2（. a(w2), . b(cin), . so(sum), . co(w3)）;//端口名关联法
    or U3（cout, w1, w3 ）;                       //cout=w1｜w3;
endmodule
```

ain、bin、cin、sum 和 cout 都默认为 wire 型变量，并采用 wire 定义了 w1、w2 和 w3 三

个内部网线型结点。

　　有两种例化方法：位置关联法和端口名关联法。采用位置关联法时，参数位置一一对应，以位置的对应关系连接相应的端口。而端口名关联法则不需要位置一一对应，也没有严格要求。如下语句也是正确的。

```
h_adder U2 (.b(cin), .so(sum), .a(w2), .co(w3));
```

　　结构化描述充分体现了模块嵌套的自顶而下设计思想，通过将大型的数字电路设计分割成大小不一的小模块来实现特定的功能，最后通过由顶层模块例化子模块来实现整体功能。例化的器件可以是器件库中的，也可以是自己设计的模块，这相当于在原理图输入时调用一个库元件，例化的本质就是生成并接入一个电路。

　　Verilog HDL 和 C 语言一样都提供了编译指示控制语句，并允许在描述中使用特定编译指示语句。在综合前，通常先对编译指示语句进行预处理，然后再将预处理的结果和源代码一并交付综合器进行编译。在程序的表述上，编译指示性语句及被定义后调用的宏名都以符号"`"开头。常用的编译指示性语句有 `include、`define、`undef、`ifdef、`else 和 `endif，Verilog-2001 中还增加了 `ifndef 和 `elseif，具体含义类似于 C 语言。例 6.3 中使用的 `include 的功能是将一个文件全部包含在另一个文件中，其格式为：

```
`include"文件名. 扩展名"
```

　　当然，如果被包含的文件不在当前工程所在的文件夹，须标明此文件的路径（例如：`include "e:/lib/h_adder. v"）。其实，例 6.3 中使用 `include 是多余的，因为对于 Quartus Ⅱ 环境来讲，其综合器会自动根据例化语句的表述，在工作库（即当前工程所在的文件夹）中调用例化语句所指示的模块，一般直接省略掉。在工程建立时要新建两个文件：h_adder. v 和 f_adder. v，并把两个文件存入工程目录文件夹，工程名为 f_adder，即 f_adder. v 作为顶层文件，Quartus Ⅱ 将自动搜索到 h_adder. v 共同编译。需要注意的是，所建立工程的工程名与顶层文件名要一致，各个文件名要与其中的模块名相一致。

　　采用 `define 定义宏是 C 语言中常用的方法，以增强代码的可读性和可移植性，而且由 `define 定义的宏从编译器读到这条指令开始到编译结束都有效，方便其他文件模块直接使用宏，除非遇到释放该宏的 `undef 语句。需要注意的是，被定义后的宏名，调用时都以符号"`"开头，这与 C 语言的宏使用方法不同。例如：

```
`define PI 10'd314;
…
a= `PI;
…
`undef PI
```

　　一般情况下，Verilog HDL 源代码中的每一行代码都要进行综合，但有时候出于对代码优化或移植等方面的考虑，希望只对其中一部分内容进行综合，此时就需要在代码中加上条件，让综合器只对满足条件的代码进行综合，将不满足条件的代码舍弃，这就是条件编译。Verilog HDL 中的条件编译指令有 `ifdef、`ifndef、`elseif、`else 和 `endif，与 C 语言中条件编译对应关键字的含义一致。例如：

```
`ifdef   XYZ
        assign   a = b;
`else
        assign   a = 1'b0;
`endif
```

在综合过程中，如果已经通过 `define 定义了名字为 XYZ 的宏，则综合 "a=b;"，否则综合 "a=1'b0;"。

下面再举一个基于结构化建模思想进行 4 独立三态驱动器的描述实例，逻辑电路图如图 6.5 所示。

【例 6.4】 4 独立三态驱动器的设计。

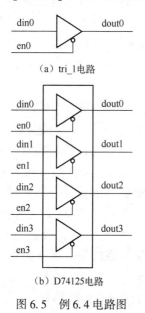

（a）tri_1 电路

（b）D74125 电路

图 6.5　例 6.4 电路图

```
module tri_1 (din, en, dout);        //单个三态驱动器
    input din, en;
    output dout;
    assign dout = en ? 1'bz : din;
endmodule

module D74125 (din, en, dout);       //74125 的描述
    parameter SIZE = 4;
    input[SIZE-1:0] din, en;
    output[SIZE-1:0] dout;
    tri_1 U1_A(din[0], en[0], dout[0]);
    tri_1 U1_B(din[1], en[1], dout[1]);
    tri_1 U1_C(din[2], en[2], dout[2]);
    tri_1 U1_D(din[3], en[3], dout[3]);
endmodule
```

tri_1 仅描述一个三态驱动器，当使能端 en 为低时 dout=din，否则 dout 为高阻态。而 D74125.v 是通过例化 4 个 tri_1 形成一个 74125 器件。例 6.4 的仿真时序如图 6.6 所示。

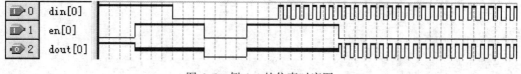

图 6.6　例 6.4 的仿真时序图

HDL 代码经常在表达式等的边界使用常量。这些值在模块内是固定的，不可修改。一个很好的设计惯例是用符号常量取代这些具体数值，这样做可使代码清晰，便于后续维持及修改。在 Verilog HDL 中，可以使用 parameter 来声明常量，且仅在本 module 内有效，例如声明一个数据总线的位宽及数据范围等。例 6.4 中，声明输入输出引脚的位宽为 4，这样将

来若设计为 8 位，则只要将"parameter SIZE = 4;"中的"4"改为"8"即可。

基于 parameter 定义常量的格式为：

> parameter 常量名 1=表达式，常量 2=表达式，…，常量名 *n*=表达式；

在 Verilog-2001 中还可以采用 localparam 声明仅在本 module 内有效的常量。细心的读者会想到前面讲过的`define。parameter、localparam 和 define 有哪些异同呢？主要体现在以下四个方面。

1）声明方式

> parameter xx = yy;　　　//yy 为常数
> localparam x = y;　　　//y 为常数
> `define XX YY　　　　　//YY 为常数

2）使用方式

采用 parameter 和 localparam 声明的常数直接引用即可，而使用`define 定义的宏使用时前面要加"`"，即写为`XX。

3）作用域

parameter 和 localparam 都只作用于声明的 module 对应的文件；`define 从编译器读到这条指令开始到编译结束都有效，或者遇到`undef 命令使之失效。

如果想让 parameter 或`define 作用于整个项目，可以将如下声明写于单独文件，并用`include 让每个文件都包含声明文件。

> `ifndef xx
> 　`define xx yy　　　//或者 parameter xx = yy;
> `endif

`define 也可以写在编译器最先编译的文件顶部。通常编译器都可以定义编译顺序，或者从最底层模块开始编译。因此写在最底层就可以了。

4）parameter 和 localparam 的区别

parameter 和 localparam 都是在 module 内声明，并在 module 内使用。不过，二者是有区别的：parameter 可作为在顶层模块中例化底层模块时传递参数的接口，localparam 却不能用于参数传递。

类似 VHDL 的 Generic 语句，Verilog HDL 也可以在例化时传递参数，这是因为当一个 module 引用另外一个 module 时，高层 module 可以改变低层 module 用 parameter 定义的参数值，因此，传递的参数是低层 module 中定义的 parameter。

由于采用 defparam 关键字重定义参数的方法是不可综合的，因此，只能在例化时传递参数。例化时把参数传递给低层 module 时，位置关联法和端口名关联法均可。通过 parameter 传递参数的方法如表 6.2 所示。

可见，Verilog-2001 的模块定义方法有两种，即兼容的 Verilog-1995 的模块定义方法，以及在 I/O 声明前 parameter 常参数定义方法。

表 6.2　通过 **parameter** 传递参数的方法

Verilog-2001	Verilog-1995 被例化的模块必须先声明 IO_port，然后再声明 parameter，且只能按照顺序列表

module [module_name] #(
　parameter [para_name1] = [default_value1],
　parameter [para_name2] = [default_value2],
　parameter [para_nameN] = [default_valueN]
) (
　//IO 端口定义
);
	module [module_name] (
	　　　//IO 端口定义
	);
	parameter [para_name1] = [default_value1];
	parameter [para_name2] = [default_value2];
	parameter [para_nameN] = [default_valueN];

例化： module_name #(. para_name1 (value1), 　　　　　. para_name2 (value2), 　　　　　. para_nameN (valueN)) inst_name(　//IO 端口列表);	例化： module_name #(para_value1, 　　　　　　para_value2, 　　　　　　para_valueN) inst_name(　//IO 端口列表);

6.4.2　数据流描述方式

　　数据流描述的是通过对逻辑函数式的直接描述来建模的。在数据流描述方式中，还必须借助于 Verilog HDL 提供的逻辑运算符。Verilog HDL 的逻辑运算符包括两类，按位逻辑运算符和缩减逻辑运算符。Verilog HDL 中支持的按位逻辑运算符如表 6.3 所示。按位操作的含义是对应位相操作，且除按位逻辑取反（~）外，其他按位操作都至少有两个操作对象。

表 6.3　**Verilog HDL 支持的按位逻辑运算符**

逻辑操作符	功　　能	实　　例
&	按位逻辑与	4'b1010 & 4'b0101 = 4'b0000
|	按位逻辑或	4'b1010 |4'b0101 = 4'b1111
~	按位逻辑取反	~4'b1010 = 4'b0101
^	按位逻辑异或	4'b1010 ^ 4'b0101 = 4'b1111
~^或^~	按位逻辑同或	4'b1010 ~^ 4'b0101 = 4'b0000

　　另外，不建议使用按位同或逻辑运算，一是 C 语言中无该符号，再者同或可以通过异或后再非实现。

　　半加器由一个异或门和一个与门构成，见图 3.61，半加器的数据流描述如例 6.5 所示。

　　【例 6.5】半加器的数据流描述。

```
module h_adder ( a, b, so, co);
    inputa, b;
    output so, co;
    assign so = a ^ b;
    assign co = a & b;
endmodule
```

各个 assign 语句之间，是并行执行的，即各 assign 语句的执行与语句之间的顺序无关。

assign 引导的语句，赋值符号右侧的信号一旦有变化时，则赋值符号左侧的网线型被赋值对象持续更新。例 6.5 中，只要 a 或 b 发生变换，则同时进行 so 和 co 的计算。

数据流描述一位全加器如例 6.6 所示。

【例 6.6】一位全加器的数据流描述。

```
module f_adder (ain, bin,cin, sum,cout);
    input ain, bin, cin;
    output sum, cout;
    assign sum = ain ^ bin ^ cin;
    assign cout = (ain & bin) | (ain & cin) | (bin & cin);
endmodule
```

Verilog HDL 不但支持对象间的按位运算，而且支持数据对象自身各个位间的位运算，称为缩减逻辑运算符。缩减逻辑运算符包括：&（与）、~&（与非）、|（或）、~|（或非）、^（异或）和~^（同或）。缩减逻辑运算的操作数仅为一个对象，结果为一个二进制位，为 "0" 或 "1"。其实缩减逻辑运算就是相当于一个多输入、单输出的逻辑门。例如，若 a = 4'b1101，则 "b = ^a;" 的结果为 b = a[3]^a[2]^a[1]^a[0]，因为共有奇数个 1，所以，b=1。

可见，缩减逻辑运算避免了多个 1 位二进制数之间进行同一逻辑操作的书写烦琐过程。下面以 8 位二进制数奇偶校验器的设计为例进一步说明缩减逻辑运算符的应用方法。

【例 6.7】8 位二进制数奇偶校验的数据流描述。

```
module even_odd (ain, odd,even);
    input[7:0] ain;
    output odd, even;          //奇校验输出和偶校验输出
    assign even = ^ain;        //异或缩减操作产生偶校验输出
    assign odd = ~even;        //偶校验值与奇校验值相反
endmodule
```

其中，偶校验输出 even 是通过对 ain 的各个输入位之间进行异或运算得到的。当 8 个位的检测对象 ain 中有偶数个 "1" 时则输出 0，否则输出 1；奇校验与之相反。例 6.7 的仿真时序如图 6.7 所示，可见，组合逻辑电路存在竞争冒险。

图 6.7　例 6.7 的仿真时序图

基于逻辑运算符描述的数据流描述直接体现了信号间的逻辑关系，综合结果可控性强。

在 Verilog HDL 中，不同的操作符具有不同的优先级，如果表达式中包含多个不同的操作符，则按照优先级高的操作符先运算、优先级低的操作符后运算的规则进行。Verilog HDL 操作符的优先级如表 6.4 所示，顶部的操作符优先级最高，底部的最低，同一行的操作符的优先级相同。所有的操作符（?：操作符除外）在表达式中都是从左向右结合的。圆

括弧可以用来改变优先级，并使运算顺序更清晰，对操作符的优先级不能确定时，最好使用圆括弧来确定表达式的优先顺序，既可以避免错误，又可以增加程序的可读性。

表 6.4 Verilog HDL 操作符的优先级

优先级序号	操作符	操作符名称
1	!、~	逻辑非、按位取反
2	*、/、%	乘、除、求余
3	+、−	加、减
4	≪、≫	左移、右移
5	<、<=、>、>=	小于、小于或等于、大于、大于或等于
6	==、!=、===、!==	等于、不等于、全等、不全等
7	&、~&	缩减与、缩减与非
8	^、^~	缩减异或、缩减同或
9	|、~|	缩减或、缩减或非
10	&&	逻辑与
11	||	逻辑或
12	?:	条件操作符

为避免发生默认优先级与设计者描述意图不一致的问题，建议描述代码时将需要高优先级的运算加上括号。

6.4.3 行为描述方式

行为描述的建模方式是指对信号输入输出行为的功能表现进行描述的建模方式。一般用 always 过程语句引导行为建模。一位全加器的行为描述方法如例 6.8 所示。

【例 6.8】一位半加器的行为描述。

```verilog
module h_adder (a, b, so,co);
    input a,b;
    output so,co;
    reg so,co;                      //always 引导的语句,被赋值量必须定义为 variable 型的子类型
    always @(a,b) begin             //a 和 b 为敏感信号,且主块开始
        so=1'b0; co=1'b0;           //{a,b}=2'b00
        case ({a,b})
            2'b00: begin so=1'b0; co=1'b0; end
            2'b01: begin so=1'b1; co=1'b0; end
            2'b10: begin so=1'b1; co=1'b0; end
            2'b11: begin so=1'b0; co=1'b1; end
            //default:
        endcase
    end                             //主块结束
endmodule
```

1. 过程语句

由 "always @（敏感信号列表）begin…end" 引导的过程语句结构是 Verilog HDL 中最常用和最重要的语句结构。模块中的任何顺序语句都必须放在过程语句结构中，且过程语句结构中被赋值变量必须定义成 variable 型的子类型。

通常要求将过程语句中所有的输入信号都放在敏感信号列表中，即 always @ 后面的括号中，以表征当有列入其中的任何敏感信号每发生变换一次（如由 0 到 1，或由 1 到 0），整个过程将被执行一次。敏感信号列表表达有以下三种方式。

（1）用关键字 or 分隔所有敏感信号。即由于敏感信号列表中的所有信号对于启动过程都是或逻辑，当其中任何一个信号发生变化时，都将启动过程语句的执行。

（2）Verilog-2001 规范中，允许用逗号区分和连接所有敏感信号，书写上更加规范和简易。建议采用逗号。

（3）省略不写。由于目前的 Verilog HDL 主流综合器对于组合逻辑电路综合都默认为过程语句中敏感信号表中列全了所有应该被列入的信号，所以即使设计者少列、漏列部分敏感信号，也不会影响综合结果，最多在编译时给出警告信息。Verilog-2001 规范可采用不写出具体敏感信号，而只是写成 always @（＊）或 always @＊ 的方法，避免产生没必要的时序逻辑电路。

显然，组合逻辑电路设计时，试图通过选择性地列入敏感信号来改变逻辑设计是无效的。同时，当 always @ 引导的过程块描述组合逻辑时，应在敏感信号列表中列出所有的输入信号，防范因个别综合器不自动添加敏感信号而体现出记忆功能，综合出时序逻辑电路。

过程语句内部是顺序执行的，而过程语句之间却是并行的。显然，Verilog HDL 的过程语句与 VHDL 的进程语句 PROCESS 的功能和特点几乎相同。

2. 并位操作

例 6.8 中的 case 语句的功能是根据 a 和 b 的组合决定执行符合的语句，这里大括号{ }就是将多个信号组合并位的运算符，称为并位运算符。也就是说，{ }可以将两个或多个信号按二进制位左高位、右低位的方式拼接起来，作为一个信号使用。例 6.8 中，{a,b}这个新信号的取值范围是两位二进制数：00、01、10 和 11。并位操作使用灵活，应用极其广泛。

3. case 条件语句

Verilog HDL 有两类条件语句，即 if else 语句和 case 语句，它们都是可综合的顺序语句，因此必须放在过程语句中使用。其中，case 语句是多分支条件语句，是一种类似真值表直接表达方式的描述，直观且层次清晰。从例 6.8 可以看出，case 语句属于行为描述语句，因为它主要是界定模块功能和行为，而非是对具体的电路结构进行表述。

case 语句与 C 语言中的 "switch case default" 语句很类似。被执行时，首先获得或计算出表达式中的值，然后与下面的各个条件值对比，相同，则执行相应的顺序语句。必须要保证表达式的二进制位数与对比值位数一致，且各个分支的值须互斥，不能含有相同的分支值。case 语句的一般格式如下。

```
case（表达式）
        对比值 1：begin 相应的执行语句；end
```

```
               对比值 2：begin 相应的执行语句；end
               …
               default：begin 相应的执行语句；end
        endcase
```

从逻辑设计的角度看，case 语句中使用 default 语句的目的是使条件语句中的所有对比值能涵盖表达式的所有取值，以免不完整的条件语句导致误综合出没有必要的时序逻辑电路。不完整的条件语句产生时序逻辑电路的相关内容将在 6.6 节讲述，这一点极其重要。例 6.8 中，由于输入刚好是 2^n 个选项，因此没有加入 default 语句。在不完整的条件语句之前先给出初值（默认值）也可以避免产生时序逻辑电路，因为没有不赋值的情况，也就没有需要保持原来状态的需求，例 6.8 中采用了该方法，这一良好的代码风格一定要记牢。

这里还要重点强调 case 语句与 C 语言中的"switch case default"语句的区别，那就是：C 语言中的"switch case default"语句是逐个 case 进行判断，实则就是写在前面的 case 被优先执行，后面的具有延迟；而 Verilog HDL 的 case 语句，直接执行匹配的分支语句，而没有优先级问题。另外，Verilog HDL 的 case 语句，任务相同的 case 项可以合并，将对比值放在一起，用逗号隔开，C 语言则不可以，例如：

```
case（表达式）
        对比值 1：              begin 相应的执行语句；end
        对比值 m，对比值 n：    begin 相应的执行语句；end
        …
endcase
```

除了 case 语句，可综合的 Verilog HDL 还提供了 casez 语句。casez 语句是 case 语句的变体，二者的语法形式中唯一的区别仅在于关键字 case 和 casez 的不同。不同的是，在 case 语句中，敏感表达式与各项值之间的比较，是一种全等比较。而在 casez 语句中，允许比较对象中出现 z 位，且出现在条件表达式和任意分支项表达式的值为 z 的位都被认为是无关位，不进行比较，而只关注其他位的比较结果。注意，对于无关项输入的描述，使用"?"描述优于使用"z"。

if else 语句也可以实现多分支条件结构。基于 if else 语句的半加器的行为描述方法见例 6.9。

【例 6.9】基于 if else 语句实现一位半加器的行为描述。

```
module h_adder (a, b, so, co)；
    input a, b；
    output so, co；
    reg so, co；                  //always 语句中被赋值量要求为 variable 型
    always @（a, b）begin          //a 和 b 为敏感信号,且主块开始
        if（{a, b} = = 2'b00）begin so = 1'b0；co = 1'b0；end
        else if（{a, b} = = 2'b01）begin so = 1'b1；co = 1'b0；end
        else if（{a, b} = = 2'b10）begin so = 1'b1；co = 1'b0；end
```

```
        else                    begin so = 1'b0; co = 1'b1; end   //{a,b} = = 2'b11
    end                        //主块结束
endmodule
```

要说明的是，case 语句的各分支条件之间无优先级，而 if else 语句则是有优先级的。即 if else 语句中，当前面已经符合条件，后面即使也有符合条件的部分也不会被执行。

if else 语句具有四种形式，如表 6.5 所示。其中，形式 1 和形式 3 都没有 else，是不完整的条件语句。不完整的条件语句会构成时序逻辑，后面的时序逻辑电路设计部分会详细讲述。

表 6.5 if else 语句的四种形式

	语 法 结 构
形式 1	if(表达式)begin 相关语句； end
形式 2	if(表达式)begin 相关语句；end else begin 相关语句；end
形式 3	if(表达式 1) begin 相关语句；end else if(表达式 2)begin 相关语句；end else if(表达式 3)begin 相关语句；end …
形式 4	if(表达式 1)begin 相关语句；end else if(表达式 2)begin 相关语句；end else if(表达式 3)begin 相关语句；end … else begin 相关语句；end

Verilog HDL 的逻辑运算符与 C 语言的完全一致，共有 &&（逻辑与）、||（逻辑或）和！（逻辑非）三种逻辑运算符，进行真假运算。用法如下：

```
(表达式 1) 逻辑运算符 (表达式 2)…
```

4. 块语句

例 6.8 和例 6.9 中用到了由 "begin…end" 引导的块语句。块语句 "begin…end" 不仅用于 "always @" 引导的过程语句中，条件语句、case 语句的条件语句和循环语句中也使用块语句。begin 和 end 相当于一对括号，在此括号中的语句都被认定归属于同一操作模块。块语句的一般格式如下。

```
begin:块名
    语句 1；语句 2；
    语句 3；…语句 n；
end
```

Verilog HDL 规定，若某一语句结构中仅包含一条语句，且无须定义局部变量时，则块语句默认使用，即关键字 begin 和 end 可省略。例如，"always @" 引导的过程语句中只有一个 "case … endcase" 语句结构，已经是一个结构，则可看作为一条语句，此时，作为 "always @" 块边界的 "begin…end" 则可以省略。其中，无他处引用的话，"：块名" 可以省略，因为，此时块名只起到注释说明的作用，不参与综合。

5. 通过运算符进行行为描述

行为建模方式通常需要借助一些行为级的运算符，如加法运算符（+）、减法运算符（−）等。利用加法运算符（+）的半加器描述如下。

【例 6. 10】利用加法运算符（+）实现一位半加器的行为描述。

```
module h_adder (a, b, so, co);
    input a, b;
    output so, co;
    assign {co, so} = a + b;
endmodule
```

这里需要说明的是，Verilog HDL 支持+、−、＊、／、%及与 C 语言同意义的算术运算符，但是，只有"+"和"−"可以直接综合，且相对 VHDL 而言无须逻辑与数值之间的转换，可以直接使用。对于乘法，乘数只有是 2 的整数次幂时才能综合，其运算实质为向左移位，通过每移 1 位实现乘以 2 的效果。一般性的乘法、所有的除法和求余运算需要设计专门的模块才能实现普遍意义上的乘、除和求余运算，但通常都需要耗费很多的逻辑宏单元。

当然，若使用的 FPGA 上集成了若干个乘法器，那么"＊"作为乘法的算术运算符则是可被综合的。只要所使用的 FPGA 内嵌有乘法器，则综合软件在综合的时候就会自动调用乘法器实现。下面是一段简单代码。

【例 6. 11】可综合为 FPGA 内嵌乘法器的描述。

```
module mult(outcome, a, b);
    input [7:0] a, b;
    output [15:0] outcome;
    assign outcome = a * b;
endmodule
```

综合后查看综合报告会发现逻辑宏单元几乎没有消耗，Embedded Multipler 9 − bit elements 使用了 1 个。

要注意的是，只要当相乘的两个数都是变量的时候，"＊"就会被综合为内嵌乘法器。也就是说，一个乘数为常数时，是不会被综合为内嵌乘法器的，甚至不会正确被综合。

综上，由于行为描述不拘泥于电路的具体形式，不需要知道数字逻辑图就可以展开设计，所以采用行为描述进行数字逻辑设计具有更高的设计效率，更适合于大规模系统的设计。

那么，在基于运算符号进行行为描述时，Verilog HDL 是如何处理有符号数问题的呢？方法如下。

1）Verilog-1995 中的有符号数处理

在 Verilog-1995 中，只有 integer 型数据被转移成有符号数，而 reg 和 wire 型数据则被转移成无符号数。由于 integer 型数据有固定的 32 位宽，因此它不太灵活。通常使用手动加上扩展位来实现有符号数运算。下面的代码片段将描述有符号数和无符号数的运算。

```
reg [7:0] a, b;
reg [3:0] c;
reg [7:0] sum1, sum2, sum3, sum4;
...
sum1 = a + b;                  //同样的位宽,有符号和无符号数都能进行运算
sum2 = a + c;                  //低位宽数的前面自动补 0
sum3 = a + {4{1'b0}, c};       //低位宽数的前面手动补 0
sum4 = a + {4{c[3]}, c};       //低位宽数的前面手动补符号位
```

在第一条语句中，a、b 和 sum1 有相同的位宽，因此无论是转译成有符号数还是无符号数，都将引用相同的加法器电路。

在第二条语句中，c 的位宽仅为 4，在加法运算中，它的位宽会被调整。因为 reg 型数据被作为无符号数看待，所以 c 的前面会被自动置入 0 扩展位。

在第三条语句中，给 c 手动前置 4 个 0，以实现和第二个表达式一样的效果。

在第四条语句中，需要把变量转译成有符号数。为了实现所需的行为，c 必须扩展符号位到 8 位。没有其他的办法，只能手动扩展。在代码中，重复复制 c 的最高位 4 次（$4\{c[3]\}$）来创建具有扩展符号位的 8 位数。

2）Verilog-2001 中的有符号数定义及应用

在 Verilog-2001 中，有符号形式也被扩展到 reg 和 wire 型数据中。新加一个关键字 signed，可以按照下面的方式定义。

```
reg signed [7:0] a, b;
```

请看如下代码。

```
reg signed [7:0] a, b;
reg signed [3:0] c;
reg signed [7:0] sum1, sum4;
...
sum1 = a + b;        //同样的位宽,有符号和无符号数都能进行运算
sum4 = a + c;        //低位宽有符号数自动补齐高位的符号位
```

在第一条语句中，将引用一个常规的加法器，因为 a、b 和 sum1 具有相同的位宽。有符号和无符号数都能进行运算。

在第二条语句中，所有的赋值符号右侧的变量都是 signed 数据类型，Verilog-2001 会将 c 自动扩展符号位到 8 位。因此，在 Verilog-2001 中，无须再手动添加符号位。

在小型的数字系统中，通常可以选用有符号数或者无符号数。然而，在一些大型的系统中，会包括不同形式的子系统。对于 Verilog HDL，无符号变量和有符号变量可以在同一表达式中混用。根据 Verilog-2001 的标准，只有当所有赋值符号右边的变量具有 signed 型数据属性的时候，扩展符号位才被执行。否则，所有的变量都只扩展 0。考虑下面的代码片段。

```
reg signed [7:0] a, sum;
reg signed [3:0] b;
reg [3:0] c;
…
sum = a + b + c;
```

由于变量 c 不具有 signed 型数据属性，因此右手边的变量 b 和变量 c 的扩展位为 0。

Verilog-2001 还有两个系统函数，$signed 和 $unsigned()，用以将括号内的表达式转换为 signed 和 unsigned 数据类型。例如，可以转换 c 的数据类型，即

```
sum = a + b + $signed(c);
```

上述语句中赋值符号右边的所有变量都具有 signed 型数据属性，因此，变量 b 和变量 c 都将扩展符号位。

在复杂的表达式中，混用 signed 和 unsigned 型数据将引入一些错误，因此应当避免混用。如果必须混用，那么表达式需要保持简单，并通过转换函数，以确保数据类型的一致性。

6.4.4 项目讨论：基于 Verilog HDL 设计简易的算术逻辑单元

算术逻辑单元（arithmetic logic unit，ALU）是 CPU 的核心，用于完成计算机的算术运算和逻辑运算，请设计 11 个指令功能，包括加法、带进位加法、求补码、补码减法、带借位减法、逻辑与、逻辑或、逻辑异或、左移、右移和取反运算，即根据操作码所指示的功能完成相应的计算并输出。请讨论项目，并综合运用数据流描述和行为描述方式实现该 ALU。

每条指令有操作码和操作数两个部分，操作码指明指令功能，操作数是指令的运算对象。建议采用 `define 宏定义各个操作码，以增强代码的可读性和可移植性。需要注意的是，被定义后的宏名，调用时都以符号 "`" 开头，这与 C 语言的宏使用方法不同。

讨论如下代码，并补全。

```
`define OP_ADD        4'd0
`define OP_ADDC       4'd1
`define OP_SUBB       4'd2
`define OP_CC         4'd3
`define OP_SUB_C      4'd4
`define OP_AND        4'd5
`define OP_OR         4'd6
`define OP_XOR        4'd7
`define OP_LS         4'd8
`define OP_RS         4'd9
`define OP_CPL        4'd10
module alu (opcode ,a ,b ,c ,out ,cy );
    input[3:0]opcode ;                      //操作码
```

```verilog
        input[7:0]a ,b ;                              //操作数
        input c ;

        output[7:0]out ;                              //运算结果
        output cy ;                                   //进位或借位标志

        reg[7:0]out ;
        reg cy ;
        always@ ( opcode ,a ,b ,c ) begin
            out =8'h0;cy =1'b0;
            case( opcode )
                `OP_ADD :{cy ,out }=a +b ;            //加操作
                `OP_ADDC :{cy ,out }=a +b +c ;        //带进位 c 加法操作
                `OP_SUBB :_____             //带借位 c 减法操作
                `OP_CC   :begin                       //求补码
                    if( a [7]) begin

                    _____
                    _____
                    end
                    case _____
                end
                `OP_SUB_C :out =_____       //求补码减法
                `OP_AND :out =a & b ;                 //求与
                `OP_OR   :out =a ｜ b ;               //求或
                `OP_XOR :_____              //求异或
                `OP_LS   :out =a ＜1;                 //左移
                `OP_RS   :_____             //右移
                `OP_CPL :out =~ a ;                   //取反
            endcase
        end
endmodule
```

6.5　典型组合逻辑电路的 Verilog HDL 描述

6.5.1　完整的条件语句是描述组合逻辑电路的基本前提

　　assign 语句和 always 语句（case 语句和 if else 语句）都可以描述组合逻辑电路，但是，无论是采用 asign 语句，还是基于 always 中的 case 语句和 if else 语句，描述组合逻辑电路的基本前提是将各种情况全部列出并构成完整的条件语句，否则不完整的条件语句会被综合成时序逻辑电路，这是因为在没给出的条件出现时，只能保持原来的数据，需要保持则就需要存储单

元。if else 语句可以通过 else 部分的逻辑构成完整的条件语句；case 语句可以通过 default 部分的逻辑构成完整的条件语句。但是，更好的方法是在不完整的条件语句之前先给出初值。

【例 6.12】组合逻辑电路描述的不完整条件语句处理，其 RTL 图如图 6.8 所示。

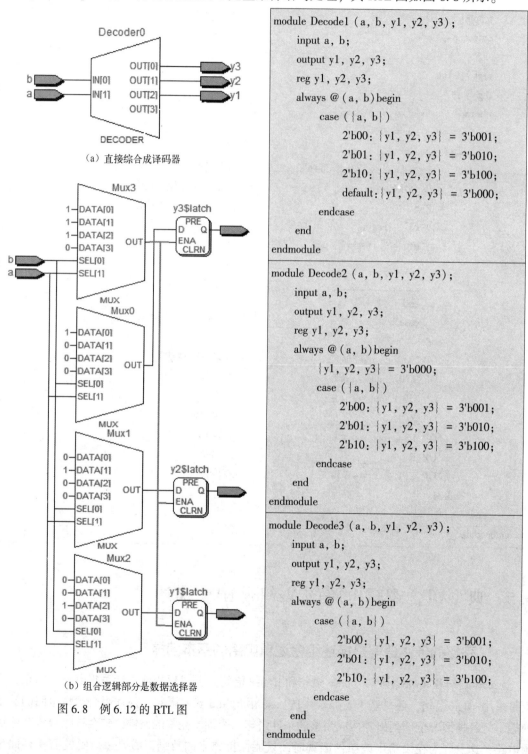

（a）直接综合成译码器

（b）组合逻辑部分是数据选择器

图 6.8 例 6.12 的 RTL 图

```
module Decode1 (a, b, y1, y2, y3);
    input a, b;
    output y1, y2, y3;
    reg y1, y2, y3;
    always @ (a, b) begin
        case ({a, b})
            2'b00: {y1, y2, y3} = 3'b001;
            2'b01: {y1, y2, y3} = 3'b010;
            2'b10: {y1, y2, y3} = 3'b100;
            default: {y1, y2, y3} = 3'b000;
        endcase
    end
endmodule
```

```
module Decode2 (a, b, y1, y2, y3);
    input a, b;
    output y1, y2, y3;
    reg y1, y2, y3;
    always @ (a, b) begin
        {y1, y2, y3} = 3'b000;
        case ({a, b})
            2'b00: {y1, y2, y3} = 3'b001;
            2'b01: {y1, y2, y3} = 3'b010;
            2'b10: {y1, y2, y3} = 3'b100;
        endcase
    end
endmodule
```

```
module Decode3 (a, b, y1, y2, y3);
    input a, b;
    output y1, y2, y3;
    reg y1, y2, y3;
    always @ (a, b) begin
        case ({a, b})
            2'b00: {y1, y2, y3} = 3'b001;
            2'b01: {y1, y2, y3} = 3'b010;
            2'b10: {y1, y2, y3} = 3'b100;
        endcase
    end
endmodule
```

Decode1 和 Decode2 的 RTL 图如图 6.8（a）所示。Decode3 的 RTL 图如图 6.8（b）所示。

可见，通过 default 部分的逻辑构成完整的 case 条件语句，以及在不完整的条件语句之前先给出初值都综合成正确的译码器电路。而不完整的条件语句则综合出锁存器电路，通过 Mux3 实现符合条件时各锁存器透明传输，而在其他条件时锁存器时钟关闭（不使能透明传输），即不符合条件时保持原来的数据不变。

6.5.2　通用译码器设计

译码器一般采用 case 语句进行行为描述。74138 译码器的描述见例 6.13，其中，case 语句已经列出了所有的条件，所以不用列出 default。描述中采用了赋初值代码风格，进一步避免产生时序逻辑，这是一个好习惯。例 6.13 也进一步展示了并位操作的使用方法，敬请读者仔细品味。综合出来的 RTL 图如图 6.9 所示。

【例 6.13】 74138 译码器的 Verilog HDL 描述。

```verilog
module D74138 (a, b, c,nE1, nE2, E, y0, y1, y2, y3, y4, y5, y6, y7);
    input a, b, c, nE1, nE2, E;
    output y0, y1, y2, y3, y4, y5, y6, y7;
    reg[2:0] SEL, EN;
    reg y0, y1, y2, y3, y4, y5, y6, y7;
    always @ ( a, b, c, nE1, nE2, E) begin  //a, b, c,nE1,nE2 和 E 为敏感信号,且主块开始
        SEL ={c, b, a};              //并位赋值
        EN ={nE1, nE2, E };          //并位赋值
        if (EN ! = 3'b001) {y7,y6,y5,y4,y3,y2,y1,y0} = 8'b11111111;
        else begin
            {y7,y6,y5,y4,y3,y2,y1,y0} = 8'b11111110; //SEL=3'b000
            case (SEL)
                3'b000: {y7,y6,y5,y4,y3,y2,y1,y0} = 8'b11111110;
                3'b001: {y7,y6,y5,y4,y3,y2,y1,y0} = 8'b11111101;
                3'b010: {y7,y6,y5,y4,y3,y2,y1,y0} = 8'b11111011;
                3'b011: {y7,y6,y5,y4,y3,y2,y1,y0} = 8'b11110111;
                3'b100: {y7,y6,y5,y4,y3,y2,y1,y0} = 8'b11101111;
                3'b101: {y7,y6,y5,y4,y3,y2,y1,y0} = 8'b11011111;
                3'b110: {y7,y6,y5,y4,y3,y2,y1,y0} = 8'b10111111;
                3'b111:{y7,y6,y5,y4,y3,y2,y1,y0} = 8'b01111111;
                //default:
            endcase
        end
    end
endmodule
```

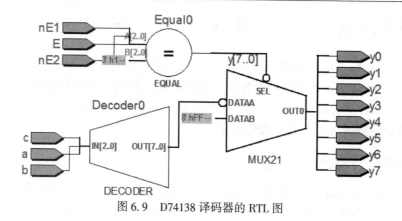

图 6.9　D74138 译码器的 RTL 图

6.5.3　数码管显示译码器设计

关于数码管知识请见 3.4.2 节。基于 Verilog HDL 的共阳极数码管译码显示描述见例 6.14，并且实现灭零功能。注意，其中的 default 语句部分不但给出了不显示（都不亮）的译码，更重要的是构成了完整的条件语句，防止产生时序逻辑。

【例 6.14】数码管显示译码器描述。

```
module BCDto7SEG (B0, B1, B2, B3, a, b, c, d, e, f, g, nRBI, nRBO);
    input B0, B1, B2, B3;
    input nRBI;                             //灭零输入端
    output a, b, c, d, e, f, g;
    output nRBO;                            //灭零输出标志端

    reg[3:0] BCD;
    reg a, b, c, d, e, f, g;
    reg nRBO;
    always @ ( B0, B1, B2, B3, nRBI)begin   // B0,B1,B2,B3, nRBI 为敏感信号
        BCD = {B3, B2, B1, B0};             //并位赋值
        if((nRBI = = 1'b0) && (BCD = = 4'b0000))begin
            {g,f,e,d,c,b,a} = 7'b1111111;   //灭零
            nRBO = 0;                       //给出灭零标志
        end
        else begin
            nRBO = 1;
            case (BCD)
                4'b0000：{g,f,e,d,c,b,a} = 7'b1000000;
                4'b0001：{g,f,e,d,c,b,a} = 7'b1111001;
                4'b0010：{g,f,e,d,c,b,a} = 7'b0100100;
                4'b0011：{g,f,e,d,c,b,a} = 7'b0110000;
                4'b0100：{g,f,e,d,c,b,a} = 7'b0011001;
                4'b0101：{g,f,e,d,c,b,a} = 7'b0010010;
```

```
                4'b0110: {g,f,e,d,c,b,a} = 7'b0000010;
                4'b0111: {g,f,e,d,c,b,a} = 7'b1111000;
                4'b1000: {g,f,e,d,c,b,a} = 7'b0000000;
                4'b1001: {g,f,e,d,c,b,a} = 7'b0010000;
                default: {g,f,e,d,c,b,a} = 7'b1111111; //都不亮
            endcase
        end
    end
endmodule
```

6.5.4　数据选择器设计

数据选择器一般采用 case 语句实现。

【例 6.15】 利用 case 语句实现 4 选 1 数据选择器。

```
module MUX41a (a, b, c,d,s1,s0,y);
    input a, b, c, d, s1, s0;
    output y;
    reg[1:0] SEL;
    reg y;
    always @ (a, b, c, d, s1, s0)begin
        SEL = {s1, s0};
        case(SEL)
            2'b00: y = a;
            2'b01: y = b;
            2'b10: y = c;
            2'b11: y = d;
        endcase
    end
endmodule
```

case 语句描述数据选择器综合出来的 RTL 图和仿真时序如图 6.10 所示。

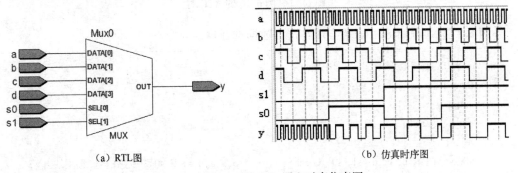

(a) RTL图　　　　　　　　　　　　　　(b) 仿真时序图

图 6.10　例 6.15 的 RTL 图和时序仿真图

assign 语句可以方便实现组合逻辑电路，见例 6.1。但是如果组合逻辑比较复杂，用 assign 语句书写就会比较烦琐，组合式的条件赋值语句可读性较差。复杂的组合逻辑电路设计用 always 块实现，既规整又明了，可读性强。用 assign 语句实现一个 4 选 1 数据选择器方法如下。

【例 6.16】 利用 assign 语句实现 4 选 1 数据选择器。

```
module MUX41a (a, b, c, d, s1, s0, y);
    input a, b, c, d, s1, s0;
    output y;
    wire[1:0] SEL;
    assign SEL = {s1, s0};
    assign y = (SEL == 2'd0) ? a: (SEL == 2'd1) ?b: (SEL == 2'd2)? c: d;
endmodule
```

在例 6.16 中，当{s1,s0}等于 2'd0 时，y 等于 a，具有最高优先级。否则继续判断，当{s1,s0}等于 2'd1 时，y 等于 b，依次类推。综合出来的 RTL 图如图 6.11 所示，可以看出通过 2 选 1 数据选择器实现了具有优先级的 4 选 1 数据选择器

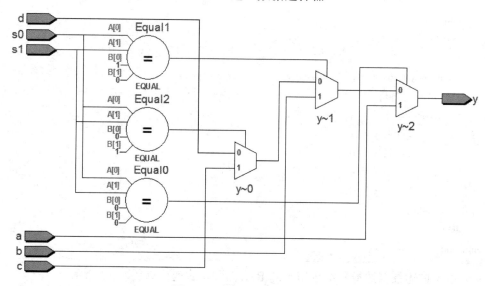

图 6.11　例 6.16 的 RTL 图

【例 6.17】 利用 if else 语句实现 4 选 1 数据选择器。

```
module MUX41a (a, b, c,d,s1,s0,y);
    input a, b, c, d, s1, s0;
    output y;
    reg[1:0] SEL;
    reg y;
    always @(a, b, c, d, s1, s0) begin      //a,b,c,d,s1 和 s0 为敏感信号,且主块开始
        SEL = {s1, s0};                      //并位赋值
```

```
            if   (SEL== 2'b00) y = a;
            else if( SEL == 2'b01)  y = b;
            else if( SEL == 2'b10) y = c;
            else              y = d;          // SEL =2'b11
        end                                   //主块结束
    endmodule
```

在 always 块中通过 if else 语句描述数据选择器与基于 case 语句描述一样, 可以方便描述复杂的组合逻辑, 层次清楚, 可读性更强。但是, if else 语句描述的数据选择器与基于 assign 语句描述的数据选择器一样, 都具有优先级, 综合出来的 RTL 图一样。

6.5.5　优先编码器设计

具有优先级的优先编码器, 既可以使用 if else 语句来实现, 也可以采用 casez 语句来描述。

设 4 输入优先级编码器的优先级为: i3 > i2 > i1 > i0, 其真值表如表 6.6 所示, 时序图如图 6.12 所示。

表 6.6　4-2 优先编码器的真值表

i3	i2	i1	i0	y1	y0
0	0	0	1	0	0
0	0	1	×	0	1
0	1	×	×	1	0
1	×	×	×	1	1

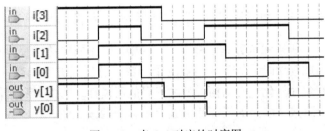

图 6.12　表 6.4 对应的时序图

【例 6.18】利用 if else 语句实现 4-2 优先编码器, 其 RTL 图如图 6.13 所示。

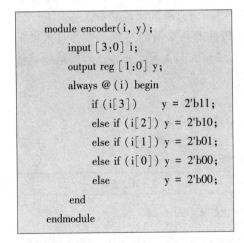

```
module encoder(i, y);
    input [3:0] i;
    output reg [1:0] y;
    always @ (i) begin
        if (i[3])      y = 2'b11;
        else if (i[2]) y = 2'b10;
        else if (i[1]) y = 2'b01;
        else if (i[0]) y = 2'b00;
        else          y = 2'b00;
    end
endmodule
```

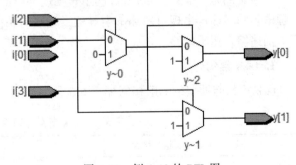

图 6.13　例 6.18 的 RTL 图

使用 if else 语句来描述带优先级的电路时, 优先级高的, 放在前面描述, 且 else 部分一定不要丢, 否则将产生时序逻辑电路。使用 if else 语句描述的优先编码器通过数据选择器来实现, 优先权被译码后的输出作为数据选择器的选择输入信号。

【例 6.19】 利用 casez 语句实现 4-2 优先编码器，其 RTL 图如图 6.14 所示。

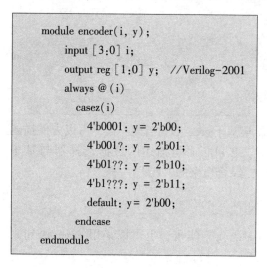

```
module encoder(i, y);
    input [3:0] i;
    output reg [1:0] y;    //Verilog-2001
    always @ (i)
      casez(i)
        4'b0001: y= 2'b00;
        4'b001?: y = 2'b01;
        4'b01??: y = 2'b10;
        4'b1???: y = 2'b11;
        default: y= 2'b00;
      endcase
endmodule
```

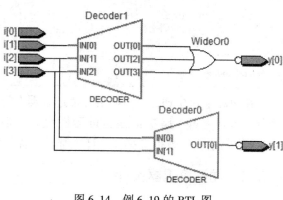

图 6.14　例 6.19 的 RTL 图

用 casez 语句行为描述的优先编码器通过译码器来实现。再次强调，对于无关项输入的描述，使用 "?" 描述优于使用 "z"。

6.5.6　利用任务和函数语句对组合逻辑电路进行结构化描述

任务和函数具备将 Verilog HDL 描述的电路中反复被用到的语句结构进行封装的能力，因此其功能类似于 C 语言的子函数。通过任务和函数语句结构来替代重复性大的语句可以有效地简化代码结构，增加代码的可读性。另外，利用任务和函数可以把一个大的程序模块分解成许多小的任务和函数，以利于调试。任务和函数语句的关键字分别为 task（任务）和 function（函数）。

task 和 function 是典型的结构化建模方式，但是要注意它们与例化的区别，那就是 task 和 function 是在模块内定义的，且只支持被本模块调用，属于模块内部私有，而例化是在模块内部集成入新的组成模块，各个模块通过例化可以使用任何已有的模块资源。

要强调的是，task 和 function 的逻辑描述部分必须都是阻塞赋值的过程语句，且内部的过程语句中不能再出现由 always 引导的过程语句块，可综合的 task 和 function 语句结构只能用来描述组合逻辑电路。

1. task 语句

task 定义与调用的一般格式如表 6.7 所示。

表 6.7　task 定义与调用的一般格式

task 定义语句格式	task 调用语句格式
task 任务名； 　　端口声明语句； 　　输出端口数据类型声明语句； 　　begin 过程语句; end endtask	always @ (敏感信号列表) begin 　　… 　　任务名(端口 1,端口 2,…,端口 n)；　//端口是可选项 　　… end

task 定义中，关键字 task 和 endtask 间的内容就是被定义的任务，"任务名"按标识符通用方法定义。"端口声明语句"用来定义逻辑电路的端口，任务的输入和返回值通过端口传递，端口的排序与调用顺序一一对应。返回值通过输出端口或双向端口实现。task 的输入、输出和双向端口数量不受限制，甚至可以没有输入、输出和双向端口。task 只能在 always 引导的过程语句中被调用，而不能在 assign 引导的持续赋值语句中被调用。输出端口必须声明为寄存器型。

下面以 4 位加法器为例说明 task 的使用，4 位加法器电路参见图 3.42。基于 task 语句的 4 位加法器描述如下。

【例 6.20】基于 task 语句的 4 位加法器的结构化描述

```verilog
module adder_4bits(A, B, C_in, S_out, C_out);
    input [3:0] A,B;
    input C_in;
    output [3:0] S_out;
    output C_out;
    reg [3:0] S_out;
    reg C_out;
    reg [1:0] T0, T1, T2, T3;           //4 个全加器的结果

    task adder_1bits;                   //一位全加器任务
        input ain,bin,cin;
        output [1:0] T;
        reg [1:0] T;            //在 always 的过程语句中被调用,输出端口必须声明为寄存器型
        begin
            T[0] = ain ^ bin ^ cin;         //过程语句不用 assign
            T[1] = (ain & bin) | (ain & cin) | (bin & cin);
        end
    endtask

    always @ (A, B, C_in) begin
        adder_1bits (A[0], B[0], C_in, T0); //调用任务计算 b0 位和进位,也可用端口名关联法
        adder_1bits (A[1], B[1], T0[1], T1); //调用任务计算 b1 位和进位
        adder_1bits (A[2], B[2], T1[1], T2); //调用任务计算 b2 位和进位
        adder_1bits (A[3], B[3], T2[1], T3); //调用任务计算 b3 位和进位
        S_out = {T3[0],T2[0],T1[0],T0[0]};//并位形成和数据
        C_out = T3[1];
    end
endmodule
```

可见，task 语句充分体现了自上而下的设计思想，是结构化描述的典型语句。

2. function 语句

function 语句通过关键字 function 和 endfunction 定义，function 定义和调用的一般格式如

表 6.8 所示。

表 6.8　function 定义与调用的一般格式

function 定义语句格式	function 调用语句格式
function 返回值位宽范围声明 函数名； 　　输入端口说明； 　　其他需要的类型变量定义； 　　begin 过程语句；end endfunction	变量 = 函数名(输入端口 1，输入端口 2，…)；

在 function 定义语句的输入端口部分给出端口说明和类型变量定义，function 允许有多个输入端口，且至少应该含有一个输入端口。function 不允许有输出端口和双向端口，应用 function 的目的就是返回一个值，这是和 task 的本质区别。function 的调用是用函数名直接作为返回值，即被调用的 function 是一个操作数，不能作为语句单独出现。"返回值位宽范围声明"是 function 返回值的类型及其二进制位宽说明。如果没有该声明，则返回值为 1 位寄存器类型的数据。

尽管 function 语句中也必须都是阻塞赋值的过程语句，但是，function 既可以在过程语句中被调用，赋值给寄存器型变量，也可以在 assign 引导的持续赋值语句中被调用，赋值给网线型变量。

另外，函数的返回值可以是有符号的数，例如：

```
function signed [16:0] alu;
```

【例 6.21】基于 function 语句的 4 位加法器的结构化描述。

在过程语句中被调用实现	在持续赋值语句中被调用实现

module adder_4bits(A, B, C_in, S_out, C_out)；
　　input [3:0] A,B；
　　input C_in；
　　output [3:0] S_out；
　　output C_out；
　　reg [3:0] S_out；
　　reg C_out；
　　reg [1:0] T0, T1, T2, T3；
 	
　　//一位全加器函数,内部为过程语句
　　function[1:0] adder_1bits；
　　　　input ain, bin, cin；
　　　　begin
　　　　　　adder_1bits[0] = ain ^ bin ^ cin；
　　　　　　adder_1bits[1] = (ain&bin) | (ain&cin) |
　　　　　　　　　　　　(bin&cin)；
　　　　end
　　endfunction
	module adder_4bits(A, B, C_in, S_out, C_out)；
	　　input [3:0] A,B；
	　　input C_in；
	　　output [3:0] S_out；
	　　output C_out；
	　　wire[1:0] T0, T1, T2, T3；
	
	　　//一位全加器函数,内部为过程语句
	　　function[1:0] adder_1bits；
	　　　input ain, bin, cin；
	　　　begin
	　　　　　adder_1bits[0] = ain ^ bin ^ cin；
	　　　　　adder_1bits[1] = (ain&bin) | (ain&cin) |
	　　　　　　　　　　　(bin&cin)；
	　　　end
	　　endfunction

```
always @ (A, B, C_in) begin
    //调用函数计算对应位的和及进位,
    //也可用端口名关联法
    T0 = adder_1bits (A[0], B[0], C_in);
    T1 = adder_1bits (A[1], B[1], T0[1]);
    T2 = adder_1bits (A[2], B[2], T1[1]);
    T3 = adder_1bits (A[3], B[3], T2[1]);
    //并位形成"和"
    S_out = {T3[0],T2[0],T1[0],T0[0]};
    C_out = T3[1];
end
endmodule
```

```
    //调用函数计算对应位的和及进位,
    //也可用端口名关联法
    assign T0 = adder_1bits (A[0], B[0], C_in);
    assign T1 = adder_1bits (A[1], B[1], T0[1]);
    assign T2 = adder_1bits (A[2], B[2], T1[1]);
    assign T3 = adder_1bits (A[3], B[3], T2[1]);
    //并位形成"和"
    assign S_out = {T3[0],T2[0],T1[0],T0[0]};
    assign C_out = T3[1];
endmodule
```

可见，Verilog HDL 中的 function 和 task 都可以有效地实现复杂代码段的分割。二者主要有以下五个不同点。

（1）function 返回一个值；而 task 则不返回值，task 是通过输出端口实现输出的。因此，task 可以通过输出和双向端口返回多个值。

（2）function 至少要有一个输入端口，不能包含输出端口和双向端口；而 task 的输入、输出和双向端口数量不受限制，甚至可以没有输入、输出和双向端口。

（3）function 不能包含 task；task 可以包含其他的 task 和 function，也可以调用自身。

（4）task 只能在过程语句中被调用；function 则既可以在过程语句中被调用，赋值给寄存器型变量，也可以在 assign 引导的持续赋值语句中被调用，赋值给网线型变量。

（5）function 包含输入声明并返回一个值，当被调用时，函数立即执行，因此在 function 中不可以有用于仿真的时间控制结构；task 结构更加的灵活，可以有用于仿真的时间控制结构，但是不能综合出电路，可综合的 task 中是不能使用时间控制结构的。

6.6 时序逻辑电路的 Verilog HDL 描述

Verilog HDL 可以方便地通过行为描述方式描述时序逻辑电路。本节将在具体实例中学习时序逻辑电路的描述方法。

6.6.1 锁存器的 Verilog HDL 描述

锁存器属性的时序逻辑描述是通过不完整的条件语句实现的。高电平透明传输的 D 锁存器描述见例 6.22，其时序图如图 6.15 所示。

【例 6.22】D 锁存器的描述。

```
module LATCH1 (CLK, D, Q);
    input D, CLK;
    output Q;
    reg Q_t;        //定义锁存器
    always @ (CLK, D) begin
```

```
module LATCH1 (CLK, D, Q);
    input D, CLK;
    output Q;
    reg Q;    //定义锁存器,且锁存器的输出连接到引脚 Q
    always @ (CLK, D) begin
```

```
        if( CLK) Q_t <= D;                      if( CLK) Q <= D;
    end                                      end
    assign Q = Q_t;                      endmodule
endmodule
```

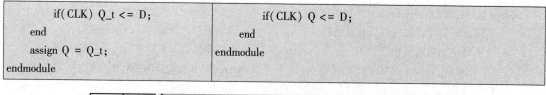

图 6.15　例 6.22 的时序图

前面已经多次指出，HDL 中，不完整的条件语句就可以构成时序逻辑电路。描述中，CLK 和 D 的变化都可以启动过程语句，但是描述中只是给出了 CLK 为高电平的情况，为低电平的没有给出。那么，CLK 为高电平时 D 的变化启动进程，Q 随之改变，而 CLK 为低电平时 Q 则保持原来的数值不变。对于数字电路来说，当输入改变后试图保持一个值不变，这就意味着要使用具有存储功能的元件，于是产生时序逻辑电路。不完整的条件语句产生时序逻辑电路是基于 HDL 进行数字电路设计的基本方法。

也可以采用 assign 语句实现锁存器，描述见例 6.23，其时序图如图 6.16 所示。

【例 6.23】采用 assign 语句实现带有异步清零的 D 锁存器。

```
module LATCH2 (CLK, D, Q, nRESET);
    input D, CLK, nRESET;
    output Q;
    assign Q = (!nRESET)? 0: (CLK?D:Q);
endmodule
```

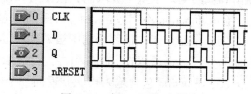

图 6.16　例 6.23 的时序图

和 D 触发器不同，在 CPLD 和 FPGA 中，综合器引入的锁存器不属于逻辑宏中已有的单元，所以需要用反馈的组合逻辑电路构建，比直接调用 D 触发器要额外耗费组合逻辑资源。

在单片机与嵌入式系统中经常使用多位锁存器实现地址锁存等功能。常用的 8 位锁存器有 74HC373 和 74HC573，引脚及内部结构如图 4.10 所示。当 LE 负跳变时锁存数据，并带有输出三态控制。74HC573 的 Verilog HDL 描述如下，其时序图如图 6.17 所示。

【例 6.24】8 位锁存器 74HC573 的描述。

```
module D74573(D, nOE, LE,Q);
    input nOE, LE;
    input[7:0] D;
    output[7:0] Q;
    reg[7:0] Q1;  //定义8位锁存器
    always @ (D, LE) begin
        if (LE) Q1 <= D;
    end
    assign Q =(nOE) ? 8'bzzzzzzzz: Q1;
endmodule
```

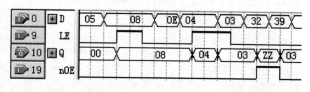

图 6.17　例 6.24 的时序图

根据第 4 章的知识，锁存器消耗的门资源比触发器要少，这是锁存器比触发器优越的地方。所以，在 ASIC 中使用锁存器的集成度比触发器的高，但在 FPGA 中正好相反，因为 FPGA 中没有标准的锁存器单元，但有触发器，一个锁存器需要触发器加上辅助逻辑才能实现。因此，在基于 FPGA 进行逻辑电路设计时，一定是优先选用触发器。

6.6.2　项目讨论：请基于 Verilog HDL 用锁存器设计绝对公平的 8 路抢答器电路

请将基于 4.2.3 节项目讨论的电路图用 Verilog HDL 实现，将讨论后的设计填入如下空白处。

6.6.3　触发器的 Verilog HDL 描述与过程赋值语句

1. D 触发器的 Verilog HDL 描述

在 Verilog HDL 中，触发器结构的时序逻辑电路基于关键字 posedge 和 negedge 的行为描述方式实现。基于触发器实现同步时序逻辑电路描述时，一般使用非阻塞赋值实现各状态寄存器的同步状态转换。

D 触发器是数字系统设计中最基本的底层时序逻辑单元，甚至是 ASIC 设计的标准单元。JK 和 T 等触发器都由 D 触发器所构建。D 触发器的描述蕴含了 Verilog HDL 对时序逻辑电路的最基本和典型的表达方式。上升沿触发 D 触发器的描述如下。

【例 6.25】 上升沿触发 D 触发器的描述。

```
module DFF1 (CLK, D, Q);
    input D, CLK;
    output Q;
    reg Q_t;   //定义触发器
    always @ (posedge CLK) begin
        Q_t <= D;
    end
    assign Q = Q_t;
endmodule
```

```
module DFF1 (CLK, D, Q);
    input D, CLK;
    output Q;
    reg Q; //定义触发器,且触发器的输出连到引脚 Q
    always @ (posedge CLK) begin
        Q <= D;
    end
endmodule
```

Verilog HDL 中,关键字 posedge 表示上升沿,negedge 表示下降沿。边沿变化自然可以作为敏感信号用以启动过程语句。例 6.25 中,当输入的时钟信号 CLK 发生一个上升沿时,即刻启动过程语句,将 D 送往输出 Q,使 Q 更新,否则,Q 一直保持原状态不变。

要注意,敏感信号列表一旦含有 posedge 或 negedge 的边沿敏感信号后,所有的其他电平敏感型变量都不能放到敏感信号列表中。即过程语句的敏感信号列表只能放置一种类型的敏感信号,要不是电平型,要不就是边沿型。这一点与 VHDL 不同。

要说明的是,PLD 的内部资源中,最重要的一部分就是其时钟资源(全局时钟网络),它一般是经过 PLD 的特定全局时钟管脚进入 PLD 内部,后经过全局时钟 Buffer 适配到全局时钟网络的,这样的时钟网络可以保证相同的时钟沿到达芯片内部每一个触发器的延迟时间差异是可以忽略不计的。该全局时钟网络被称为时钟树,无论是专业的第三方工具还是器件厂商提供的布局布线器在延时参数提取、分析的时候都是依据全局时钟网络作为计算的基准。如果一个设计没有使用时钟树提供的时钟,那么这些设计工具有的会拒绝做延时分析,有的延时数据将是不可靠的。

2. 触发器的置位和清零描述

前面讲过,对于组合逻辑电路描述,试图通过选择性设置不同的敏感信号作为敏感信号表来改变电路的逻辑功能是无效的。但是敏感信号为 posedge 或 negedge 时的时序逻辑电路,选择性地放置敏感信号会影响综合结果。

同时,对于边沿触发型时序模块的设计,某信号作为边沿型时钟信号列入敏感信号列表中,在过程语句块中则不能以任何形式出现该信号,见例 6.25。否则,采用 posedge 或 negedge 方式列入敏感信号列表的信号,会被综合为异步信号。所以,如果希望在同一时序逻辑电路模块中含有独立于主时钟的异步逻辑,具体方法为:直接将该电平敏感型信号前面加上 posedge 或 negedge 关键字后列入敏感信号列表,并且在过程块中该信号的名字至少出现一次。触发器的同步置位和同步清零等动作信号则不能以任何形式作为敏感信号出现,在过程块中直接作为判断同步动作的依据信号即可。

1)异步置位/清零

异步置位/清零是与同步时钟无关的,当异步置位/清零信号有效时,触发器的输出立即被置为 1 或清零,不需要等到时钟沿到来才置位/清零。所以,必须要把异步置位/清零信号列入 always 块的敏感信号列表中。带有异步清零的上升沿触发 D 触发器的描述如下,其时序图如

图 6.18 所示。

【例 6.26】带有异步清零的上升沿触发 D 触发器的描述。

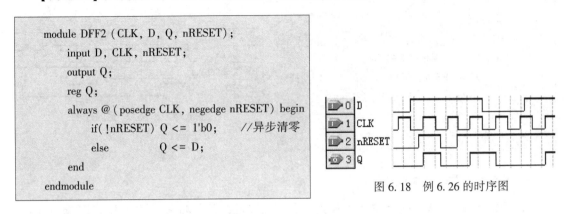

```
module DFF2 (CLK, D, Q, nRESET);
    input D, CLK, nRESET;
    output Q;
    reg Q;
    always @ ( posedge CLK, negedge nRESET) begin
        if( !nRESET) Q <= 1'b0;      //异步清零
        else          Q <= D;
    end
endmodule
```

图 6.18　例 6.26 的时序图

有时，触发器还需要使能端，带有异步清零和同步使能的上升沿触发 D 触发器的描述如下，其时序图如图 6.19 所示。

【例 6.27】带有异步清零和同步使能的上升沿触发 D 触发器的描述。

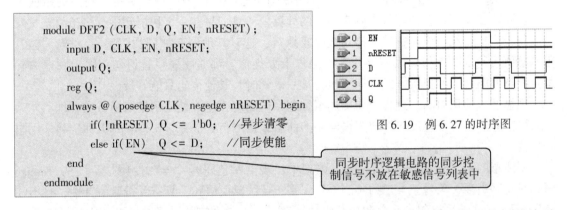

```
module DFF2 (CLK, D, Q, EN, nRESET);
    input D, CLK, EN, nRESET;
    output Q;
    reg Q;
    always @ ( posedge CLK, negedge nRESET) begin
        if( !nRESET) Q <= 1'b0;   //异步清零
        else if( EN)   Q <= D;    //同步使能
    end
endmodule
```

图 6.19　例 6.27 的时序图

同步时序逻辑电路的同步控制信号不放在敏感信号列表中

基于 CPLD 或 FPGA 进行数字逻辑设计，其全局的清零和置位信号必须经过全局的清零和置位管脚输入，因为它们也属于全局的资源，其扇出能力大，而且在 FPGA 内部是直接连接到所有的触发器的置位和清零端的，这样的做法会使芯片的工作可靠，性能稳定，而使用普通的 I/O 脚则不能保证该性能。

2) 同步置位/清零

同步置位/清零是指只有在时钟的有效跳变时刻置位/清零，所以，不要把置位/清零信号列入 always 块的敏感信号列表中。但是必须在 always 块中首先检查置位/清零信号的电平，也就是说，置位/清零的同步信号作为同步 always 块中的同步判断条件。带有同步清零的上升沿触发 D 触发器的描述如下，其时序图如图 6.20 所示。

【例 6.28】带有同步清零的上升沿触发 D 触发器的描述。

再次强调，若将某信号定义为对应于时钟的同步信号，则该信号绝对不可以以任何形式出现在敏感信号表中。例如，例 6.27 中的 nRESET 为异步复位信号，例 6.28 中的 nRESET 为同步复位信号。

```
module DFF3 (CLK, D, Q, nRESET);
    input D, CLK, nRESET;
    output Q;
    reg Q;
    always @ (posedge CLK) begin
        if(!nRESET) Q <= 1'b0;    //同步清零
        else          Q <= D;
    end
endmodule
```

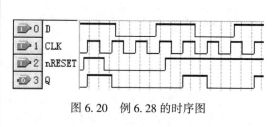

图 6.20　例 6.28 的时序图

3. 阻塞赋值与非阻塞赋值

在过程语句中，Verilog HDL 有两类赋值方式，阻塞（block）赋值和非阻塞（non-block）赋值，操作符分别为"="和"<="。下面分别介绍。

1）阻塞赋值

Verilog HDL 中，阻塞赋值用"="作为赋值符号，用以表征一旦执行完当前的赋值语句，被赋值变量即可获得等号右侧表达式的计算值。且如果在一个块语句中有多条阻塞式赋值语句，当执行某一条时，其他语句被禁止执行，这时其他语句如同被阻塞了一样。其实，阻塞赋值语句的特点与 C 语言等计算机语言十分类似，都属顺序执行语句，因为顺序语句都具有类似阻塞式的执行方式，即当执行某一语句时，其他语句只能等待。

很显然，使用 always 过程语句描述组合逻辑电路时，应该使用阻塞赋值方式，即"="，因为阻塞赋值能够正确反映组合逻辑电路的前后级信号传递关系。6.5 节的实例全部采用阻塞赋值。

要注意的是，assign 语句和 always 语句中出现的赋值符号"="性质是不同的。assign 语句只允许引导一条含"="的赋值语句，属于持续赋值语句，具有并行赋值特性，且不能使用 begin end 的块语句，不存在是否阻塞问题；always 语句则属于过程赋值中的顺序赋值语句，具有阻塞的作用。

2）非阻塞赋值

非阻塞赋值的作用是在过程语句内的所有赋值语句同时被并行赋值。也就是说，在执行当前语句时，对于同块中的其他语句的执行情况一律不加限制，即不加阻塞。由于非阻塞赋值相当于在块结束后才完成赋值操作，此赋值方式可有效避免出现竞争冒险现象。非阻塞赋值的符号为"<="。

采用非阻塞赋值，时序逻辑电路中的组合逻辑电路基于原态进行计算。采用阻塞赋值，时序逻辑电路中的组合逻辑电路基于次态进行计算，这是因为，时序逻辑电路被阻塞，阻塞的前后就是原态和次态，后面的若是输出语句，则其是将原态计算出的次态输出结果锁入次态输出 D 触发器。要注意的是，在时序逻辑电路的描述中，同一个 always 块中不要同时使用非阻塞赋值和阻塞赋值。

在 Verilog HDL 代码编写过程中，还要注意过程赋值与持续赋值的区别，避免出现问题。下面通过具体触发器应用电路来说明阻塞赋值和非阻塞赋值。

例如，对于例 6.29 的 Verilog HDL 阻塞赋值描述，其 RTL 图如图 6.21 所示。由阻塞赋值可知，在 clk 的上升沿跳变时先根据输入和原态计算 c，然后，c 的结果锁入 d。显然，c 在时钟边沿到来之前已经计算完成。同步时序逻辑电路阻塞赋值的本质就是在下一个同步边沿到来之前通过组合逻辑电路计算好所有触发器的待输入数据。即一个语句块中有多条阻塞赋值语句时，在前一条赋值语句没有完成之前，后一条赋值语句是不能被执行的，仿佛被阻塞一样。

【例 6.29】 阻塞赋值演示。

```
module block1(clk, a, b, c, d);
    output c, d;
    input clk, a, b;
    reg c, d;
    always@ (posedge clk) begin
        c = a & b;
        d = c;
    end
endmodule
```

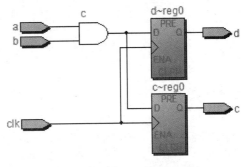

图 6.21　例 6.29 的 RTL 图

而对于例 6.30 描述，其 RTL 图如图 6.22 所示。由非阻塞赋值可知，在 clk 的上升沿跳变时，c 和 d 同时被赋值，d 不会等待 c 的新值。同步时序逻辑电路非阻塞赋值的本质就是在下一个同步边沿到来之前并没有通过组合逻辑电路计算好后级触发器的待输入数据，而是进入次态后才能形成，次态的次态才能被打入后级的触发器。因此，a 和 b 的任何变化将花费两个时钟周期到达 d。所完成的功能和阻塞赋值完全不同。

【例 6.30】 非阻塞赋值演示。

```
module non_block2 (clk, a, b, c, d);
    output c, d;
    input clk, a, b;
    reg c, d;
    always@ (posedge clk) begin
        c <= a & b;
        d <= c;
    end
endmodule
```

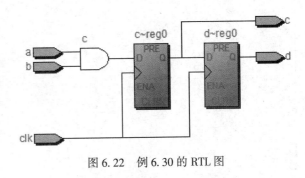

图 6.22　例 6.30 的 RTL 图

6.6.4　项目讨论：请基于 Verilog HDL 用触发器设计绝对公平的 8 路抢答器电路

请将基于 4.3.2 节项目讨论的电路图用 Verilog HDL 实现。将讨论后的设计填入如下空白处。

请在不知道4.3.2节项目讨论电路图的情况下，基于 Verilog HDL 的行为描述方法实现用触发器设计绝对公平的8路抢答器电路。将讨论后的设计填入如下空白处。

6.6.5　不完整条件时序逻辑电路描述进阶

下面通过几个例子进一步学习不完整条件语句在时序逻辑电路描述中的应用。

【例 6.31】不完整条件时序逻辑电路的描述。

```
module dc_if1 (clk, a, b, y1, y2, y3);
    input clk, a, b;
    output y1, y2, y3;
    reg y1, y2, y3;
    always @ (posedge clk) begin
        case ({a, b})
            2'b00: {y1, y2, y3} <= 3'b001;
            2'b01: {y1, y2, y3} <= 3'b010;
            2'b10: {y1, y2, y3} <= 3'b100;
        endcase
    end
 endmodule
```

在描述同步时序逻辑电路时不必担心不完整条件会导致综合出锁存器的问题，因为同步时序逻辑电路在描述中一定综合出的是触发器。

例 6.31 中，并没有对未列出的条件给出如何处理的描述，因此，当未列出的条件出现时，各触发器将保持原来的值不变。描述同步时序逻辑电路时，如果条件不完整，对其综合的结果是将触发器原来的输出重新再次输出，如图 6.23（a）所示。也可以将未列出条件作为各个触发器的使能端，当未列出条件出现时，则触发器的同步时钟使能无效，如图 6.23（b）所示。

【例 6.32】采取赋初值的不完整条件时序逻辑电路描述与完整条件时序逻辑电路描述对照。

```
module dc_if3 (clk, a, b, y1, y2, y3);
    input clk, a, b;
    output y1, y2, y3;
    reg y1, y2, y3;
    always @ (posedge clk) begin
        //初值作为未列出条件时的值
        {y1, y2, y3} <= 3'b011;
        case ({a, b})
            2'b00: {y1, y2, y3} <= 3'b001;
            2'b01: {y1, y2, y3} <= 3'b010;
            2'b10: {y1, y2, y3} <= 3'b100;
            //default: {y1, y2, y3} <= 3'b011;
        endcase
    end
endmodule
```

```
module dc_if3 (clk, a, b, y1, y2, y3);
    input clk, a, b;
    output y1, y2, y3;
    reg y1, y2, y3;
    always @ (posedge clk) begin
        //{y1, y2, y3} <= 3'b011;
        case ({a, b})
            2'b00: {y1, y2, y3} <= 3'b001;
            2'b01: {y1, y2, y3} <= 3'b010;
            2'b10: {y1, y2, y3} <= 3'b100;
            //给出未列出的条件的对应值
            default: {y1, y2, y3} <= 3'b011;
        endcase
    end
endmodule
```

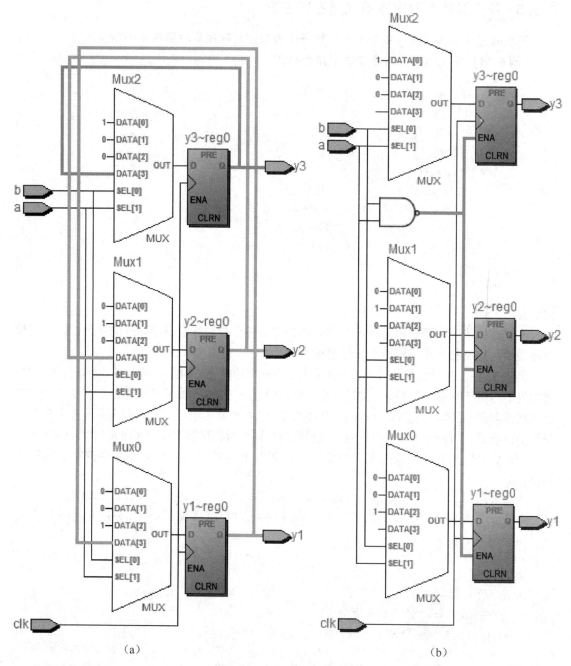

图 6.23 例 6.31 的 RTL 图

　　赋初值的方法进行不完整条件时序逻辑电路描述等效为完整的条件描述，因此例 6.32 的两个电路描述的电路一致，如图 6.24 所示，相对比单纯的不完整条件的时序逻辑电路描述，电路结构大幅简化。

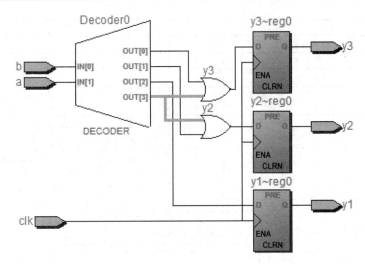

图 6.24 例 6.32 的 RTL 图

6.7 Verilog HDL 的循环语句与乘法器设计

乘法器广泛应用于数字信号处理等需要高速算术运算的领域。实现乘法运算的电路主要有组合式乘法器和存储器查表乘法器两种。

6.7.1 Verilog HDL 的循环语句与组合式乘法器

两数相乘时，可将符号位和绝对值分开计算。参与运算的补码形式负数要转换为原码来参与计算。绝对值的相乘过程表现为被乘数受控移位累加过程。图 6.25 就是基于此原理的 4 位数乘法电路——组合式乘法器。

由于加法器电路本身带有延迟，且经过 4 级运算，最后一级要等到前三级结果完全形式后才能得到计算结果。显然，组合式乘法器在需要较多乘法器的同时，运算速度较慢。

Verilog HDL 可综合的循环语句有：for 语句、repeat 语句和 while 语句。其中，for 语句一般要设置循环变量，用以指示循环的次数。为此，首先介绍整数型寄存器变量。

整数型寄存器变量，即 integer 型，与前面已熟悉的 reg 型都同属于寄存器类型。integer 型与 reg 型的不同之处在于：reg 型必须明确定义其位数，如 "reg A;" 定义 A 为 1 位二进制数宽，"reg[7:1] B;" 定义 B 为 8 位二进制数宽；而 integer 型固定为 32 位二进制数宽。另外，integer 型为有符号数，而 reg 型为无符号数。integer 型变量多被用作循环变量。integer 型变量一般格式如下。

> integer 标识符 1,标识符 2,…,标识符 x[p:q],…;

其中，标识符 1，标识符 2，…，标识符 x[p]，标识符 x[p-1]，…，x[q+1] 和 x[q] 都是 32 位二进制数宽的变量。这里要注意与 reg 型的区别，"integer 标识符 x[p:q];" 定义的是均为 32 位宽的数组，数组成员个数为 "p-q+1"。关于数组详见 6.8.2 节。

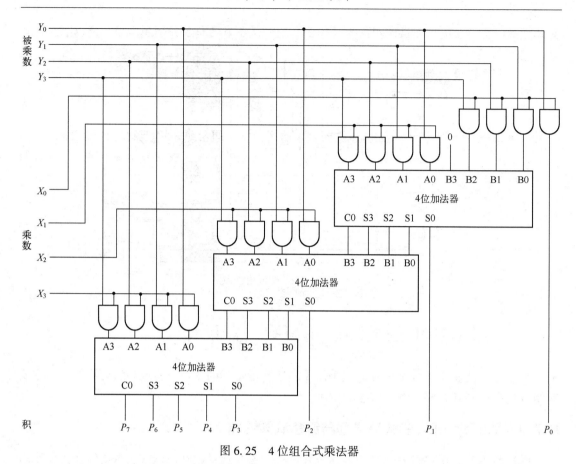

图 6.25　4 位组合式乘法器

另外，Verilog-2001 中可以利用关键字 signed 声明一个 reg 型或网线型变量为有符号数，而且支持任意长度的向量的有符号数定义，例如：

```
reg signed[15:0] a;              //a 为 16 位有符号数
```

下面，采用移位相加方式实现 8 位乘法为例说明 Verilog HDL 可综合的循环语句及其应用方法。

1. for 语句用法

for 语句的一般格式表述如下。

```
for(循环变量初始值设置表达式; 循环控制条件表达式; 循环控制变量增量表达式)
    begin 循环体语句结构    end
```

与 C 语言的 for 语句非常类似，只要"循环控制条件表达式"为真就会执行一次循环体，然后进行"循环控制变量增量表达式"运算，运算后再次进行"循环控制条件表达式"判断。采用 for 语句，并结合移位相加原理实现 8 位乘法器描述如下，其时序图如图 6.26 所示。

【例 6.33】采用 for 语句，并结合移位相加原理实现 8 位乘法器的描述。

```
module mult_8b(a,b,r);
    parameter WIDE = 8;                    //定义乘法位数
    input[WIDE-1:0] a,b;                   //被乘数和乘数
    output[WIDE*2-1:0] r;                  //结果为因数的2倍位宽
    reg[WIDE*2-1:0] r;
    integer i;
    always@(a,b)begin
        r = 0;                             //结果寄存器阻塞赋值先清零
        for(i = 0; i < WIDE; i = i + 1) begin
            if(b[i]) r = r + (a << i);
        end
    end
endmodule
```

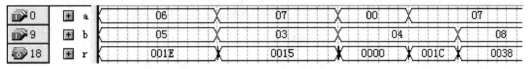

图 6.26　例 6.33 的时序图

2. repeat 语句用法

与 for 语句不同，repeat 语句的循环次数是在进入此语句之前就已经决定了，不需要循环次数控制增量表达式及其计算等。repeat 语句的一般格式如下。

```
repeat(循环次数表达式)
    begin 循环体语句结构    end
```

语句中的"循环次数表达式"可以是常量和变量等。采用 repeat 语句，并结合移位相加原理实现 8 位乘法器描述如下。

【例 6.34】 采用 repeat 语句，并结合移位相加原理实现 8 位乘法器的描述。

```
module mult_8b(a,b, r);
    parameter WIDE = 8;                    //定义乘法位数
    input[WIDE-1:0] a, b;                  //被乘数和乘数
    output[WIDE*2-1:0] r;                  //结果为因数的2倍位宽
    reg[WIDE*2-1:0] r, temp_a;
    reg[WIDE-1:0] temp_b;
    always@(a, b)begin
        temp_a = a;
        temp_b = b;
        r = 0;                             //结果寄存器阻塞赋值先清零
        repeat(WIDE)begin
            if(temp_b[0]) r = r + temp_a;
```

```
                temp_a = temp_a << 1;
                temp_b = temp_b >> 1;
            end
        end
    endmodule
```

3. while 语句用法

while 语句的一般格式如下。

```
while(循环控制条件表达式)
    begin 循环体语句结构    end
```

同样，与 C 语言的 while 语句用法非常类似。此语句执行时，首先根据"循环控制条件表达式"的计算所得判断是否满足继续循环的条件，如果为真，执行一次循环体，否则结束循环。采用 while 语句，并结合移位相加原理实现 8 位乘法器描述如下。

【例 6.35】采用 while 语句，并结合移位相加原理实现 8 位乘法器的描述。

```
module mult_8b(a, b, r);
    parameter WIDE = 8;                    //定义乘法位数
    input[WIDE-1:0] a, b;                  //被乘数和乘数
    output[WIDE * 2-1:0] r;                //结果为因数的 2 倍位宽
    reg[WIDE * 2-1:0] r, temp_a;
    reg[WIDE-1:0] temp_b;
    integer i;
    always@(a, b)begin
        i = WIDE;
        temp_a = a;
        temp_b = b;
        r = 0;                             //结果寄存器阻塞赋值先清零
        while(i>0) begin
            if(temp_b[0]) r = r + temp_a;
            temp_a = temp_a<<1;
            temp_b = temp_b>>1;
            i = i - 1;
        end
    end
endmodule
```

4. Verilog HDL 循环语句应用要点

在循环语句的使用中，需要特别注意的就是，不要把它们混同于计算机软件的循环语句。在计算机软件中，只要时间允许，无论多少次循环都不会额外增减任何资源和成本。而作为 HDL 的循环语句，每多一次循环就要多加一个相应功能的硬件模块。因此，循环语句

的使用要时刻关注逻辑宏资源的消耗量和利用率，以及性价比。此外，与计算机语言编程不同，基于 HDL 的代码优劣标准不再是语法的玄妙应用，而是可综合、高性能、高速度和高资源利用率。

例如，上面的三个乘法器设计，代码结构可算作精美，但缺乏实用性。因为随着乘法器位数的增加，构成其电路模块的加法器和多路选择器等的数量和位数也将大幅增加，从而导致大幅耗费逻辑宏资源，工作速度也大幅降低。

6.7.2 存储器查表乘法器

可以想象，像乘法口诀那样，报出相乘两数，随之而得到结果。这只要将两数的乘积事先写入存储器中。使用时把乘数和被乘数作为地址便可直接读出原先写入的乘积。显然这样的存储器可选择只读存储器 ROM。表 6.9 为 4 位数相乘结果存储表。

表 6.9 4 位数相乘结果存储表

地　　址		读 出 数 据
被 乘 数	乘 数	乘 积
0000	0000 0001 ⋮ 1111	0000 0000
0001	0000 0001 ⋮ 1111	0000 0000 0000 0001 ⋮ ⋮ 0000 1111
⋮	⋮	⋮
1111	0000 0001 ⋮ 1111	0000 0000 0000 1111 ⋮ ⋮ 1110 0001

可见，两个 4 位因数组成 8 位地址，结果字长也是 8 位。74HC274 就是单片 4×4 位表格乘法器。

由于 $N×N$ 位的乘法器，其地址有 $2N$ 位，乘积有 2^{2N} 个，位数也是 $2N$，故 ROM 的容量为 $2N×2^{2N}$ 位。所以，当两个 8 位数相乘时，ROM 的容量将巨增到兆位量级。显然，大数相乘时，直接用 ROM 乘积表求结果是不经济的。因此，可将位数长的相乘数，分为高位和低位两部分，再选用位数较短的，即容量较小的 ROM 乘积表进行运算。这样，即可保留快速查表的优点，又能在不太增加成本的情况下，完成较大数乘法的运算。

下面以两个 8 位数 X 和 Y 的相乘获得 16 位积 P 为例来说明乘法的过程。

首先将 X 和 Y 表示成

$$X = \underset{4\,位}{X_{\mathrm{H}}}\ \underset{4\,位}{X_{\mathrm{L}}}, Y = \underset{4\,位}{Y_{\mathrm{H}}}\ \underset{4\,位}{Y_{\mathrm{L}}}$$

有

$$X = X_H \times 16 + X_L, Y = Y_H \times 16 + Y_L$$

故

$$P = X \times Y = (X_H \times 16 + X_L)(Y_H \times 16 + Y_L)$$
$$= 256 \times X_H Y_H + 16(X_H Y_L + X_L Y_H) + X_L Y_L$$

可见，一位 8 位乘法器可以用 4 位乘法器产生部分积，然后将部分积 $X_H Y_H$ 左移 8 位，$X_H Y_L$ 及 $X_L Y_H$ 都左移 4 位后，再和 $X_L Y_L$ 相加求积。如图 6.27 所示。

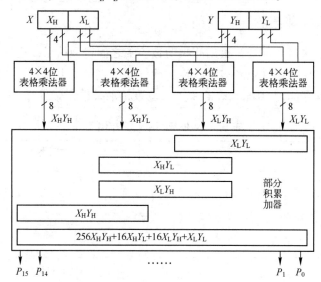

图 6.27　8×8 位优化存储器查表乘法器

6.8　双向端口与存储器设计

6.8.1　双向端口描述

实际应用中常常会用到 inout 双向端口，例如 SRAM 的数据总线接口。顾名思义，双向端口既可以作为输入端口，也可以作为输出端口。在很多设计中，如果采用双向端口可以成倍地减少设计的端口数量，提高资源的利用率，缩小芯片面积，降低生产成本。

双向端口设计必须要考虑端口的三态控制，因为双向端口在完成输入功能时，必须使先前作为输出模式的端口呈现高阻态，否则待输入的外部数据势必会与端口处原有电平发生"线与"，导致无法将外部数据正确的读入，实现其双向功能，甚至烧毁。

例 6.36 是一个 1 位双向端口描述，其 RTL 图如图 6.28 所示。双向口 data 可自 din 获取数据，也可将端口数据传导到 dout。其中，EN 的三态控制和 dout 的缓冲器是实现双向端口的关键。更重要的是，inout 型端口一般要定义 wire 型变量，因为要通过持续赋值语句实现端口的三态控制，而 assign 引导的持续赋值语句的赋值对象必须为 wire 型。

【例 6.36】1 位双向端口的描述。

```
module tri_port(data, din, dout, EN);
    inout data;
    input din, EN;
    output dout;

    assign data = EN ? din: 1'bz;
    assign dout = data;
endmodule
```

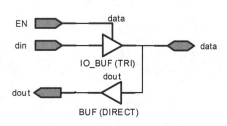

图 6.28　例 6.36 的 RTL 图

2.5.2 节讲述的 8 路双向总线驱动器 74HC245 是典型的双向控制三态总线驱动器, 其 DIR 引脚用于控制方向, $\overline{OE}$ 为输出能使控制引脚。74HC245 的引脚及逻辑功能见图 2.37。例 6.37 为 74HC245 的 Verilog HDL 描述, 其 RTL 图如图 6.29 所示。

【例 6.37】 74HC245 的 Verilog HDL 描述。

```
module D74245(nOE, DIR, A, B);
    input nOE, DIR;
    inout[7:0] A, B;
    assign A = ((~nOE)& (~DIR))? B: 8'bz;
    assign B = ((~nOE)&  DIR)? A: 8'bz;
endmodule
```

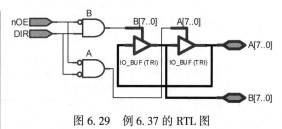

图 6.29　例 6.37 的 RTL 图

可以看出, 正确地进行三态控制设计是成功进行双向端口设计的基础。

6.8.2　基于寄存器数组定义存储器

存储器是一个寄存器数组。存储器的定义方法如下。

reg [msb: lsb]MMY [0: N-1];　　　//定义位宽为(msb-lsb+1),深度为 N 的寄存器组 MMY

例如:

```
parameter ADDR_SIZE = 16, WORD_SIZE = 8;
    reg [WORD_SIZE -1:0] RamPar [ ADDR_SIZE-1: 0];// RamPar 是由 16 个 8 位存储单元组
                                                   //构成的存储器
    reg [3:0 ] MyMem [0:63];                        // MyMem 为 64 个 4 位存储器的数组
    reg Bog [1:5];                                  // Bog 为 5 个 1 位存储器的数组
```

注意, 存储器属于寄存器数组类型。线网数据类型没有相应的存储器类型。而且数组的维数不能大于 2。

读写某存储器单元时, 需要定义一个索引, 与 C 语言数组元素调用方法相同, 只能分别对元素赋值或读取, 例如:

```
reg [7:0] Xram [3:0];
reg [7:0] q;
```

```
…
Xram[0] = 8'hAB;
Xram[1] = 8'h89;
q = Xram[2];
Xram[3] = 8'h23;
```

6.8.3　SRAM 型存储器设计

下面以一个 SRAM 型存储器的设计为例进一步说明双向总线设计方法，以及展示存储器的设计过程。按图 6.30 所示的工作时序进行设计，例 6.38 为 8 字节 SRAM 的 Verilog HDL 描述，其 RTL 图如图 6.31 所示。

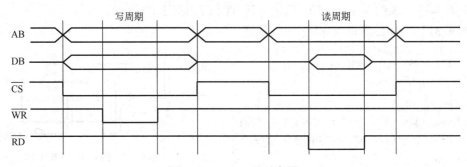

图 6.30　SRAM 的时序图

【例 6.38】8 字节 SRAM 的 Verilog HDL 描述。

```
module ram(DB, AB, nRD, nWR, nCS);
    parameter ADDR_SIZE = 3;
    parameter WORD_SIZE= 8;
    inout [WORD_SIZE-1:0] DB;              //数据总线
    input [ADDR_SIZE-1:0] AB;              //地址总线
    input nRD, nWR, nCS;                   //控制总线

    //定义 2 的 ADDR_SIZE 次方个字的存储阵列,每个字 8 个位
    reg [WORD_SIZE-1:0] memory [0:(1 << ADDR_SIZE) -1];

    assign DB = (!nCS && !nRD && nWR)? memory[AB] : {WORD_SIZE{1'bz}};
    always @(nCS, nWR, nRD)begin
        if (!nCS && !nWR && nRD)memory[AB] = DB;
    end
endmodule
```

nCS 是使能控制输入端，低电平有效，当 nCS=0 时，存储器处于工作状态，而当 nCS=1 时，存储器处于禁止访问状态，此时 DB 为高阻状态。当 nCS=0 时，nWR=0 处于写状态，nRD=0 则处于读状态。nCS、nWR 和 nRD 同时为低则为无效态。

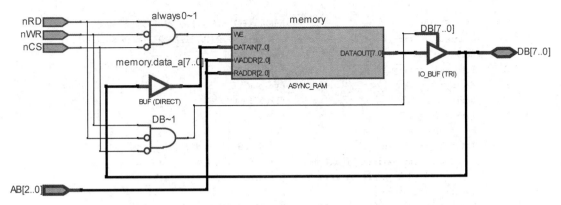

图 6.31　例 6.38 的 RTL 图

以上的时序过程是实现异步操作方式的 SRAM。FPGA 中已经内嵌大量的 SRAM 资源，且可任意配置，在使用时要优先使用这些内嵌 SRAM 资源。但是，这些内嵌 SRAM 资源通常只支持同步的操作，而不支持异步的操作，因此，例 6.38 的异步方式只能是消耗逻辑宏资源实现 SRAM。采用同步操作的 SRAM 描述方法如下。

【例 6.39】1 KB SRAM 的 Verilog HDL 描述。

```
module ram( DB,AB,nRD,nWR,nCS);
    parameter ADDR_SIZE = 10;
    parameter WORD_SIZE = 8;
    inout [WORD_SIZE-1:0] DB;
    input [ADDR_SIZE-1:0] AB;                 //地址总线
    input nRD,nWR,nCS;

    //2 的 ADDR_SIZE 次方个字的存储阵列,每个字 8 位
    reg [WORD_SIZE-1:0] memory [0: (1 << ADDR_SIZE) -1];

    reg [WORD_SIZE-1:0] temp;
    always @ (negedge nRD) begin      //为了构筑同步时序,这里通过中间寄存器 temp 实现读过程
        if ( !nCS) temp <= memory[AB];
    end

    assign DB = ( !nCS && !nRD && nWR)? temp: {WORD_SIZE{1'bz}};

    always @ ( posedge nWR) begin
        if ( !nCS && nRD) memory[AB] = DB;
    end
endmodule
```

在 quartus Ⅱ 中，可以通过设置综合选项来选择是否用内嵌 SRAM 块。具体为：将【setting】→【analysis & synthesis setting】→【more setting】→【auto ram replacement】设置为"on"即可。综合的结果如图 6.32 所示，其 RTL 图如图 6.33 所示。

```
Flow Status                              Successful - Sun Nov 25 10:33:57 2012
Quartus II Version                       9.1 Build 222 10/21/2009 SJ Web Edition
Revision Name                            ram
Top-level Entity Name                    ram
Family                                   Cyclone II
Device                                   EP2C5T144C8
Timing Models                            Final
Met timing requirements                  N/A
Total logic elements                     2 / 4,608（＜1％）
    Total combinational functions        2 / 4,608（＜1％）
    Dedicated logic registers            0 / 4,608（0％）
Total registers                          0
Total pins                               21 / 89（24％）
Total virtual pins                       0
Total memory bits                        8,192 / 119,808（7％）
Embedded Multiplier 9-bit elements       0 / 26（0％）
Total PLLs                               0 / 2（0％）
```

图 6.32　1 KB SRAM 的综合结果

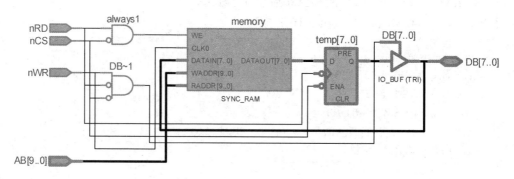

图 6.33　1 KB SRAM 的 RTL 图

6.8.4　基于 AB、DB 和 CB 接口的 ROM 设计

在数字系统中，由于 ROM 掉电后数据不会丢失，因此应用非常广泛。下面介绍基于 Verilog HDL 的 ROM 设计方法。对于容量不大的 ROM，可以用 Verilog HDL 的数组或 case 语句来实现。

【例 6.40】用 Verilog HDL 的数组实现 8 字节 ROM。

```
module ROM1(DB, AB, nRD, nCS);
    parameter ADDR_SIZE = 3;
    parameter WORD_SIZE = 8;
    output [WORD_SIZE-1:0] DB;              //数据总线
    input [ADDR_SIZE-1:0] AB;               //地址总线
    input nRD, nCS;                         //控制总线

    //定义 2 的 ADDR_SIZE 次方个字的存储阵列,每个字 8 个位
    reg [WORD_SIZE-1:0]ROM [0:(1<<ADDR_SIZE)-1];
```

```
    reg [WORD_SIZE-1:0] DB;

    always @ (nCS,nRD,AB) begin
        ROM[0] = 8'b01000001;          //根据实际需求定义的 ROM 数据
        ROM[1] = 8'b01000010;
        ROM[2] = 8'b01000011;
        ROM[3] = 8'b01000100;
        ROM[4] = 8'b01000101;
        ROM[5] = 8'b01000110;
        ROM[6] = 8'b01000111;
        ROM[7] = 8'b01001000;
        DB = (!nCS && !nRD)? ROM[AB] : {WORD_SIZE{1'bz}};
    end
endmodule
```

【例 6.41】用 Verilog HDL 的 case 语句实现 8 字节 ROM。

```
module ROM2(DB, AB, nRD, nCS);
    parameter ADDR_SIZE = 3;
    parameter WORD_SIZE = 8;
    output [WORD_SIZE-1:0] DB;          //数据总线
    input [ADDR_SIZE-1:0] AB;           //地址总线
    input nRD, nCS;                     //控制总线

    reg [WORD_SIZE-1:0] DB;

    always @ (nCS,nRD,AB) begin
        if(!(!nCS && !nRD)) DB = {WORD_SIZE{1'bz}};
        else
          case(AB)
          0:DB = 8'b01000001;          //根据实际需求定义的 ROM 数据
          1:DB = 8'b01000010;
          2:DB = 8'b01000011;
          3:DB = 8'b01000100;
          4:DB = 8'b01000101;
          5:DB = 8'b01000110;
          6:DB = 8'b01000111;
          7:DB = 8'b01001000;
          default: DB = {WORD_SIZE{1'bz}};
          endcase
    end
endmodule
```

SRAM 是基于 PLD 中各个逻辑宏单元中的 D 触发器或内部已经集成的 SRAM 实现的，而 ROM 不占用 PLD 内的存储单元。

习题与思考题

6.1　什么是硬件描述语言？

6.2　简述基于 FPGA 的数字系统设计的基本流程。

6.3　wire 型和 reg 型变量有什么本质不同？它们都可以用在哪些可综合语句中？

6.4　已知"a = 1'b1；b = 3'b001；"那么 {a,b} = （　　）。

　　A. 4b'0011　　　　B. 3b'001　　　　C. 4b'1001　　　　D. 3b'101

6.5　不完整的条件语句，其综合结果可实现（　　）。

　　A. 时序逻辑电路　　B. 组合逻辑电路　　C. 双向电路　　　　D. 三态控制电路

6.6　下列 EDA 软件中，（　　）不具有逻辑综合功能。

　　A. Synplify　　　　B. ModelSim　　　　C. Quartus Ⅱ　　　　D. 都具有

6.7　阻塞赋值和非阻塞赋值有何区别？

6.8　在 Verilog HDL 中，a = 4'b1011，那么 &a = （　　）。

　　A. 4'b1011　　　　B. 4'b1111　　　　C. 1'b1　　　　D. 1'b0

6.9　在 verilog 语言中整型数据与（　　）位寄存器数据在实际意义上是相同的。

　　A. 8　　　　　　　B. 16　　　　　　　C. 32　　　　　　D. 64

6.10　某一纯组合电路输入为 in1，in2 和 in3，输出为 out。该电路描述中 always 的敏感信号列表是否一定写为 always@（in1,in2,in3）？为什么？

6.11　在 Verilog HDL 中定义了宏名'define sum a+b+c，下面宏名引用正确的是（　　）。

　　A. out = 'sum+d　　B. out = sum+d　　C. out = 'sum+d　　D. 都正确

6.12　请分条添加注解。

```
module   AAA   (a,b);
    output   a;                          _____
    input [6:0] b;                       _____
    reg[2:0] sum;                        _____
    integer i;                           _____
    reg   a;                             _____
    always @ (b) begin                   _____
        sum = 0;                         _____
        for(i = 0;i<=6;i = i+1)          _____
            if(b[i])
                sum = sum +1;            _____
        if(sum[2])   a = 1;
        else         a = 0;              _____
    end
endmodule
```

本描述的逻辑功能是：_____。

6.13 试用 Verilog HDL，利用内置基本门级元件，采用结构描述方式生成如图 6.34 所示的电路。

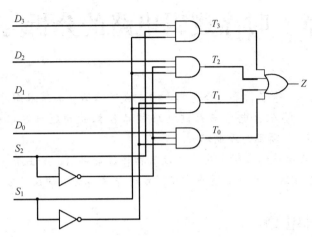

图 6.34 题 6.13 图

6.14 请用 verilog HDL 三种描述方法分别设计一位全减器。

6.15 请采用 verilog HDL，并基于两个 74138 设计一个 4 线–16 线译码器。

6.16 请仿照例 6.20 或例 6.21 设计 4 位减法器。

6.17 请用 Verilog HDL 描述 JK 触发器。

6.18 在 Verilog HDL 中，不是分支语句是（ ）。

A. if else 语句 B. case 语句 C. casez 语句 D. repeat 语句

6.19 请基于存储器表格法描述 4×4 位乘法器。

第 7 章　时序逻辑电路的分析与设计

在数字电子系统中，除了需要组合逻辑电路完成逻辑运算和算术运算等功能外，还需要具有存储功能的电路。将组合电路与存储电路相结合构成的逻辑电路称为时序逻辑电路（sequential logic circuit），简称时序电路。

本章讨论时序逻辑电路的分析方法、计数器和移位寄存器，并且在一般结构实现、MSI级实现和 Verilog HDL 实现三个方面重点讨论同步时序逻辑电路的设计方法。

7.1　时序逻辑电路

7.1.1　时序逻辑电路及分类

组合逻辑电路在逻辑功能上的共同特点是任一时刻的输出信号仅取决于当时的输入信号。如果数字逻辑电路中含有存储器件，且电路的输出信号取决于电路中存储器原来的状态和输入信号，甚至只取决于电路原来的状态，则此类电路称为时序逻辑电路，简称时序电路。

由于触发器是非透明传输的，本书自 7.1 节起，在没有特殊说明时，讲述的同步时序逻辑电路都是指全部采用触发器作为同步时序元件的。

时序逻辑电路分为同步时序电路和异步时序电路两大类。在同步时序电路中，所有触发器状态的变化都是在同一时钟边沿信号操作下同时发生的。也就是说，同步时序电路是指各个触发器的时钟端全部都连接在一起，并接至系统时钟端，甚至有时置"1"端和清零端信号都受系统时钟的间接控制。同步时序电路只有当时钟脉冲到来时，电路的状态才能改变，改变后的新的稳定状态将一直保持到下一个时钟脉冲的到来，非状态转换时电路不受外部输入的影响。且要注意的是同步时钟不能过快，电路已经处于新的稳定状态后，下一个时钟脉冲才能到来，否则，电路状态会发生混乱。

而在异步时序电路中，触发器状态的变化不是同时发生的，电路中没有统一的时钟，可能有一部分电路有公共的时钟信号，也可能完全没有公共的时钟信号，且置"1"端和清零端信号一般也不都受系统时钟的间接控制。

7.1.2　同步时序逻辑电路的构成、输出特点及分类

根据输出的性质，同步时序逻辑电路有 Mealy 型和 Moore 型之分，原态输出型和次态输出型之分，以及组合逻辑电路输出型和触发器输出型之分。

1. Mealy 型和 Moore 型同步时序逻辑电路

如图 7.1 所示，Mealy 型同步时序逻辑电路的输出不仅与现态有关，而且还取决于电路

的输入，输出随输入的变化即刻发生改变。Moore 型同步时序逻辑电路的输出仅取决于电路当前的状态，而与输入无关，即输入仅影响原态到次态的转换，在下一个状态转换同步时钟到来之前，输入的变化不会影响输出。

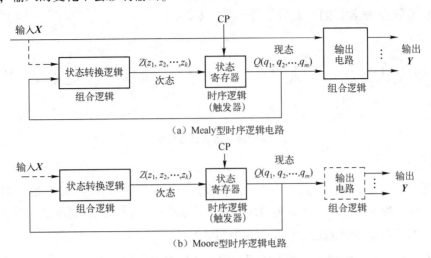

（a）Mealy 型时序逻辑电路

（b）Moore 型时序逻辑电路

图 7.1　两种同步时序逻辑电路的结构框图

可见，同步时序逻辑电路有两个特点：第一，电路往往包含组合逻辑电路和由触发器构成的状态寄存器两部分，且状态寄存器是必不可少的；第二，状态寄存器的状态必须反馈到输入端，与输入信号一起共同决定状态寄存器的次态。

观察图 7.1，$X(x_1, x_2, \cdots, x_i)$ 代表输入信号，$Y(y_1, y_2, \cdots, y_j)$ 代表输出信号，$Z(z_1, z_2, \cdots, z_k)$ 代表状态寄存器（触发器）的输入信号，$Q(q_1, q_2, \cdots, q_m)$ 代表状态寄存器的状态，称为状态变量。这些信号之间的关系可以用三个向量函数来表示

$$Y^n = F[X^n, Q^n] \tag{7.1}$$

$$Z^n = H[X^n, Q^n] \tag{7.2}$$

$$Q^{n+1} = G[Z^n, Q^n] \tag{7.3}$$

式（7.1）称为输出方程，式（7.2）称为驱动方程，式（7.3）称为状态方程。

同步时序逻辑电路的逻辑功能除了用状态方程、输出方程和驱动方程等方程式表示以外，还可以用状态转换表、状态转换图和时序图等形式来表示。因为时序逻辑电路的次态都与原态有关，如果能把在一系列时钟信号操作下电路状态转换的全过程都找出来，那么电路的逻辑功能和工作情况便一目了然了。状态转换表、状态转换图和时序图都是描述同步时序逻辑电路状态转换全部过程的方法，它们之间也是可以相互转换的。

1）状态转换表

若将任何一组输入变量及电路初态的取值代入状态方程和输出方程，即可算出电路的次态和输出值，所得的次态又成为新的初态，和这时的输入变量取值一起，再代入状态方程和输出方程进行计算，又可得到一组新的次态和输出值。如此继续下去，把这些计算结果列成真值表的形式，就得到了状态转换表（state table），简称状态表。

2）状态转换图

状态转换图（state diagram）简称状态图，它能比状态转换表更加直观地描述状态转换

关系和输入输出关系。状态转换图以圆圈表示电路的各个状态，圆圈中填入存储单元的状态值，圆圈之间用箭头表示状态转换的方向，在箭头旁注明状态转换时的输入和输出值。输入和输出用斜线分开，斜线上方写输入值，输入值作为状态转换条件，斜线下方写输出值。例如，D 触发器和 JK 触发器的状态图分别如图 7.2 所示。

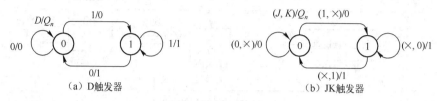

（a）D触发器　　　　　　　　　　　　（b）JK触发器

图 7.2　触发器的状态转换图

3）时序图

为了便于通过实验分析电路的功能，把同步时钟作用下寄存器的状态和输出随时间变化的波形画出来，称为时序图。注意画时序图时，应在时钟（CP）触发沿到来时更新状态。

2. 原态输出型和次态输出型同步时序逻辑电路

若状态转换图中各斜线下方的输出值为状态转换之前的原态输出值，则为原态输出；若状态转换图中各斜线下方的输出值为状态转换后的次态输出值，也就是说，输出逻辑为次态的函数表达式，而电路的最终输出必须为现态所对应的输出，次态结果不可以立即输出，要等到次态同步输出，称为次态输出。

【例 7.1】 某同步时序逻辑电路有一个输入和一个输出，当输入序列有奇数个"1"时输出为"1"，否则输出"0"。试画出此同步时序逻辑电路的状态转换图。

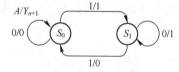

图 7.3　例 7.1 的状态转换图

解： 因为是每输入 1 位则进入次态并给出输出，所以用次态输出画状态转换图。又因为只有奇数和偶数两种情况，所以设定两个状态。设输入偶数个 1 位 S_0 状态，输入奇数个 1 位 S_1 状态，得到状态转换图如图 7.3 所示。

3. 组合逻辑电路输出型和触发器输出型同步时序逻辑电路

图 7.1 中，组合逻辑电路作为输出级计算出现态的输出，属于组合逻辑电路输出型同步时序逻辑电路。组合逻辑电路作为输出级可能存在竞争冒险现象。

若触发器的输出作为同步时序逻辑电路的输出，则该电路属于触发器输出型同步时序逻辑电路。显然，触发器输出型同步时序逻辑电路不存在竞争冒险现象。例如，状态寄存器的输出直接作为 Moore 型同步时序逻辑电路的输出，没有后面的组合逻辑输出电路，此时其属于原态输出的触发器输出型同步时序逻辑电路。

图 7.1 实现的是原态输出，次态输出通过图 7.4 所示电路结构实现。次态输出通过在电路的输出级联同步触发器，将次态的输出结果接至所级联触发器的输入端，而将该触发器的输出作为整个电路的输出，待下一个状态转换时钟转换时刻同步输出，进而实现次态输出。很显然，次态输出属于触发器输出型同步时序逻辑电路。次态输出可有效地避免竞争冒险现象，不过，由于需要级联同步输出触发器，会使用更多的触发器资源。

可见，触发器输出型同步时序逻辑电路共有两种形式：一是寄存器直接作为输出的 Moore 型同步时序逻辑电路，即采用状态编码作为输出，属于原态输出；二是次态输出型同步时序逻辑电路。

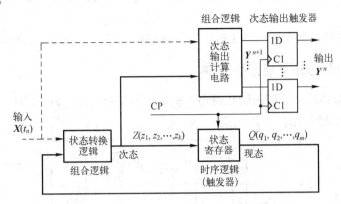

图 7.4　次态输出同步时序逻辑电路的结构框图

7.2　时序逻辑电路的分析

时序逻辑电路的分析就是分析给定时序逻辑电路的逻辑功能和工作特点。如图 7.5 所示，其一般步骤如下。

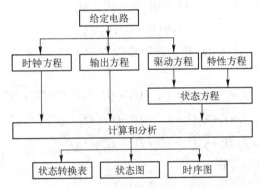

图 7.5　时序逻辑电路的分析过程示意图

（1）根据给定电路写出其时钟方程、输出方程、驱动方程（驱动方程亦即触发器输入信号的逻辑函数式）。同步时序逻辑电路没有时钟方程，异步时序逻辑电路需要正确写出时钟方程。

（2）求状态方程。将各触发器的驱动方程代入相应触发器的特性方程，就得出与电路相一致的具体电路的状态方程。

（3）进行状态计算。把电路的输入和现态各种可能取值组合代入状态方程和输出方程进行计算，得到相应的次态和输出。这里应注意以下三点：①状态方程有效的时钟条件；②各个触发器现态的组合作为该电路的现态；③应以给定的或设定的初态为条件计算出相应的次态和组合电路的输出状态。

（4）整理计算结果，画出由现态到次态的状态转换图（或状态转换表，或时序图）和现态的输出函数（原态输出）或次态的输出函数（触发器输出），并要慎重选择 Mealy 型时序逻辑电路和 Moore 型时序逻辑电路。

上述对时序逻辑电路的分析步骤不是一成不变的，可根据电路情况和分析者的熟悉程度进行取舍。

下面将以具体的实例来说明同步时序逻辑电路和异步时序逻辑电路的分析方法。

7.2.1　同步时序逻辑电路分析实例

【例 7.2】试分析图 7.6 所示同步时序逻辑电路的逻辑功能。FF1、FF2 和 FF3 是三个 JK 触发器，它们下降沿触发的。

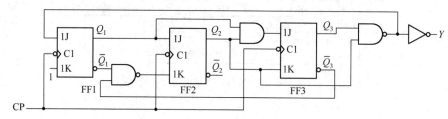

图 7.6　例 7.2 的同步时序逻辑电路

解：（1）根据给定的逻辑图写出驱动方程。

$$\begin{cases} J_1 = \overline{Q_2^n \cdot Q_3^n}, K_1 = 1 \\ J_2 = Q_1^n, K_2 = \overline{\overline{Q_1^n} \cdot \overline{Q_3^n}} \\ J_3 = Q_1^n \cdot Q_2^n, K_3 = Q_2^n \end{cases} \tag{7.4}$$

（2）将式（7.4）各式代入 JK 触发器的特性方程 $Q^{n+1} = J\overline{Q^n} + \overline{K}Q^n$ 中，于是得到电路的状态方程为

$$\begin{cases} Q_1^{n+1} = J_1 \overline{Q_1^n} + \overline{K_1} Q_1^n = \overline{Q_2^n \cdot Q_3^n} \cdot \overline{Q_1^n} + \overline{1} \cdot Q_1^n = \overline{Q_2^n \cdot Q_3^n} \cdot \overline{Q_1^n} \\ Q_2^{n+1} = J_2 \overline{Q_2^n} + \overline{K_2} Q_2^n = Q_1^n \cdot \overline{Q_2^n} + \overline{Q_1^n} \cdot \overline{Q_3^n} \cdot Q_2^n \\ Q_3^{n+1} = J_3 \overline{Q_3^n} + \overline{K_3} Q_3^n = Q_1^n \cdot Q_2^n \cdot \overline{Q_3^n} + \overline{Q_2^n} Q_3^n \end{cases} \tag{7.5}$$

由逻辑图直接写出输出方程

$$Y = Q_2 Q_3 \tag{7.6}$$

由于此时序电路是同步时序电路，即三个触发器使用同一个时钟脉冲，故时钟方程是一个，可不写出。

（3）根据状态方程和输出方程计算，列状态转换表。

设电路的初始状态 $Q_3 Q_2 Q_1 = 000$，将现态代入式（7.5）、式（7.6）中，可得次态和新的输出值，而这个次态又作为下一个 CP 到来前的现态，依此类推可得状态转换表如表 7.1 所示。

表 7.1　例 7.2 的状态转换表

CP 顺序	Q_3	Q_2	Q_1	Y	CP 顺序	Q_3	Q_2	Q_1	Y
0	0	0	0	0	5	1	0	1	0
1	0	0	1	0	6	1	1	0	1
2	0	1	0	0	7	0	0	0	0
3	0	1	1	0	n	1	1	1	1
4	1	0	0	0	$n+1$	0	0	0	0

通过计算发现当 $Q_3Q_2Q_1 = 110$ 时，其次态为 $Q_3^{n+1}Q_2^{n+1}Q_1^{n+1} = 000$，返回到最初设定的状态，可见电路在 7 个状态中循环，它有对时钟信号进行计数的功能，计数容量为 7，故称为 7 进制计数器。

此外，FF3、FF2、FF1 这三个触发器的输出 $Q_3Q_2Q_1$ 应有 8 种状态组合，而进入循环的是 7 种，缺少 $Q_3Q_2Q_1 = 111$ 这种状态，所以如设初态为 111 时，经计算，经过一个 CP 就可转换为 000，进入循环。这说明，如果处于无效状态 111，该电路能够自动进入有效状态，故称为具有自启动能力的电路。这一转换也应列入转换表，放在表的最下面。其实，状态转换表是以表格的形式展示状态转换规律的。

至此，该电路的分析结束。当然，分析者可以不采用状态转换表，而采用状态转换图或时序图来观察其逻辑功能，如图 7.7 所示。

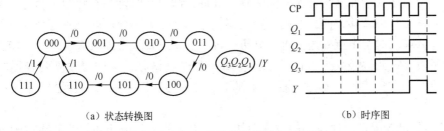

（a）状态转换图　　　　　　　　　　（b）时序图

图 7.7　例 7.2 的状态转换图和时序图

【例 7.3】 试分析图 7.8 所示的同步时序逻辑电路的功能。

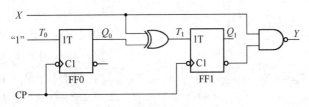

图 7.8　例 7.3 的同步时序逻辑电路

解：（1）同步时序逻辑电路中可省去时钟方程。首先写出输出方程和驱动方程。

输出方程为
$$Y = \overline{X\,\overline{Q_1^n}} = \overline{X} + Q_1^n$$

驱动方程为
$$T_0 = 1, \; T_1 = X \oplus Q_0^n$$

（2）将驱动方程依次代入各 T 触发器的特性方程，获取状态方程为
$$Q_1^{n+1} = T_1 \oplus Q_1^n = X \oplus Q_0^n \oplus Q_1^n, \; Q_0^{n+1} = T_0 \oplus Q_0^n = 1 \oplus Q_0^n = \overline{Q_0^n}$$

（3）画出状态转换图和时序图，如图 7.9 所示。

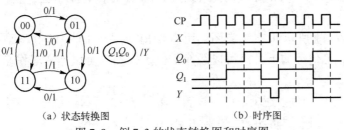

（a）状态转换图　　　　　　　　（b）时序图

图 7.9　例 7.3 的状态转换图和时序图

194 数字电子与 EDA 技术

（4）功能分析。

当输入 $X=0$ 时，在时钟脉冲 CP 的作用下，电路的四个状态按递增规律循环变化，即

$$00 \rightarrow 01 \rightarrow 10 \rightarrow 11 \rightarrow 00 \rightarrow \cdots$$

当输入 $X=1$ 时，在时钟脉冲 CP 的作用下，电路的四个状态按递减规律循环变化，即

$$00 \rightarrow 11 \rightarrow 10 \rightarrow 01 \rightarrow 00 \rightarrow \cdots$$

可见，该电路既可以递增计数，又具有递减计数功能，为两位二进制同步可逆计数器。

*7.2.2 异步时序逻辑电路分析实例

异步时序逻辑电路的分析方法与同步时序逻辑电路的大致相同。不同的是触发器的时钟控制端信号也应作为触发器特征方程的激励来处理，即仅当时钟端有脉冲作用时，才根据触发器的输入确定状态转移方向，否则，触发器状态不变。且不允许两个或两个以上异步触发器的时钟输入端同时给出有效边沿进行分析，每一次状态转换必须从输入信号所能影响触发的第一个触发器开始逐级确定。因此，异步时序逻辑电路分析必须要建立触发器的时钟方程，且要将时钟方程代入到状态方程。外部驱动时钟的速度不能过高，必须保证各级触发完成。

【例 7.4】已知异步时序电路的逻辑图如图 7.10 所示。试分析该异步时序逻辑电路的功能，并画出电路的状态转换图。

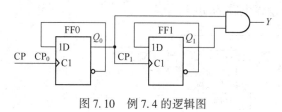

图 7.10 例 7.4 的逻辑图

解：（1）根据逻辑图得到各个方程组。

驱动方程：$D_0 = \overline{Q_0^n}, D_1 = \overline{Q_1^n}$

时钟方程：$CP_0 = CP, CP_1 = Q_0^n$

输出方程：$Y = Q_0^n \cdot Q_1^n$

（2）只有在 $CP_n = 1$ 发生时触发器才可能转换，$CP_n = 0$ 时保持不变，因此触发器的特征方程中要引入 CP_n，并将驱动方程代入 D 触发器的特性方程 $Q^{n+1} = D$，得到各个 D 触发器的状态方程为

$$\begin{cases} Q_0^{n+1} = \overline{Q_0^n} CP_0 + Q_0^n \overline{CP_0} = \overline{Q_0^n} CP + Q_0^n \overline{CP} \\ Q_1^{n+1} = \overline{Q_1^n} CP_1 + Q_1^n \overline{CP_1} = \overline{Q_1^n} Q_0^n + Q_1^n \overline{Q_0^n} \end{cases} \quad (7.7)$$

为了得到状态转换图，先列出其状态转换表。在计算触发器的次态时，要找出每次电路状态转换时各个触发器是否有有效的 CP 信号。为此，可以从给定的 CP_0 连续作用下列出 Q_0 的对应值，如表 7.2 所示。根据 Q_0 每次从 0 变 1 的时刻产生 CP_1，即可得到表 7.2 中 CP_1 的对应值。设初态为 $Q_1 Q_0 = 00$，并将其代入式（7.7）中依次计算下去，就得到了表 7.2 所示的状态转换表。

（3）画出图 7.11 所示状态转换图。可以看出，图 7.10 中的电路是一个两位异步二进制减法计数器。Y 信号的上升沿可以触发借位操作。也可以把它看作是一个序列信号发生器。

【例 7.5】已知异步时序逻辑电路的逻辑图如图 7.12 所示，很显然，各个触发器的时钟不同步。试分析该电路的逻辑功能，并画出电路的状态转换图。

表 7.2　例 7.4 的状态转换表

触发器原态		时钟信号		触发器次态		输出
Q_1^n	Q_0^n	CP_1	CP_0	Q_1^{n+1} (后)	Q_0^{n+1} (先)	$Y = Q_0^n \cdot Q_1^n$
0	0	0	↑	1	1	0
1	1	1	↑	1	0	1
1	0	0	↑	0	1	0
0	1	1	↑	0	0	0

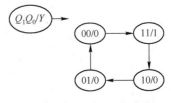

图 7.11　例 7.4 的状态转换图

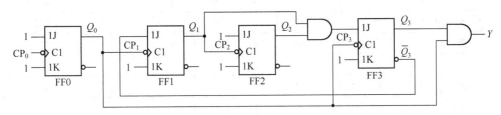

图 7.12　例 7.5 的逻辑图

解：（1）根据逻辑图写出所分析电路的各个方程组。驱动方程为

$$J_0 = K_0 = 1$$
$$J_1 = \overline{Q_3}, K_1 = 1$$
$$J_2 = K_2 = 1$$
$$J_3 = Q_1 Q_2, K_3 = 1$$

时钟方程为

$$CP_0 = CP_0$$
$$CP_1 = Q_0$$
$$CP_2 = Q_1$$
$$CP_3 = Q_0$$

输出方程为

$$Y = Q_0 Q_3$$

（2）将下降沿异步时钟和驱动方程代入特性方程 $Q^{n+1} = J\overline{Q}^n + \overline{K}Q^n$，得到状态方程为

$$\begin{cases} Q_0^{n+1} = (1 \cdot \overline{Q_0} + \overline{1} \cdot Q_0)\overline{CP_0} + Q_0 CP_0 = \overline{Q_0}\,\overline{CP_0} + Q_0 CP_0 \\ Q_1^{n+1} = (\overline{Q_3}\,\overline{Q_1} + \overline{1} \cdot Q_1)\overline{CP_1} + Q_1 CP_1 = \overline{Q_3}\,\overline{Q_1}\,\overline{CP_1} + Q_1 CP_1 = \overline{Q_3}\,\overline{Q_1}\,\overline{Q_0} + Q_1 Q_0 \\ Q_2^{n+1} = (1 \cdot \overline{Q_2} + \overline{1} \cdot Q_2)\overline{CP_2} + Q_2 CP_2 = \overline{Q_2}\,\overline{CP_2} + Q_2 CP_2 = \overline{Q_2}\,\overline{Q_1} + Q_2 Q_1 \\ Q_3^{n+1} = (Q_1 Q_2 \overline{Q_3} + \overline{1} \cdot Q_3)\overline{CP_3} + Q_3 CP_3 = Q_1 Q_2 \overline{Q_3}\,\overline{CP_3} + Q_3 CP_3 = Q_1 Q_2 \overline{Q_3}\,\overline{Q_0} + Q_3 Q_0 \end{cases} \quad (7.8)$$

为了画电路的状态转换图，需要列出电路的状态转换表。在计算触发器的次态时，首先应找出每次电路状态转换时各触发器是否有 CP_x 信号。为此，可以从给定的 CP_0 连续作用下列出 Q_0 的对应值，如表 7.3 所示。根据 Q_0 每次从 1 变 0 的时刻产生 CP_1 和 CP_3，即可得到表 7.3 中 CP_1 和 CP_3 的对应值。而 Q_1 每次从 1 变 0 的时刻将产生 CP_2。设初态 $Q_3 Q_2 Q_1 Q_0 = 0000$ 代入式（7.8）中依次计算下去，就得到了表 7.3 所示的状态转换表。

表 7.3　例 7.5 的状态转换表

CP_0 顺序	触发器状态				时 钟 信 号				输出 $Y=Q_0 \cdot Q_3$
	Q_3	Q_2	Q_1	Q_0	CP_3	CP_2	CP_1	CP_0	
0	0	0	0	0	0	0	0	↓	0
1	0	0	0	1	1	0	1	↓	0
2	0	0	1	0	0	1	0	↓	0
3	0	0	1	1	1	1	1	↓	0
4	0	1	0	0	0	0	0	↓	0
5	0	1	0	1	1	0	1	↓	0
6	0	1	1	0	0	1	0	↓	0
7	0	1	1	1	1	1	1	↓	0
8	1	0	0	0	0	0	0	↓	0
9	1	0	0	1	1	0	1	↓	1
10	0	0	0	0	0	0	0	↓	0

(注：表左侧第一列标注 "↓ 次态")

　　由于图 7.12 中有 4 个触发器，它们的状态组合有 16 种，而表 7.3 中只包含了 10 种，因此需要分别求出其余 6 种状态的次态和输出。完整的电路状态转换图如图 7.13 所示，显然，当电路处于表 7.3 中所列 10 种状态以外的任何一种状态时，都会在时钟信号作用下最终进入表 7.3 中的状态循环中去，所以这种时序电路也是能够自行启动的时序电路。

　　从状态转换表和状态转换图可以看出，图 7.12 所示的电路是一个异步十进制加法计数器。

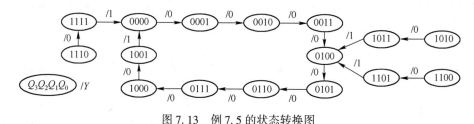

图 7.13　例 7.5 的状态转换图

7.3　同步时序逻辑电路的设计

　　时序逻辑电路的设计是根据给定的逻辑功能需求，选择适当的逻辑器件，设计出符合要求的时序电路，包括同步时序逻辑电路和异步时序逻辑电路两类。实际应用中，以同步时序逻辑电路应用最为广泛，本节将介绍同步时序逻辑电路的设计方法。

7.3.1　同步时序逻辑电路的设计方法

　　设计同步时序逻辑电路时，一般按如下步骤进行。

　　（1）逻辑抽象，得出电路的状态转换图。

　　① 分析给定的逻辑问题，确定输入变量和输出变量。

② 确定各个状态及含义，并设计出所要求功能的原始状态转换图或状态转换表。

具体方法为：将各步骤或历经的记忆作为状态，然后分别以这些状态为现态，在不同的输入条件下确定电路的次态和输出。定义状态时要详尽，宁多无缺，使原始状态转换图或状态转换表能够全面、准确地体现设计要求的逻辑功能，多余的状态可以通过状态化简予以去除。

要注意，如果存在某一状态作为其他不同状态的输出时具有不同的输出，此时，整个状态转换图中标注的输出必须为次态的输出。

③ 状态化简，并确定出状态的数量。如果两个状态为等价状态，则可以合并化简，以减少电路的状态数。状态化简的目的是获取最简的状态转换图，进而设计出最简的电路。

两个状态等价的条件是同时满足如下两个条件。

条件一：在相同的输入下有相同输出。

条件二：在相同的输入下有相同的次态输出，其次态符合如下四种情况之一，要么具有相同的次态，要么次态都为现态，要么次态交错（指两个状态互为次态），要么次态互为隐含条件（即状态 S_1 和 S_2 等价的前提条件是 S_3 和 S_4 等价，而状态 S_3 和 S_4 等价的前提条件又是 S_1 和 S_2 等价，此时，S_1 和 S_2 等价，S_3 和 S_4 也等价）。

等价状态具有传递性，即如果 S_1 和 S_2 等价，S_2 和 S_3 等价，则 S_1、S_2 和 S_3 相互等价。

④ 状态编码和状态分配。时序逻辑电路的状态是用各触发器的不同状态组合来表示的。确定状态转换图后，对各个状态的触发器进行二进制编码，也称为状态编码。状态编码的不同会影响驱动方程和输出方程的繁简程度，即影响时序逻辑电路中的组合逻辑部分，所以应尽量采用有利于驱动方程和输出方程化简的状态编码方案。

常用的有限状态编码方式有三种：顺序编码、独热编码和格雷码。

顺序编码：顺序编码是初学设计的人最常用的编码。这种编码方式的特点是简单，符合人们通常的计数规则。例如对 IDLE、WAIT 和 HOLD 等某应用中的状态变量编码为 IDLE = 0，WAIT = 1，HOLD = 2，…。

独热编码：独热（one - hot - coding）编码的特点是每个状态中只有一位有效。例如，IDLE = 4'b0001，WAIT = 4'b0010，HOLD = 4'b0100，…。采用这样的编码方式，需要更多的寄存器来存储状态，在一定程度上会增加设计的面积。但是它需要的译码电路最简单，译码速度快，而且能避免译码时引起毛刺，因此在一些大型电路中使用的较多。

格雷码：它的特点是相邻的两个数只有一位变化。例如，IDLE = 4'b0001，WAIT = 4'b0011，HOLD = 4'b0010，…。采用格雷码的时候，如果数据是顺序变化的，那么同一时刻总线上只有一位在翻转，数据变化速度快，也能最大限度地避免总线内的竞争冒险。

确定了状态编码方案后就可以确定触发器的数目了。采用顺序编码和格雷码时，因为 n 个触发器共有 2^n 种状态组合，所以为获得时序逻辑电路所需的 M 个状态，必须取 $2^{n-1} < M \leq 2^n$；而若采用独热编码，则触发器的数目为状态数减 1（一般初始的状态为全 0）。

将状态编码分配到每个状态称为状态分配，不同的状态分配方案会影响驱动方程和输出方程的繁简程度，即影响时序逻辑电路中的组合逻辑部分，所以应尽量采用有利于驱动方程和输出方程化简的状态分配方案。实用的状态分配原则如下。

原则一：次态相同，现态逻辑相邻。即在相同条件下具有相同次态的现态应分配逻辑相邻的编码，有利于驱动方程的化简。

原则二：现态相同，次态逻辑相邻。即同一现态在逻辑相邻输入条件下的不同次态应分配逻辑相邻的编码，有利于驱动方程的化简。

原则三：输出相同，现态逻辑相邻。即在所有输入条件下具有相同输出的现态应分配逻辑相邻的编码，有利于输出方程的化简。

实际应用中，这三条原则很难同时满足。一般情况下，要优先满足前面的原则，然后再依次考虑后面的原则。

这样，就把给定的逻辑问题抽象为一个时序逻辑电路问题了。一般情况下，实际问题必须经过逻辑抽象后方能转换为数字系统设计问题。

（2）获取状态寄存器的驱动方程和输出方程。

① 由状态转换图（或状态转换表）得到各个触发器的次态卡诺图和各个输出的卡诺图。该步骤建议分成以下两步完成。

首先，现态和输入作为卡诺图的输入项，对照状态转换图（或状态转换表）在同一个卡诺图的方格中填入次态编码和输出，实现状态转换图（或状态转换表）到卡诺图的直接转换。这里的难点是自启动能力的设计，也就是"非法"状态的方格如何填写的问题，设计时一般采用直接将"非法"状态的次态转入到"合法"的状态来实现自启动设计。但要注意两个问题：一是"合法"的次态不见得是合理的次态，"非法"状态到底进入哪个"合法"状态要与应用背景对应，合乎规范，合乎情理；二是"非法"状态的输出和恢复正确状态是输出设计，不要产生误输出。另外，要合理地确定不拒绝伪码的无关项，为卡诺图化简做准备。

然后再将该卡诺图分离为各个触发器的次态卡诺图和各个输出的输出卡诺图。

② 选定触发器的类型，并获取驱动方程。一般采用 D 触发器或 JK 触发器作为状态寄存器。根据各触发器的次态卡诺图化简获取各自的状态方程，然后将状态方程配型为对应触发器的特性方程形式，并与特性方程对比得到各个触发器的驱动方程。

当采用 D 触发器进行电路设计，则由次态卡诺图化简得到各个触发器的状态方程时就直接得到各个 D 触发器的驱动方程；而若采用 JK 触发器实现，经次态卡诺图化简得到状态方程时，卡诺圈的圈画过程要注意与 JK 触发器的特征方程相比对，每个卡诺圈不能化简掉该触发器的状态变量，否则得不到驱动方程。

③ 根据输出卡诺图化简得到输出方程。

显然，第二步的本质就是在选定状态寄存器的触发器类型后确定各触发器的驱动方程，以及获取输出方程。

（3）根据电路的驱动方程和输出方程绘制逻辑电路图。

（4）通过仿真等验证功能和自启动能力。

显然，同步时序逻辑电路是基于有限个状态的状态转换图（或状态转换表）展开设计的。另外，很多时候每个状态还有与之对应的组合逻辑电路完成该状态下的特定功能（状态输出或状态任务）。因此，基于有限个状态的同步时序逻辑电路设计又称为有限状态机设计。有限状态机的三个基本要素为：状态、状态输出（或状态任务）和状态转换条件。

【例 7.6】试设计一个 111 串行序列检测器。输入 X 为一串随机的数字信号，当连续输入三个或三个以上的 1 时，输出 Y 为 1，否则为 0。

解：① 分析命题，建立原始状态图，如图 7.14（a）所示。状态标注线上的形式为

X/Y。设输入 0 为 S_0 状态；在 S_0 状态输入一个 1 为 S_1 状态，输出为 0；在 S_1 状态输入一个 1 为 S_2 状态，输出仍为 0；在 S_2 状态再输入一个 1 为 S_3 状态，输出为 1。

② 四个状态，需要两个 JK 触发器。$Q_1^n Q_0^n$ 状态编码。取 $S_0 = 00$，$S_1 = 01$，$S_2 = 11$，$S_3 = 10$。编码后的状态图如图 7.14（b）所示。

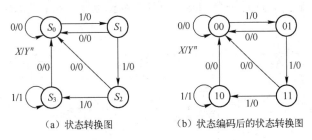

（a）状态转换图　　　　（b）状态编码后的状态转换图

图 7.14　例 7.6 原态输出状态转换图及状态编码

③ 为了求得状态方程和输出方程，基于状态转换图得到次态卡诺图和输出卡诺图，如图 7.15 所示。

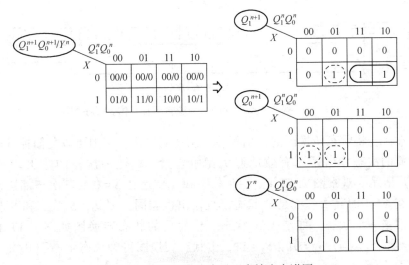

图 7.15　例 7.6 的次态及现态输出卡诺图

采用 JK 触发器实现，获取状态方程为

$$\begin{cases} Q_1^{n+1} = X\overline{Q_1^n}Q_0^n + XQ_1^n \\ Q_0^{n+1} = X\overline{Q_1^n}\ \overline{Q_0^n} + X\overline{Q_1^n}Q_0^n \end{cases}$$

其中，Q_1^{n+1} 的虚线卡诺圈没有扩大是为了不要消掉 Q_1^n，否则无法与特性方程对照；Q_0^{n+1} 的虚线卡诺圈没有扩大是为了至少需要两项，才能与 JK 触发器的特性方程对照。当然，若采用 D 触发器设计，则卡诺圈越大，电路约简化越好。

输出方程为

$$Y = XQ_1^n \overline{Q_0^n}$$

④ 若选 JK 触发器，则将状态方程与 $Q^{n+1} = J\overline{Q^n} + \overline{K}Q^n$ 比较，得

$$\begin{cases} J_1 = XQ_0^n, \ K_1 = \overline{X} \\ J_0 = X\overline{Q_1^n}, K_0 = \overline{X\overline{Q_1^n}} \end{cases}$$

⑤ 在 Quartus Ⅱ 环境中画出对应的逻辑图，如图 7.16（a）所示，其仿真时序图如图 7.16（b）所示。显然，这是一个 Mealy 型时序逻辑电路，组合逻辑电路输出存在竞争冒险现象。

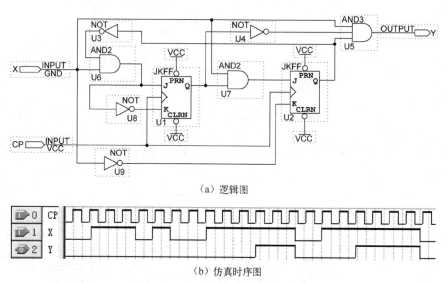

（a）逻辑图

（b）仿真时序图

图 7.16　例 7.6 所设计的一种逻辑图及其仿真时序图

例 7.6 中，若将状态转换图的输出标注为次态的输出，不但可以化简掉等价状态，触发器输出性质的次态输出还可有效地避免竞争冒险。标注为次态的输出状态转换图如图 7.17（a）所示。观察图 7.17（a），S_2 状态和 S_3 状态在 $X=0$ 时其次态都是 S_0 状态，且输出相同；在 $X=1$ 时其次态都是 S_3 状态，且输出也相同，因此，S_2 状态和 S_3 状态为等价状态，可以消去一个状态，如消去 S_3 状态。化简后的状态转换图如图 7.17（b）所示。状态编码仍然取 $S_0 = 00$，$S_1 = 01$，$S_2 = 11$，由状态转换图得到次态卡诺图和次态输出卡诺图，如图 7.18 所示。

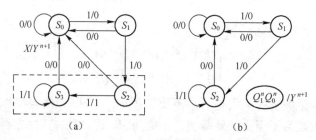

（a）　　　　　　　（b）

图 7.17　例 7.11 的次态输出状态转换图

由卡诺图可见，当 Q_1Q_0 处于 10 错误状态时，若输入 X 为 0 则转换到 S_0 状态，且输出 0；若输入 X 为 1 则转换到 S_1 状态，且输出 0，显然，这是为了宁可错过发现 111 序列，也不误报。

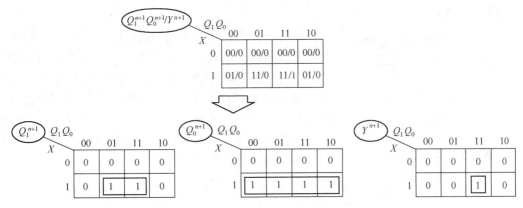

图 7.18 例 7.10 的次态和次态输出卡诺图

由化简卡诺图可到得到状态方程和输出方程。若基于 D 触发器实现该同步时序逻辑，再由状态方程获取驱动方程，即

$$\begin{cases} Y^{n+1} = XQ_1^n Q_0^n \\ Q_1^{n+1} = XQ_0^n = D_1 \\ Q_0^{n+1} = X = D_0 \end{cases}$$

由于 Y_{n+1} 为次态的输出，需要采用寄存器同步输出，得到图 7.19 所示的 Mealy 型级联同步输出触发器的次态输出同步时序逻辑电路。

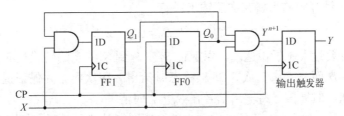

图 7.19 例 7.10 的次态输出设计图

请读者基于 Quartus Ⅱ原理图环境对图 7.19 所示电路进行时序仿真，并与图 7.16（b）比较。

【例 7.7】用 JK 触发器和门电路设计一个饮料自动售卖机电路。它的投币口每次只能投入一枚 5 角或 1 元的硬币，投入 1.5 元硬币后，饮料自动售卖机给出一瓶饮料。如果投入两枚一元硬币，则在给出一瓶饮料的同时退出一枚 5 角硬币。请画出逻辑电路图，并检验自启动。

解： 设 $A = 1$ 代表投入一枚 1 元硬币，$A = 0$ 则代表没有投入；

$B = 1$ 代表投入一枚 5 角硬币，$B = 0$ 则代表没有投入；

$Y = 1$ 代表给出一瓶饮料，$Y = 0$ 则代表没有给出一瓶饮料；

$Z = 1$ 代表退出一枚 5 角硬币，$Z = 0$ 则代表不退出。

从付款的过程考虑，对于饮料自动售卖机只有三种状态：无硬币投入状态、已投入 5 角硬币状态和已投入 1 元硬币状态。设 S_0 状态为无硬币投入状态，S_1 状态为已投入 5 角硬币状态，S_2 状态为已投入 1 元硬币状态。状态编码为 $S_0 = 00$，$S_1 = 01$ 和 $S_2 = 10$。据题意得到状态转换图如图 7.20 所示。

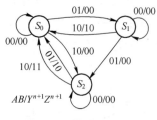

图 7.20　饮料自动售卖
机状态转换图

因为 S_0 状态有多个不同的输出值，所以图 7.20 中标出的输出是次态的输出，此为典型的次态输出时序逻辑电路。对应的次态卡诺图和次态输出卡诺图如图 7.21 所示。$AB=11$ 在硬件上要保证不出现，卡诺图可以采取不拒绝伪码的设计；而对于"11"状态，在卡诺图中要采取拒绝伪码设计，使得错误状态自动恢复到 S_0 态，所以在填卡诺图时按 0 处理。

由卡诺图可得到：

$$Q_2^{n+1}=\overline{A}\ \overline{B}Q_2^n\ \overline{Q_1^n}+A\ \overline{Q_2^n}\ \overline{Q_1^n}+B\ \overline{Q_2^n}Q_1^n \Rightarrow \begin{cases} J_2=BQ_1^n+A\ \overline{Q_1^n} \\ K_2=A+B+Q_1^n \end{cases}$$

$$Q_1^{n+1}=\overline{A}\ \overline{B}\overline{Q_2^n}Q_1^n+B\ \overline{Q_2^n}\ \overline{Q_1^n} \Rightarrow \begin{cases} J_1=B\ \overline{Q_2^n} \\ K_1=A+B+Q_2^n \end{cases}$$

$$Y_{n+1}=BQ_2^n\ \overline{Q_1^n}+A\ \overline{Q_2^n}Q_1^n+AQ_2^n\ \overline{Q_1^n}$$

$$Z_{n+1}=AQ_2^n\ \overline{Q_1^n}$$

Y 和 Z 都要采用触发器输出，可采用两个 D 触发器作为同步输出寄存器。这样，前一状态得到的 Y 和 Z 计算的结果将在次态输出，有

$$D_1=Q_{D1}^{n+1}=Y^{n+1}, D_2=Q_{D2}^{n+1}=Z^{n+1}$$

并且工作时钟要远大于投币速度，以保证 S_1 或 S_2 到 S_0 状态的转换后至少再经历 1 个时钟才有投币事件，从而完成从 S_1 或 S_2 到 S_0 状态时给出一瓶饮料，并保证退出 5 角硬币动作信号后，下一个状态时钟信号将输出信号在 S_0 状态时清零。

图 7.22（a）是在 Quartus Ⅱ 环境中画出的逻辑图，其仿真时序图如图 7.22（b）所示。

另外，投币信号的高电平持续时间要大于状态转换时钟周期，以保证在状态时钟的有效边沿时其处于高电平。但是这也会出现一次投币信号被多次状态转换时钟捕捉的问题，因此投币信号作为有效状态转换信号后要被即刻清除。否则会被状态机"误解"为又有硬币投入。图 7.22（b）中仿真波形的 A 和 B 的信号给出时画圈位置就没有避开该问题，而实际应用中必须要处理该问题。因此，需要设计一个异步脉冲信号作为单次同步使能信号的逻辑转换电路完成该功能。

7.3.2　同步时序逻辑电路中的异步时钟（信号）同步化技术

同步时序逻辑电路除了主同步时钟以外一般还有其他输入信号，甚至还有其他的异步时钟信号，相对于高速的主同步时钟，这些输入都是异步输入。由于异步的脉冲输入信号和同步时序逻辑电路的高速同步时钟信号无关，在系统设计中需要对异步时钟的引入设置约束条件，来实现异步信号与同步时序逻辑电路进行同步，实现不同时钟域信号的有效传递。

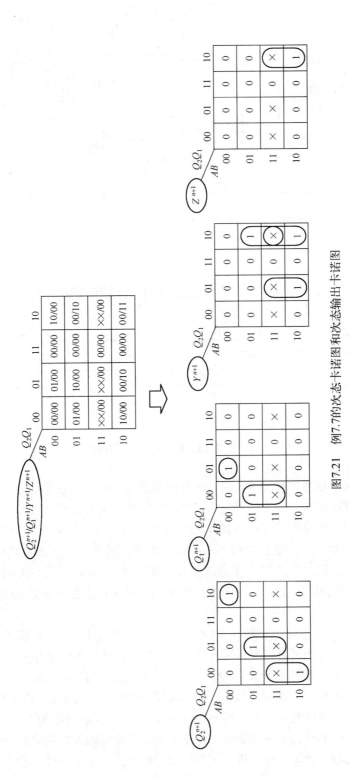

图7.21 例7.7的次态卡诺图和次态输出卡诺图

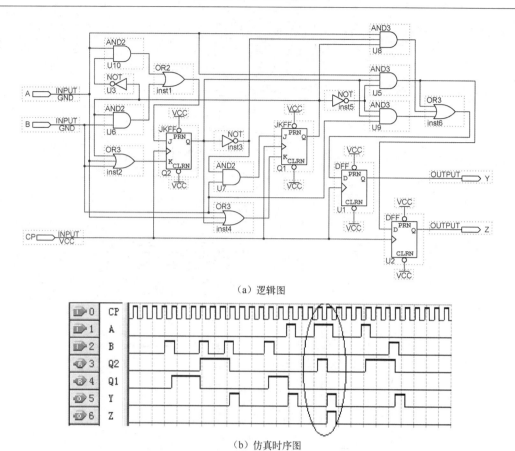

（a）逻辑图

（b）仿真时序图

图 7.22　例 7.7 的逻辑图及其仿真时序图

同步化异步时钟或异步脉冲输入信号的关键是通过一个采样触发器记忆已经出现一次异步信号。这里出现一次是指异步信号给出了有效的边沿，下面以有效边沿为上升沿的高脉冲异步信号的同步化为例说明异步信号的同步化过程。如图 7.23 所示，异步信号由"0"变为"1"，使得触发器 FF0 记忆已经有了一次异步请求，辅助时序逻辑电路根据 FF0 的状态产生用于同步时序逻辑电路的同步使能信号 E（高有效），在此后第一次出现的有效 CP 同步时钟边沿将 E 作为输入信号后，信号 E 在下次有效 CP 边沿到来之前自动被清除（由"1"变为"0"）。

但强调的是，图 7.23（a）中的 FF0 的输出 E_a 不能直接作为 E，这是因为异步信号的起始沿经采样触发器产生的请求信号还是异步信号。FF0 在这里的作用有两个：一是为了防止异步信号过短，用 FF0 记忆有异步信号；二是为了防止异步信号过长，解决异步请求信号高电平时间超过同步时钟周期而形成一次异步请求多次响应的问题。若采样触发器 FF0 的输出直接作为 E，则有可能出现同步时钟的上升沿与异步请求信号的上升沿极其临近的情况，不满足建立时间和保持时间的条件，也就无法确定采样触发器的输出是否为高电平，这种情况称为准稳态或亚稳态，必须进行同步化和二次确认。也就是说，跨时钟域的核心解决方法就是主同步时钟需要两拍，因为存在亚稳态问题。

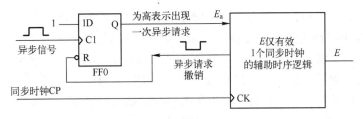

（a）异步信号作为采样触发器的时钟

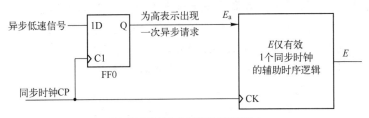

（b）异步信号作为采样触发器的输入

图 7.23　异步信号作为单次同步使能信号的电路结构图

图 7.23（b）用于同步异步低速时钟，且电路中 FF0 的输出 E_a 也不能直接作为 E，这是因为若异步信号的高电平时间过长，则 E 处于高电平的使能状态就会超出一个同步时钟周期，一次异步高脉冲信号被多次同步。该种情况也存在准稳态问题。

因此，异步高脉冲号作为单次同步使能信号的逻辑转换共涉及三个问题：异步信号的采样、"准稳态"问题和 E 的自动撤销问题。为了解决这三个问题，同步时钟 CP（假定为上升沿有效）与 E 的时序关系共有三种，如图 7.24 所示。可以看出，E 的起始沿（上升沿）与异步信号的起始沿不是对齐的，也就是没有发生准稳态。若出现准稳态，则 E 将可能被推迟一个同步时钟周期。

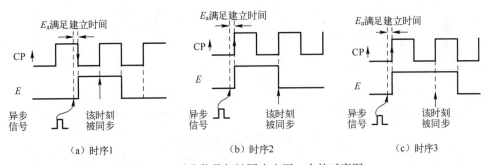

图 7.24　异步信号仅被同步应用一次的时序图

图 7.24（a）所示的时序 1 中，CP 的下降沿对 E_a 采样，同步后的信号 E 高脉冲的宽度等于同步时钟的周期，应用信号 E 的有效同步时钟边沿发生在信号 E 高脉冲的中间时刻；图 7.24（b）所示的时序 2 中，CP 的上升沿对 E_a 采样，同步后的信号 E 高脉冲的宽度也等于同步时钟的周期，应用信号 E 的有效同步时钟边沿发生在信号 E 高脉冲的结束时刻；图 7.24（c）所示的时序 3 中，CP 的上升沿对 E_a 采样，同步后的信号 E 高脉冲的宽度大于同步时钟的周期，但其间仅有一个有效的同步时钟边沿。

三种时序关系在功能上是等价的，实现三种时序的电路也很多。这里介绍基于图 7.24（b）的非常典型的异步信号同步化方法。如图 7.25（a）所示电路，在应用电路上电异步复位

RST 的低脉冲作用下，FF0 处于零状态。异步复位信号 nRST 结束后，异步清零无效，E 处于低电平。若异步时钟始终处于低电平，FF0 和 FF1 持续处于零状态，则 E 也始终处于低电平。而当异步低速时钟变为高电平后，在高速同步时钟 CP 的上升沿被采样，FF0 变为高状态，E 即刻变为高电平，即处于使能状态，待下一个同步时钟被应用。

此后，在 CP 的下一个上升沿，同步使能信号 E 被同步利用，表征异步低速时钟给出了上升沿，并由于此时 FF1 变为高状态而随即促使 E 变回低电平，自动撤销使能信号，进入初始状态，E 使能仅存在 1 个 CP 周期，等同图 7.24（b）中的时序 2。

要说明的是，图 7.25（a）所示电路的异步信号同步化过程，本质上同步的是异步信号的上升沿，因此，必须保证高速同步时钟足够快，且严格保证异步低速时钟的每个高脉冲时间要大于"高速同步时钟的周期 $+T_{su}+T_h$"。强烈推荐使用该电路。

若需要同步异步信号的下降沿，则需要按图 7.25（b）所示电路进行连接。若异步信号的两个边沿都需要同步，则需要按图 7.25（c）所示电路进行连接。

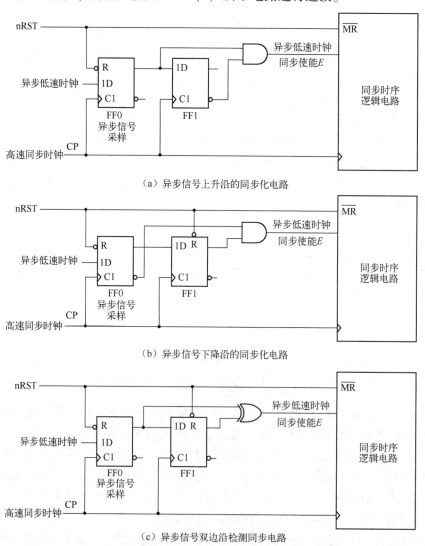

（a）异步信号上升沿的同步化电路

（b）异步信号下降沿的同步化电路

（c）异步信号双边沿检测同步电路

图 7.25　异步低速时钟的高速同步时钟同步化电路图

将图 7.22（a）所示电路中的输入 A 和 B 都串接 1 个"异步信号的同步化逻辑"，这样就与 A 和 B 的时间长短无关了。当有投币信号时，其上升沿出现后，"异步信号的同步化逻辑"的高电平时间只保护一次同步时钟边沿（上升沿）有效时间，彻底决绝一次投币多次识别的问题。注意，图 7.22（a）所示电路中的各个触发器的异步清零端最好都改接到"异步信号的同步化逻辑"的 nRST。例 7.7 修正逻辑的仿真时序图如图 7.26 所示。

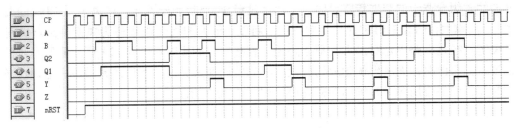

图 7.26　例 7.7 修正逻辑的仿真时序图

7.4　同步时序逻辑电路的工作参数

同步时序逻辑电路是以触发器作为时序器件的，研究同步时序逻辑电路的工作参数本质上就是研究触发器的工作参数，目的是保证触发器工作的稳定性和提高触发器的工作时钟频率。因为提高工作频率意味着提高工作速度和处理能力。图 7.27 所示的两个触发器构成的级联关系电路是同步时序逻辑电路的基本电路形态，两个触发器共用时钟 CLK，且前一级触发器的输出历经组合逻辑电路作为后级触发器的数据输入。其中，组合逻辑电路的数据传输时间为 T_{data}。触发器工作参数包括以下几个方面。

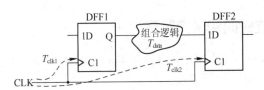

图 7.27　级联结构的同步时序电路

7.4.1　触发器的数据输出延时

和逻辑门电路的平均延迟时间类似，用数据输出延时（clock-to-output delay）T_{co} 来表征触发器的响应时间。T_{co} 是指当时钟有效沿变化后，数据从触发器的输入端到输出端的时间间隔。触发器的数据输出延时用于描述触发器的响应速度。

7.4.2　时钟到达时间、时钟偏斜和数据到达时间

时钟到达时间（clock arrival time），是指时钟 CLK 从有效边沿开始到达相应触发器时钟输入端所消耗的时间。图 7.27 所示中的 T_{clk1} 和 T_{clk2} 分别为 DFF1 和 DFF2 的时钟到达时间。

时钟偏斜（clock skew），记作 T_{skew}，是指由于布线等造成的一个时钟源到达两个不同触发器时钟端产生的时间偏移，即

$$T_{skew} = T_{clk2} - T_{clk1} \tag{7.9}$$

数据到达时间（data arrival time），记作 T_{da}，是指 DFF1 的输入数据在时钟 CLK 有效时钟沿出现后到达 DFF2 输入端所需要的时间。主要分为三部分：时钟到达时间（T_{clk1}）、触发器的数据输出延时（T_{co}）和数据传输延时（T_{data}）。

$$T_{da} = T_{clk1} + T_{co} + T_{data} \tag{7.10}$$

显然，组合逻辑的数据传输延时（T_{data}）是最主要的延迟部分，它决定了 CLK 的时钟速率，T_{data} 越大，CLK 的时钟速率则要越慢。将 T_{data} 最大的组合逻辑称为关键通道或关键路径。关键路径是电路中延时最大的那条路径，直接决定同步时钟的速率上限，限制系统的工作速度。如果此路径无法再优化就要改成多个时钟周期来完成，其原理是并不去缩短这条路径的时间，而是改用多个时钟周期来完成，如图 7.28 所示。

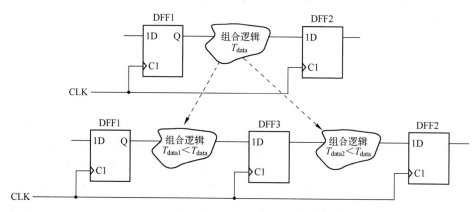

图 7.28　关键路径的流水线式优化方法

7.4.3　触发器的建立时间和保持时间

建立时间（setup time）和保持时间（hold time）是触发器工作的核心参数，是触发器对输入信号和时钟信号之间的时间要求。

建立时间，记作 T_{su}，是指触发器的时钟触发边沿到来以前，数据稳定不变的时间，即输入信号应提前时钟触发边沿到达芯片的时间。如不满足建立时间要求，这个数据就不能被这一时钟打入触发器，只有在下一个时钟触发边沿到达，数据才能被打入触发器。如图 7.29（a）所示。

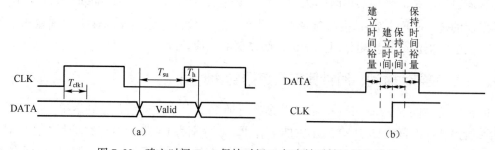

图 7.29　建立时间 T_{su}、保持时间 T_h 与有效时钟边沿的关系

保持时间，记作 T_h，是指触发器的时钟触发边沿到来以后，数据稳定不变的时间。如果保持时间不够，数据同样不能被打入触发器。

由于触发器都能严格保证 $T_{co} > T_h$，所以图 4.18（a）所示等带有反馈环节的电路都能满足保持时间要求。

7.4.4　建立时间裕量、保持时间裕量、数据需求时间和最小时钟周期

触发器稳定工作的前提是要保证严格的建立时间和保持时间。以上升沿触发器为例，且捕获到触发器中的数据为高电平，如图 7.29（b）所示，演绎了建立时间（T_{su}）、保持时间（T_h）与有效时钟边沿的关系。如果数据信号在时钟沿触发前后持续的时间均超过建立时间和保持时间，那么超过量就分别被称为建立时间裕量和保持时间裕量。

如图 7.30 所示，建立时间裕量（setup slack），记作 T_{ss}，是指时钟 CLK 的周期 T 足够长，DFF1 的输入数据从 CLK 有效边沿开始直至下一次 CLK 有效边沿到来时能保证 DFF2 稳定接收前级数据所需要的时间，即

$$T_{ss} = (\text{Latch edge} + T_{clk2} - T_{su}) - (\text{Launch edge} + T_{clk1} + T_{co} + T_{data})$$
$$= (\text{Latch edge} - \text{Launch edge}) + (T_{clk2} - T_{clk1}) - (T_{co} + T_{data} + T_{su}) \tag{7.11}$$

式中：Launch edge 是前级触发器 DFF1 发送数据对应的时钟沿时刻，是时序分析的起点；Latch edge 是后级触发器 DFF2 捕获数据对应的时钟沿时刻，是时序分析的终点。一般情况下，Latch edge 和 Lanuch edge 之差就是一个时钟周期 T。

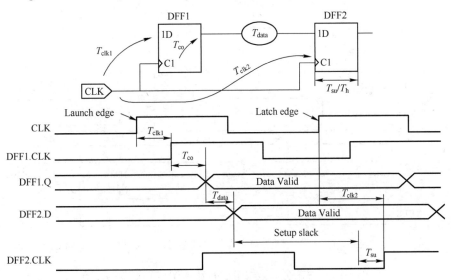

图 7.30　建立时间裕量和数据需求时间

当不考虑时时钟偏斜（T_{skew}），即 $T_{clk2} - T_{clk1} = 0$，则建立时间裕量为

$$T_{ss} = T - (T_{co} + T_{data} + T_{su}) \tag{7.12}$$

（1）$T_{ss} > 0$ 时，时钟周期 T 具有余量，满足时序。

（2）$T_{ss} < 0$ 时，不满足时序要求，后级触发器不能正确获得数据。

（3）$T_{ss} = 0$ 时，刚好满足 DFF2 的建立时间要求。

这就是为什么前级触发器与后级触发器之间的组合逻辑电路延迟 T_{data} 不能太长的原因，

延迟越长，建立时间裕量越小。一般把最耗时的 T_{data} 视为关键路径，关键路径决定了同步时钟的上限速度。很多初学者认为数字电路的速率通过提高系统时钟就可以实现，其实同步时钟的速率不但受触发器自身参数的限制，最大的制约因素就是关键路径。

参加见图 7.30，数据需求时间（data required time），记作 T_{dr}，是为能让数据打入 DFF2，数据准备好的最小时钟周期为

$$T_{dr} = T_{da} + T_{su} - T_{clk2} + T_h = (T_{clk1} + T_{co} + T_{data}) + T_{su} - T_{clk2} + T_h$$
$$= (T_{clk1} - T_{clk2}) + (T_{co} + T_{data} + T_{su} + T_h)$$

当不考虑时时钟偏斜（T_{skew}），即 $T_{clk1} - T_{clk2} = 0$，则数据需求时间为

$$T_{dr} = T_{co} + T_{data} + T_{su} + T_h \tag{7.13}$$

当 $T = T_{dr}$ 时，刚好满足时序，此时为最小时钟周期，对应着系统时钟能运行的最高频率，即

$$f_{max} = \frac{1}{T_{dr}} = \frac{1}{T_{co} + T_{data} + T_{su} + T_h} \tag{7.14}$$

如图 7.31 所示，保持时间裕量（hold slack），记作 T_{hs}，是指数据到达时间（T_{da}）与时钟到达时间（T_{clk2}）和 DFF2 的保持时间（T_h）之差，即

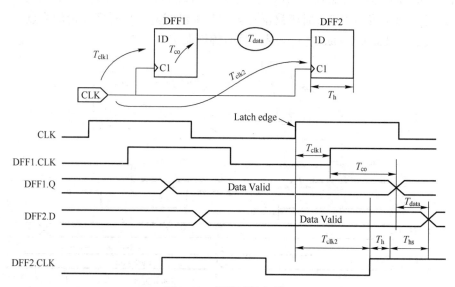

图 7.31　保持时间余量

$$T_{hs} = T_{da} - (T_h + T_{clk2}) = (T_{clk1} + T_{co} + T_{data}) - (T_h + T_{clk2})$$
$$= (T_{clk1} - T_{clk2}) + (T_{co} + T_{data} - T_h)$$

同样，不考虑时钟偏斜（T_{skew}），即 $T_{clk2} - T_{clk1} = 0$，则保持时间裕量为

$$T_{hs} = T_{co} + T_{data} - T_h \tag{7.15}$$

7.4.5　竞争冒险处理

竞争冒险会影响逻辑电路的稳定性。触发器的时钟端口、异步端口对毛刺信号十分敏感，任何一点毛刺都可能会使系统出错，因此，判断电路中是否存在竞争冒险及如何避免竞

争冒险是设计人员必须要考虑的问题。通常可以通过改变设计以破坏毛刺产生的条件，来减少毛刺的产生。例如，常常采用格雷码计数器取代普通的二进制计数器，这是因为格雷码计数器的输出每次只有一位跳变，消除了竞争冒险的发生条件，避免了毛刺的产生。

但是，毛刺并不是对所有的输入都有危害，例如，D 触发器的 D 输入端，只要毛刺不出现在时钟的上升沿并且满足数据的建立时间和保持时间，就不会对系统造成危害。因此，要尽可能采用同步时序逻辑电路，因为只要毛刺不出现在时钟边沿处，就不能引发建立和保持时间条件，就不会对系统造成危害。去除毛刺的一种常见的方法是利用 D 触发器对信号采样，这种方法类似于将异步电路转化为同步电路。

7.5　基于 VerilogHDL 的有限状态机设计

7.5.1　有限状态机思想

同步时序逻辑电路就是有限个状态及状态转换，因此同步时序逻辑电路又称为有限状态机（finite state machine，FSM）。

FSM 是表示有限个状态及在这些状态之间的转移和动作等行为的数学模型，它更是一种思想方法和工具。每个控制步骤可以看作一种状态，即现态，实现时该状态由一个状态寄存器（一组触发器）来保存，与每一控制步骤相关的转移条件及输入确定了它将要转换的状态，即次态。FSM 的次态和输出是当前状态和输入的函数。FSM 的思想运用特别适合于那些操作和控制流程非常明确的应用系统设计，如数字通信领域、自动化控制领域、CPU 设计领域及家电设计领域都有重要的应用。

对 FSM 应用电路而言，可以划分为控制器（也称为控制单元）和受控单元（也称为执行器或处理器）。FSM 作为控制器发出命令，受控单元完成命令所规定的操作任务。控制器是整个应用系统中用于协同各个部分的指挥中心，它提供一系列控制信号去激励受控单元有序工作，并根据输入信号和反馈计算下一个步骤，这样一步一步自动完成任务。受控单元的任务是实现动作输出、数据的加工和处理等，完成控制器所发出命令规定的工作。

如果受控单元不是数字电路，而是其他器件或设备，FSM 的输出直接作为应用输出来控制受控单元，则说明该 FSM 的功能属于控制主导（control-dominated）型。例如洗衣机控制器，应用对象是电动机、加热器、进水阀和出水阀等，控制器本身就是以控制为目的的 FSM。

如果受控单元是为了完成特定功能的数字电路，则 FSM 与受控单元同属于一个数字电路应用系统，此时，受控单元亦称为数据通道（data path），此时，FSM 被嵌入到数据处理主导（data-dominated）的"有限状态机+数据通道"结构中，此种 FSM 称为带有数据通道的有限状态机（finite state machine with datapath，FSMD）。FSMD 的应用功能主要是在数据通道完成的，FSM 作为 FSMD 应用系统的控制单元，用于完成状态转换，以及数据通道的数据存储、传输或处理等功能的控制。FSMD 的基本结构框图如图 7.32 所示。

通过把数字系统的数据通道的设计从 FSM 的设计中分离出来，并在 FSM 和数据通道两个单元之间保持清晰的联系，使得 FSM 的设计方法更加明细。由于数据通道可以有存储器，而且存储器可具有非常多的状态数量，使得 FSMD 适用于复杂的数字系统设计。

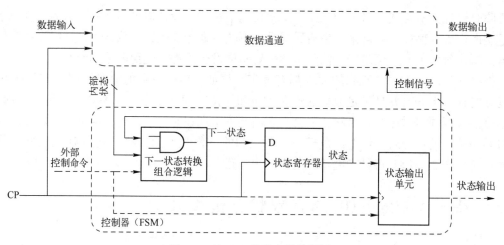

图 7.32　FSMD 的基本结构框图

作为 FSMD 控制器的 FSM，其设计过程与通用 FSM 设计方法一致，这里不再赘述。数据通道的结构一般都很复杂，需要有效的建模方法，这将在 7.10 节讲述。

FSM 特别适合描述那些发生有先后顺序或者有逻辑规律的事情，换言之，具有逻辑顺序和时序规律的事情都适合用有限状态机描述。运用 FSM 解决问题的好处在于 FSM 模型的思路和人解决问题的思路是一致的，都是把复杂的问题逐步分解为简单的步骤，准确可靠、简练，所以有限状态模型是工程师的好助手。而且应用状态机解题，在连续输入的逻辑判断过程中，有清楚的状态分段，各状态段之间的逻辑跳转有严谨的转移条件规则。

有限状态机的基本要素有三个：状态、状态输出和状态转换条件。

（1）状态：HDL 中也叫状态变量。在逻辑设计中，使用状态划分逻辑顺序和时序规律。例如，可以将电动机的不同转速作为状态，也可以将通信的信令作为状态等。

（2）状态输出：输出特指在某一个状态时特定发生的事件。如设计电动机控制电路时，如果电动机转速过高，则输出为转速过高报警，也可以伴随减速指令或降温措施等。在 7.1.2 节已经学习，FSM 有 Moore 型和 Mealy 型，组合逻辑电路输出型和触发器输出型，以及现态输出型和次态输出型之分。

（3）状态转换条件：指 FSM 中状态之间转换的条件，有的 FSM 没有转移条件，有的 FSM 有转移条件，当某个转移条件存在时才能转移到相应的状态。

本节以控制主导 FSM 为对象描述 FSM 的三要素，其一般步骤与时序逻辑电路的设计步骤一致。有两种建模思路：第一种思路是从状态变量（状态）入手，根据时序规律或者逻辑顺序，规划状态，然后分析每个状态的输入、状态转移和输出，从而完成电路功能；第二种思路是先明确电路的输出关系，这些输出相当于状态的输出，回溯规划每个状态、状态转换条件及状态输入等。无论哪种思路，其目的都是要控制某部分电路，完成某种具有逻辑顺序或时序规律的电路设计。

7.5.2　有限状态机的状态编码及安全设计

采用 Verilog HDL 进行 FSM 设计时，要根据设计的输出特点等选择状态编码和进行状态分配。并且不管在描述中采用何种编码，都可以在逻辑综合的时候让工具自动转换到其他类型的编码形式，但是综合工具选择的编码在某些情况下并不是最优的。实际设计时，需要综合考虑电路复杂度与电路性能。在可能的情况下，最好还是根据设计的需求选用不同的编码类型。顺序编码和格雷码适用于较少的触发器和较多的组合逻辑，独热编码反之。由于 CPLD 能提供更多的组合逻辑资源，而 FPGA 提供更多的触发器资源，所以 CPLD 多使用格雷码，而 FPGA 多使用独热编码。另外，对于小型设计，使用格雷码和顺序编码更有效，而大型状态机使用独热编码更高效。

在 FSM 的技术指标中，除了满足需求的功能特性和速度等基本指标外，安全性和稳定性也是 FSM 性能的重要考核内容。忽视了可靠容错性能的 FSM 在使用中将存在巨大隐患。

1. 剩余状态与 FSM 的安全性分析

在 FSM 设计中，无论是直接指定状态编码，还是使用一位热码编码方式后，总是不可避免地出现大量剩余状态，即未被定义的编码组合。这些状态在状态机的正常运行中是不需要出现的，通常称为非法状态。在 FSM 的设计中，如果没有对这些非法状态进行合理的处理，在外界不确定的干扰下，或是随机上电的初始启动后，状态机都有可能进入不可预测的非法状态，其后果是对外界出现短暂失控，或是完全无法摆脱非法状态而失去正常的功能，除非使用复位控制信号 Reset。但在无人控制情况下，就无法获取复位控制信号了。因此，对于重要且稳定性要求高的控制电路，状态机的剩余状态的处理，即状态机系统容错技术的应用是设计者必须慎重考虑的问题。

另外，剩余状态的处理会不同程度地耗用逻辑资源，这就要求设计者在选状态机结构、状态编码方式、容错技术及系统的工作速度与资源利用率等诸方面作权衡比较，以适应自己的设计要求。以定义五个合法状态（有效状态）：s0、s1、s2、s3 和 s4 为例。如果使用顺序编码方式指定状态，则最少需要三个触发器，这样最多有八种可能的状态。编码表如表 7.4 所示，最后三个状态 s5、s6、s7 都是非法状态，对应的编码都是非法状态码。如果要使此五状态的状态机有可靠的工作性能，必须设法使系统在任何不利情况下都在落入这些非法状态后还能返回正常的状态转移路径中。

表 7.4 3 位顺序编码表

状态	s0	s1	s2	s3	s4	s5	s6	s7
顺序编码	000	001	010	011	100	101	110	111

2. FSM 的非法状态处理

为了使 FSM 能可靠运行，有多种方法可以利用。比如，设计一个逻辑监测模块，只要发现处于表 7.1 所示的五个状态码以外的状态，必为非法，并对其作出明确的状态转换指示，如在原来的 case 语句中增加诸如以下语句。

```
parameter  s0=0, s1=1, s2=2, s3=3, s4=4, s5=5, s6=6, s7=7;
…
s5: NS = s0;
s6: NS = s0;
s7: NS = s0;
default: NS = s0;
```

　　以上剩余状态的转向设置中，也不一定都将其指向初始态 s0，只要导向专门用于处理出错恢复的状态中就可以了。这种方法的优点是直观可靠。但缺点是可处理的非法状态少，如果非法状态太多，则耗用逻辑资源太大，所以只适合于顺序编码类状态机。

　　这时读者或许会想，按照 default 语句字面的含义，它本身就能排除所有其他未定义的状态编码的，三条非法状态处理语句好像是多余的。需要提醒的是，对于不同的综合器，default 语句的功能也并非一致，多数综合器并不会如 default 语句指示的那样，将所有剩余状态都能进行处理。加上 default 是为了构成完整的条件，但不要指望 default 语句生成可靠的 FSM。

3. 一位独热编码 FSM 的非法状态处理

　　对于采用一位独热编码方式来设计 FSM，其剩余状态数将随有效状态数的增加呈指数方式剧增。对于有 n 个合法状态的状态机，其合法与非法状态之和的最大可能状态数有为 2^n。例如，对于 6 状态的状态机来说，总状态数达 64 个，将有 58 种剩余状态。如前所述，选用一位独热编码方式的重要目的之一，就是要减少状态转换间的译码数据的变化，提高变化速度。但如果使用以上介绍的剩余状态处理方法，势必导致耗用太多的逻辑资源。所以，可以选择以下的方法来解决一位独热编码方式产生的过多的剩余状态的问题。

　　鉴于独热编码方式的正常状态只可能有一个触发器的状态为 1，其余所有的触发器的状态皆为 0，即任何不止一个 1 的状态都属于非法状态。据此，设计监测逻辑，当发现不止一个状态触发器为 1 时，进行非法状态处理。监测逻辑可以通过各个位的加法实现。

　　其实无论怎样的编码方式，状态机的非法状态总是有限的，所以利用状态码监测法从非法状态中返回正常工作情况总是可以实现的。相比之下，CPU 系统就不会这么幸运。因为 CPU 跑飞后死机进入的状态是无限的，所以在无人复位情况下，用任何方式都不可能绝对保证 CPU 的恢复。

7.5.3　有限状态机的 Verilog HDL 描述方法

　　设计可综合的 FSM 时，可以：

　　（1）使用 reg 描述状态寄存器（一组触发器）。

　　（2）使用 parameter 宏定义描述状态编码，增强源代码的可读性。当然，有时也采用 'define 定义状态。要说明的是，verilog HDL 没有枚举类型，这与 VHDL 不同。

　　例如，某有限状态机使用独热码编码方式定义的 4 bit 宽度的状态变量 NS（代表 Next State，下一状态）和 CS（代表 Current State，当前状态）。状态机包含四个具体状态：IDLE（空闲状态）、S1（工作状态 1）、S2（工作状态 2）和 ERROR（告警状态），状态定义方法如下。

```
reg [2:0] NS, CS;
parameter [3:0] IDLE =4'b0000, S1 = 4'b0001, S2 = 4'b0010, ERROR = 4'b1000; //状态采用独热编码
```

　　parameter 的位宽说明[2:0]可写可不写，因为在上面的状态变量定义时已经有附加定义。

　　描述 FSM 时，always 模块可用于完成三种功能。一种功能是根据主时钟边沿完成同步时序的状态转换。例如，某状态机从当前状态 CS 转换到下一个状态 NS 可以表述如下。

```
always @ ( posedgeclk , negedge nRST) begin
    if ( !nRST) CS <= IDLE ;          //状态的异步复位
    else        CS <= NS ;            //转换到下一个状态
end
```

always 模块的第二种功能是状态转换条件或输出的组合逻辑电路描述。

always 模块的第三种功能是根据时钟沿完成同步时序逻辑的输出。

case…endcase 也是 FSM 描述中最重要的语法，其语法结构如下。

```
case ( case_expression)
    case_item1 : case_item_statement1 ;
    case_item2 : case_item_statement2 ;
    …
    case_itemx : case_item_statement_x ;
    default :      others_statement ;
endcase
```

在 FSM 描述中，case_expression 一般为当前状态寄存器；每个 case_item 一般为状态编码；case_item_statement 是 FSM 描述中每个状态对应的状态转移或者输出操作。

在描述 FSM 时，常将组合逻辑输出性质的状态输出用 task…endtask 封装，以增强代码的可维护性和可读性，而且有利于复用共同的输出。例如，某状态机的 IDLE 状态的输出采用 task…endtask 封装为"IDEL_out"任务的封装格式如下。

```
task IDLE_out ;
    对应的具体输出 ;
endtask
```

当然，在描述状态机时也会使用到 if…else 和 assign 等，这里不再赘述。

描述 FSM 的关键是描述 FSM 的三要素，即如何描述状态转移、状态输出及状态转移条件。在对同步时序逻辑电路设计方法进行归纳基础上，FSM 有 3 种描述方法：一段式 FSM 描述方法、两段式 FSM 描述方法和三段式 FSM 描述方法。下面通过实例讲述。

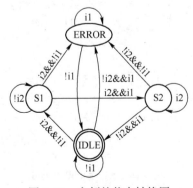

图 7.33　实例的状态转换图

【例 7.8】如图 7.33 所示，某 FSM 共有 4 种状态，初始状态 IDLE、中间状态 S1、S2 和错误状态 ERROR，输入信号包括时钟"clk"，低电平异步复位信号"nRST"和"i1"、"i2"，输出信号为"o1"、"o2"和"err"，状态的输出如下。

IDLE 状态的输出为 $\{o1,o2,err\}$ = 3'b000；

S1 状态的输出为 $\{o1,o2,err\}$ = 3'b100；

S2 状态的输出为 $\{o1,o2,err\}$ = 3'b010；

ERROR 状态的输出为 $\{o1,o2,err\}$ = 3'b111。

各描述方法及分析如下。

1. 一段式 FSM 描述方法

若将整个状态机写到 1 个 always 模块里，在该模块中既描述状态转移，又描述状态的输入和输出，这种写法一般被称为一段式 FSM 描述方法。

一段式 FSM 描述方法把组合逻辑和时序逻辑仅用一个 always 模块描述，其同步时序输出是触发器输出，无毛刺。一段式 FSM 描述方法可以概括为如图 7.34 所示的结构。不同的原态到同一次态的转换，输出可以不同。该 FSM 的一段式 FSM 描述代码如下。

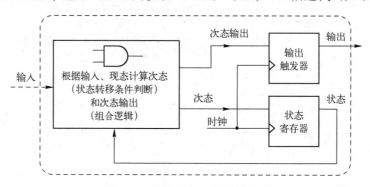

图 7.34 一段式 FSM 描述结构图

```
module state1 (nRST, clk, i1, i2, o1, o2, err);
    input    nRST, clk;
    input    i1, i2;
    output   o1, o2, err;
    reg      o1, o2, err;
    parameter[2:0]   IDLE = 3'b000, S1 = 3'b001,S2 = 3'b010, ERROR = 3'b100; //独热状态编码
    reg[2:0]    NS;          //状态寄存器
    always @(posedge clk, negedge nRST)
        if (! nRST)              begin NS <= IDLE;  {o1,o2,err} <= 3'b000;end
        else
            case(NS)  现态  状态转换条件  次态  状态转换  次态输出
            IDLE: begin
                if(~i1)          begin NS <= IDLE;     {o1, o2,err} <=3'b000; end
                if(i1&&i2)       begin NS <= S1;       {o1,o2,err} <=3'b100; end
                if(i1&&(~i2))    begin NS <= ERROR;    {o1, o2, err} <=3'b111; end
            end
            S1: begin
                if (~i2)         begin NS <= S1;       {o1, o2, err} <=3'b100;end
                if(i2&& i1)      begin NS <= S2;       {o1, o2, err} <=3'b010;end
                if(i2&&(~i1))    begin NS <= ERROR;    {o1, o2, err} <=3'b111;end
            end
            S2: begin
                if(i2)           begin NS <= S2;       { o1, o2, err} <=3'b010; end
```

```
                    if( ~i2&&i1)        begin NS<= IDLE;        { o1, o2, err} <=3'b000;end
                    if( ~i2&&( ~i1) )  begin NS<= ERROR;      { o1, o2, err} <=3'b111;end
            end
        ERROR: begin
                    if(i1)              begin NS<= ERROR;      { o1, o2, err} <=3'b111; end
                    if( ~i1)            begin NS <= IDLE;      { o1,o2,err} <=3'b000;end
            end
        default:                        beginNS <= IDLE;       {o1, o2, err} <= 3'b000;end
        endcase
    endmodule
```

一段式 FSM 描述实例的仿真 L 图如图 7.35 所示。可见，一段式 FSM 描述方法将状态转移判断的组合逻辑和状态寄存器转移的时序逻辑在一个 always 模块中，不符合将时序和组合逻辑分开描述的代码风格（coding style），而且在描述当前状态时还要考虑下一个状态的输出，整个代码不清晰且冗长，不利于维护和修改，不利于附加约束，不利于综合器和布局布线器对设计的优化。

2. 两段式 FSM 描述方法

两段式 FSM 描述方法使用两个 always 模块，是推荐的 FSM 描述方法之一。两段式 FSM 描述的核心思想是：其中一个 always 模块采用同步时序的方式描述状态从当前状态到下一状态的切换，但不指明次态到底为哪个状态；而另一个 always 模块采用组合逻辑的方式判断并给出下一状态，描述状态转移规律，同时给对应状态输出赋值。要注意的是，状态转移规律的描述必须采用完整的条件语句，因为第二个 always 模块描述的是组合逻辑电路。

采用两段式 FSM 描述写法，每个输出一般都用组合逻辑描述（因此输出有竞争冒险问题），比较简便的方法就是用 task…endtask 将输出封装起来，前面已讲过，这样做的好处不仅仅是写法简单，增强可读性，而且有利于复用共同的输出。

两段式 FSM 描述写法可以概括为图 7.36 所示的结构。

两段式 FSM 将同步时序和组合逻辑分别放到不同的 always 程序块中实现，不仅便于阅读、理解、维护，更重要的是利于综合器优化代码，利于用户添加合适的时序约束条件，利于布局布线器实现设计。这种方式结构清晰，综合结果具有资源占用少和时间性能好的双重优势。但组合逻辑输出往往会有毛刺，当输出向量作为时钟信号时，这些毛刺会对电路产生致命的影响。该 FSM 的两段式 FSM 描述如下。

```
module state2 (nRST, clk , i1, i2 ,o1, o2 , err );
    input       nRST, clk;
    input       i1 , i2;
    output      o1, o2, err;
    reg         o1, o2, err;
    reg[2:0]    CS, NS;      //CS 为状态寄存器,NS 为状态转换判断组合逻辑电路输出
    parameter[2:0]IDLE = 3'b000, S1 = 3'b001, S2 = 3'b010, ERROR = 3'b100;  //独热状态编码
    always @ ( posedge clk, negedge nRST) begin   //状态转移
```

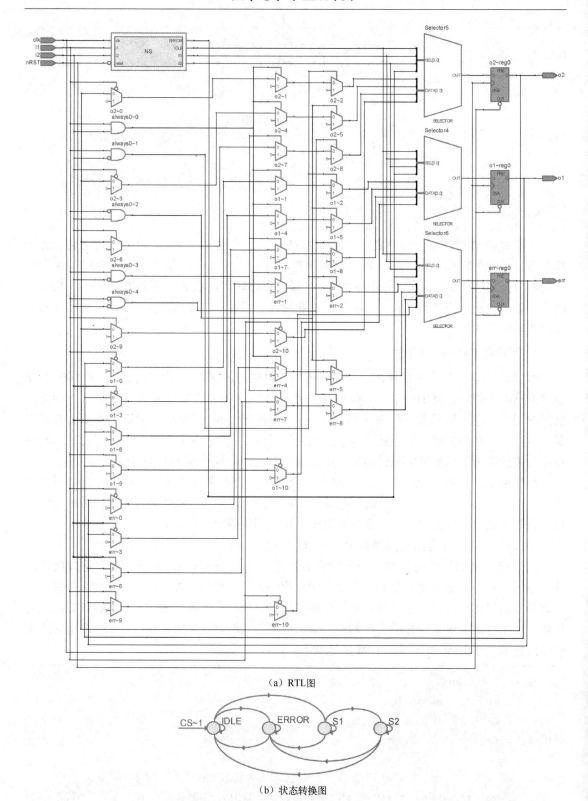

（a）RTL图

（b）状态转换图

图 7.35　一段式 FSM 描述实例的仿真 L 图

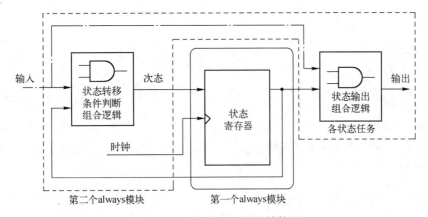

图 7.36 两段式 FSM 描述结构图

```
            if (!nRST)        CS <= IDLE;
            else              CS <= NS;
    end
    always @ (CS, i1, i2) begin   //依据转换条件采用组合逻辑进行状态转换,以及现态输出
        case (CS)
            IDLE: begin
                IDLE_out;
                if (~i1)        NS = IDLE;
                else            NS = (i2)? S1: ERROR;
              end
            S1: begin
                S1_out;
                if (~i2)        NS = S1;
                else            NS = (i1)? S2: ERROR;
              end
            S2: begin
                S2_out;
                if (i2)         NS = S2;
                else            NS = (i1)? IDLE: ERROR;
              end
            ERROR: begin
                ERROR_out;
                NS = (i1)? ERROR: IDLE;
            default: begin
                NS = IDLE;
                ERROR_out;
                end
            endcase
        end
```

```
//输出任务
task IDLE_out;
        {o1, o2, err} = 3'b000;
endtask
task Sl_out;
        {o1, o2, err} = 3'b100;
endtask
task S2_out;
        {o1, o2, err} = 3'b010;
endtask
task ERROR_out;
        {o1, o2, err} = 3'b111;
endtask
endmodule
```

描述中，第一个 always 模块是同步时序描述状态转移的 always 模块。需要注意的是，这个同步时序模块的赋值要采用非阻塞赋值 "<="。应用两段式描述方法进行 FSM 设计，总可以定义两个变量 "CS" 和 "NS" 来表示当前状态和下一状态，在时钟沿到达时将 NS 赋给 CS。请读者注意，CS 是状态寄存器，NS 是根据 CS 和输入由组合逻辑电路计算出的次态编码。两段式 FSM 描述实例的 RTL 图如图 7.37 所示。

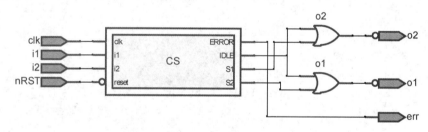

图 7.37　两段式 FSM 描述实例的 RTL 图

另一个采用组合逻辑进行状态判断计算和输出的 always 模块是描述中的第二个 always 模块。组合逻辑 always 模块的敏感列表为当前状态所有输入条件。请读者注意，电平敏感表必须列完整。每个 case 模块的内部结构也非常相似，都是先描述当前状态的组合逻辑输出，然后根据输入条件判定下一个状态。由于为组合逻辑描述，所有的赋值推荐采用阻塞赋值 "="。

3. 三段式 FSM 描述方法

两段式 FSM 描述方法虽然有很多好处，但是它有一个明显的弱点，就是其输出一般为组合逻辑电路，容易产生毛刺等不稳定因素，且不利于约束，也不利于综合器和布局布线器实现高性能的设计，尤其是 FPGA 和 CPLD 等逻辑器件中过多的组合逻辑会影响实现的速率。

三段式 FSM 描述方法与两段式 FSM 描述方法相比，其在不改变时序要求的前提下采用同步时序实现寄存器作状态输出的问题。强烈推荐使用三段式 FSM 描述方法。

　　三段式 FSM 描述方法使用三个 always 块，第一个 always 模块采用同步时序的方式描述状态从当前状态到下一状态的切换；第二个 always 模块采用组合逻辑的方式判断并给出下一状态，描述状态转移规律。要注意的是，状态转移规律的描述必须采用完整的条件语句，因为第二个 always 模块描述的是组合逻辑电路；第三个 always 模块使用同步时序电路描述每个状态的输出。三段式 FSM 描述方法可以概括为如图 7.38 所示的结构。由于采用专门的时序 always 模块对输出赋值，因此，三段式 FSM 描述方法也是触发器输出，即输出无毛刺，并且代码比一段式 FSM 描述方法清晰易读。但是占用的面积比两段式 FSM 描述方法的大。该 FSM 的三段式 FSM 描述如下。

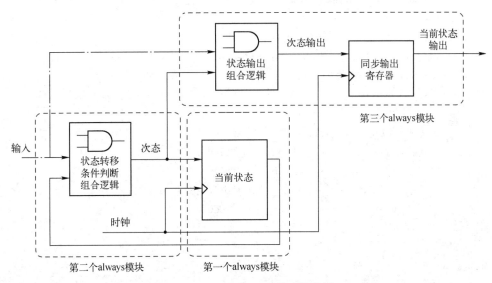

图 7.38　三段式 FSM 描述结构图

```
module state3 ( nRST, clk, i1, i2 , o1, o2 , err );
    input        nRST, clk;
    input        i1, i2;
    output       o1, o2, err;
    reg          o1, o2, err;
    reg[ 2:0]    CS, NS;
    parameter[ 2:0] IDLE = 3'b000 , S1 = 3'b001 , S2 = 3'b010, ERROR = 3'b100; //独热状态编码
    always @ ( posedge clk, negedge nRST) begin    //第一个 always 模块,顺序状态转换
        if ( !nRST)      CS <= IDLE;
        else             CS <= NS;
    end
    always @ ( CS, i1, i2) begin               //第二个 always 模块,状态转换条件
      case ( CS)
        IDLE:
```

```
            if ( ~i1)         NS = IDLE;
            else             NS = (i2)? S1:ERROR;
        S1:
            if ( ~i2)         NS = S1;
            else             NS = (i1)? S2:ERROR;
        S2:
            if (i2)          NS = S2;
            else             NS = (i1)? IDLE:ERROR;
        ERROR:            NS = ERROR; NS = (i1)? ERROR:IDLE;
        default:          NS = IDLE;
        endcase
    end
    always @ ( posedge clk , negedge nRST) begin  //第三个 always 模块,FSM 的同步输出
        if( !nRST) {o1, o2, err} <= 3'b000;
        else
            case( NS)
                IDLE:        {o1, o2, err} <= 3'b000;
                S1:          {o1, o2, err} <= 3'b100;
                S2:          {o1, o2, err} <= 3'b010;
                ERROR:       {o1, o2, err} <= 3'b111;
                default:     {o1, o2, err} <= 3'b000;
            endcase
    end
endmodule
```

　　对比两段式 FSM 描述方法，可以清晰地发现三段式 FSM 描述方法与两段式 FSM 描述方法的最大区别在于两段式 FSM 描述方法采用了组合逻辑输出，而三段式 FSM 描述方法则巧妙地根据次态编码 NS 提前计算出次态的输出，在状态转换时钟到来切换到次态的同时，次态输出通过同步寄存器同步输出。也就是说，三段式 FSM 描述方法与两段式 FSM 描述方法相比，虽然代码结构复杂了一些，但是换来的却是使次态输出，消除了组合逻辑输出的不稳定性，而且更利于时序路径分组。一般来说，其在 FPGA 和 CPLD 等可编程逻辑器件上的综合与布局布线效果更佳。三段式 FSM 描述实例的 RTL 图如图 7.39 所示。

　　比较图 7.34 和图 7.38，如果将图 7.38 中所示的两部分组合逻辑合并起来，则三段式 FSM 建模电路与一段式 FSM 建模电路的结构就完全一致了。因此，有的读者可能会产生疑问，一段式 FSM 描述方法也是用触发器同步次态输出，为什么不建议使用呢？请读者再对比一下一段式 FSM 描述方法的输出代码就可以清晰地看到，使用一段式 FSM 描述方法的触发器输出时，必须要综合考虑现态在何种状态转移条件下会进入哪些次态，然后在每个现态的 case 分支下分别描述每个次态的输出，这显然不符合思维习惯；而三段式 FSM 描述方法的状态机输出时，只需指定 case 表达式为 NS，然后直接在每个次态的 case 分支中描述该状态的输出即可，根本不用考虑状态转移条件。另外，在三段式 FSM 描述方法中，判断状态转移的 always 模块的 case 语句判断的条件是当前条件 CS，而在描述输出的 always 模块的

case 语句判断的条件是次态编码 NS, 逻辑思维清晰, 可读性极强。三段式 FSM 描述实例的有限状态机很简单, 如果设计的有限状态机复杂一些的话, 三段式 FSM 描述方法的优势就会凸显出来。

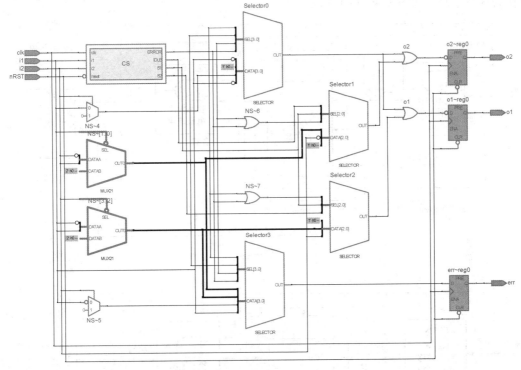

图 7.39 三段式 FSM 描述实例的 RTL 图

另外, 三段式 FSM 建模与两段式 FSM 建模只有输出描述不同。一般来说, 使用触发器输出不仅可以改善输出的时序条件, 而且还能避免出现组合电路的毛刺, 这是三段式 FSM 建模的优势。但是, 在某些情况下, 两段式结构比三段式结构更有优势。分析一下图 7.36 和图 7.38 中的结构, 细心的读者就会发现, 三段式 FSM 结构中, 从输入到寄存器状态输出的路径上要经过两部分组合逻辑 (状态转移条件组合逻辑和输出组合逻辑), 从时序上看, 这两部分组合逻辑完全可以看为一体, 这条路径的组合逻辑就会比较繁杂, 该路径是关键路径, 限制了时钟速度, 此时就不建议再使用三段式 FSM 建模。而两段式 FSM 建模用状态寄存器分割了两部分组合逻辑 (状态转移条件组合逻辑和输出组合逻辑)。

三段式 FSM 建模的关键路径过于复杂, 可以考虑两段式 FSM 建模, 其核心问题就是解决如何组合逻辑输出变为触发器输出的问题。解决两段式 FSM 建模组合逻辑输出产生毛刺的方法有以下三种。

方法一: 在两段式 FSM 描述方法中, 如图 7.40 (a) 所示, 如果时序允许插入一个额外的时钟节拍, 则在组合逻辑输出后级联采样输出触发器即可消除毛刺, 但整体会有一个时钟的延迟。因此, 在很多情况下, 设计并不允许插入额外的节拍。

方法二: 额外在 FSM 后级电路输出级联异步触发器, 将状态转换同步时钟的反相信号作为该输出触发器的时钟信号, 完成触发器输出功能, 当然, 这样输出会滞后半个状态时钟周期。如图 7.40（b）所示。

方法三：当状态触发器的个数不少于 FSM 输出的个数，此时采用两段式描述状态寄存器直接作为输出的 Moore 型 FSM，则具有触发器输出特性。显然，此时需要将各个状态的输出作为状态编码。如图 7.40（c）所示。

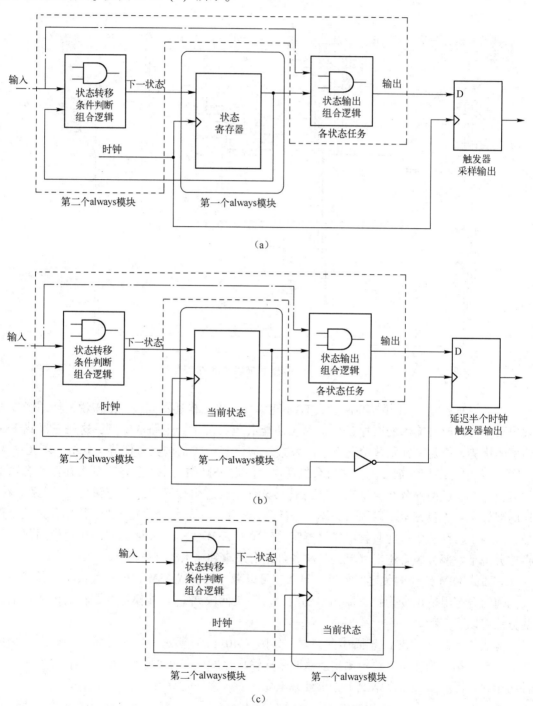

图 7.40　触发器输出两段式 FSM 描述结构图

如图 7.41 所示，采用状态触发器直接作为输出和独热编码的 "110" 序列检测器 FSM 描述如下。采用独热编码即能保证各状态编码的唯一性，s3 状态的独热位可直接作为输出。

【例 7.9】采用状态触发器直接作为输出和独热编码的 "110" 序列检测器的两段式描述。

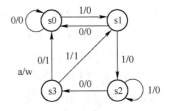

图 7.41 "110" 序列检测器的状态转换图

```
module Detector110( a, CLK, nRST, w );
    input a, CLK, nRST;
    output w;
    parameter s0 = 3'b000, s1 = 3'b001, s2 = 3'b010, s3 = 3'b100;
    reg [2:0] CS, NS;

    always @ ( posedge CLK) begin
        if( !nRST) CS<=s0;
        else       CS<=NS;
    end

    always @ ( a,CS) begin      //仅采用组合逻辑电路实现状态转换,而不描述状态输出
        case ( CS)
            s0:  NS = ( a)?s1: s0
            s1:  NS = ( a)?s2: s0
            s2:  NS = ( a)?s2: s3
            s3:  NS = ( a)?s1: s0
            default:   NS <= s0;
        endcase
    end
    assign w = CS[2];    //输出:s3 状态对应的独热编码 CS[2] =1,其他状态 CS[2] =0
endmodule
```

4. 三种描述方法与状态机建模问题的引申

可以说合理的状态机描述与状态机的建模技巧是本章的重中之重。这里需要引申讨论几个问题。

1) n 段式描述方法和 always 模块的个数的关系

通过学习可知标准的一段式、两段式、三段式 FSM 描述方法分别使用了一个、两个和三个 always 模块。但是请读者注意，这个命题的反命题不成立，不能说一个 FSM 的描述中使用了 n 个 always 模块，就是 n 段式 FSM 描述方法。这是因为特指的一段式、两段式、三段式 FSM 描述方法中每个 always 模块都有固定的描述内容和格式化的结构，其实也就是通过这些特定的描述内容和格式化的结构，确立了三种 FSM 建模方式。例如两段式 FSM 描述方法中，第一个 always 模块格式化地使用同步时序电路描述次态寄存器到现态寄存器的转移，而第二个 always 模块格式化地使用纯组合逻辑描述状态转移条件。也就是说，本书所指的两段式 FSM 描述方法所对应的硬件电路结构就是图 7.36 所示的电路结构。其实从语法角度上说，总可以将一个 always 模块拆分成多个 always 模块，或者反之将多个 always 模块合并为一个 always 模块。另外，一个 FSM 应用设计，除了 FSM 本身还有其他电路，自然也要用到 always 模块。所以请读者注意，n 段式 FSM 描述方法强调的是一种建模思路，绝不是简单的 always 模块个数。

2）FSM 描述方法的比较与选择

一般来说，这三种 FSM 描述方法可以从表 7.5 中所示的几个方面进行比较。但是请读者注意，任何一种描述的优劣只是一般规律，而不是绝对性规律。其实，对于绝大多数 FSM 来说，都可以采用图 7.34、图 7.36 或图 7.38 所示的结构建模。一般而言，推荐使用后两种 FSM 描述方法，即两段式和三段式 FSM 描述方法。例如，一般来说不推荐使用一段式 FSM 描述方法，但是如果 FSM 的结构十分简单，状态很少，状态转移条件和状态输出都十分简化，那么使用一段式建模的效率则会很高，这些经验需要读者逐步积累。

表 7.5　三种 FSM 描述方法的比较

比 较 项 目	一段式描述	两段式描述	三段式描述
推荐等级	不推荐	推荐	推荐
代码简洁程度	冗长	最简洁	简洁
是否利于时序约束	不利	有利	有利
是否有组合逻辑输出	触发器输出	一般为组合逻辑输出	触发器输出
是否有利于综合与布局布线	不利	有利	有利
代码的可靠性与可维护度	低	高	最好
代码的规范性	低	规范	规范

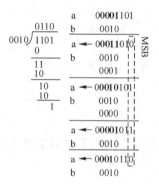

图 7.42　4 位二进制除法

【例 7.10】 采用三段式 FSM 描述方法实现 8 位除法器描述。

除法器在 FPGA 里怎么实现呢？当然不是让用"/"和"%"行为建模实现。在 Verilog HDL 中虽然有除的运算指令，但是除运算符中的除数必须是 2 的幂，因此无法实现除数为任意整数的除法，这在很大程度上限制了除法的应用。为实现任意除数的除法运算，下面先分析两个 4 位二进制 $a \div b$ 的除法过程，商和余数最多只有 4 位。如图 7.42 所示（$a = 1101$，$b = 0010$），首先构建 8 位左移型移位寄存器 r，a 作为低 4 位，高 4 位填充 0，然后将 $r[6{:}3]$ 与除数 b 做减法，不够减则左移 r，r 的 b0 位移入 0，够减则将差放入 $r[6{:}3]$，然后左移 r 并使其 b0 位填充 1，之后再将 r 的高 4 位与 b 作差，依此类推，经 4 次作差移位就完成了运算，其中 a 的高 4 位和低 4 位分别为余数和商。

为此，得到基于移位寄存器的除法器逻辑电路原理，以 8 位除法为例，如图 7.43 所示，其中的状态机的状态转换图如图 7.44 所示。

采用三段式有限状态机实现 8 位除法器描述如下，其仿真时序如图 7.45 所示。

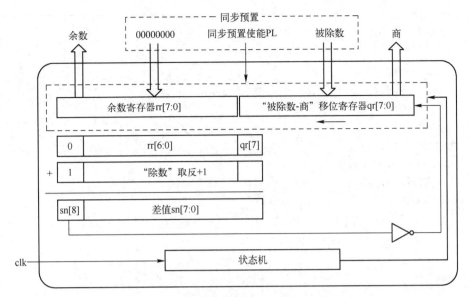

图 7.43　基于移位寄存器的 8 位除法器逻辑电路

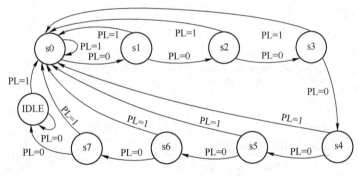

图 7.44　例 7.10 的状态图

```
//除法器的三段式有限状态机描述
module div8(nRST, PL, clk, dividend, divisor, quotient, remainder, OE);
    parameter      SIZE = 8;
    input          nRST, clk;
    input          PL;                          //并行同步预置(parallel synchronous preset)
    input [SIZE-1:0] dividend, divisor;         //被除数和除数
    output[SIZE-1:0] quotient, remainder;       //商和余数
    output         OE;
    reg            OE;

    reg[3:0]       CS, NS;
    parameter[3:0] s0=4'd0,s1=4'd1,s2=4'd2,s3=4'd3,s4=4'd4,s5=4'd5,s6=4'd6,s7=4'd7,
                   IDLE=4'd8;
```

```verilog
        always@ (posedge clk , negedge nRST) begin
            if( !nRST)      CS <= IDLE;
            else begin
                if( PL) CS <= s0;
                else    CS <= NS;
            end
        end
    end
    always@ (CS, PL) begin
        if( PL) NS = s0;
        elsebegin
          if( CS == IDLE) NS = IDLE;
          elseNS = NS + 1;
        end
    end


    reg[ SIZE-1:0]      qr, rr;      //qr 是"被除数-商"移位寄存器,rr 是余数寄存器
    wire[ SIZE:0]       sn;          //差
    assign sn = {1'b0,rr[ SIZE-2:0],qr[ SIZE-1]} + {1'b1,( ~divisor) + 1};
    always@ ( posedge clk , negedge nRST) begin
        if( !nRST) begin OE <= 1'b0; end
        else begin
            if( PL) begin
                qr <= dividend;            //同步装载被除数
                rr <= {SIZE{1'd0}};        //余数清零
                OE <= 1'b0;
            end
            else   begin
                if( CS != IDLE) begin
                    if( sn[ SIZE] == 1'b0) rr <= sn[ SIZE-1:0];             //够减
                    else                   rr <= {rr[ SIZE-2:0],qr[ SIZE-1]};  //不够减
                    qr <= {qr[ SIZE-2:0], ~sn[ SIZE]};
                end

                if( NS != IDLE) begin OE <= 1'b0; end
                else            begin OE <= 1'b1; end
            end
        end
    end
    assign quotient  = qr;
    assign remainder = rr;
endmodule
```

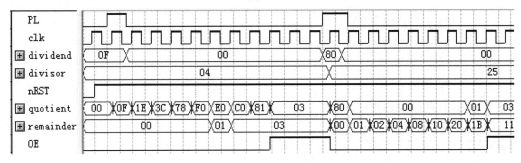

图 7.45　例 7.10 的仿真时序图

7.6　典型同步时序逻辑功能电路——计数器

人们在日常生活、工作、学习、生产和科研中，到处都是计数问题。在商场购物交款要计数，看时间、统计产品等也要计数。因此，计数是十分重要的概念。

广义地讲，一切能够完成计数工作的器物都是计数器，例如，里程表是计数器，钟表是计数器。本书中的计数器是指能累计输入脉冲个数的电路。若随着 CP 的输入而不断递增计数的电路叫加法计数器，不断递减计数的叫减法计数器，可增可减的叫可逆计数器。

计数器的有效状态数称为计数器的模，n 位计数器的模为 2^n。计数器中能计到的最大数称为计数器的容量，它等于计数器的所有各位全为 1 时的数值。对于 n 位二进制通用计数器，其容量 2^n-1，计数范围为 $0 \sim 2^n-1$。计数器的输出就是计数值，因此，计数器是状态寄存器直接作为输出的 Moore 型同步时序逻辑电路。

在数字系统中，计数器不但能用于对时钟脉冲计数，而且还广泛用于分频、定时、产生节拍脉冲和脉冲序列，以及进行数字运算等。

7.6.1　计数器的一般设计方法及结构

1. 同步计数器

计数器基于触发器实现。通用计数器的设计与一般的时序逻辑电路设计方法一致。下面以模 12 计数器为例说明计数器设计的一般方法，具有通用性。

【例 7.11】基于 JK 触发器设计 4 位同步加法计数器。

解： 采用 4 个 JK 触发器实现。首先建立状态转换表，如表 7.6 所示。然后根据状态转换表分别画出 4 个 JK 触发器的次态卡诺图，如图 7.46 所示。

基于各个卡诺图化简得到状态方程。并对照 JK 触发器的特征方程 $Q^{n+1} = J\overline{Q^n} + \overline{K}Q^n$ 得到驱动方程：

$$Q_3^{n+1} = Q_3^n\overline{Q_1^n} + Q_3^n\overline{Q_0^n} + Q_3^n\overline{Q_2^n} + \overline{Q_3^n}Q_2^nQ_1^nQ_0^n = Q_3^n(\overline{Q_2^n} + \overline{Q_1^n} + \overline{Q_0^n}) + \overline{Q_3^n}Q_2^nQ_1^nQ_0^n$$
$$= Q_3^n(\overline{Q_2^nQ_1^nQ_0^n}) + \overline{Q_3^n}Q_2^nQ_1^nQ_0^n$$

$$\Rightarrow J_3 = K_3 = Q_2^nQ_1^nQ_0^n$$

$$Q_2^{n+1} = Q_2^n\overline{Q_1^n} + Q_2^n\overline{Q_0^n} + \overline{Q_2^n}Q_1^nQ_0^n = Q_2^n(\overline{Q_1^n} + \overline{Q_0^n}) + \overline{Q_2^n}Q_1^nQ_0^n = Q_2^n(\overline{Q_1^nQ_0^n}) + \overline{Q_2^n}Q_1^nQ_0^n$$

$$\Rightarrow J_2 = K_2 = Q_1^nQ_0^n$$

$$Q_1^{n+1} = \overline{Q_1^n}Q_0^n + Q_1^n\overline{Q_0^n}$$
$$\Rightarrow J_1 = K_1 = Q_0^n$$
$$Q_0^{n+1} = \overline{Q_0^n}$$
$$\Rightarrow J_0 = K_0 = 1$$

表 7.6　0~11 的模 12 计数器
状态转换表

Q_3^n	Q_2^n	Q_1^n	Q_0^n	Q_3^{n+1}	Q_2^{n+1}	Q_1^{n+1}	Q_0^{n+1}
0	0	0	0	0	0	0	1
0	0	0	1	0	0	1	0
0	0	1	0	0	0	1	1
0	0	1	1	0	1	0	0
0	1	0	0	0	1	0	1
0	1	0	1	0	1	1	0
0	1	1	0	0	1	1	1
0	1	1	1	1	0	0	0
1	0	0	0	1	0	0	1
1	0	0	1	1	0	1	0
1	0	1	0	1	0	1	1
1	0	1	1	0	0	0	0
1	1	0	0	1	1	0	1
1	1	0	1	1	1	1	0
1	1	1	0	1	1	1	1
1	1	1	1	0	0	0	0

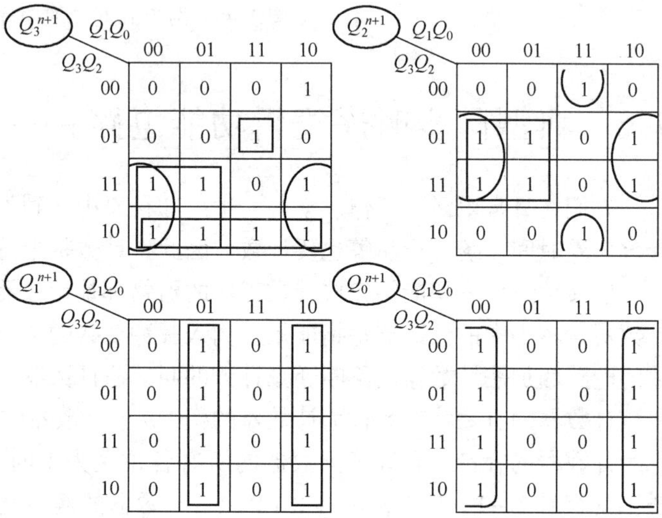

图 7.46　例 7.11 的次态卡诺图

计数器处于容量值状态指示：$C = Q_3^n Q_2^n Q_1^n Q_0^n$。

由驱动方程配合门电路即可得到例 7.11 的数字逻辑图，如图 7.47 所示。

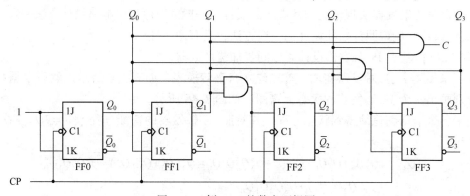

图 7.47　例 7.11 的数字逻辑图

另外，由驱动方程可以看出，JK 触发器的功能为 T 触发器的应用方式，且可得到 m 位加法计数器各触发器驱动方程的递推公式，即

$$\begin{cases} J_0 = K_0 = 1\,(\text{取反,与 T 触发器功能一致}) \\ J_i = K_i = \prod_{j=0}^{i-1} Q_j^n = Q_{i-1}^n Q_{i-2}^n \cdots Q_1^n Q_0^n, \quad i = 1,2,\cdots,m-1 \\ C = \prod_{j=0}^{m-1} Q_j^n = Q_{m-1}^n Q_{m-2}^n \cdots Q_1^n Q_0^n \end{cases} \tag{7.16}$$

加法计数器，低位全部为 1 则相邻高位同步进位（取反）。

带有同步预置功能的 4 位二进制同步加法计数器电路如图 7.48 所示。各个触发器的驱动没有直接连到触发器的输入端，而是接到二选一数据选择器的一个输入端，数据选择器的另一个输入端连接待预置数据输入引脚。当同步预置使能端 $\overline{\text{PE}}$ 为低电平时，在有效 CP 脉冲边沿到来时，各数据输入 D 将被同步预置到各个对应触发器中；当同步预置使能端 $\overline{\text{PE}}$ 为高电平时，数据选择器将选择计数功能时的各触发器的驱动作为触发器的输入，实现同步计数，具有同步预置功能，本质上就是各个触发器的驱动由数据选择器来选择数据来源。

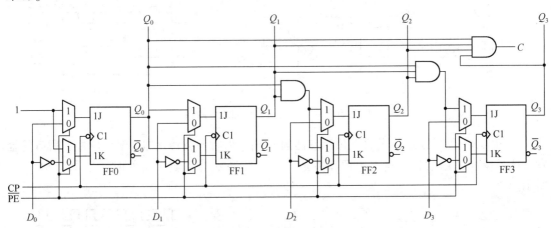

图 7.48　带有同步预置功能的 4 位二进制同步加法计数器电路

按照加法计数器同样的推理方式，可得到 m 位减法计数器各触发器驱动方程的递推公式，低位全部为 0 则相邻高位同步借位（取反），即

$$\begin{cases} J_0 = K_0 = 1\,(\text{取反,与 T 触发器功能一致}) \\ J_i = K_i = \prod_{j=0}^{i-1} \overline{Q_j^n} = \overline{Q_{i-1}^n}\,\overline{Q_{i-2}^n} \cdots \overline{Q_1^n}\,\overline{Q_0^n}, \quad i = 1,2,\cdots,m-1 \\ C = \prod_{j=0}^{m-1} \overline{Q_j^n} = \overline{Q_{m-1}^n}\,\overline{Q_{m-2}^n} \cdots \overline{Q_1^n}\,\overline{Q_0^n} \end{cases} \tag{7.17}$$

4 位二进制同步减法计数器电路如图 7.49 所示。

*2. 异步计数器

由 D 触发器构成的 4 位二进制异步加法计数器如图 7.50（a）所示。电路中，每个 D 触发器都接成 T′触发器，即有上升沿时钟输出就翻转。因此，FF0 在 CP 上升沿处翻转，FF1 在 $\overline{Q_0}$ 上升沿处翻转，FF2 在 $\overline{Q_1}$ 上升沿处翻转，FF3 在 $\overline{Q_2}$ 上升沿处翻转。电路的输出 $Q_3^n Q_2^n Q_1^n Q_0^n$ 在 0000 到 1111 进行 16 个计数状态循环，时序如图 7.50（b）所示。显然，通过 JK 触发器接成 T′触发器来构筑与图 7.50（a）一致的电路形式，同样构成异步加法计数器。

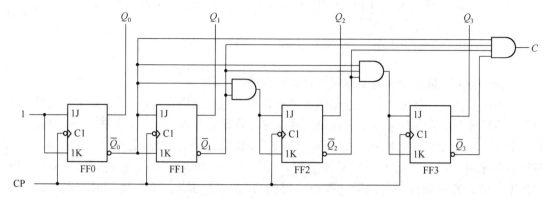

图 7.49　4 位二进制同步减法计数器电路

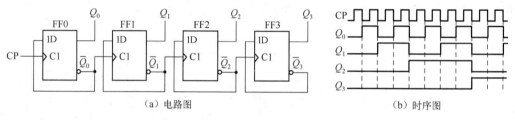

（a）电路图　　　　　　　　　　　　（b）时序图

图 7.50　4 位二进制异步加法计数器

如图 7.51（a）所示，若将低位触发器的 Q 端作为后一级触发器的触发脉冲，所有的触发器还是接成 T′触发器，这时电路就变成一个异步减法计数器。工作时序如图 7.51（b）所示。

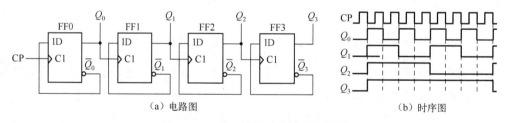

（a）电路图　　　　　　　　　　　　（b）时序图

图 7.51　4 位二进制异步减法计数器

由于实际应用中要么采用集成计数器芯片，要么基于 PLD 器件实现复杂计数器功能，计数器应用的传统设计方法已经失去意义。下面将着重说明集成计数器 74HC161 及其应用方法。

7.6.2　MSI 计数器芯片及模控制原理

1. MSI 计数器芯片 74HC161

74HC161 是一种典型的高性能、低功耗 CMOS 工艺 4 位二进制加法计数器 MSI 芯片。74HC161 除具有二进制加法计数功能外，还具有并行数据的同步预置、计数使能控制和异步清零等功能。图 7.52 所示为 74HC161 的引脚及时序图，表 7.7 是 74HC161 的功能表。

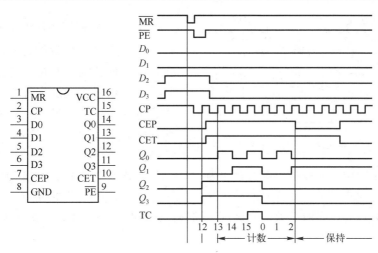

图 7.52　74HC161 的引脚及时序图

表 7.7　74HC161 的功能表

输　入									输　出				
清零 $\overline{MR}$	预置 $\overline{PE}$	使能		时钟 CP	预置数据输入				Q_3	Q_2	Q_1	Q_0	进位 TC
		CEP	CET		D_3	D_2	D_1	D_0					
L	×	×	×	×	×	×	×	×	L	L	L	L	L
H	L	×	×	↑	D_3	D_2	D_1	D_0	D_3	D_2	D_1	D_0	△
H	H	L	×	×	×	×	×	×	保持				△
H	H	×	L	×	×	×	×	×	保持				L
H	H	H	H	↑	×	×	×	×	计数				△

注：△表示只有当 CET 为高电平，且计数器状态为 HHHH 时输出为高电平，其余均为低电平。

（1）异步清零 $\overline{MR}$：优先级最高，当它是低电平时，无论其他输入端是何状态，有无时钟脉冲，计数器的输出为 0000。

（2）并行同步预置使能 $\overline{PE}$：在 $\overline{MR}=1$ 的前提条件下，如果 $\overline{PE}=0$，无论 CEP、CET 取何值，当 CP 上升沿到来时，可以将此时数据输入端 D_0、D_1、D_2 和 D_3 的数据装载到计数器中，并输出到输出端 $Q_3 \sim Q_0$。由于置数时必须有 CP 脉冲信号，所以称为同步并行置数；当 $\overline{PE}=1$ 时，只要 CEP 和 CET 有一个是低电平，无论有无 CP 脉冲，也无论 $D_3 \sim D_0$ 接什么数据，计数器保持原来的状态。

（3）当 $\overline{MR}=\overline{PE}=CEP=CET=1$，无论 $D_3 \sim D_0$ 接什么数据，当有脉冲的上升沿到来时，计数器就开始计数。显然，在 $\overline{PE}=1$ 时，CEP 和 CET 输出作为计数器的同步计数使能信号，同时输入"1"时计数器才计数，否则始终保持计数器的值不变。

（4）进位信号 TC，只有当 CET=1，且 $Q_3Q_2Q_1Q_0=1111$ 时，TC 才为"1"，表示计数器处于容量值，表明下一个 CP 脉冲上升沿到来时将会有进位发生。

此外，有些同步计数器是采用同步清零方式，如 74HC163。应注意同步清零与异步清零的区别。在同步清零的计数器中，清零端输入低电平，并不马上将所有触发器清零，而是要等下一个 CP 信号到达时清零信号有效，才能将计数器清零；而异步清零只要 $\overline{MR}=0$，则计数器立即被清零，不受 CP 的控制。

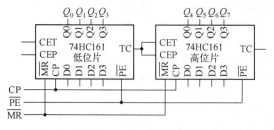

图 7.53 两片 74HC161 扩展成 8 位计数器

2. MSI 计数器芯片的扩展

当需要更大容量的计数器时，可通过低容量的计数器，利用其进位信号和同步计数使能信号，通过多片级联即可扩展为大容量的计数器。如图 7.53 所示就是通过两片 4 位计数器 74HC161 扩展为 8 位计数器。

低位片 74HC161 的 TC 在容量值时才为 "1"，致使高位片在低位片溢出清零时才使能计数一次，进而实现扩展。要说明的是，这种扩展与组合逻辑电路的扩展有本质区别，组合逻辑的扩展一般设计串联时延致使后级等待问题，同步时序的级联只要满足建立时间和保持时间参数即可。

3. 用 MSI 计数器芯片构成任意进制计数器

任意进制计数器可以用厂家定型的集成计数器产品外加适当的电路连接而成。用 M 进制集成计数器构成 N 进制计数器时，如果 $M>N$，则只需一个 M 进制集成计数器；如果 $M<N$，则要用多个 M 进制集成计数器。基于集成计数器的任意进制计数器的构成方法有两种，即反馈清零法和反馈置数法。

【例 7.12】 用 74HC161 构成十进制加计数器。

解：十进制计数器应有 10 个状态，而 74HC161 共有 16 个计数状态。所以如果设法跳过多余的 6 个状态，就可以实现模 10 计数器。

1）反馈清零法

反馈清零法适用于有清零输入端的集成计数器。74HC161 具有异步清零功能，在其计数过程中，不管它的输出处于哪一状态，只要在异步清零输入端加一低电平，不需要时钟脉冲，计数器的输出立即从那个状态回到 0000 状态。如图 7.54（a）所示电路，由于 Quartus

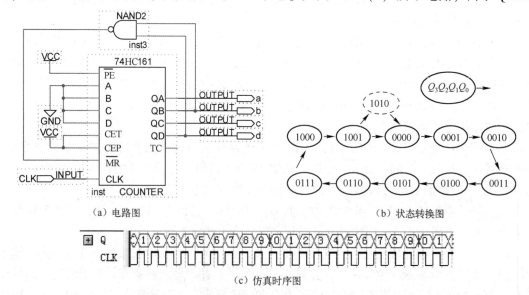

图 7.54 用反馈清零法将 74HC161 接成十进制计数器

Ⅱ下的默认引脚命名与 74HC161 的主流命名方式有区别，当然在 Quartus Ⅱ下可以更改这些名字，但是为了不影响阅读和实验，保留了原命名方式，图中给出了标注。图 7.54（b）是其状态转换图，图 7.54（c）是它的仿真时序图。

从图 7.54 中可以看出，74HC161 从 0000 状态开始计数，当第 10 个 CP 脉冲上升沿到来时，输出 $Q_3Q_2Q_1Q_0 = 1010$，通过一个与非门译码后，反馈给 $\overline{MR}$ 端一个清零信号，立即使 $Q_3Q_2Q_1Q_0 = 0000$ 状态。此后，产生清零信号的条件已经消失，$\overline{MR}$ 端随即变成为高电平，计数器重新开始新的一个计数周期。需要说明的是，电路是在进入 1010 状态后，才被置成 0000 状态的，即 1010 状态会在极短的瞬间出现。因此在主循环状态图中用虚线表示。

此外，如果是用具有同步清零功能的 74HC163（引脚及其他功能与 74HC161 一致）来构成十进制计数器，则应从 $Q_3Q_2Q_1Q_0 = 1001$ 取样，在第 10 个 CP 脉冲上升沿到来时，将计数器同步置成 $Q_3Q_2Q_1Q_0 = 0000$ 状态。电路如图 7.55（a）所示，其状态转换图如图 7.55（b）所示。实际应用中建议使用同步清零的方式实现任意进制计数器，以避免异步置位计数器输出的毛刺，导致反馈清零错误。

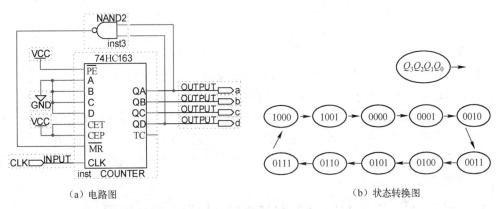

（a）电路图　　　　　　　　　　　　　　（b）状态转换图

图 7.55　用反馈清零法将 74HC163 接成十进制计数器

2）反馈置数法

反馈置数法适用于具有同步预置数功能的集成计数器。如图 7.56（a）所示电路，借助于 74HC161 的同步预置数功能，在计数过程中，可以将它输出的任何一个状态通过译码，

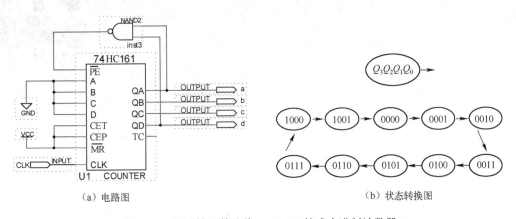

（a）电路图　　　　　　　　　　　　　　（b）状态转换图

图 7.56　用反馈置数法将 74HC161 接成十进制计数器

产生一个预置控制信号到阈值控制端，在下一个 CP 脉冲作用后，计数器就会把预置数据输入端 $D_3 \sim D_0$ 的状态置入计数器。预置控制信号消失后，计数器就从被置入的状态开始重新计数。当计数器的状态 $Q_3Q_2Q_1Q_0 = 1001$ 时，经译码产生有效预置信号 0，反馈至 $\overline{PE}$ 端，在下一个 CP 脉冲上升沿到达时置入 0000 状态，图 7.56（b）是它的状态转换图。

【例 7.13】 用 74HC161 构成六十进制加法计数器。

解： 在通过两片 74HC161 构建 8 位加法计数器基础上，基于反馈置数法的六十进制加法计数器电路如图 7.57 所示。工作过程分析如下。

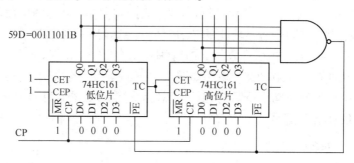

图 7.57   用反馈置数法将两片 74HC161 接成六十进制计数器

低位片和高位片计数器共同受同步时钟 CP 的控制。低位片每接收 16 个时钟脉冲，其进位输出端 TC 由 "0" 变为 "1" 一次（低位计数器输出 1111B 时），其持续时间为一个时钟周期，从而允许高位片工作一次。即高位片计数器在低位片计数器的 TC 为 1 期间，且在同步时钟 CP 上升沿进行加 1，如此重复上述过程。直至当高位片输出为 0011B 且低位片输出为 1011B 时，即当前计数值为 59 时同步预置信号有效，下一时钟同步预置 0，从而实现六十进制计数功能。

7.6.3   项目讨论：基于 MSI 计数器芯片设计模可设置计数器

基于一片 MSI 计数器芯片 74HC161、必要的组合逻辑电路和两位拨码开关设计模可设置为 1、4、9 和 13 的计数器电路。请将讨论过程、设计方法及电路记录到下面的方框内。

7.6.4　基于 Verilog HDL 的通用计数器设计与描述

先来设计一个简单的 4 位二进制计数器，计数值从 4'h0 到 4'hf 循环输出计数值。描述见例 7.14，时序如图 7.58 所示。

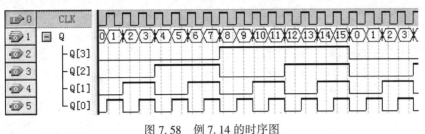

图 7.58　例 7.14 的时序图

【例 7.14】一个简单的 4 位二进制计数器。

```
module CNT4 (CLK, Q);
    parameter SIZE = 4;
    input CLK;
    output[SIZE-1:0] Q;
    reg[SIZE-1:0] Q1;
    always @ (posedge CLK) begin
        Q1 <= Q1 + 1;          //CLK 有上升沿则 Q1 累加 1,否则保持原值不变
    end
    assign Q = Q1;
endmodule
```

使用 parameter 来声明计数器的位宽为 4，这样将来若设计为 8 位计数器，则只要将"parameter SIZE = 4;"中的"4"改为"8"即可。

例 7.14 所描述模块的输入端口为时钟源引脚 CLK，输出端口为 4 位矢量信号 Q。为了便于作累加，必须定义一个内部的寄存器变量 Q_1，以使 Q_1 具备输入和输出的特性。在累加表达式"Q1<= Q1 + 1;"中，Q_1 出现在赋值符号的两边，表明 Q_1 具有输入和输出两种特性。同时它的输入特性应该是反馈方式，即"<="右边的 Q_1 来自左边 Q_1（输出信号）的反馈。这里信号 Q_1 被综合成一个内部 4 位加法计数器（一个加法器和 4 位寄存器）。计数器的输出 Q_1 与器件的输出 Q 通过 assign 语句相连。

下面给出一个功能更加全面且更具实际应用意义的计数器示例，即带有异步复位、同步计数使能和可预置型十进制计数器，描述如下。

【例 7.15】带有异步复位、同步计数使能和可预置型十进制计数器。

```
module CNT_D (CLK, EN, nRST, LOAD, DIN, Q, COUT);
    parameter SIZE = 4;            //4 位二进制位宽计数器
    parameter TOP = 9;            //十进制计数器
    input CLK, EN, nRST, LOAD;    //时钟,时钟使能,复位,同步加载控制信号
    input[SIZE-1:0] DIN;          //并行加载输入信号
```

```
        output[SIZE-1:0] Q;              //计数器输出
        output COUT;                     //计数器进位输出
        reg[SIZE-1:0] Q1;
        always @ (posedge CLK , negedge nRST) begin
            if(!nRST)    Q1 <= 0;
            else if(LOAD) Q1<= DIN;
            else if(EN) begin
                if(Q1 < TOP)Q1 <= Q1 + 1;
                else Q1 <= 0;
            end
        end
        assign COUT = (Q1 == TOP)? 1'b1:1'b0;
        assign Q = Q1;
    endmodule
```

图 7.59 清晰地展示了例 7.15 计数器的工作特性。

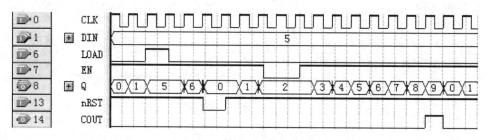

图 7.59　例 7.15 的时序图

（1）nRST 在任意时刻有效（出现低电平）都会异步清零计数器。

（2）当 EN=1，且在 LOAD=1 加载有效时，CLK 上升沿 DIN 引脚值加载到计数器内部，直至 LOAD=0 后，计数器在此初值基础上在 CLK 时钟上升沿时刻加 1 计数。

（3）当计数器计到 9，COUT 输出 1。

另外，图 7.59 中出现了毛刺，以计数器的计数值从 7 到 8 的计数跳变为例，因为 7（0111）到 8（1000）每一位都发生了变化，导致各个位信号传输路径不一致性增大。当然，毛刺在此处出现不是绝对的。如果期间速度快，且系统优化恰当，不一定出现毛刺。

7.6.5　基于 Verilog HDL 描述分频器和 PWM 波形发生器

在数字系统设计中，分频器是一种应用十分广泛的电路，其功能就是对较高频率的矩形波信号进行分频。本质上，分频电路是加法计数器的变种，其计数值由分频 $M=f_{in}/f_{out}$ 决定，其输出不是一般计数器的计数结果，而是根据分频系数对输出信号的高、低电平进行控制。通常来说，分频器常用于对数字电路中的高频时钟信号进行分频，从而得到较低频率的时钟信号。本节将对各种常见的分频器进行详细的介绍。

1. 50%占空比输出的偶数分频器

50%占空比输出的偶数分频器就是指分频系数为偶数，即分频系数 $M=2n(n=1,2,\cdots)$，且输出信号的占空比为 50%。如果输入信号的频率为 f，则分频器的输出信号频率为 $f/(2n)$。分以下两种情况讨论。

1）分频系数是 2 的整数次幂的偶数分频器

要想实现分频系数为 2^N 的分频器，则只需要实现一个 N 进制的计数器，然后把 N 进制计数器的最高位直接赋给分频器的输出信号，即可得到所需要的分频信号。

对于分频系数是 2 的整数次幂的分频器来说，将计数器的相应位直接作为分频器的输出信号即可。下面以一个通用的可输出 2 分频信号、4 分频信号的分频器为例，利用 Verilog HDL 描述其实现方法，代码如下，功能仿真结果如图 7.60 所示。

【例 7.16】基于两位二进制计数器实现 2 分频和 4 分频信号输出的分频器描述。

```
module div2_4 (div2, div4, clk);
    output div2, div4;
    input clk;
    reg[1:0] cnt;
    always @ (posedge clk) begin
        cnt <= cnt + 1;
    end
    assign div2 <= cnt[0];
    assign div4 <= cnt[1];
endmodule
```

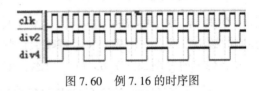

图 7.60　例 7.16 的时序图

2）分频系数是一般性偶数的分频器

对于分频系数不是 2 的整数次幂的分频器来说，仍然可以用计数器来实现，不过需要对计数器进行模控制。分频系数为 M，因为是偶数分频，则设计 $M/2$ 进制计数器，选择任意计数值时刻翻转输出即可。下面以分频系数为 12 的分频器为例，则设计模 6 计数器，基于 Verilog HDL 描述，代码如下。功能仿真结果如图 7.61 所示。

【例 7.17】分频系数为 12 的分频器描述。

```
module div12( div12, clk);
    output div12;
    input clk;
    reg div12;
    reg[2:0] cnt;
    always @ (posedge clk) begin
        if( cnt == 3'b101) begin
            div12 <= ~div12;
            cnt <= 0;
        end
        else cnt <= cnt + 1;
    end
endmodule
```

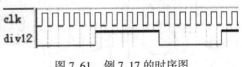

图 7.61　例 7.17 的时序图

2. 占空比可设置分频器——基于计数器的 PWM 波形发生器设计

任意占空比的分频器包含两项工作参数：分频系数和占空比。分频系数为 M 的任意占空比分频器，其实质就是设计 M 进制计数器，输出波形的高、低电平起点与计数器的两个计数值起点对应。

脉宽调制（pulse width modulation，PWM）是一种矩形波控制技术，即矩形波的周期和占空比都可以调节，广泛应用在测量、通信、功率控制与变换的许多领域中。可见，PWM 技术就是任意占空比输出的分频器。

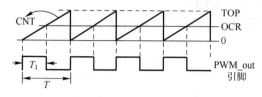

图 7.62　PWM 波形产生原理

PWM 技术通过高分辨率的 TOP+1 进制计数器、输出比较寄存器 OCR 和输出寄存器来实现方波的周期和占空比被调制。PWM 波形产生原理如图 7.62 所示，占空比为 T_1/T。计数器做加法，计数器的最大值 TOP 和计数时钟频率控制 PWM 波形的周期（$T=(TOP+1)/f_{in}$），

比较值 OCR 与 TOP 共同决定占空比。PWM 技术已经逐步成为现代电子技术信号产生和输出控制的核心技术之一。基于非阻塞赋值计数器的 PWM 波形发生器的 Verilog HDL 描述见例 7.18，仿真时序图如图 7.63（a）所示，RTL 图如图 7.63（b）所示。

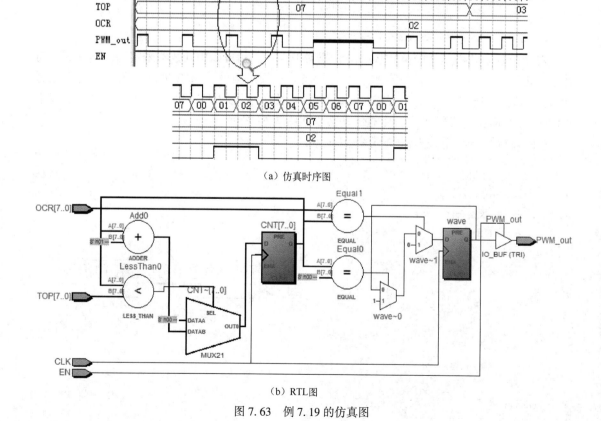

（a）仿真时序图

（b）RTL图

图 7.63　例 7.19 的仿真图

【例 7. 18】 基于非阻塞赋值计数器的 PWM 波形发生器的描述。

```
module PWM( CLK, TOP, OCR, PWM_out, EN);
    input CLK;
    input [7:0] TOP,OCR;
    input EN;
    output PWM_out;
    reg wave;
    reg [7:0] CNT;              //定义 8 位计数器
    always @ ( posedge CLK) begin
        if( CNT < TOP) CNT <= CNT+1'b1;
        else            CNT <= 8'b0;
        if( CNT = = 8'b0) wave <= 1'b1;
        if( CNT = = OCR) wave <= 1'b0;
    end
    assign PWM_out = EN ? wave:1'bz;
endmodule
```

例 7.19 中，8 位计数器 CNT 作为 PWM 波形每个周期的时间轴，当 CLK 输入固定频率的方波后，(TOP+1) 控制周期，比较值 OCR 控制高电平时间，占空比 = OCR/(TOP+1)。采用非阻塞赋值，时序逻辑电路中的组合逻辑电路基于原态进行计算，所以计数器在 1 和 3 两个次态输出电平进行的动作，从图 7.63 (b) 可以看出动作延迟了一个时钟。

采用阻塞赋值描述见例 7.19，仿真时序图如图 7.64 (a) 所示，RTL 图如图 7.64 (b) 所示。

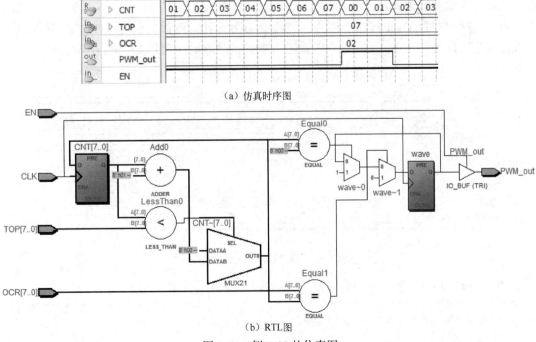

(a) 仿真时序图

(b) RTL图

图 7.64　例 7. 20 的仿真图

【例 7.19】 基于阻塞赋值计数器的 PWM 波形发生器的描述。

```verilog
module PWM(CLK, TOP, OCR, PWM_out, EN);
    input CLK;
    input [7:0] TOP, OCR;              //周期和高电平区间控制输入
    input EN;
    output PWM_out;
    reg wave;
    reg [7:0] CNT;                    //定义8位二进制计数器
    always @ (posedge CLK) begin
        if(CNT < TOP) CNT = CNT + 1'b1;
        else          CNT = 8'b0;
        if(CNT == 8'b0) wave = 1'b1;
        if(CNT == OCR) wave = 1'b0;
    end
    assign PWM_out = EN? wave:1'bz;
endmodule
```

采用阻塞赋值，时序逻辑电路中的组合逻辑电路基于次态进行计算，所以控制 PWM 高电平起始的两个时刻的判断逻辑直接基于次态进行判断，因此，计数器在 0 和 2 两个状态同步改变输出电平，与比较值对应状态一致。

由于 TOP 和 OCR 采用 PLD 的引脚进行设置是非常浪费引脚的，设置接口也很烦琐，因此一般是将 TOP 和 OCR 作为 PLD 的内部寄存器，通过外部接口并行预置数据到这两个寄存器中。另外，直接将数据装载到 TOP 或 OCR 中势必会改变 PWM 输出波形，当前周期会出错，因此，装载的数据要在计数器归零的瞬间生效，这就需要给 TOP 和 OCR 配置两个影子寄存器，从接口并行预置的数据先装载到影子寄存器，在计数器归零时将影子寄存器中的数据在加载到实际的 TOP 和 OCR 中。请看例 7.20，其仿真时序图如图 7.65 所示。

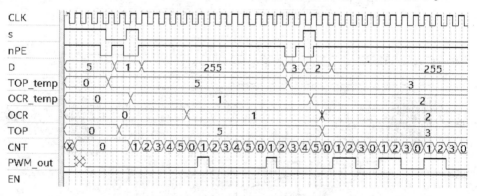

图 7.65　例 7.20 的仿真时序图

【例 7.20】 并行预置、非阻塞赋值计数比较的 PWM 波形发生器描述。

```verilog
module PWM(CLK, D, nPE, s, PWM_out, EN);
    input CLK;
```

```
    input [7:0] D;
    input nPE, s;                //nPE 是并行预置使能信号, s 是预置地址选择
    input EN;
    output PWM_out;

    reg [7:0] CNT;               //定义计数器
    reg [7:0] TOP, OCR, TOP_temp, OCR_temp;    //TOP_temp 和 OCR_temp 是影子寄存器

    reg wave;
    always @ (posedge CLK) begin
        if( !nPE) begin          //装载到影子寄存器
            if( s == 1'b0) TOP_temp <= D;
            else           OCR_temp <= D;
        end

        if( CNT < TOP) CNT <= CNT+1'b1;
        else begin
                TOP <= TOP_temp;    //从影子寄存器加载到 PWM 的两个控制寄存器
                OCR <= OCR_temp;
                CNT <= 8'b0;
        end

        //占空比=OCR/(TOP+1), OCR > 0, OCR ≤ TOP, 0 < 占空比 < 1
        if( CNT == 8'd0) wave <= 1'b1;
        if( CNT == OCR) wave <= 1'b0;
    end
    assign PWM_out = EN?wave:1'bz;
endmodule
```

7.7　典型同步时序逻辑功能电路——移位寄存器与移位型计数器

7.7.1　移位寄存器

　　移位寄存器（shift register）采用触发器作为寄存器来存储二进制代码，且触发器间还具有移位功能，即寄存器存储的数值能在移位脉冲的作用下依次左移或右移。因此，移位寄存器不但可以用来存储代码，还可以实现数据的串行–并行转换、数值的运算及数据处理等。例如，左移或右移 1 位，相当于乘以 2 或除以 2。

　　图 7.66 所示电路是由 D 触发器组成的 8 位移位寄存器。其中第一个触发器 FF0 的输入端接收输入信号，其余每个触发器的输入端均与前面一个触发器的 Q 端相连。其实，该电路为 74HC164 的内部结构。工作过程分析如下。

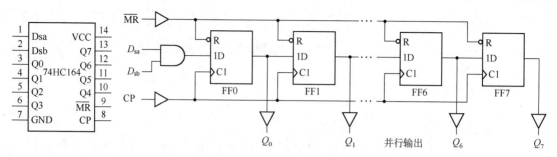

图 7.66　由 D 触发器组成的 8 位移位寄存器（74HC164）

当 CP 上升沿到达开始到输出端新的状态建立，需要经过一段传输时间的延迟，因此，当 CP 上升沿同时作用于所有的触发器时，它们的输入端（D 端）的状态还没有改变。于是当 CP 出上升沿时各个 D 触发器的次态等于其接入 D 输入端的 D 触发器的原态，$Q_0^{n+1}=D_{sa}D_{sb}$，总的效果相当于移位寄存器里原有代码依次右移了一位。

图 7.67 是由 8 个 JK 触发器组成的 8 位串入并出移位寄存器，它和图 7.66 电路具有同样的逻辑功能。

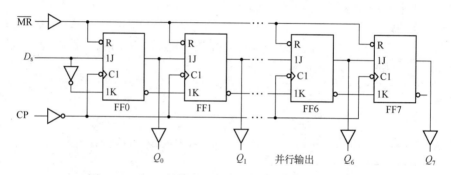

图 7.67　由 JK 触发器组成的 8 位串入并出移位寄存器

在有些场合，需要较多的输出引脚，利用串入并出移位寄存器就可以很方便地实现串并的转换，以获得较多的输出引脚。如 LED 点阵屏，每一行都有几十、几百或几千个 LED，一般都是利用移位寄存器进行串并转换以进行 I/O 扩展。但是，采用 74HC164 扩展 I/O 时，由于其没有数据锁存端，数据在传送过程中，对输出端来说是透明的，这样，数据在传送过程中，LED 上有闪动现象，驱动的位数越多，闪动现象越明显。限制了串入并出移位寄存器的直接应用。带有两级锁存的串入并出芯片 74HC595 可以有效地解决该问题，其引脚及内部结构如图 7.68 所示，引脚说明如表 7.8 所示。

表 7.8　74HC595 引脚说明

引 脚 名 称	引 脚 序 号	功 能 说 明
Q0～Q7	15、1～7	并行数据输出口
GND	8	电源地
Q7′	9	串行数据输出端
$\overline{MR}$	10	一级锁存（移位寄存器）的异步清零端
SHCP	11	移位寄存器时钟输入，上升沿移入 1 位数据

引脚名称	引脚序号	功能说明
STCP	12	锁存输出时钟，上升沿有效
$\overline{\text{OE}}$	13	输出三态使能控制
DS	14	串行数据输入端
VCC	16	供电电源

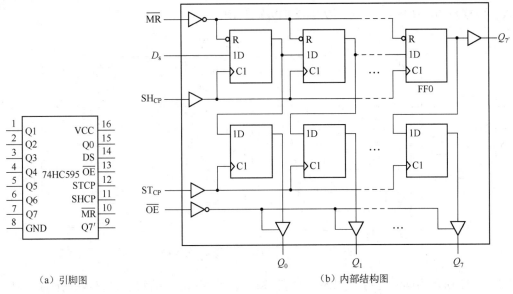

（a）引脚图　　　　　　　　　　　（b）内部结构图

图 7.68　74HC595 引脚及内部结构

74HC595 内部的移位寄存器的值必须经过第二级锁存才能输出，且具有输出三态控制和异步清零等功能，该结构促使 74HC595 应用十分广泛。另外，74HC595 的输出采用三态结构，这为输出的整体功率控制提供了解决方案。当其 $\overline{\text{OE}}$ 引脚接入 PWM 信号时，PWM 信号的占空比越大，输出功率越大。

【例 7.21】 基本 RS 锁存器不能应用于只有两个端子按键的去抖动问题。只有两个端子按键的去抖动可以通过基于 D 触发器的移位器实现。电路如图 7.69 所示。试分析其去抖动原理。

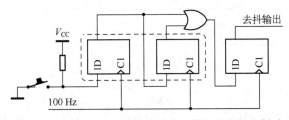

图 7.69　基于 D 触发器构建的移位器实现按键去抖动

解： 上拉电阻给出按键悬空时的常态高电平输入。对于一个按键信号，抖动时间一般不会超过 10 ms。用一个 100 Hz 连续脉冲对它进行采样，如果连续几次采样都相同，即认为处于稳定状态。因此，该例的消抖电路用两级 D 触发器采样，若连续两次采样都为低，则或门输出低，表示消抖结束，有按键动作。为防止或门输出有竞争冒险，或门输出级联触发器。

　　若先将 n 位数据自输入端并行地置入移位寄存器的 n 个触发器中，然后加入 n 个移位脉冲，则移位寄存器中的 n 位数据将从串行输出端 Q_7 依次送出，从而实现数据的并行-串行转换。8 位带并入-串出芯片 74HC165 内部电路结构如图 7.70 所示，通过触发器的异步置"1"端和清零端实现预置。当 $\overline{PL}$ 给出低脉冲，并行输入端数据异步置入移位寄存器，且 $\overline{PL}=0$ 时，移位时钟 CP 无效。当 $\overline{PL}=1$，且时钟使能端 $\overline{CE}$ 有效时（低电平），允许移位时钟输入，数据自 $D_S \to Q_0 \to Q_1 \to \cdots \to Q_6 \to Q_7$ 向方向移动。

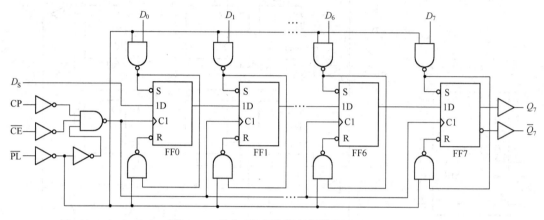

图 7.70　并入-串出移位寄存器 74HC165

　　图 7.71 所示为同时支持"并入-串出"和"串入-并出"的移位寄存器。作为"串入-并出"器件使用时，$\overline{Shift/Load}$ 设定为低电平；作为"并入-串出"器件使用时，$\overline{Shift/Load}$ 设定为高电平，在接下来的同步时钟有效边沿到来时同步装载并行数据到移位寄存器中，再将 $\overline{Shift/Load}$ 设定为低电平，Q_7 向端则可同步移出各个位。

　　为了便于扩展逻辑功能和增加使用的灵活性，在市场出售的移位寄存器集成电路产品上，不但有数据并行输入、保持、异步清零（复位）等功能，甚至还有左、右移控制，如 MSI 芯片 74HC194 就是 4 位双向移位寄存器。74HC194 的引脚如图 7.72 所示，逻辑功能如表 7.9 所示。

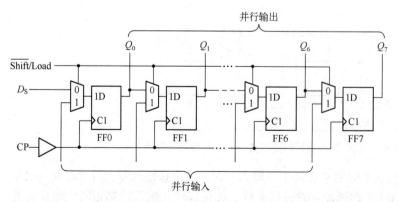

图 7.71　"并入-串出"和"串入-并出"双功能移位寄存器　　　　图 7.72　74HC194 引脚图

表 7.9　74HC194 的逻辑功能

模式选择	输　　入							输　　出			
	CP	$\overline{MR}$	M_1	M_0	D_{SR}	D_{SL}	D_n ($n=0,1,2,3$)	Q_0	Q_1	Q_2	Q_3
异步清零	×	0	×	×	×	×	×	0	0	0	0
保持	×	1	0	0	×	×	×	q_0	q_1	q_2	q_3
左移	↑	1	1	0	×	0	×	q_1	q_2	q_3	0
	↑	1	1	0	×	1	×	q_1	q_2	q_3	1
右移	↑	1	0	1	0	×	×	0	q_0	q_1	q_2
	↑	1	0	1	1	×	×	1	q_0	q_1	q_2
并行装载	↑	1	1	1	×	×	d_n	d_0	d_1	d_2	d_3

7.7.2　8 位双向移位寄存器的 Verilog HDL 描述

以实现 8 位双向移位寄存器为例。该移位寄存器有一个移位时钟输入端（CLK）、一个异步清零端（nCLR）和一个同步预置使能信号（LOAD），用于将 8 位并行预置引脚（D）的信息同步读入寄存器。此外，还有信号串行输入端（DIN）和 8 位并行输出端（Q）。在左移和右移信号（LnR）的控制下，每个 CLK 时钟上升沿寄存器左（右）移一位，同时将串行输入的一位补充到输出信号的最低（高）位，并设有输出三态控制引脚（nOE）。具体描述见例 7.22，时序图如图 7.73 所示。

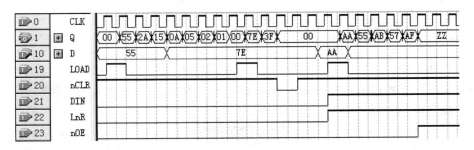

图 7.73　例 7.22 的时序图

【例 7.22】带有异步清零、同步预置的 8 位双向移位寄存器描述。

```
module shifter1(nCLR, CLK, LnR, LOAD, DIN, nOE, D, Q);
    input nCLR, CLK, LnR, LOAD, DIN, nOE;
    input[7:0] D;                                //8 位并行预置输入口
    output [7:0] Q;                              //8 位移位输出口
    reg [7:0]shifter_R8;                         //定义内部的 8 位移位寄存器
    always@(posedgeCLK, negedge nCLR)
        if(!nCLR)    shifter_R8 <= 8'h00;        //寄存器异步清零
        else if(LOAD) shifter_R8 <= D;           //并行同步预置
        else begin
            if(LnR) shifter_R8 <= {shifter_R8[6:0], DIN};   //左移
            else    shifter_R8 <= {DIN, shifter_R8[7:1]};   //右移
```

```
        end
    assign Q = nOE?8'hzz:shifter_R8;
endmodule
```

该描述中，采用位提取，然后再按位序并位的方法实现移位操作。"位提取，再按位序并位"是 HDL 的重要描述方法，请读者细细品味。

左移时（LnR=1），即低位向高位移动时，若对应 CPLD 或 FPGA 器件的 Q[7] 引脚和 DIN 引脚相连，此时，为循环左移的移位寄存器，即自 Q[7] 移出的信息通过 DIN 引脚进入 Q[0]。左移描述亦可写为

```
shifter_R8[7] <= shifter_R8[6]; shifter_R8[6] <= shifter_R8[5];
shifter_R8[5] <= shifter_R8[4]; shifter_R8[4] <= shifter_R8[3];
shifter_R8[3] <= shifter_R8[2]; shifter_R8[2] <= shifter_R8[1];
shifter_R8[1] <= shifter_R8[0]; shifter_R8[0] <= DIN;
```

相应地，右移时（LnR=0），即高位向低位移动时，若对应 CPLD 或 FPGA 器件的 Q[0] 引脚和 DIN 引脚相连，此时，为循环右移的移位寄存器，即自 Q[0] 移出的信息通过 DIN 引脚进入 Q[7]。右移描述亦可写为

```
shifter_R8[0] <= shifter_R8[1]; shifter_R8[1] <= shifter_R8[2];
shifter_R8[2] <= shifter_R8[3]; shifter_R8[3] <= shifter_R8[4];
shifter_R8[4] <= shifter_R8[5]; shifter_R8[5] <= shifter_R8[6];
shifter_R8[6] <= shifter_R8[7]; shifter_R8[7] <= DIN;
```

Verilog HDL 中的左移（<<）和右移（>>）操作与 C 语言中的左移（<<）和右移（>>）含义一致，只不过 Verilog HDL 中的左移（<<）和右移（>>）只针对无符号数操作。左移时，低位补充 0，右移时，高位补充 0。格式为

```
sh>>n 或 sh<<n
```

表示，操作数或变量 sh 中的数据右移或左移 n 位。

例 7.22 重新描述如下。其实，只有移位描述方法不一样，其他部分的描述和综合结果一致。

```
        …
    if(LnR) begin
        shifter_R8 <= shifter_R8 << 1;          //左移
        shifter_R8[0] <= DIN;
    end
    else begin
        shifter_R8 <= shifter_R8 >> 1;          //右移
        shifter_R8[7] <= DIN;
    end
        …
```

Verilog-2001 版本还增加了对有符号数左右移的操作符。"<<<" 和 ">>>" 分别为有符号数左移和有符号数右移。格式为

> sh>>>n 或 sh<<<n

表示操作数或变量中的数据右移或左移 n 位。其中，"<<<" 与 "<<" 的移位方法一样，建议统一使用 "<<"。而综合 ">>>" 时一律将符号位（最高位）填补上原位的值，其实 ">>>" 就是计算机体系结构中的算术右移。

7.7.3　项目讨论：带两级锁存的串入-并出移位寄存器 74HC595 的描述

鉴于 74HC595 具有广泛的应用背景，参见图 7.68（b）的 74HC595 内部电路，请讨论并尝试完成 74HC595 的 Verilog HDL 描述，填入如下方框内。

7.7.4　移位型计数器

计数器也可以由 n 状态移位寄存器构成，称为移位型计数器。为不断在这 n 个状态中循环，移位寄存器电路中需要加入反馈。有两种移位型计数器：环形计数器和扭环形计数器。环形计数器又称脉冲分配器，扭环计数器又称计约翰逊（Johnson）计数器。下面以 4 位移位寄存器说明移位型计数器工作原理。

1. 环形计数器

四状态环形计数器的工作时序如图 7.74 所示。

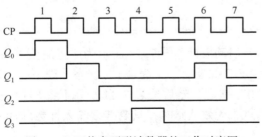

图 7.74　四状态环形计数器的工作时序图

图 7.75 为环形计数器基本电路，是移位型计数器中最简单的电路。

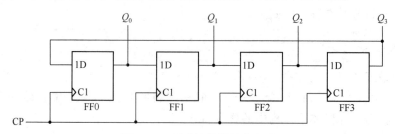

图 7.75　环形计数器基本电路

一般来说，将由 0001→0010→0100→1000→0001 四种状态组成的循环称为有效循环，其余状态组成的循环称为无效循环。上电初始状态难以确定，不能保证仅有 1 个触发器为"1"状态，且有效循环与各无效循环之间无法进行连接。因此，这种环形计数器不具备自启动能力，无法直接应用。

改进的方法有两个，一个是通过异步复位端将其中 3 个触发器异步清零，1 个被异步置位，如图 7.76 所示。MSI 芯片 74HC4017 就是这样的 10 位环形计数器，引脚和时序如图 7.77 所示，功能如表 7.10 所示。

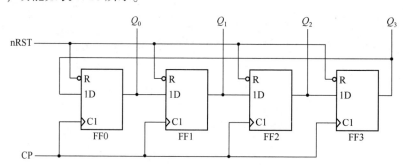

图 7.76　带有复位端的基本环形计数器

表 7.10　74HC4017 的功能表

清零（MR）	时钟（CP_0）	时钟（CP_1）	操　作
H	×	×	$Q_0 = \overline{Q_{5 \sim 9}} = H$；$Q_1 \sim Q_9 = L$
L	H	↓	环形计数
L	↑	L	环形计数
L	L	×	保持
L	×	H	保持
L	H	↑	保持
L	↓	L	保持

另一个方法就是进行自启动设计。图 7.78 所示为改进后能够自启动的环形计数器。其工作原理为：FF0、FF1 和 FF2 只要有一个为"1"状态，则下一个时钟 FF0 为"0"状态，再经过 3 个时钟就都为"0"状态，然后按表 7.11 所示状态转换表工作。也就是说能够自启动，如由于某种原因而进入无效状态时，只要继续输入计数脉冲 CP，电路就会自动返回有效状态工作。

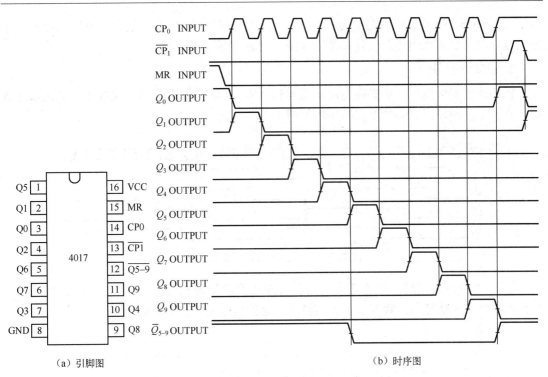

图 7.77　74HC4017 的引脚图及时序图

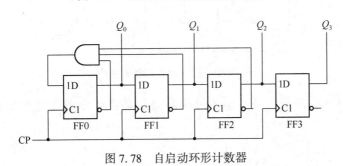

图 7.78　自启动环形计数器

表 7.11　自启动环形计数器状态转换表

计数脉冲序号	现　态					次　态			
	Q_3^n	Q_2^n	Q_1^n	Q_0^n		Q_3^{n+1}	Q_2^{n+1}	Q_1^{n+1}	Q_0^{n+1}
	0	0	0	0	→	0	0	0	1
0	0	0	0	1	→	0	0	1	0
1	0	0	1	0	→	0	1	0	0
2	0	1	0	0	→	1	0	0	0
3	1	0	0	0	→	0	0	0	1

四状态环形计数器逻辑功能总结如下。

（1）四状态环形计数器只有 4 个有效工作状态，即只能计 4 个数。

（2）状态利用率很低：由 4 个触发器组成的二进制计数器有 16 个不同的状态。因此，有 12 个无效状态。

（3）环形计数器的优点是电路简单，可直接由各触发器的 Q 端输出，不需要译码。它的缺点是电路状态利用率低，计 n 个数，需 n 个触发器，很不经济。

2. 扭环计数器

扭环计数器可以进一步提高电路状态的利用率，4 位移位寄存器实现有效循环的状态数提高至 8 个。扭环计数器的工作时序图如图 7.79 所示。

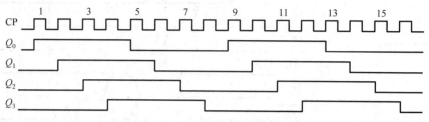

图 7.79　扭环计数器的工作时序图

图 7.80 所示为扭环计数器基本电路，若触发器的初始状态都为 "0"，可以正常工作。但是上电状态无法控制，观察其状态转换表，电路仍然无法实现自启动。

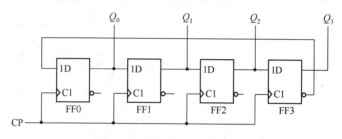

图 7.80　扭环计数器基本电路

改进的方法仍然有两个，一个是通过异步复位端将 4 个触发器异步清零。如图 7.81 所示。

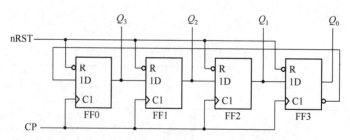

图 7.81　具有异步复位端的基本扭环计数器

【例 7.23】带有异步复位端的 4 位基本扭环计数器的 Verilog HDL 描述。

```
module shifter_ Johnson (nRST, CLK, Q);
    input nRST, CLK;
    output [3:0] Q;                      //4 位移位输出口
    reg [3:0] shifter_R4;                //定义内部的 4 位移位寄存器
    always@ (posedgeCLK, negedge nRST)
```

```
        if( !nRST) shifter_R4 <= 4'h00;        //寄存器异步清零
        else        shifter_R4 <= {shifter_R4[2:0], ~ shifter_R4[3]};
    assign Q = shifter_R4;
endmodule
```

另一个方法就是进行自启动设计。图 7.82（a）所示是可以自启动的扭环计数器，电路工作原理分析如下。

首先写出状态方程：

$$\begin{cases} Q_0^{n+1} = D_0 = \overline{Q_3^n} \\ Q_1^{n+1} = D_1 = Q_0^n \\ Q_2^{n+1} = D_2 = Q_1^n Q_0^n + Q_1^n Q_2^n \\ Q_3^{n+1} = D_3 = Q_2^n \end{cases}$$

设扭环计数器现态 $Q_3^n Q_2^n Q_1^n Q_0^n = 0000$，代入状态方程进行推导，得到状态转换图如图 7.82（b）所示。

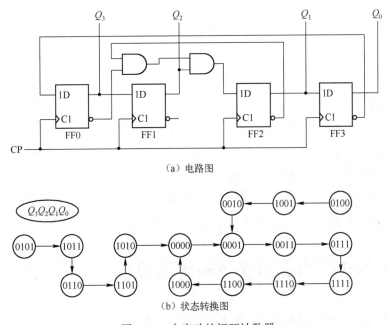

（a）电路图

（b）状态转换图

图 7.82 自启动的扭环计数器

可见，该电路能够自启动，如由于某种原因而进入无效状态时，只要继续输入计数脉冲 CP，电路就会自动返回有效状态工作。

由以上分析，4 位扭环计数器有效循环有 8 种状态，可计 8 个数。扭环计数器的优点是每次状态变化只有一个触发器翻转，译码器不存在竞争冒险现象，电路比较简单。缺点是电路状态利用率仍然不高，有 8 个无效状态。

综上，移位型计数器，由于每个计数状态中只有一个触发器发生反转，译码波形非常好，不带毛刺。

【例 7.24】请为某数据采集系统设计一个时序控制电路，其输入有时钟 CP 和控制启动信号 Start，输出为 CLK。如图 7.83 所示，要求每来一个 Start 负脉冲，经过 3 个 CP 周期延迟后，启动电路输出 8 个周期 CLK，这 8 个 CLK 的周期都为两个 CP 周期，即 16 个 CP 周期，然后停止输出 CLK，CLK 保持在低电平，等待下一次启动。

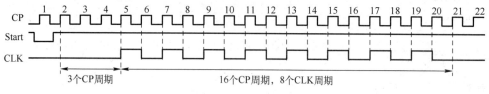

图 7.83　例 7.24 的时序图

解： Start 负脉冲触发一次，可将 Start 作为异步信号来初始化电路一次，每初始化一次产生一次 CLK 时序。Start 后 3 个 CP 周期的延迟可以通过 3 个单元的移位型计数器，将使能信号传导给产生 8 个周期脉冲的电路。CLK 是 CP 的二分频，且还要计数，所以可以将计数器的最低计数位直接输出即可，模 16 计数器刚好产生 8 个 CLK 时钟。计数结束后要自锁，直至 Start 负脉冲异步初始化解锁。自锁可以通过标志触发器和与门来实现。电路设计如图 7.84 所示。

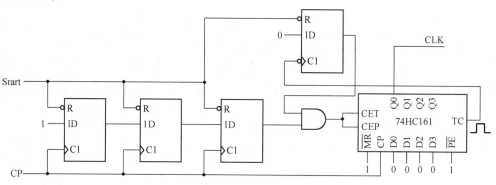

图 7.84　满足例 7.24 要求的设计电路

移位寄存器广泛应用于串并转换和串行通信接口等领域。

7.8　基于 MSI 的同步时序逻辑电路设计

7.8.1　基于 MSI 进行同步时序逻辑电路设计的方法

本节讨论用 MSI 计数器或 MSI 移位寄存器作为状态寄存器的同步时序逻辑电路设计。其步骤与前面基于触发器设计同步时序逻辑电路的步骤基本相同，不同之处主要如下。

（1）当状态数不多于 MSI 计数器或 MSI 移位寄存器的状态数时，原则上不必进行状态化简。这不仅不会增加硬件成本负担，而且可以保持原始状态改变中的各个状态的实际含义。

（2）状态分配时要充分考虑 MSI 计数器或 MSI 移位寄存器的状态变化规律，尽量使用计数器的自然计数功能或移位寄存器的移位功能实现电路的状态转换，以减少辅助器件的数目，降低硬件电路成本。

（3）将 MSI 计数器或 MSI 移位寄存器的控制激励列入状态转换表中，求出 MSI 模块的驱动函数表达式，并尽量使用 MSI 译码器或数据选择器实现组合逻辑电路。

【例 7.25】 请分别采用 JK 触发器、MSI 计数器和 MSI 移位寄存器作为状态寄存器设计一个铁道路口交通控制器。如图 7.85 所示，在铁道路口两侧设置自动控制电动闸门，当没有火车通过时，电动闸门自动打开，行人和车辆自由通行；当有火车到来时，调动闸门自动关闭，公路禁止通行。为实现电动闸门自动控制，在适当距离处设置 P_1 和 P_0 两个传感器，输出信号分别为 X_1 和 X_0，当有火车触发传感器则对应传感器输出高电平给控制器。控制器检测到传感器信号后通过 Z 给出关门信号（高电平）关闭电动闸门，直到火车通过另一个传感器位置，电动闸门才自动打开。

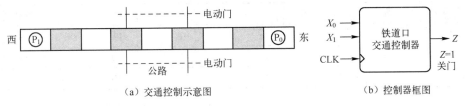

（a）交通控制示意图　　　　　　　　　（b）控制器框图

图 7.85　铁道路口交通控制示意图

解： 根据火车与公路交口的管控过程画出交通控制器的状态转换图，如图 7.86 所示。

$X_1X_0 = 00$，输出 $Z = 0$，电动门打开，处于 S_0 状态。

当火车由东向西驶来压上 P_0 传感器时，$X_1X_0 = 01$，输出 $Z = 1$，电动门关闭，转入 S_1 状态。当火车继续由东向西行驶位于 P1、

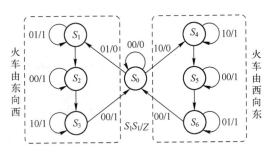

图 7.86　铁道路口交通控制器的原始状态转换图

P0 之间时，$X_1X_0 = 00$，输出 $Z = 1$，电动门保持关闭，转入 S_2 状态。当火车继续由东向西行驶压上 P_1 传感器时，$X_1X_0 = 10$，输出 $Z = 1$，电动门继续关闭，转入 S_3 状态。当火车继续由东向西行驶离开 P_1 传感器时，$X_1X_0 = 00$，输出 $Z = 0$，电动门打开，回到 S_0 状态。同理得到火车由西向东行驶过程的状态转换过程。

将原始状态图转换为原始状态转换表，如表 7.12 所示。

表 7.12　交通控制器的原始状态转换表

现态/Z^n ＼ 次态　X_1X_0	00	01	11	10
$S_0/0$	S_0	S_1	×	S_4
$S_1/1$	S_2	S_1	×	$\times \to S_3$
$S_2/1$	S_2	$\times \to S_1$	×	S_3
$S_3/1$	S_0	$\times \to S_6$	×	S_3
$S_4/1$	S_5	$\times \to S_6$	×	S_4
$S_5/1$	S_5	S_6	×	$\times \to S_4$
$S_6/1$	S_0	S_6	×	$\times \to S_3$

1. 基于 JK 触发器实现

观察发现，如果将其中 6 个无关项分别看作表中箭头所指示的次态，则 S_1 与 S_2，S_4 与 S_5，以及 S_3 与 S_6 都是等价状态。进而得到化简后的状态转换表如表 7.13 所示。由状态转换表分别得到各个触发器的次态卡诺图，如图 7.87 所示，基于卡诺图化简得到状态方程如下。

表 7.13　交通控制器的最简状态转换表及状态编码

现态/Z^n \ 次态 $X_1 X_0$	00	01	11	10
$S_0/0$	S_0	S_1	×	S_4
$S_1/1$	S_2	S_1	×	S_3
$S_3/1$	S_0	×	×	S_3
$S_4/1$	S_5	×→S_6	×	S_4

$Q_1^n Q_0^n$ \ $Q_1^{n+1} Q_0^{n+1}$ \ $X_1 X_0$	00	01	11	10
00	00	01	××	10
01	01	01	××	11
11	00	11	××	11
10	10	11	××	10

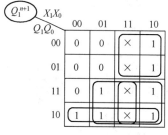 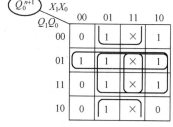

图 7.87　例 7.25 的次态卡诺图

$$Q_1^{n+1} = Q_1^n \overline{Q_0^n} + Q_1^n X_0 + \overline{Q_1^n} X_1 + Q_1^n X_1 = (\overline{Q_0^n} + X_0 + X_1) Q_1^n + X_1 \overline{Q_1^n}$$

$$Q_0^{n+1} = X_0 \overline{Q_0^n} + X_0 Q_0^n + X_1 Q_0^n + \overline{Q_1^n} Q_0^n = (\overline{Q_1^n} + X_0 + X_1) Q_0^n + X_0 \overline{Q_1^n}$$

对比 JK 触发器的特性方程，由状态方程得到驱动方程为

$$J_1 = X_1, \quad K_1 = \overline{\overline{Q_0^n} + X_0 + X_1}$$

$$J_0 = X_0, \quad K_0 = \overline{\overline{Q_1^n} + X_0 + X_1}$$

输出方程是显而易见的，即

$$Z = Q_0^n + Q_1^n$$

根据驱动方程和输出方程得到图 7.88 所示电路。由于不存在剩余状态，不用自启动检测。

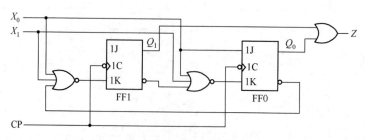

图 7.88　例 7.25 的电路图（一）

2. MSI 计数器 74HC161 作为状态寄存器设计同步时序逻辑电路

表 7.14 所示原始状态转换表有 7 个状态，74HC161 有 16 个状态，不必进行状态化简，保持原状态的含义直接设计。

为了尽量简化电路，要尽可能遵从计数器的计数规律，S_0、S_1、S_2 和 S_3，应该分配连续的编码，S_4、S_5 和 S_6 也应该分配连续的编码。7 个状态，用 3 位二进制进行顺序编码即可，也就是只需要使用 74HC161 的 $Q_2Q_1Q_0$ 即可。按计数规律进行状态分配如下。

S_0：000　　S_1：001　　S_2：010　　S_3：011　　S_4：100　　S_5：101　　S_6：110

根据状态编码和原始状态转换表得到 74HC161 的状态转换及驱动关系如表 7.14 所示。

表 7.14　74HC161 的状态转换及驱动关系

现态 $Q_2Q_1Q_0$	输入 X_1X_0	次态 $Q_2^{n+1}Q_1^{n+1}Q_0^{n+1}$	计数器 工作方式	$\overline{MR}$	$\overline{PE}$	$D_2D_1D_0$	CEP CET	输出 Z
					74HC161 的驱动			
000	00	000	保持	1	1	×××	01	0
	01	001	计数	1	1	×××	11	
	10	100	**预置**	1	0	100	××	
001	00	010	计数	1	1	×××	11	1
	01	001	保持	1	1	×××	01	
010	00	010	保持	1	1	×××	01	1
	10	011	计数	1	1	×××	11	
011	00	000	**预置**	1	0	000	××	1
	10	011	保持	1	1	×××	01	
100	00	101	计数	1	1	×××	11	1
	10	100	保持	1	1	×××	01	
101	00	101	保持	1	1	×××	01	1
	01	110	计数	1	1	×××	11	
110	00	000	**预置**	1	0	000	××	1
	01	110	保持	1	1	×××	01	
111	××	000	计数	1	1	×××	11	1

表 7.14 中预置的工作方式发生在没有按照计数器的计数规律进行状态转换的时候。$\overline{PE}$ 通过 8 选 1 数据选择器 MSI 芯片 74HC151 实现。计数和保持通过计数器同步使能信号 CEP 控制，也通过 74HC151 实现。对照表 7.15 得到 D_0、D_1、D_2 和 Z 的逻辑表达式为

$$D_0 = 0, \quad D_1 = 0, \quad D_2 = \overline{Q_0^n + Q_1^n + Q_2^n}, \quad Z = Q_0^n + Q_1^n + Q_2^n$$

以及得到驱动 $\overline{PE}$ 和 CEP 的组合逻辑关系如表 7.15 所示，进而得到最终的设计电路如图 7.89 所示。

为了使计数器一开始处于 0000 状态，加电后立即异步清零。

3. MSI 双向移位寄存器 74HC194 作为状态寄存器设计同步时序逻辑电路

同采用计数器作为状态寄存器，S_0、S_1、S_2 和 S_3，应该分配连续移位的编码，S_4、S_5 和 S_6 也应该分配连续移位的编码。按移位规律进行状态分配如下。

表 7.15　$\overline{PE}$、CEP 的组合逻辑真值表

现态 $Q_2Q_1Q_0$	$\overline{PE}$	CEP
000	$\overline{X_1}$	X_0
001	1	$\overline{X_0}$
010	1	X_1
011	X_1	0
100	1	$\overline{X_1}$
101	1	X_0
110	X_0	0
111	1	1

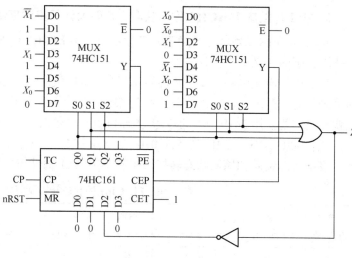

图 7.89　例 7.25 的电路图（一）

$$S_0: 000 \quad S_1: 100 \quad S_2: 010 \quad S_3: 001 \quad S_4: 101 \quad S_5: 110 \quad S_6: 011$$

根据状态编码和原始状态转换表得到 74HC194 的状态转换及驱动的关系如表 7.16 所示。

表 7.16　74HC194 的状态转换及驱动关系

现态 $S_i(Q_0Q_1Q_2)$	输入 X_1X_0	次态 $Q_0^{n+1}Q_1^{n+1}Q_2^{n+1}$	计数器工作方式	74HC194 的驱动 $M_1\ M_0$	D_{SR}	$D_0D_1D_2$	输出 Z
$S_0(000)$	00	$S_0(000)$	保持	00	×	×××	
	01	$S_1(100)$	右移	01	1	×××	0
	10	$S_4(101)$	**预置**	11	×	101	
$S_1(100)$	00	$S_2(010)$	右移	01	0	×××	
	01	$S_1(100)$	保持	00	×	×××	1
$S_2(010)$	00	$S_2(010)$	保持	00	×	×××	
	10	$S_3(001)$	右移	01	0	×××	1
$S_3(001)$	00	$S_0(000)$	右移	01	0	×××	
	10	$S_3(001)$	保持	00	×	×××	1
$S_4(101)$	00	$S_5(110)$	右移	01	1	×××	
	10	$S_4(101)$	保持	00	×	×××	1
$S_5(110)$	00	$S_5(110)$	保持	00	×	×××	
	01	$S_6(011)$	右移	01	0	×××	1
$S_6(011)$	00	$S_0(000)$	**预置**	11	×	000	
	01	$S_6(011)$	保持	00	×	×××	1
(111)	××	$S_6(011)$	右移	01	0	×××	1

对照表 7.17 得到 D_0、D_1、D_2 和 Z 的逻辑表达式为

$$D_0 = X_1, \quad D_1 = 0, \quad D_2 = X_1, \quad Z = Q_0^n + Q_1^n + Q_2^n$$

表 7.17　M_1、M_0 和 D_{SR} 的组合逻辑真值表

现态 $Q_2Q_1Q_0$	M_1	M_0	D_{SR}
000	X_1	$X_1 + X_0$	1
001	0	$\overline{X_1}$	0
010	0	X_1	0
011	$\overline{X_0}$	$\overline{X_0}$	0
100	0	$\overline{X_0}$	0
101	0	$\overline{X_1}$	1
110	0	X_0	0
111	0	1	0

以及得到驱动 M_1、M_0 和 D_{SR} 的组合逻辑关系如表 7.17 所示，进而得到最终的设计电路如图 7.90 所示。

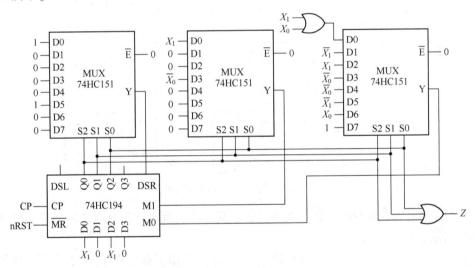

图 7.90　例 7.25 的电路图（二）

为了使移位寄存器一开始处于 0000 状态，加电后立即异步清零。

7.8.2　序列信号发生器的设计

在数控设备和数字计算机中，往往需要控制器按照事先规定的顺序进行操作或运算，这就要求控制器不仅能正确地发出各种控制信号，而且要求这些控制信号在时间上有一定的先后顺序，以实现征集各部分的协调动作。序列信号发生器的功能就是产生一组或多组二进制顺序信号，广泛应用于通信、测量及无线电仪表等领域。

序列信号发生器通常可以在移位寄存器或计数器的基础上构成，前者通常只产生一组序列信号，后者可以产生一组或多组序列信号，下面分别讨论它们的设计方法。

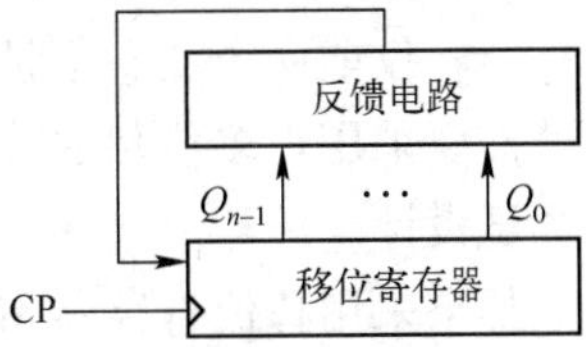

1. 移位寄存器型序列信号发生器

移位寄存器型序列信号发生器框图如图 7.91 所示。图中，

图 7.91　移位寄存器型序列信号发生器框图

由组合逻辑电路构成的反馈电路的作用是检测移位寄存器的现态，产生 0 或 1 并输出至移位寄存器的输入端，以便得到既定的次态，使电路输出给定的序列信号。在序列信号的每个循环周期中所含有的码元位数称为循环长度 M（或序列长度），也称为序列周期。

移位寄存器型序列信号发生器的设计步骤为：首先确定移位寄存器的位数 n（n 按 $2^n \geqslant M$ 来确定）；然后列出状态转换表；最后设计反馈电路。

【例 7.26】 设计产生 "00011101，00011101，…" 序列的移位寄存器型序列信号发生器。

解：（1）确定移位寄存器的位数 n。依题意可知，循环长度 $M=8$，需要移位寄存器的位数 $n \geqslant 3$，因此首先要考虑是否可以按三位一组划分序列信号，组成 8 个状态循环。方法是按输出序列次序每次取 3 位：第一次取左 3 位为起始状态；第二次取左起第二位开始的 3 位；如此继续下去，直到序列第一个周期的最末位开始的 3 位取完为止。由此可画出状态转换图如图 7.92 所示。

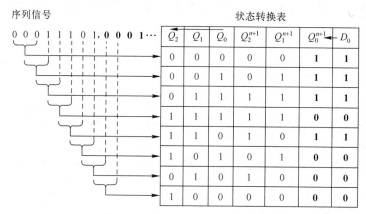

图 7.92　例 7.26 的状态转换图

由于每个状态都是独立的，状态图中没有重复状态，且次态都是原态的左移，所以 $n=3$ 满足设计要求。

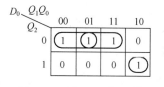

图 7.93　例 7.26 中 D_0 的驱动卡诺图

（2）图 7.92 中已经给出了状态转换表。若采用 D 触发器实现移位寄存器，首先确定 D_0 的最小项为 $D_0 = \sum m(0,1,3,6)$，进而得到每一个状态 D_0 的驱动卡诺图如图 7.93 所示。

从而得到 D_0 的驱动方程为

$$D_0 = \overline{Q_2}\,\overline{Q_1} + \overline{Q_2}Q_0 + Q_2Q_1\overline{Q_0} = \overline{\overline{Q_2}\,\overline{Q_1} \cdot \overline{Q_2}Q_0 \cdot \overline{Q_2Q_1\overline{Q_0}}}$$

进而得到逻辑电路图如图 7.94 所示。序列可以从任意触发器的 Q 端输出。本例中，循环长度 $M=8$，$n=3$ 位移位寄存器恰好满足设计要求。但实际应用中并非都是如此，如设计产生 "00001111，00001111，…" 序列，很显然，若采用 3 位移位寄存器，仅前两个状态都是 "000" 就已经出现重复状态，不满足移位寄存器工作规律，为此就需要采用更多位数的移位寄存器实现，此序列当 $n=4$ 时是可以满足设计要求的，请读者尝试设计。

如果采用移位寄存器 MSI 芯片 74HC164 和 8 选 1 数据选择器 MSI 芯片 74HC151 实现，电路如图 7.95 所示，按 $D_0 = \sum m(0,1,3,6)$ 设置 MUX 的数据输入端。同样，可以选择 Q_0、Q_1 和 Q_2 作为序列输出。

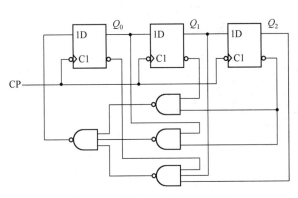

图 7.94　例 7.26 的逻辑电路图

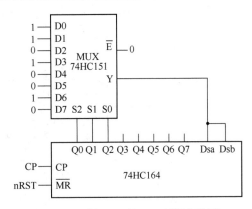

图 7.95　例 7.26 的 MSI 逻辑电路图

2. 计数器型序列信号发生器

计数器型序列信号发生器框图如图 7.96 所示，其由 M 进制计数器和组合逻辑电路构成。组合逻辑电路的输出可以是周期为 M 的一组序列信号，也可以是周期为 M 的多组序列信号，前者对应的是一个输出端的组合逻辑电路，后者对应的是多个输出端的组合逻辑电路。

要实现序列长度为 M 的序列信号发生器，其设计步骤为：先设计一个 M 进制计数器；再令计数器每一个状态输出符合序列信号要求；最后根据计数器状态转换关系和序列信号要求设计输出组合网络。

【例 7.27】 设计产生"00100011101，00100011101，…"序列的计数器型序列信号发生器。

解：因为序列的长度 $M = 11$，所以要设计模 11 加法计数器，这可以通过具有同步预置数功能的 4 位计数器 74HC161 和反馈置数法来实现。若计数器从 0 计到 10 对应输出序列的第 0 位到第 10 位，则组合逻辑电路的输出 $F = \sum m(2,6,7,8,10)$，进而得到组合逻辑电路的输入输出卡诺图如图 7.97 所示。

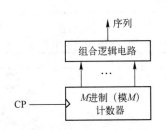

图 7.96　计数器型序列信号发生器框图

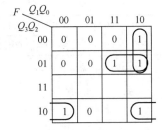

图 7.97　例 7.27 的组合逻辑电路卡诺图

从而得到

$$D_0 = \overline{Q_3}Q_1\overline{Q_0} + \overline{Q_3}Q_2Q_1 + Q_3\overline{Q_2}\,\overline{Q_0} = \overline{\overline{Q_3}Q_1\overline{Q_0} \cdot \overline{\overline{Q_3}Q_2Q_1} \cdot \overline{Q_3\overline{Q_2}\,\overline{Q_0}}}$$

进而得到逻辑电路图如图 7.98 所示。

其中的组合逻辑电路部分可以采用 MSI 数据选择器芯片实现，请读者试采用 8 选 1 数据选择器完成该设计。

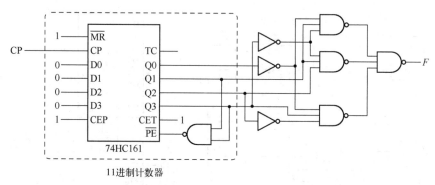

图 7.98　例 7.27 的逻辑电路图

用前面的方法可以设计组合电路输出两组或多组循环长度相同的序列信号。但是这类电路的组合逻辑输出存在竞争冒险，因此，必须采用抽样判决（也称为采样判决）和触发器输出或来解决竞争冒险。抽样判决技术则是在 F 的每个输出期间多次采样，占多数次数的值作为输出值。若将计数时钟的反相输出作为上升沿 D 触发器的时钟，并将 F 接至 D 触发器的输入，可以实现每个信号中间时刻的采样和触发器输出。

7.8.3　项目讨论：1110010××××序列发生器的设计

设计一个序列信号产生电路，实现图 7.99 中所示的波形 U_o。图中，CP 为输入时钟，U_o 的 1~7 为 1110010 的固定序列，8~11 位为可变序列，其值由 CP 为 1 时 $ABCD$ 的值确定，真值表如表 7.18 所示。请讨论并尝试完成该应用，设计过程和电路填入如下方框内。

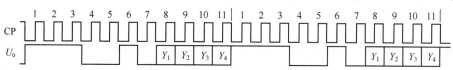

图 7.99　序列发生器的时序波形

表 7.18　变化序列部分的转换表

$ABCD$	0000	0001	0010	0011	0100	0101	0110	0111	1000	1001	其他
$Y_1 Y_2 Y_3 Y_4$	0000	0001	0010	0011	0100	0101	0110	0111	1000	1001	0000

*7.9　定时器作为协处理器的有限状态机设计

协处理有限状态机（coprocessing finite state machine，CFSM）就是一直或随时与主 FSM 并行同时工作的 FSM，也称为从有限状态机（slave finite state machine，SFSM）或从机。带有 CFSM 的 FSM 结构如图 7.100 所示。

很多时候，FSM 的某个状态以持续时间的多少作为状态转换条件，此时需要一个定时器作为并行工作的协处理器来计时，即该定时器为主 FSM 的协处理器。如图 7.101 所示。

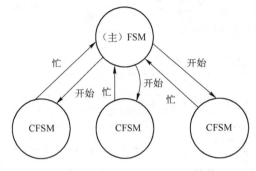

图 7.100　带有 CFSM 的 FSM 结构

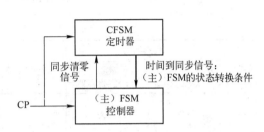

图 7.101　定时器作为协处理的 CFSM

定时器比较简单，本质就是一个计数器，下面通过一个具体的实例来说明定时器作为协处理器的设计方法。

【例 7.28】设计一个交通灯控制器，实现对十字路口交通灯控制，要求如下。

（1）东西方向绿灯（EWG）亮 50 s，南北方向红灯（NSR）亮。

（2）东西方向黄灯（EWY）亮 3 s，南北方向红灯（NSR）亮。

（3）南北方向绿灯（NSG）亮 50 s，东西方向红灯（EWR）亮。

（4）南北方向黄灯（NSY）亮 3 s，东西方向红灯（EWR）亮。

解：数字系统的结构框图如图 7.102 所示，定时器作为协处理器，用于交通灯控制器的状态转换条件。显然，该交通灯控制器有 4 个交通指示状态，用 T_0、T_1、T_2 和 T_3 表示。首先根据题目要求画出状态转换图，如图 7.103 所示。

方法 1：采用 MSI 芯片设计。

T_0、T_1、T_2 和 T_3 状态采用独热编码，

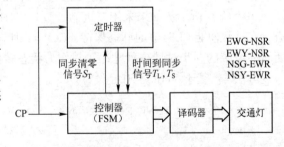

图 7.102　定时器作为协处理交通灯 CFSM 结构

由于状态切换没有分支，因此可以采用带有移位使能控制的 4 位移位寄存器作为状态寄存器；或者 T_0、T_1、T_2 和 T_3 状态采用顺序编码，同样由于状态切换没有分支，因此可以采用带有计数使能控制的二进制计数器低两位作为状态寄存器。状态转换及输出如表 7.19 所示，其中，T_L 是定时器给出的 50 s 时间到同步信号，T_S 是定时器给出的 3 s 时间到同步信号，S_T 是状态转换同步信号。显然，S_T 也是定时器同步清零信号，在状态转换时，定时器采用反馈置数法同步清零。

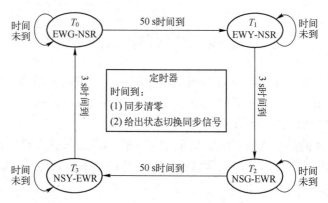

图 7.103　交通灯状态转换图

表 7.19　例 7.28 的状态转换及输出表

现态	状态编码		$T_L = 50\,s$	$T_S = 3\,s$	S_T	次态	输　　　出					
	移位寄存器作为 状态寄存器	计数器作为 状态寄存器					NSR	NSG	NSY	EWG	EWY	EWR
T_0	0001	00	0 1	× ×	0 1	T_0 T_1	1	0	0	1	0	0
T_1	0010	01	× ×	0 1	0 1	T_1 T_2	1	0	0	0	1	0
T_2	0100	10	0 1	× ×	0 1	T_2 T_3	0	1	0	0	0	1
T_3	1000	11	× ×	0 1	0 1	T_3 T_0	0	0	1	0	0	1

　　如果采用 4 位移位寄存器 74HC194 作为状态寄存器，在 $M_0 = M_1 = 1$ 时同步预置初始状态，在 $M_0 = M_1 = 0$ 时状态保持，在 $M_0 = 1$，$M_1 = 0$ 时（右移）进行状态转换，电路如图 7.104（a）所示；如果采用二进制计数器 74HC161 作为状态寄存器，异步清零置初始状态，在计数使能 CEP = 0 时状态保持，CEP = 1 时（计数）进行状态转换，电路如图 7.104（b）所示。系统的同步时钟是秒脉冲，其作为状态转换时钟，同时也作为定时器的计时时钟。

　　方法 2：基于 Verilog HDL 设计。

```
module FSM (nRST, clk_1Hz, NSR, NSG, NSY, EWG, EWY, EWR);
parameter n = 4;                    //定义主 FSM 状态编码的位宽
parameter m_Timer = 6;              //定义定时器的计数器位宽
input nRST, clk_1Hz;
output NSR, NSG, NSY, EWG, EWY, EWR;
reg    NSR, NSG, NSY, EWG, EWY, EWR;

reg Timer[m_Timer-1:0];             //定义定时器的计数器

reg[n-1:0] FMS_CS, FSM_NS;
```

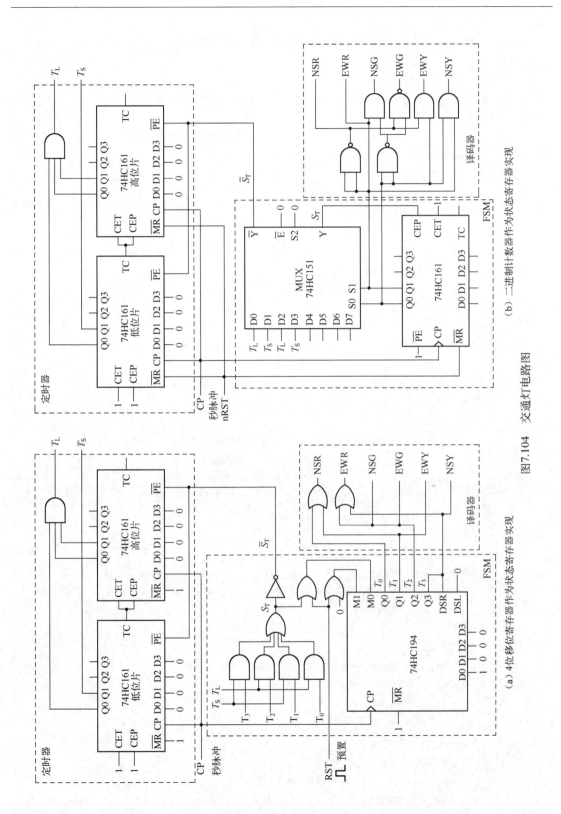

图7.104　交通灯电路图

（b）二进制计数器作为状态寄存器实现

（a）4位移位寄存器作为状态寄存器实现

```verilog
parameter FSM_T0 = 4'b0001, FSM_T1 = 4'b0010, FSM_T2 = 4'b0100, FSM_T3 = 4'b1000;
                                                          //独热状态编码

always @ ( posedge clk_1Hz, negedge nRST) begin    //FSM 的状态转移描述
    if( !nRST) begin
        FSM_CS <= FSM_IDLE;                    //FSM_CS 为主 FSM 的状态寄存器
        Timer <= 0;
    end
    else begin
        FSM_CS <= FSM_NS;

        if(FSM_CS ^ FSM_NS) begin              //状态切换时同步清零定时器
            Timer <= 0;
        end
        elseTimer <= Timer + 1;
    end
end
always @ ( * ) begin
    NSR = 0; NSG = 0; NSY = 0; EWG = 0; EWY = 0; EWR = 0;
    case( FSM_CS)
        FSM_T0:begin
            if(Timer = 6'd49) begin            //定时时间到
                FSM_NS =FSM_T1;                //切换次态
            end
            else FSM_NS = FSM_T1;              //维持原态
            NSR = 1; EWG = 1;
        end
        FSM_T1:begin
            if(Timer = 6'd2) FSM_NS = FSM_T2;
            else            FSM_NS = FSM_T1;
            NSR = 1; EWY = 1;
        End
        FSM_T2:begin
            if(Timer = 6'd49) FSM_NS = FSM_T3;
            else             FSM_NS = FSM_T2;
            NSG = 1; EWR = 1;
        end
        FSM_T3:begin
            if(Timer = 6'd2) FSM_NS = FSM_T0;
            else            FSM_NS = FSM_T3;
            NSY = 1; EWR = 1;
        end
```

```
        endcase
    end
```

*7.10　算法状态机图与带有数据通道的有限状态机描述

FSM 除了可以采用状态转换图进行设计外，还可以采用算法状态机（algorithmic state machine，ASM）图进行设计。ASM 不但是 FSM 的建模方法，还可有效描述 FSMD。ASM 图在外观上类似于计算机软件流程图，表示 FSM 在输入影响下功能或动作的时序步骤。

如图 7.105 所示，ASM 图由三个基本框构成：状态框、判决框及条件框。

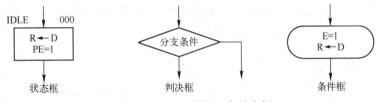

图 7.105　ASM 图的三个基本框

（1）状态框：用矩形框表示，表征具体的状态，状态名及编码分别标注在状态框外的左、右上角，当然也可以省略。框内列出该状态下的 Moore 型输出（可以是数据通道中的寄存器操作，也可以是控制器（即 FSM）为实现这种操作而产生的输出控制信号），如有需要也会列出输出条件。图 7.105 示例表明，当电路处于 IDLE 状态时，为了实现将 D 信号置入寄存器 R 中，控制器（即 FSM）应使预置信号 PE 置为高电平。

（2）判决框：也称为判别框，用菱形框表示，用来表示 ASM 图的状态分支，即通过状态转换条件进入不同的次态。如图 7.106 所示，判决条件是计数器的值 CNT，当 CNT = 3 时，转向 S_1 状态，计数器的操作为清零；否则，转向 S_2 状态，计数器的操作为计数。与计算机语言不同，ASM 图中的判决框可以多于两个分支。

（3）条件框：用两侧圆弧、上下平整的闭合框表示。条件框的入口必须与判决框的出口相连接。可以将条件输出（Mealy 型输出）放置在条件框中，当满足分支条件（输入变化）时，立即执行条件框中输出操作；条件框中的内容还可以表示状态转移时的寄存器（同步）操作。如图 7.107 所示，判决条件是 A，当 $A = 0$ 时，将寄存器 K 同步清零，并转向 S_1 状态；当 $A = 1$ 时，转向 S_2 状态。

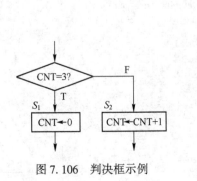

图 7.106　判决框示例　　　　　　　图 7.107　条件框示例

　　对于以控制主导的 FSM，直接用 ASM 图描述即可。对于数据处理主导的 FSMD，要采用带有数据通道的算法状态机（algorithm state machine with datapath，ASMD）图。ASMD 图是在 ASM 图基础上，将标注在条件框中的数据通道操作改为标注在 ASM 图的相应元素或箭头旁。ASMD 也是一种表述数字逻辑系统的通用模型。

　　【例 7.29】设计一个 8 位并行输入和输出的 2∶1 抽取器，实现把数据从高速时钟率降到低速时钟率。

　　解：图 7.108 是 2∶1 抽取器的 RTL 图，Shift_En 和 Out_En 是抽取控制信号。状态机具有同步复位到空闲状态 S_IDLE 的功能，一旦抽取的移位信号 Shift_En 有效则状态机从 S_IDLE 状态转到 S_1 状态，同时将数据加载到移位寄存器{D0,D1}中；在下一个时钟周期，Shift_En 有效则状态机进入 S_FULL 状态；在下一个时钟周期，若移位信号 Shift_En 仍有效则同时将状态机转到 S_1 状态，且输出信号 Out_En 有效则输出抽取数据。在 S_1 和 S_FULL 状态，只要 Shift_En 无效则进入 S_IDLE 状态。

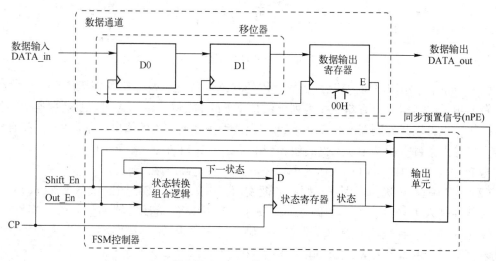

图 7.108　2∶1 抽取器 RTL 图

　　图 7.109 是 2∶1 抽取器的 ASM 图，图 7.110 是 2∶1 抽取器的 ASMD 图。显然，ASMD 图有利于在将数据通道设计和控制逻辑设计分离开，并在两个单元之间保持清晰联系。

　　2∶1 抽取器 Verilog HDL 描述如下，仿真波形如图 7.111 所示。

```
module Decimator2_1(clk, nRST,Shift_En, Out_En, Data_in, Data_out);
input   clk,nRST;
input   Shift_En;              //抽取移位器使能
input   Out_En;               //抽取输出使能
input [7:0] Data_in;
output[7:0] Data_out;
reg [7:0]    Data_out;
reg nPE;
reg [7:0]   D1, D0;
```

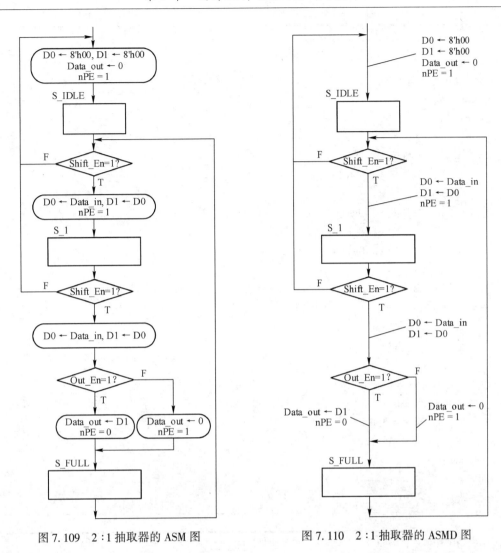

图 7.109　2∶1 抽取器的 ASM 图　　　　　　图 7.110　2∶1 抽取器的 ASMD 图

```
reg [1:0]   CS, NS; //状态寄存器及驱动
parameter   S_IDLE = 2'b00, S_1 = 2'b01, S_FULL = 2'b10;

always @ ( posedge clk ) begin
    if( !nRST ) begin
        CS <= S_IDLE;
        D0 <= 8'h00; D1 <= 8'h00; Data_out <= 8'h00;
    end
    else begin
        CS <= NS;
        D0 <= Data_in; D1 <= D0;
        if( !nPE) Data_out <= D1;
```

数据通道

```
        end
    end
    always @ ( * ) begin
        nPE = 1;
        case( CS)
            S_IDLE：
                if( Shift_En) NS <= S_1;
                else NS <= S_IDLE;
            S_1：
                if( Shift_En) begin
                    NS <= S_FULL;
                    if( Out_En) nPE = 0;
                end
                else NS <= S_IDLE;
            S_FULL：
                if( Shift_En) begin
                    NS <= S_1;
                end
                else NS <= S_IDLE;
            default： begin
                NS <= S_IDLE;
            end
        endcase
    end
endmodule
```

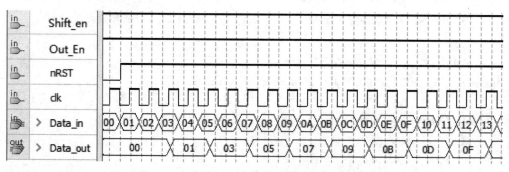

图 7.111　2∶1 抽取器仿真波形

习题与思考题

7.1　Mealy 型同步时序逻辑电路的输取决于（　　　）。

　　A. 输入信号　　　B. 电路的原始状态　　　C. 输入信号和电路的原始状态

A. 前者各触发器是同步进位的，后者则不同步

B. 前者由输入端接收计数信号，后者则由时钟脉冲端接收计数信号

C. 前者计数慢，后者计数快

7.15 试将例 7.15 设计为同步清零计数方式，其他要求与例题一致。

7.16 请基于 Verilog HDL 设计 6 位模可控六十进位，且带有同步清零和计数使能的计数器。

7.17 请分别基于原态输出和次态输出设计 110 序列检测器。当连续输入信号 110 时输出 1，否则输出 0。

7.18 设计 101 序列检测器。当连续输入信号 110 时输出 1，否则输出 0。101 序列可重叠，例如：输入 X　010101101

　　　　　　输出 Z　000101001

7.19 完成从 2 bit 输入码流中检测特定 8 bit 序列的电路，具体要求如下。

(1) 输入 2 bit 码流，MSB 在前，4 个周期的数据组成一个结构化字节。

(2) 成功检测到特定序列 7EH 后，输出高，否则输出为低。

7.20 请设计状态机电路：接收 1、2 和 5 角钱的卖报机控制器，每份报纸 5 角钱。

7.21 请利用 74HC194 设计 4 位扭环计数器。

7.22 试设计一个装置以产生周期二进制序列 01011 的输出。（提示：可设计一个模 5 计数器和译码器来实现，也可以采用并入串出移位寄存器实现。）

7.23 试基于 FSM 描述带有人行横道十字路口的交通信号灯控制。

7.24 用 Verilog HDL 描述一个自动饮料零售机控制系统。假设每瓶饮料售价为 2.5 元，有两种投币口，即 5 角和 1 元，投币信号为单个数字脉冲，机器有找零出币口和出饮料口，分别由单个数字脉冲控制。另外，可配置两位 LED 数码管，用于显示已投入的币值。

7.25 试设计一个时序控制器，其输入有时钟 CP 和控制信号 Ctrl，输出为 CLK，要求每来一个 Ctrl 负脉冲控制信号，经过 3 个 CP 周期延迟后，启动电路同步翻转输出 8 个周期 CLK（16 个 CP 周期），然后停止，等待下一次启动。时序波形如图 7.120 所示。

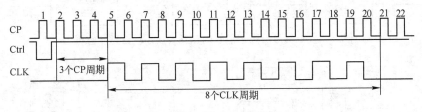

图 7.120　题 7.25 时序图

7.26 请基于 Verilog HDL 实现占空比为 50% 的 5 分频电路。（提示：占空比为 50% 的奇数分频方法基本原理：利用输入时钟的上下沿来分别得到两个占空比为"[（奇数分频值-1)/2]/奇数分频值　00%"的分频时钟，然后把这两个时钟相或得到所需时钟，如图 7.121 所示。）

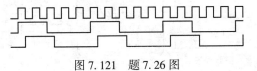

图 7.121　题 7.26 图

第8章 D/A与A/D转换器及其应用

随着半导体技术和计算机技术的发展，数字与模拟混合应用电路越来越多。作为数模混合电路的核心A/D转换器和D/A转换器是数模混合电路设计的关键。

本章将介绍A/D和D/A转换器的原理和几个常用的A/D和D/A转换器器件。并给出基于PLD和有限状态机的接口设计方法。

8.1 D/A与A/D转换器概述

目前，数字信号处理技术广泛应用于现代测控和通信系统中。当数字电子技术用于实时控制和智能仪表等应用系统中时，经常会遇到对连续变化的模拟信号（如电压和电流等）进行分析或处理，若输入的是温度、压力和速度等非电信号物理量，还需要经过传感器转换成模拟电信号，这些模拟量必须先转换成数字量才能送给数字电子系统进行处理。由数字电子系统处理后，也常常需要把数字量转换成模拟量后再送给外部设备。模拟信号与数字信号的相互转换系统处理示意框图如图8.1所示。实现模拟量转换成数字量的器件称为模数转换器（analog-to-digital converter，简称A/D转换器或ADC），数字量转换成模拟量的器件称为数模转换器（digital-to-analog converter，简称D/A转换器或DAC）。典型的数模混合电子技术应用系统如图8.2所示。

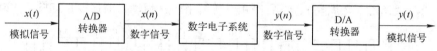

图8.1 模拟信号与数字信号的相互转换系统处理示意框图

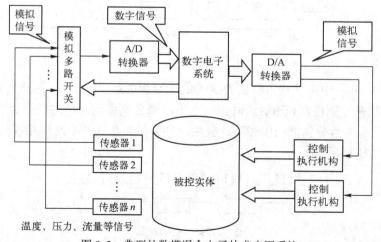

图8.2 典型的数模混合电子技术应用系统

在采用数字电子系统，尤其是计算机对生产过程进行控制时，经常要把压力、流量、温度和液位等物理量通过传感器检测出来，并变换成为相应的模拟电流或电压，再由 A/D 转换器转换为数字信号，送入计算机处理。计算机处理后所得到的仍然是数字量，若执行机构是伺服电动机等模拟控制器，则需要采用 D/A 转换器将数字量转换为相应的模拟量，以控制伺服电动机等机构执行规定的操作。可以看出，D/A 转换器和 A/D 转换器是数模混合电子技术应用系统的核心，承接着模拟电路与数字电路的接口作用。

实际上，在数据传输系统、自动测试设备、医疗信息处理、电视信号的数字化、图像信号的处理和识别、数字通信和语音信号处理等方面都离不开 A/D 转换器和 D/A 转换器。当然，A/D 转换器和 D/A 转换器不一定同时需要，可能在具体的应用中只需要使用 A/D 转换器，例如只是为了测量温度；也可能只需要使用 D/A 转换器，例如仅是为了作为一个程控电压源信号等。本章将介绍 A/D 转换器和 D/A 转换器的原理及相关应用技术。

8.2　D/A 转换器原理

D/A 转换器能把数字量转换成模拟量，在数模混合电子技术应用系统设计中经常用到，

M 位 D/A 转换器模型如图 8.3 所示，M 位二进制数字量输入为 $D = b_{M-1} b_{M-2} \cdots b_2 b_1 b_0$，$u_o$（或 i_o）为模拟量输出，MSB（most significant bit）和 LSB（least siginificant bit）分别指 D 的最高有效位和最低有效位。输出量与输入量之间的关系式为

$$u_o（或 i_o）= kD \qquad (8.1)$$

式中：k 为常数，与基准电压和数字量位数 M 有关，后边会介绍。也就是说，模拟量输出与数字量输入成正比，这是组成 D/A 转换器的指导思想。

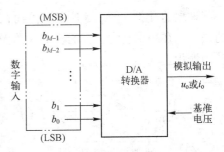

图 8.3　D/A 转换器模型

8.2.1　权电阻网络 D/A 转换器原理

4 位权电阻网络 D/A 转换器原理如图 8.4 所示。它由权电阻网络、4 个模拟开关和 1 个求和放大器组成。对于模拟开关，可由数字量控制，给逻辑"1"则接入 V_{REF}，给逻辑"0"则接入地。根据反相加法器的工作原理，分析如下。

$$u_o = -\frac{R}{2} \cdot \frac{1}{2^3 R} \cdot b_0 V_{REF} - \frac{R}{2} \cdot \frac{1}{2^2 R} \cdot b_1 V_{REF} - \frac{R}{2} \cdot \frac{1}{2^1 R} \cdot b_2 V_{REF} - \frac{R}{2} \cdot \frac{1}{2^0 R} \cdot b_3 V_{REF}$$

$$= -\frac{1}{2} V_{REF} \left(\frac{1}{2^3} b_0 + \frac{1}{2^2} b_1 + \frac{1}{2^1} b_2 + \frac{1}{2^0} b_3 \right)$$

$$= -\frac{V_{REF}}{2^4} (2^3 b_3 + 2^2 b_2 + 2^1 b_1 + 2^0 b_0)$$

$$= -\frac{V_{REF}}{2^4} D，其中 D = 2^3 b_3 + 2^2 b_2 + 2^1 b_1 + 2^0 b_0 \qquad (8.2)$$

4 位权电阻网络 D/A 转换器的 $k = -V_{REF}/2^4$，若参考电压 V_{REF} 不变，则 k 为常数。权电阻网络 D/A 转换器结构比较简单，所用的电阻元件数很少。但是，权电阻网络 D/A 转换器的

各个电阻阻值相差较大，尤其在输入信号的位数较多时，这个问题更加突出。要想在极为宽广的阻值范围内保证每个电阻都有很高的精度是十分困难的，尤其对制作集成电路更加不利。

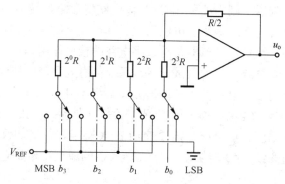

图 8.4　4 位权电阻网络 D/A 转换器原理

8.2.2　模拟开关的原理及应用

理想的开关如图 8.5 所示。然而在现实的世界中，开关并不是理想的，信号总存在一定的损失。在采用正常工作的机械式的无干扰开关情况下，这种损失将会小到几乎可以忽略不计的地步。

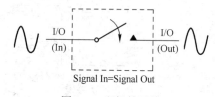

图 8.5　理想的开关

与机械式开关一样，模拟开关也不是理想的，且事实上，模拟开关所造成的损耗有可能相当大。既然模拟开关与理想的情况相去甚远，那为什么还要使用呢？这是因为，模拟开关在小信号领域已成为主导产品，与以往的机械触点式电子开关相比，集成电子开关有许多优点，例如切换速率快，无抖动，耗电省，体积小，工作可靠且容易控制等。但也有若干缺点，如导通电阻较大，输入电流容量有限，动态范围小等。因而集成模拟开关主要使用在高速切换、要求系统体积小的场合。

那么，用于模拟信号切换的模拟开关是基于什么原理实现的呢？目前在较低的频段上（$f<10\,\mathrm{MHz}$），集成模拟开关通常采用 CMOS 工艺制成；而在较高的频段上（$f>10\,\mathrm{MHz}$），则广泛采用双极型晶体管工艺。鉴于 CMOS 工艺模拟开关的广泛应用现状，下面以 CMOS 工艺模拟开关为例说明其工作原理和指标参数。

1. CMOS 工艺模拟开关的工作原理

利用单个 MOSFET 管就可以通过控制栅极实现漏源极间信号的通断。如在开关电源中，PMOS 管常用作高端功率开关，当其栅极接低电位时，开关导通；反之，升高栅极电位，开关断开。即栅极电压作为开关的控制端。在开关电源系统中，由于输入信号电位变化相对较小，因此 PMOS 管作为功率开关器件可以很好地工作。

但是，单个 MOSFET 管通常不能无失真地通过高质量的交流信号，即不适合于通断电平时刻变化的模拟信号，这是因为在栅极驱动电压不变的情况下，源极电压随着模拟信号变换而改变，V_{GS} 随之变化，结果使得 PMOS 管的通态电阻随时都在改变。这种效应会直接引起模拟信号的谐波失真或产生增益误差。当然，限制输入信号的摆幅可以部分改善其性能，但不能从根本上解决问题。

一般，CMOS 工艺模拟开关采取增加一个 NMOS 管，它与 PMOS 管并联。当输入信号电平变大（变小）时，PMOS 管的驱动电压减小（增大）引起导通电阻变大（变小），而 NMOS 管则相反，其驱动电压增大（减小），导通电阻变小（变大）。因此，由它们并联而成的模拟开关导通电阻变化不大，相对平坦，如图 8.6 所示。

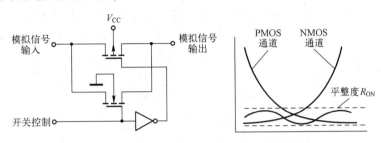

图 8.6　模拟开关内部原理图及导通电阻曲线

2. 选择模拟开关时需要考察的参数指标

（1）漏电流。一个理想的开关要求导通时电阻为零，断开时电阻趋于无限大，漏电流为零。而实际开关断开时为高阻状态，漏电流不为零，常规的 CMOS 漏电流约为 1 nA。如果信号源内阻很高，传输信号是电流量，就特别需要考虑模拟开关的漏电流，一般希望漏电流越小越好。

（2）导通电阻。导通电阻的平坦度与导通电阻一致性较差时会损失信号，尤其是当开关串联的负载为低阻抗时损失更大。应用中应根据实际情况选择导通电阻足够低的开关。必须注意，导通电阻的值与电源电压有直接关系，通常电源电压越大，导通电阻就越小，而且导通电阻和漏电流是矛盾的。要求导通电阻小，则应扩大沟道，结果会使漏电流增大。导通电阻随输入电压的变化会产生波动，导通电阻平整度是指在限定的输入电压范围内，导通电阻的最大起伏值 $\Delta R_{ON} = \Delta R_{ONMAX} - \Delta R_{ONMIN}$。它表明导通电阻的平整度，$R_{ON}$ 应该越小越好。导通电阻一致性代表各通道导通电阻的差值，导通电阻的一致性越好，系统在采集各路信号时由开关引起的误差也就越小。

（3）通道数量。集成模拟开关不但可以实现开关，也可以实现多个通道的选择切换，即选择某一通道与固定通道闭合。通道数量对传输信号的精度和开关切换速率有直接的影响，通道数越多，寄生电容和漏电流就越大。因为当选通一路时，其他阻断的通道并不是完全断开的，而是处于高阻状态，会对导通通道产生漏电流，通道越多，漏电流越大，通道之间的干扰也越强。

（4）开关速度。指开关接通或断开的速度。通常用接通时间 T_{ON} 和断开时间 T_{OFF} 表示。对于需要传输变化快的信号的场合，要求模拟开关的切换速度足够高。

除上述指标外，芯片的电源电压范围也是一个重要参数，它与模拟开关的导通电阻和切换速度等有直接关系，电源电压越高，切换速度越快，导通电阻越小。反之，电源电压越低，切换速度就会越慢且导通特性变差。因此对于 3.3 V 或 5 V 电压系统，必须选择低压型的器件来保证系统正常工作。另外，电源电压还限制了输入信号范围，输入信号最大只能到满电源幅度，如果超过沟道就会夹断。低电压型的器件通常都是满电源电压幅度的，并且采用特殊的工艺来保证低电压时开关具有很低的导通电阻。

常用的模拟开关有：8 通道模拟开关 CD4051 和 74HC4051；双 4 通道同时切换模拟开关 CD4052 和 74HC4052；三独立 2 通道模拟开关 CD4053 和 74HC4053。如图 8.7 所示，V_{CC} 为正电源，V_{EE} 电源接小于或等于 0 V 且范围要大于信号负向的峰值，例如，若 $V_{CC} = +5$ V，$V_{EE} = -13.5$ V，则 $0 \sim 5$ V 的数字信号可控制 $-13.5 \sim 4.5$ V 的模拟信号；INH 是禁止端，当 INH = 1 时，各通道均不接通，只有当 INH = 0 时，可以选通一个输入端 kY_i 至输出 kZ；S_2、S_1 和 S_0 是通道选择端。以 CD4051 为例，当其 INH = 0 时，$S_2S_1S_0 = 110$ 时，Z 与 Y_6 接通。

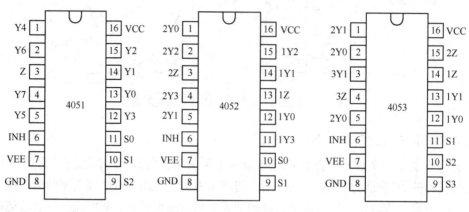

图 8.7 模拟开关集成电路芯片

8.2.3 R-2R T 型电阻网络 D/A 转换器

1. R-2R T 型电阻网络 D/A 转换器的电流工作模式及工作原理

8 位 R-2R T 型电阻网络 D/A 转换器原理图如图 8.8 所示。电路中只有 R 和 $2R$ 两个阻值的电阻类型（$R_b = R$）。根据运放的虚短特性，I_{OUT1} 是虚地的，即图 8.8 中的开关无论接入哪一侧都接入到零电势。又因为，各个 $p_i(i = 1, 2, 3, \cdots, 7, 8)$ 节点右侧的等效电阻值都为 R，所以，总电流 $I_{REF} = V_{REF}/R$，各个支路的电流依次为 $I_{REF}/2$，$I_{REF}/4$，$\cdots$，$I_{REF}/128$，$I_{REF}/256$。多位的 R-2R T 型电阻网络 D/A 转换器的原理依此类推。

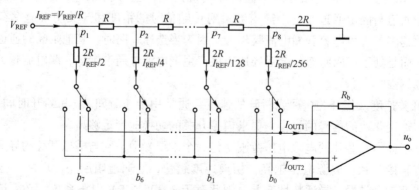

图 8.8 8 位 R-2R T 型电阻网络 D/A 转换器原理图（电流工作模式）

由运放的虚断特性，每个支路电流直接流入地，还是经由电阻 $R_\mathrm{b}(=R)$ 由 8 个模拟开关决定，倒置 T 型网络 D/A 转换器的转换过程计算如下。

$$I_\mathrm{OUT1} = \frac{1}{2}I_\mathrm{REF}b_7 + \frac{1}{4}I_\mathrm{REF}b_6 + \cdots + \frac{1}{128}I_\mathrm{REF}b_1 + \frac{1}{256}I_\mathrm{REF}b_0$$

$$= \frac{I_\mathrm{REF}}{2^8}(2^7b_7 + 2^6b_6 + \cdots + 2^1b_1 + 2^0b_0)$$

$$u_\mathrm{o} = -I_\mathrm{OUT1} \cdot R_\mathrm{b} = -\frac{I_\mathrm{REF}}{2^8}(2^7b_7 + 2^6b_6 + \cdots + 2^1b_1 + 2^0b_0) \cdot R_\mathrm{b}$$

$$= -\frac{V_\mathrm{REF}R_\mathrm{b}}{2^8 \cdot R}D = -\frac{V_\mathrm{REF}}{2^8}D$$

其中 $D = 2^7b_7 + 2^6b_6 + \cdots + 2^1b_1 + 2^0b_0$。

对于 M 位，则有

$$u_\mathrm{o} = -\frac{V_\mathrm{REF}}{2^M}D \tag{8.3}$$

其中 $D = 2^{M-1}b_{M-1} + 2^{M-2}b_{M-2} + \cdots + 2^1b_1 + 2^0b_0$。

R-2R T 型电阻网络的特点是：电阻种类少，只有 R、$2R$，其制作精度提高。电路中的开关在地与虚地之间转换，不需要建立电荷和消散电荷的时间，因此在转换过程中不易产生尖脉冲干扰，减少动态误差，提高了转换速度，应用最广泛。

但应用 R-2R T 型电阻网络时需要注意的是，由于运放输出电压为负，所以运放必须采用双电源供电。

2. R-2R T 型电阻网络 D/A 转换器的电压工作模式及工作原理

图 8.8 所示电流工作模式，输出的负电压一般不能直接作为应用的电压输出控制，还得再加一级反向比例放大器或再加一级运放构成双极性转换电路，才能输出数控正电压。但这不仅会增加电路体积和功耗，还会引入新的干扰。其实，R-2R T 型电阻网络的电压工作模式可直接输出正电压，电路如图 8.9 所示。

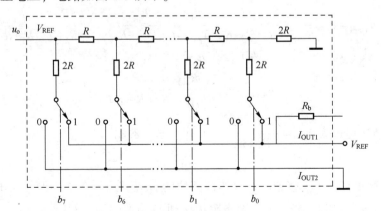

图 8.9　R-2R T 型电阻网络 D/A 转换器原理图（电压工作模式）

电路中从电流输出端 I_OUT1 输入电压，即可直接从基准电压输入点直接得到转换电压 u_o，即

$$u_o = \frac{V_{REF}}{2^8} \times D \tag{8.4}$$

证明如下。当有一个或多个 $2R$ 接至 "1" 的位置时，它们与 I_{OUT1}（即和参考电压 V_{REF}）连通。根据线性电路的叠加定理，u_o 端的输出电压等于各个 $2R$ 分别与 V_{REF} 连通时 u_o 的电压之和。如图 8.10 所示，如果能够证明当第 p 个 $2R$ 接至 "1" 的位置时 u_o 的输出电压 $V_p = 2^{-p} \times V_{REF}$ 即可。

将 R-2R T 型电阻网络中阻值为 R 的各个电阻之间的点命名为 1，2，…，$n-1$ 和 n。当第 p 个 $2R$ 接至 "1" 的位置时，p 点左侧的电阻对地的阻值为 R_{p-1}，p 点右边电路的等效阻值始终是 $2R$。则可以得到 p 点对地的电阻 R_p 与 R_{p-1} 之间的关系是：R_p 等于 $(R_{p-1}+R)$ 与 $2R$ 并联，即

$$R_p = \frac{2RR_{p-1}+2R^2}{R_{p-1}+3R} \tag{8.5}$$

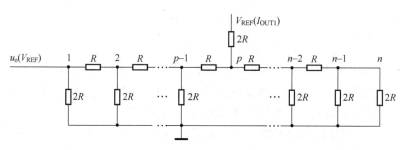

图 8.10　当第 p 个 $2R$ 接至 "1" 的位置时的等效电路

另外，由逐级电阻分压原理可得到输出电压为

$$u_{o\_p} = V_{REF} \frac{R_p}{R_p+2R} \cdot \frac{R_{p-1}}{R_{p-1}+R} \cdot \frac{R_{p-2}}{R_{p-2}+R} \cdot \cdots \cdot \frac{R_2}{R_2+R} \cdot \frac{R_1}{R_1+R} \tag{8.6}$$

同理，当第 $p+1$ 个电阻被接到 V_{REF} 时，由式（8.6）得到输出为

$$u_{o\_p+1} = V_{REF} \frac{R_{p+1}}{R_{p+1}+2R} \cdot \frac{R_p}{R_p+R} \cdot \frac{R_{p-1}}{R_{p-1}+R} \cdot \frac{R_{p-2}}{R_{p-2}+R} \cdot \cdots \cdot \frac{R_2}{R_2+R} \cdot \frac{R_1}{R_1+R} \tag{8.7}$$

再将式（8.6）代入式（8.7），得递推公式为

$$u_{o\_p+1} = u_{o\_p} \frac{R_{p+1}(R_p+2R)}{(R_{p+1}+2R)(R_p+R)} \tag{8.8}$$

将式（8.5）递推为 $R_{p+1} = \frac{2RR_p+2R^2}{R_p+3R}$，并代入式（8.8）得

$$u_{o\_p+1} = u_{o\_p}/2 \tag{8.9}$$

又当最高位（MSB）与 V_{REF} 接通时，显然最高位的右边仍是一个 T 型网络，电阻为 $2R$，输出电压为 $2^{-1} \times V_{REF}$，所以，仅当第 p 个电阻被接到 V_{REF} 时，输出电压为

$$u_{o\_p} = 2^{-p} \times V_{REF} \tag{8.10}$$

综上，图 8.9 所示的电压工作模式，从 u_o（V_{REF} 引脚）输出的电压和数字输入呈式（8.4）表征的线性关系。

u_o 输出的是电压值，后级不需要接运算放大器，但是这种工作模式的输出电阻很大，后级电路会直接影响其工作参数，因此，其后面还要加上一个跟随器作为缓冲。

8.2.4　电流输出型 D/A 转换器

尽管 R–2R T 型电阻网络 D/A 转换器具有较高的转换速度，但由于电路中存在模拟开关自身内阻压降，当流过各支路的电流稍有变化时，就会产生转换误差。

如图 8.11（a）所示，若用一组恒流源代替 R–2R T 型电阻网络，就得到 8 位电流输出型 D/A 转换器，这组恒流源从高电位到低位电流的大小依次为 $I/2$，$I/4$，…，$I/128$，$I/256$。恒流源总是处于接通状态，由输入数字量控制相应的恒流源连接到输出端或地。

由于采用恒流源，故模拟开关的导通电阻对转换精度将无影响，这样就降低了对模拟开关的要求，转换精度相对较高。因此，电流输出型 D/A 转换器具有结构简单、便于集成和转换精度高等优点，也被广泛应用。

如图 8.11（b）所示电路，加入电流电压转换器，可以将电流输出型 D/A 转换器转变为电压输出型 D/A 转换器。这时的输出电压为

$$u_o = -\frac{I \cdot R_f}{2^4}(2^7 b_7 + 2^6 b_6 + \cdots + 2^1 b_1 + 2^0 b_0) \tag{8.11}$$

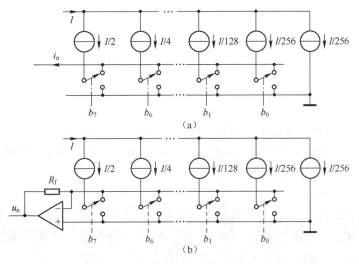

图 8.11　电流输出型 D/A 转换器的原理

D/A 转换器中的恒流源一般都是基于三极管实现，图 8.12 所示为 8 位电流输出型 D/A 转换器。电路中，I_{REF} 保持不变，电流的大小近似为 $I_{REF} \approx V_{REF}/R_{REF}$。

由 R–2R T 型电阻网络的概念不难看出：

$$I_{REF} = I'_{REF}, \ I_7 = I'_7 = I_{REF}/2, \ I_6 = I'_6 = I_7/2, \ \cdots, \ I_0 = I'_0 = I_1/2$$

即，$I_7 \sim I_0$ 依次按 2 的整数倍递减，即 $VT_7 \sim VT_0$ 集电极上流过的恒定电流与输入的二进制数 $b_7 \sim b_0$ 各位的权成正比。$b_i = 1$ 时，S_i 接通到电流输出端 i_o。因此，总的输出电流 i_o 与输入数字量 $b_7 \sim b_0$ 成正比。若要实现数字/模拟电压的转换，则应按图 8.12 所示，在虚线框外加一个由运算放大器构成的比例放大器 A_2 和 R_F 电路。

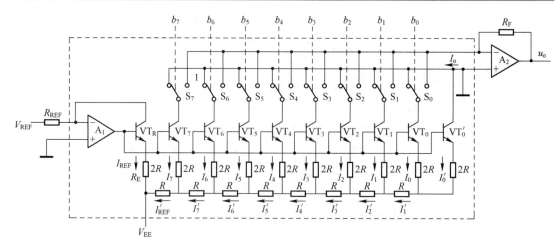

图 8.12　8 位电流输出型 D/A 转换器

8.2.5　D/A 转换器的主要技术指标及选型依据

D/A 转换器品种繁多、性能各异，但 D/A 转换器的内部电路构成无太大差异。大多数 D/A 转换器由电阻阵列和 M 个模拟开关构成，通过数字输入值切换开关，产生比例于输入的电压（或电流）。按输入数字量的位数可以分为 8 位、10 位、12 位和 16 位等；按传送数字量的输入方式可以分为并行方式和串行方式；按输出形式可以分为电压输出型和电流输出型等。在应用 D/A 转换器进行电子系统设计之前，一般要根据技术指标要求选择 D/A 转换器芯片。下面介绍一下 D/A 转换器的主要性能指标。

1. 分辨率

分辨率是指 D/A 转换器最小输出模拟量增量与最大输出模拟量之比，也就是数字量最低有效位（LSB）所对应的模拟值与满度输出之比。M 位 D/A 转换器的分辨率为

$$分辨率 = \frac{1}{2^M - 1} \tag{8.12}$$

这个参数反映 D/A 转换器对模拟量的分辨能力。显然，输入数字量位数越多，参考电压分的份数就越多，即分辨率越高。例如，8 位的 D/A 转换器的分辨率为满量程信号值的 1/255，12 位 D/A 转换器的分辨率为满量程时信号值的 1/4095。

2. 转换精度

由于 D/A 转换器受到电路元器件参数误差、基准电压 V_{REF} 不稳定和运算放大器的零漂等因素的影响，D/A 转换器的模拟输出量实际值与理论值之间存在偏差。D/A 转换器的转换精度定义为这些综合误差的最大值，用于衡量 D/A 转换器在将数字量转换成模拟量时，所得模拟量的精确程度。主要决定转换精度的因素就是参考电压 V_{REF}，因为

$$u_o = -\frac{V_{REF}}{2^M} D \tag{8.13}$$

输入量 D 不变，影响输出的量就是参考电压 V_{REF} 和分辨率 M。若 M 固定，基准电压 V_{REF} 不稳定，输出自然会有随 V_{REF} 变化而变化的误差。当然，在选择高精准的电压源电路作为参考

电压源 V_{REF} 的同时，提高分辨率，即增大 M，可以提高在参考电压范围内输出任意模拟量的精度。

由于电路中各个模拟开关不同的导通电压和导通电阻、电阻网络中的电阻的误差等，都会导致 D/A 转换器的非线性误差。一般来说，D/A 转换器的非线性误差应小于 ±1LSB。

再者，运算放大器的零漂不为零，会使 D/A 转换器的输出产生一个整体增大或减小的失调电压平移。因此，运算放大器电路要有抑制或调整失调电压的功能。

因此，要获得高精度的 D/A 转换器，不仅应选择高分辨率的 D/A 转换器，更重要的是要选用高性能的电压源电路和低零漂的运算放大器等器件与之配合才能达到要求。

3. 温度系数

这个参数表明 D/A 转换器具有受温度变化影响的特性。一般用满刻度输出条件下温度每升高 1℃，输出模拟量变化的百分数作为温度系数。

4. 建立时间

建立时间指从数字量输入端发生变化开始，到模拟输出稳定时所需要的时间。它是描述 D/A 转换器转换速率快慢的一个参数。通常以 V/µs 为单位。该参数与运算放大器的压摆率 SR 类似。一般地，电流输出型 D/A 转换器的建立时间较短，电压输出型 D/A 转换器的建立时间则较长。

模拟开关电路有 CMOS 开关型和双极型开关型两种。模拟开关电路是影响建立时间的最关键因素。一般来说，双极型开关型具有更高的开关速度。

以上各个指标就是选择 D/A 转换器的依据。每个 D/A 转换器产品，在其数据手册中都有其详细的技术指标。学会查看英文的器件手册是电子工程师的基本能力。

8.2.6　基于 TL431 的基准电压源设计

基准电压源是 D/A 和 A/D 转换精度的决定性要素。TL431 是一个有良好的热稳定性能的三端可调分流基准源，其等效内部结构、电路符号和典型封装如图 8.13 所示。

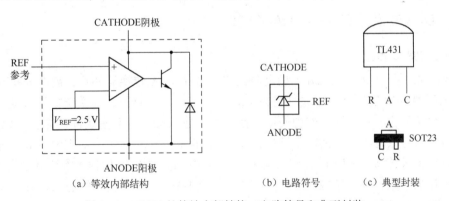

（a）等效内部结构　　　（b）电路符号　　　（c）典型封装

图 8.13　TL431 的等效内部结构、电路符号和典型封装

由图可以看到，V_{REF} 是一个内部的 2.5 V 基准源（其实，参考电压的出厂典型值为 2.495 V，最小到 2.440 V，最大为 2.550 V），接在运算放大器的反相输入端。由运算放大器的特性可知，REF 端（同相端）的电压相对阳极为 2.5 V，且具有虚断特性。

　　它的输出电压用两个电阻就可以任意地设置到从 V_{REF}（2.5 V）到 36 V 范围内的任何值。该器件的典型动态阻抗为 $0.2\,\Omega$，在很多应用中可以用它代替齐纳二极管，例如，数字电压表，运算放大器电路、可调压电源，开关电源等 2.5~36 V 恒压电路和 2.5 V 应用分别如图 8.14（a）和图 8.14（b）所示。图 8.14（a）中，当 R_1 与 R_2 阻值相等时，输出电压即为 5 V。需要注意的是，当 TL431 阴极电流很小时无稳压作用，通常流过其阴极电流必须在 1 mA 以上（1~500 mA），且当把 TL431 阴极对地与电容并联时，电容不应在 $0.01~3\,\mu F$ 之间，否则会在某个区域产生振荡。

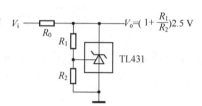
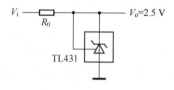

（a）基于 TL431 的 2.5~36 V 参考电压源　　　　　（b）基于 TL431 的 2.5 V 参考电压源

图 8.14　TL431 的恒压电路

　　恒流源是电路中广泛使用的一个组件。基于 TL431 的恒流源电路如图 8.15 所示。

　　两个电路分别输出和吸入恒定电流，通过 REF 引脚的虚断特性很容易分析。其中的三极管替换为场效应管可以得到更好的精度。值得注意的是，TL431 的温度系数为 30 ppm/℃，所以输出恒流的温度特性要比普通镜像恒流源或恒流二极管好得多，因而在应用中不需要附加温度补偿电路。

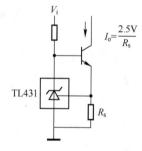

图 8.15　基于 TL431 的
恒流源电路

8.3　DAC8032 及其应用

8.3.1　D/A 转换器芯片——DAC0832

1. DAC0832 简介

　　DAC0832 是一个采用 R-2R T 型电阻网络的 8 位 D/A 转换器芯片，需要外扩运算放大器形成电压型 D/A 转换器，建立时间为 1 μs。DAC0832 与外部数字系统接口方便，转换控制容易，价格便宜，在实际工作中使用广泛。数字输入端具有双重缓冲功能，可以双缓冲、单缓冲或直通方式输入，它的内部结构如图 8.16 所示。DAC0832 内部主要由 8 位输入寄存器、8 位 DAC 寄存器、8 位 D/A 转换器和控制逻辑电路组成。8 位输入寄存器接收从外部发送来的 8 位数字量，锁于内部的锁存器中；8 位 DAC 寄存器从 8 位输入寄存器中接收数据，并能把接收的数据锁存于它内部的锁存器中；8 位 D/A 转换器对 8 位 DAC 寄存器发送来的数据进行转换，转换的结果通过 I_{OUT1} 和 I_{OUT2} 输出。8 位输入寄存器和 8 位 DAC 寄存器分别都有自己的异步控制端 LE1 和 LE2，LE1 和 LE2 通过相应的控制逻辑电路控制，通过它们，DAC0832 可以很方便地实现双缓冲、单缓冲或直通方式处理。

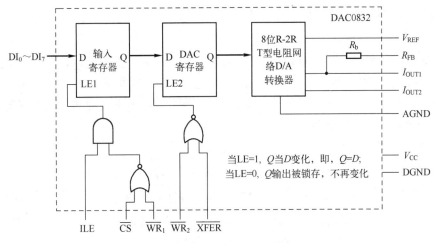

图 8.16　DAC0832 的内部结构图

2. DAC0832 的引脚

DAC0832 采用 20 引脚双列直插式封装，引脚如图 8.17 所示。

DI7~DI0(LSB) 为 8 位数字量输入端。

ILE 为数据允许控制输入线，高电平有效，同 $\overline{\text{CS}}$ 组合选通 $\overline{\text{WR1}}$。

$\overline{\text{CS}}$ 为数组寄存器的选通信号，低电平有效，同 ILE 组合选通 $\overline{\text{WR1}}$。

$\overline{\text{WR1}}$ 为输入寄存器写信号，低电平有效，在 $\overline{\text{CS}}$ 与 ILE 均有效时，$\overline{\text{WR1}}$ 为低，则 LE1 为高，将数据装入输入寄存器，即为"透明"状态。当 $\overline{\text{WR1}}$ 变高或是 ILE 变低时数据锁存。

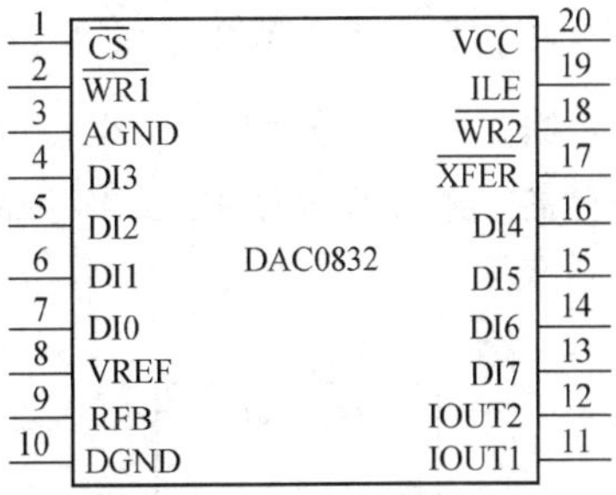

$\overline{\text{WR2}}$ 为 DAC 寄存器写信号，低电平有效，当 $\overline{\text{WR2}}$ 和 $\overline{\text{XFER}}$ 同时有效时，LE2 为高，将输入寄存器的数据装入 DAC 寄存器。LE2 负跳变时锁存装入的数据。

$\overline{\text{XFER}}$ 为数据传送控制信号输入线，低电平有效，用来控制 $\overline{\text{WR2}}$ 选通 DAC 寄存器。

IOUT1 为模拟电流输出线 1，它是数字量输入为"1"的模拟电流输出端。

IOUT2 为模拟电流输出线 2，它是数字量输入为"0"的模拟电流输出端。

RFB 为片内反馈电阻引出线，反馈电阻制作在芯片内部，用作外接的运算放大器的反馈电阻。

VREF 为基准电压输入线。电压范围为 $-10 \sim +10\,\text{V}$。

VCC 为工作电源输入端，可接 $+5 \sim +15\,\text{V}$ 电源。

AGND 为模拟地。

DGND 为数字地。

3. DAC0832 的工作方式

通过改变控制引脚 ILE、$\overline{\text{WR1}}$、$\overline{\text{WR2}}$、$\overline{\text{CS}}$ 和 $\overline{\text{XFER}}$ 的连接方法。DAC0832 具有直通方式、

图 8.17　DAC0832 引脚图

单缓冲方式、双缓冲方式这三种工作方式。

1）直通方式

当引脚$\overline{WR1}$、$\overline{WR2}$、$\overline{CS}$和$\overline{XFER}$直接接地时，ILE 接高电平，DAC0832 工作于直通方式下，此时，8 位输入寄存器和 8 位 DAC 寄存器都直接处于导通状态，当 8 位数字量一到达 DI0～DI7 时，就立即进行 D/A 转换，从输出端得到转换的模拟量。这种方式处理简单，DI7～DI0 直接与外部数字系统相连即可。

2）单缓冲方式

通过连接 ILE、$\overline{WR1}$、$\overline{WR2}$、$\overline{CS}$和$\overline{XFER}$引脚，使得两个锁存器中的一个处于直通状态，另一个处于受控制状态，或者两个同时被控制，此时 DAC0832 就工作于单缓冲方式。图 8.18 就是一种单缓冲方式的连接，$\overline{CS}$、$\overline{WR2}$和$\overline{XFER}$直接接地，ILE 接电源，$\overline{WR1}$为低电平时数字量直通到 R-2R T 型电阻网络 D/A 转换并输出。

3）双缓冲方式

当 8 位输入锁存器和 8 位 DAC 寄存器分开控制导通时，DAC0832 工作于双缓冲方式，图 8.19 所示为双缓冲方式的连接。此时单片机对 DAC0832 的操作分为两步：第一步，拉低$\overline{CS}$，再拉低$\overline{WR1}$和$\overline{WR2}$，将 8 位数字量写入 8 位输入锁存器中，然后将$\overline{CS}$、$\overline{WR1}$和$\overline{WR2}$置高；第二步，拉低$\overline{XFER}$，再拉低$\overline{WR1}$和$\overline{WR2}$，8 位数字量从 8 位输入锁存器送入 8 位 DAC 寄存器。第二步只使 DAC 寄存器导通，在数据输入端接入的数据无意义。

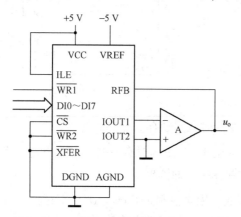 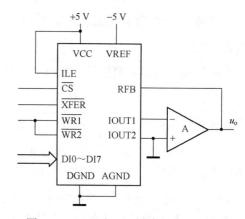

图 8.18　DAC0832 单缓冲方式的连接图　　　　图 8.19　DAC0832 双缓冲方式的连接图

4. 输出极性的控制

1）单极性输出

在图 8.18 和图 8.19 中，电压输出为：$-V_{REF} \cdot D/2^8$，为负电压，称为单极性输出。很多时候还需要正负对称范围的双极性输出。

2）双极性输出

如图 8.20 所示，有

$$u_o = -V_{REF} - 2u_{o1} = -V_{REF} + 2\frac{V_{REF}}{2^8}D = \left(\frac{D}{2^7} - 1\right)V_{REF} = \frac{D - 128}{2^7}V_{REF}$$

当 $D \geqslant 128$ 时，$u_o > 0$；当 $D < 128$ 时，$u_o < 0$。同样，该应用中，运算放大器也要双电源供电。

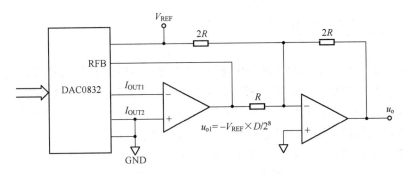

图 8.20　DAC0832 双极性输出应用示意图

8.3.2　DAC0832 的应用

D/A 转换器在实际中除作为执行器的数控输出器件，实现 D/A 转换，还经常用于波形发生器设计中，通过它可以产生各种各样的波形。它的基本原理如下：利用 D/A 转换器输出模拟量与输入数字量成正比这一特点，通过数字系统向 D/A 转换器送出随时间呈一定规律变化的数字，则 D/A 转换器输出端就可以输出随时间按一定规律变化的波形。

需要特别指出的是，R-2R T 型电阻网络可以直接作为程控衰减电路，即 V_{REF} 端作为模拟信号输入即可。带宽可以与 D/A 转换器的转换速率相同，只不过当带宽较大时，考虑到运算放大器的反相输入端对地的寄生电容，R_b 上要并接微调小电容以调整带宽。

利用 DAC0832 也可以实现程控放大电路，电路如图 8.21 所示。根据运算放大器的虚地原理，据图可以得到

$$\frac{u_i}{R} = \frac{-u_o}{2^8 \cdot R}(2^7 b_7 + 2^6 b_6 + \cdots + 2^1 b_1 + 2^0 b_0) \tag{8.14}$$

所以放大倍数 A 为

$$A = \frac{u_o}{u_i} = -\frac{2^8}{D}, \text{其中 } D = 2^7 b_7 + 2^6 b_6 + \cdots + 2^1 b_1 + 2^0 b_0 \tag{8.15}$$

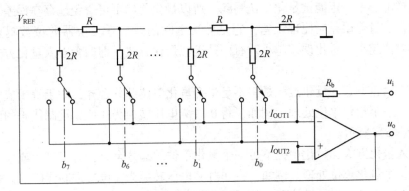

图 8.21　R-2R T 型电阻网络实现程控放大电路

常用的高性能 R-2R T 型电阻网络 D/A 转换器还有：双独立 R-2R T 型电阻网络 8 位 D/A 转换器 TLC7528，8、10、12 位 D/A 转换器 AD5424、AD5433 和 AD5445，等等。

8.4　A/D 转换器原理

A/D 转换器是将时间和幅度都连续的模拟量，转换为时间和幅值都离散的数字量，以便于信息采集或数字化处理。采样过程一定要满足奈奎斯特定理。A/D 转换一般要经过采样、量化和编码三个步骤。其中，采样是在时间轴上对信号离散化；量化是在幅度轴上对信号数字化；编码则是按一定格式记录采样和量化后的数字数据。

采样时需要采样保持（sample-and-hold，S/H）电路，其在 A/D 转换过程中的作用是保持模拟输入电压不变，以获得正确的数字量结果，采样保持电路的性能决定着整个 A/D 转换系统的性能。很多集成 A/D 转换器都内建采样保持器，简化了电路设计。当 A/D 转换器芯片没有内置采样保持电路，需要外接专用采样保持电路；或者同一时刻要采集多个模拟量信号时，也需要外接多个采样保持电路。采样保持器的选择要综合考虑捕获时间、孔隙时间、保持时间、下降率等参数。采样保持电路一般利用电容的记忆效应实现，如图 8.22 所示，A_1 作为比较器并用于提高输入阻抗，A_2 则增强保持能力并提供反馈信号。常用的采样保持器有：AD582、AD583、LF398 等。加采样保持电路的原则是：一般情况下直流和变化非常缓慢的信号可以不用采样保持电路，其他情况都要加采样保持电路。

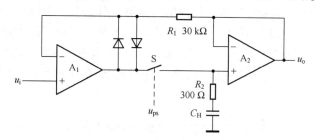

图 8.22　采样保持电路

量化过程中所取最小数量单位称为量化单位。它是数字信号最低位为 1 时所对应的模拟量，即 1LSB。任何一个数字量的大小只能是某个规定的最小数量单位的整数倍。在量化过程中由于采样电压不一定能被量化单位整除，所以量化前后不可避免地存在误差，此误差称之为量化误差。量化误差属原理误差，它是无法消除的。A/D 转换器的位数越多，各离散电平之间的差值越小，量化误差越小。有两种近似量化方式，即四舍五入量化方式和只舍不入量化方式。

四舍五入量化方式的量化过程是将不足半个量化单位部分舍弃，对于等于或大于半个量化单位部分按一个量化单位处理。例如，将 0~1V 电压转换为 3 位二进制代码的四舍五入量化如图 8.23（a）所示。

只舍不入量化方式，量化中把不足一个量化单位的部分舍弃，对于等于或大于一个量化单位部分按一个量化单位处理。例如，将 0~1V 电压转换为 3 位二进制代码的只舍不入量化如图 8.23（b）所示。A/D 转换器一般都采用只舍不入量化方式。A/D 转换器的采样保持和量化过程如图 8.24 所示。

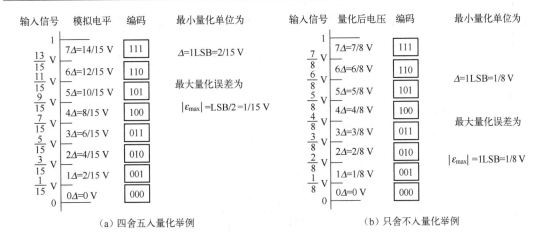

（a）四舍五入量化举例   （b）只舍不入量化举例

图 8.23 A/D 转换的量化方式

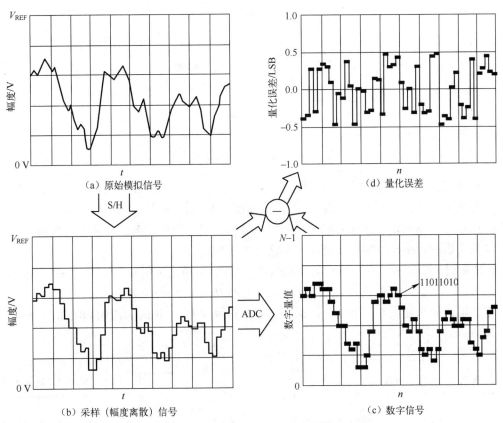

（a）原始模拟信号

（d）量化误差

（b）采样（幅度离散）信号

（c）数字信号

图 8.24 A/D 转换器的采样保持和量化过程

随着超大规模集成电路技术的飞速发展，现在有很多类型的 A/D 转换器芯片，不同的芯片其内部结构不一样，转换原理也不同。各种 A/D 转换器芯片根据转换原理可分为并联比较型 A/D 转换器、计数型 A/D 转换器、逐次比较型 A/D 转换器和双积分型 A/D 转换器等。

8.4.1 并联比较型 A/D 转换器

并联比较型 A/D 转换器的电路如图 8.25 所示。它由电阻分压器、电压比较器及编码器组成。比较器的输出送到编码器进行顺序编码，图 8.25 所示电路将被编码为 3 位自然二进制数 $D_2D_1D_0$ 输出。

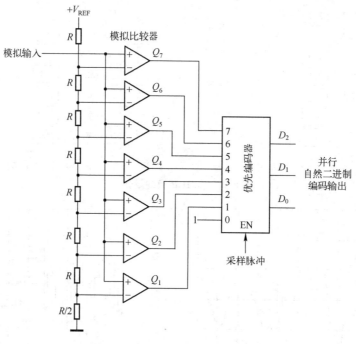

图 8.25 并联比较型 A/D 转换器

并联比较型 A/D 转换器的转换精度主要取决于量化电平的划分，分得越精细，精度越高。这种 ADC 的最大优点是具有较快的转换速度（转换时间小于 50 ns），且不需要采样保持器。但是，所用的比较器和其他硬件较多，输出数字量位数越多，转换电路将越复杂。因此，这种类型的转换器适用于高速度、低精度要求的场合。

【例 8.1】 两位并行 A/D 转换电路如图 8.26 所示，输出为两位数字量 D_1D_0，电压比较器输出为 $A_2A_1A_0$。请完成表 8.1，并设计 $A_2A_1A_0$ 到 D_1D_0 的编码器电路。

解： 填表结果如表 8.2 所示。根据表 8.2 分别得到 D_1 和 D_0 的卡诺图如图 8.27 所示。

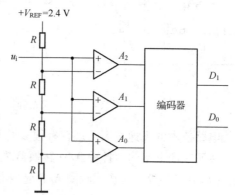

图 8.26 两位并联比较型 A/D 转换器

表 8.1 例 8.1 题表

u_i	$A_2A_1A_0$	D_1D_0
$u_i < 0.6\,\text{V}$		
$0.6\,\text{V} \leqslant u_i < 1.2\,\text{V}$		
$1.2\,\text{V} \leqslant u_i < 1.8\,\text{V}$		
$1.8\,\text{V} \leqslant u_i < 2.4\,\text{V}$		

表 8.2 例 8.1 题解

$A_2A_1A_0$	D_1D_0
000	00
001	01
011	10
111	11

基于卡诺图得 $D_1 = A_1$ 和 $D_0 = A_2 + \overline{A_1} A_0$，得到编码器电路如图 8.28 所示。

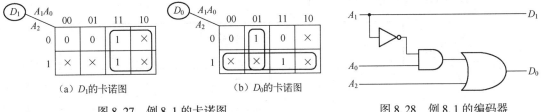

图 8.27　例 8.1 的卡诺图　　　　　　　　图 8.28　例 8.1 的编码器

若图 8.25 所示电路中不采用优先编码器进行编码，而是采用其他编码器，还可以实现其他应用。例如，不译码，直接将各个比较器的输出接到光柱 LED 上，就形成光柱的高度随输入电压变化的效果，LM3915 就是为光柱驱动所设计的 10 路比较输出专用集成电路。

另外，若采用两个 $M/2$ 位的并行 A/D 转换器配合 D/A 转换器，通过两次（甚至多次）比较实现转换，则构成流水线型 A/D 转换器。以两个 $M/2$ 位的并行 A/D 转换器配合 M 位 D/A 转换器原理为例，设参考电压为 V_{REF}，首先由一个 $M/2$ 位的并行 A/D 转换器获取 $M/2$ 位结果，然后该结果接入 M 位精密 D/A 转换器，最后将模拟输入与 D/A 转换器的差分输出作为第二级并行 A/D 转换器（参考电压为 $V_{REF}/2^{M/2}$）的输入，将两次的转换结果组合起来即为最后的转换输出。流水线型 A/D 转换器的转换速度稍慢，但电路规模相对于并行型大幅缩减。

8.4.2　计数型 A/D 转换器

计数型 A/D 转换器由 D/A 转换器、计数器和比较器组成。原理如图 8.29 所示。工作时，计数器由零开始计数，每计一次数后，计数值送往 D/A 转换器进行转换，并将生成的模拟信号与输入的模拟信号在比较器内进行比较，若前者小于后者，则计数值加 1，重复 D/A 转换及比较过程。依次类推，直到当 D/A 转换后的模拟信号与输入的模拟信号相同时，则停止计数，这时，计数器中的当前值就为输入模拟量对应的数字量。这种 A/D 转换器结构简单、原理清楚，在集成智能传感器中经常用到。

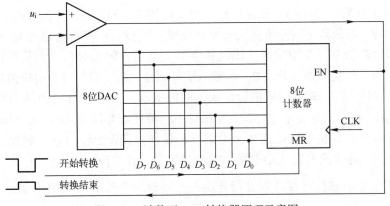

图 8.29　计数型 A/D 转换器原理示意图

8.4.3　逐次比较型 A/D 转换器

逐次比较型 A/D 转换器是应用最广泛的 A/D 转换器，由一个比较器、一个 D/A 转换器、一个逐次比较寄存器（successive approximation register，SAR）及控制电路组成。8 位逐次比较型 A/D 内部结构原理如图 8.30 所示。

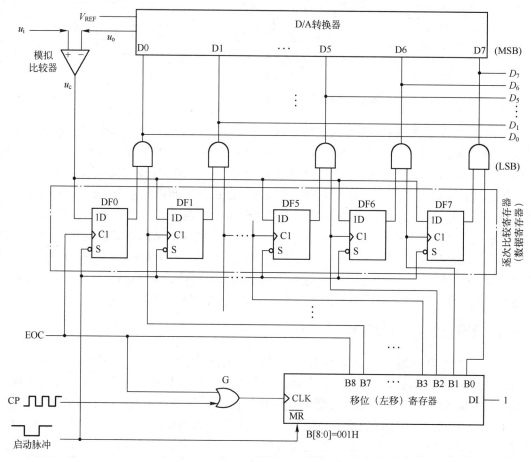

图 8.30　8 位逐次比较型 A/D 原理

与计数型 A/D 转换器相同，也要进行比较以得到转换的数字量。但逐次比较型 A/D 转换器是用一个寄存器从高位到低位依次开始逐位试探比较。寄存器输出与 D/A 转换器的输入相连。转换过程如下：开始时逐次比较寄存器先清零，转换时，先将最高位置 1，送入 D/A 转换器转换，转换结果（$V_{REF}/2$）与输入的模拟量比较，如果转换的模拟量比输入的模拟量小，则 1 保留，如果转换的模拟量比输入的模拟量大，则 A/D 转换结果的最高位确定为 0。然后从第二位依次重复上述过程直至最低位，最后寄存器中的内容就是输入模拟量对应的数字量。一个 M 位的逐次比较型 A/D 转换器转换只需要比较 M 次，转换时间只取决于位数和时钟周期。逐次比较型 A/D 转换器转换速度快，在实际中广泛使用。

图 8.30 中，9 位移位寄存器可进行异步并行装载预置和串入/串出操作。当 $\overline{MR}$ 为低电平时，致使 B[8:0] 异步装载 000000001；当 MR 为高电平时，当移位寄存器的 CLK 引脚上升沿为移位时钟，数据向高位移动。DI 为高位串行输入。由 DF7~DF0 共 8 个 D 边沿触发器组成逐次比较型寄存器（数据寄存器），数字量从 $D_7 \sim D_0$ 输出。

启动脉冲的低电平使 DF0~DF7 异步置 1，B_8 为 0，或门 G 开启，移位寄存器的移位时钟使能。逐次比较型 A/D 转换器进入转换时间。

启动脉冲的低电平使 DF7~DF0 都被异步置 1，B[8:0] 被置初值 000000001B，或门 G 处于开门状态，D/A 转换器的 D_7 输入 1，D_0~D_6 输入都为 0。此时，D/A 转换器将输入数字量 10000000 转换为 $V_{REF}/2$ 输出 u_o，并与输入 u_i 比较，若 $u_i > u_o$，则比较器输出 V_c 为 1，表示 $u_i > V_{REF}/2$；否则为 0，表示 $u_i < V_{REF}/2$。比较输出结果与 DF7~DF0 的 8 个输入端 D_7~D_0 相连。

第一个 CP 脉冲到来后，B_1 被移入 1，B_1 的正跳变作用到 DF7 的时钟端，使第一次的比较结果保存到 Q_7，且 D/A 转换器的 $D_7 = Q_7$。B_1 变为 1 促使 Q_6 变 1，即 D/A 转换器的 D_6 输入变为 1，从而建立了新的 D/A 转换器的数据，输入电压再与此时刻的 D/A 转换器输出电压进行比较，比较结果在第二个时钟脉冲作用下保存于 Q_6 中……如此进行，直到 B_8 由 0 变为 1，LSB 位的比较结果锁存入 Q_0，EOC 变高，或门 G 被封锁，转换完成。此时，输入到 D/A 转换器的 D_7~D_0 即为转换结果。

因此，逐次比较型 A/D 转换器完成一次转换所需时间与其位数和时钟脉冲频率有关，位数越少，时钟频率越高，转换所需时间越短。

逐次比较型 A/D 转换器的另一个优点是，可以随时开始，也可以根据需要工作在不同的采样率，所以其功耗随采样率的变化而变化，只在需要工作的时候才产生功耗，使用起来很"经济"。也正是这个特点使其非常适合对多个与时间无关的信号进行 A/D 转换。

8.4.4　双积分型 A/D 转换器

如图 8.31 所示，双积分型 A/D 转换器的转换过程分为采样和比较两个过程。采样即用积分器对输入模拟电压进行固定时间（T_1）的积分，输入模拟电压值越大，采样值越大；比较则是用积分器对基准电压进行反向积分，直至积分器的值为 0。由于基准电压值固定，所以采样值越大，反向积分时积分时间越长，反向积分时间（T_2）与输入电压值成正比，最后把反向积分时间转换成数字量，则该数字量就为输入模拟量对应的数字量。一般，双积分型 A/D 转换器采用时钟频率固定的计数器计时，这样，T_2 时间段计数器的计数值就为转换结果。由于在转换过程中进行了两次积分，因此称为双积分型，即双积分型 A/D 转换器将输入电压先变换成与对其积分的平均值成正比的时间间隔，然后再把此时间间隔转换成数字量。

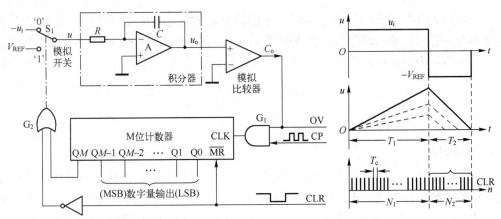

图 8.31　双积分型 A/D 转换器工作波形及原理

首先，给出 CLR 启动 A/D 转换信号。CLR 为低电平的将计数器异步清零，同时，CLR 为高电平时模拟开关将参考电压 V_{REF} 接入积分器。监测 OV 引脚，当 OV 为低电平后，拉高 CLR，模拟开关将待转换模拟量的负值接入积分器，u_o 开始上升。

然后，当模拟比较器的同相输入端大于零而使模拟比较器反转输出高电平，与门导通，计数器开始计数，转换开始进入第一阶段的对输入信号等时间积分阶段。

当计数值达到 2^M，Q_M 输出为 1，使得模拟开关将 V_{REF} 接入积分器，计数器的低 M 位自 0 开始重新计数，进入对参考电压反相去积分阶段。此后，再监测 OV 引脚，当积分器输入刚小于 0，OV 为低电平，与门开关截止。此时读出计数器低 M 位的值就是 A/D 转换结果。

由于转换结果与时间常数 RC 无关，从而消除了积分非线性带来的误差。同时，由于双积分 A/D 转换器在 T_1 时间内采的是输入电压的平均值，而不是输入电压的瞬间值，因此具有很强的抗干扰的能力，且转换精度高，稳定性好。但是转换速度慢。双积分型 A/D 转换器主要用于仪表领域。

8.4.5 A/D 转换器的主要性能指标

A/D 转换器的主要性能指标有量程、分辨率、转换精度和转换时间等。

1. 量程

量程是指所能转换的输入电压范围。一般输入电压要小于参考电压，并一定要小于 A/D 转换芯片的电源供电电压，以免烧坏芯片。

2. 分辨率

分辨率是指 A/D 转换器对输入模拟信号的分辨能力，M 位二进制输出 A/D 转换器的分辨率为

$$分辨率 = \frac{1}{2^M} \tag{8.16}$$

例如，8 位 A/D 转换器的分辨率为 $1/2^8$，对应的电压分度为 $V_{REF}/2^8$。可见，转换输出的二进制数字量的位数越高，分辨率越高。

3. 转换精度

A/D 转换器实际输出的数字量和理论上的输出数字量之间有微小差别，也就是存在转换精度问题。通常以输出误差的最大值形式给出，常用最低有效位的倍数表示转换精度。不过，在实际应用中，保证转换精度的却是参考电压源，参考电压源设计是应用 A/D 的关键技术。

$$D = \frac{u_i}{V_{REF}} 2^M \tag{8.17}$$

4. 转换时间

转换时间是指完成一次 A/D 转换所需要的时间，指从启动 A/D 转换器开始到转换结束并得到稳定的数字输出量为止的时间。一般来说，转换时间越短，转换速度越快。不同类型的 A/D 转换器的转换速度相差甚远。例如，逐次比较型 A/D 转换器的速度可以为几十 Kb/s 到几百 Kb/s，甚至为兆级速度，而双积分型 A/D 转换器则仅为几 b/s 到几百 b/s。

选择 A/D 转换器时除考虑以上技术指标外，还应注意工作温度范围等方面的要求。

在实际应用中应从分辨率要求、精度要求、输入模拟信号的范围及输入信号极性等方面综合考虑 A/D 转换器的选用。

【例 8.2】 某信号采集系统要求用一片 A/D 转换集成芯片在 1 s 内对 16 个热电偶的输出电压分时进行 A/D 转换。已知热电偶输出电压范围为 0~0.025 V（对应于 0~450℃温度范围），需要分辨的温度为 0.1℃，试问应选择多少位的 A/D 转换器，其转换时间为多少？

解： 由题意可知分辨率为

$$\frac{0.1}{450} = \frac{1}{4500}$$

12 位 A/D 转换器的分辨率为

$$\frac{1}{2^{12}} = \frac{1}{4096}$$

故必须选用 13 位的 A/D 转换器。当然，热电偶的输出要经过放大，使其输出电压与 A/D 转换器的参考电压相匹配，否则，13 位的 A/D 转换器也不能满足题目的要求。

系统的采样速率为 16 次/s，采样时间为 62.5 ms。对于这样慢速的采样，除个别双积分型 A/D 转换器都可满足要求。

8.5　逐次比较型 A/D 转换器——ADC0809

8.5.1　ADC0809 简介

ADC0809 是 CMOS 单片型逐次比较型 A/D 转换器，具有 8 路模拟量输入通道，有转换启停控制，模拟输入电压范畴为 0~+5 V，转换时间约为 100 μs，它的内部结构如图 8.32 所示。ADC0809 由 8 路模拟通道选择开关、地址锁存与译码器、比较器、8 位开关树型 D/A 转换器、逐次比较型寄存器、定时和控制电路及 8 位三态输出锁存器等组成。其中，8 路模拟通道选择开关实现从 8 路输入模拟量中选择一路送给后面的比较器进行比较；地址锁存与译码器用于当 ALE 信号有效时锁存从 ADDA、ADDB、ADDC 地址线上送来的 3 位地址，译码后产生通道选择信号，从 8 路模拟通道中选择当前模拟通道；比较器、8 位开关树型 D/A 转换器、逐次比较型寄存器、定时和控制电路组成 8 位 A/D 转换器，当 START 信号有效时，就开始对输入的当前通道的模拟量进行转换，转换完后，把转换得到的数字量送到 8 位三态输出锁存器，同时通过 EOC 引脚送出转换结束信号。3 态输出锁存器保存当前模拟通道转换得到的数字量，当 OE 信号有效时，把转换的结果通过 $D_0 \sim D_7$ 送出。

ADC0809 芯片有 28 个引脚，采用双

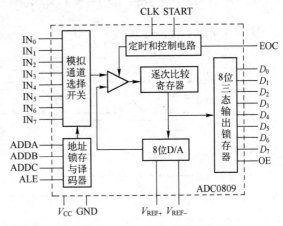

图 8.32　ADC0809 的内部结构图

列直插式封装，如图 8.33 所示。

IN0～IN7 为 8 路模拟量输入端。

D0～D7 为 8 位数字量输出端。

ADDA、ADDB、ADDC 为 3 位地址输入线，用于选择 8 路模拟通道中的 1 路，选择情况见表 8.3。

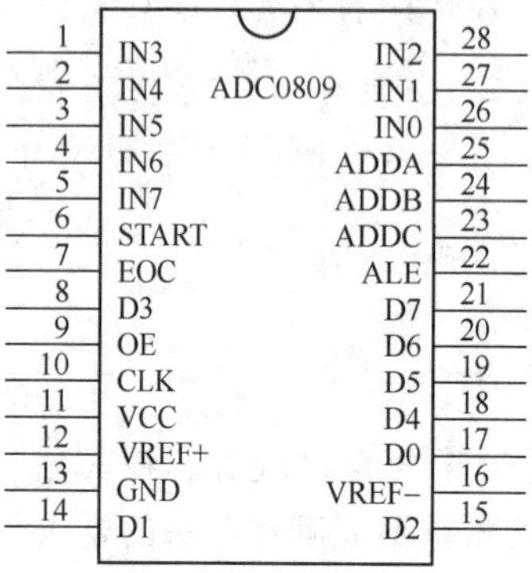

1	IN3		IN2	28
2	IN4	ADC0809	IN1	27
3	IN5		IN0	26
4	IN6		ADDA	25
5	IN7		ADDB	24
6	START		ADDC	23
7	EOC		ALE	22
8	D3		D7	21
9	OE		D6	20
10	CLK		D5	19
11	VCC		D4	18
12	VREF+		D0	17
13	GND		VREF−	16
14	D1		D2	15

图 8.33　ADC0809 的引脚图

表 8.3　ADC0809 模拟通道地址选择表

ADDC	ADDB	ADDA	选择通道
0	0	0	IN0
0	0	1	IN1
0	1	0	IN2
0	1	1	IN3
1	0	0	IN4
1	0	1	IN5
1	1	0	IN6
1	1	1	IN7

ALE 为地址锁存允许信号的输入控制引脚，上升沿有效。

START 为 A/D 转换启动信号的输入控制引脚，高电平有效。

EOC 为 A/D 转换结束信号。当启动转换时，该引脚为低电平，当 A/D 转换结束时，该引脚输出高电平。

OE 为数据输出允许信号，输入高电平有效。当转换结束后，如果从该引脚输入高电平，则打开输出三态门，输出锁存器的数据从 D0～D7 送出。

CLK 为时钟脉冲输入端。要求时钟频率不高于 640 kHz。

VREF+、VREF−为基准电压输入端。

VCC 为电源端，接+5 V 电源。

GND 为接地端。

8.5.2　ADC0809 的接口时序及状态机操控

ADC0809 的工作流程和时序如图 8.34 所示。转换过程如下。

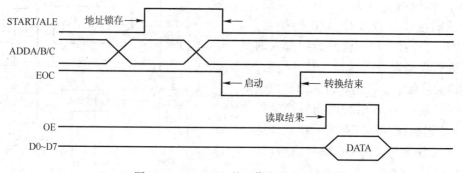

图 8.34　ADC0809 的工作流程和时序

（1）输入模拟通道选择的 3 位地址，并使 ALE = 1，上升沿将地址存入地址锁存器中，经地址译码器译码从 8 路模拟通道中选通 1 路模拟量经采样保持器送到比较器。

（2）送 START 一高脉冲，START 的上升沿使逐次比较寄存器复位，下降沿启动 A/D 转换，并使 EOC 信号为低电平。

（3）当转换结束时，转换的结果送入输出三态锁存器中，并使 EOC 信号回到高电平，通知外部接口电路已经转换结束。

（4）当 CPU 执行一读数据指令时，使 OE 为高电平，则从输出端 D0~D7 读出数据。

对 A/D 转换器进行采样控制，可以采用单片机完成，编程简单，控制灵活，但其对于高速 A/D 转换接口无能为力。ADC0809 的采样周期约为 100 μs，即从启动采样到完成将模拟信号转换成 8 位数字信号的时间。控制 ADC0809 完成一次采样的操作过程为：①通道给定和锁存；②启动采样；③等待约 100 μs；④发出读数命令；⑤读出转换结果。在整个控制周期最少需要几十条指令，以经典型 MCS-51 单片机为例，每条指令平均为两个机器周期，如果单片机时钟的频率为 12 MHz，则一个机器周期为 1 μs，每条指令平均耗时约为 2 μs，仅用于操作的几十条指令的执行周期为近 100 μs。显然，用单片机控制 A/D 转换器远远不能发挥其高速采样的特性。但如果使用状态机来控制 A/D 采样，包括将采得的数据存入 RAM（FPGA 内部 RAM 存储速率小于 10 ns），整个采样周期需要 4~5 个状态即可完成。若 FPGA 的时钟频率为 100 MHz（实际频率可以比此大得多），则从一个状态向另一状态转移的时间为一个时钟周期，即 10 ns，那么一个采样周期约为 50 ns，不到单片机采样周期的千分之一。因此，基于 PLD 实现与 A/D 转换器的接口是电子技术应用的重要技能。下面基于状态机实现与 ADC0809 的接口，以读取模数转换结果。

用有限状态机对 ADC0809 进行采样控制必须先了解其工作时序，然后据此做出其状态图，最后写出相应的 Verilog HDL 代码。图 8.35 是控制 ADC0809 采样状态图，START 为转换启动控制信号，高电平有效；ALE 为模拟信号输入选通端口地址锁存信号，上升沿有效；一旦 START 有效后，状态信号 EOC 即变为低电平，表示进入转换状态，转换时间约为 100 μs。转换结束后，EOC 变为高电平，控制器可以据此了解转换情况。此后外部控制可以使 OE 由低电平变为高电平（输出有效），此时，ADC0809 的输出数据总线 D[7..0] 从原来的高阻态变为输出数据有效。

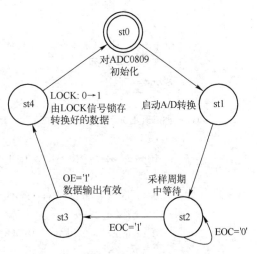

图 8.35　控制 ADC0809 采样状态图

由图 8.35 也可以看到，在状态 st2 中需要对 ADC0809 工作状态信号 EOC 进行监测。如果为低电平，表示转换尚未结束，仍需要停留在状态 st2 中等待，直到变成高电平后才说明转换结束，于是在下一时钟脉冲到来时转向状态 st3。在状态 st3 中，由状态机向 ADC0809 发出转换好的 8 位数据输出允许命令，这一状态周期同时可作为数据输出稳定周期，以便能在下一状态中向锁存器中锁入可靠的数据。在状态 st4 中，由状态机向锁存器发出锁存信号（LOCK 的上升沿），将 ADC0809 输出的数据进行锁存。

ADC0809 采样控制器的描述见例 8.3，为两段式状态机。在一个完整的采样周期中，状态机中最先被启动的是以 CLK 为敏感信号的时序过程，接着组合过程被启动，因为它们以信号 CS 为敏感信号。最后被启动的是转换结果锁存过程，它是在状态机进入状态 st4 后才被启动的，即此时 LOCK 产生了一个上升沿信号，将 ADC0809 在本采样周期输出的 8 位数据锁存到 PLD 的内部寄存器中，以便外部电路能从 Q 端读到稳定正确的数据。当然也可以另外再做一个控制电路，将转换好的数据直接存入 RAM 或 FIFO，而不是简单的寄存器中。

【例 8.3】 ADC0809 采样控制器的两段式状态机描述。

```verilog
module adc0809( D, CLK, EOC, RST, ALE, START, OE, Q);
    input[7:0]      D;                  //来自 ADC0809 转换好的 8 位数据
    input           CLK,RST;            //状态机工作时钟和系统复位控制
    input           EOC;                //转换状态指示,低电平表示正在转换
    output          ALE;                //8 个模拟信号通道地址锁存信号
    output          START,OE;           //转换启动信号和数据输出三态控制信号
    output          ADDAR;              //信号通道控制信号
    output[7:0]     Q;
    reg             ALE,START,OE;
    reg[4:0]        CS, NS;             //定义状态变量
    parameter       s0=0,s1=1,s2=2,s3=4,s4=8;   //定义各状态子类型
    reg[7:0]        REGL;
    reg             LOCK;               //转换后数据输出锁存时钟信号

    always @( posedge CLK, posedge RST) begin   //时序过程
        if(RST) CS<=s0;
        else CS<= NS;                   //由现态变量 CS 将当前状态值带出过程
    end
    always @( CS, EOC) begin            //组合过程,规定各状态转换方式
        case(CS)
            s0:begin ALE=0;START=0;OE=0;LOCK=0;
                NS<=s1;end              //ADC0809 初始化
            s1:begin ALE=1;START=1;OE=0;LOCK=0;
                NS <=s2;end             //锁存模拟信号进入通道
            s2:begin ALE=0;START=0;OE=0;LOCK=0;//START 下降沿启动 A/D 转换
                if(EOC= =1'b1) NS <=s3; //EOC=0 表明转换结束
                else NS <=s2;end        //转换未结束,继续等待
            s3:begin ALE=0;START=0;OE=1;LOCK=0;//开启 OE, 打开数据接口
                NS <=s4;end             //下一状态无条件转向 s4
            s4:begin ALE=0;START=0;OE=1;LOCK=1;//开启数据锁存信号
                NS <=s0;end
            default:begin ALE=0;START=0;OE=0;LOCK=0;
```

```
                    NS <=s0;end
            endcase
        end

        always @( posedge LOCK) begin        //在 LOCK 的上升沿将转换好的数据锁入 REGL 寄存器
            REGL<=D;
        end
        assign Q=REGL;
    endmodule
```

习题与思考题

8.1　请说明 D/A 转换器的应用要点及工程意义。

8.2　请说明电压的测量技术要点及工程意义。

8.3　D/A 转换器和 A/D 转换器的主要性能指标中，"量化误差"、"分辨率"和"精度"有
　　什么区别和联系？

8.4　判断下列说法是否正确。

　　（1）"转换速度"这一指标仅适用于 A/D 转换器，D/A 转换器不用考虑"转换速度"
　　这一问题。

　　（2）输出模拟量的最小变化量称为 A/D 转换器的分辨率。

　　（3）对于周期性的干扰电压，可使用双积分的 A/D 转换器，并选择合适的积分元器
　　件，可以将该周期性的干扰电压带来的转换误差消除。

8.5　为什么 A/D 转换过程中需要采样保持电路？

8.6　目前应用较广泛的 A/D 转换器主要有哪几种类型？它们各有什么特点？

8.7　某 A/D 转换器的输入为 0~10 V 模拟电压，输出为 8 位二进制数字信号（$D_7 \sim D_0$）。若
　　输入电压是 2 V，则输出的数字信号为（　　　）。

　　A. 00100011　　　　　　B. 00110011　　　　　　C. 00100001

8.8　某 D/A 转换器的输入为 8 位二进制数字信号（$D_7 \sim D_0$），输出为 0~25.5 V 的模拟电
　　压。若数字信号的最低位是"1"其余各位是"0"，则输出的模拟电压为（　　　）。

　　A. 0.1 V　　　　　　　B. 0.01 V　　　　　　　C. 0.001 V

8.9　某 A/D 转换器的输入为 0~10 V 模拟电压，输出为 8 位二进制数字信号（$D_7 \sim D_0$）。则
　　该 A/D 转换器能分辨的最小模拟电压为（　　　）。

　　A. 0 V　　　　　　　　B. 0.1 V　　　　　　　C. 2/51 V

8.10　ICL7135 是高精度 4½ 位 CMOS 双积分型 A/D 转换器，提供 ±20000（相当于 14 位
　　　A/D）的计数分辨率（转换精度 ±1）。ICL7135 典型电路图 8.36（a）所示。ICL7135
　　　工作时序如题图 8.36（b）所示。125 kHz 时钟接至 22 脚，请基于其 BUSY 引脚设计
　　　读取 ICL7135 转换结果电路（基于 Verilog HDL 实现）。

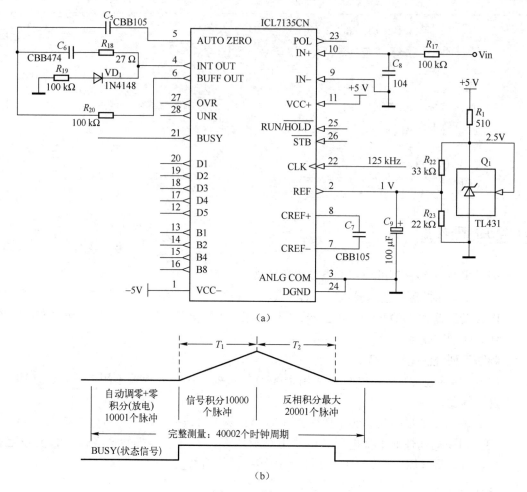

（a）

（b）

图 8.36　题 8.10 图

第9章　波形产生电路

广义上，把非正弦波称为脉冲波。按波形形式的不同，脉冲波分为矩形波、梯形波、阶梯波、三角波和锯齿波等。本章一方面介绍矩形波的产生电路，如单稳态触发电路、多谐振荡器，并基于 555 集成电路实现的脉冲发生及变换电路的工作原理；另一方面，结合 DDS 原理给出基于 FPGA 的波形发生器设计方法。

9.1　555 集成电路

9.1.1　555 集成电路的电路结构与功能

用于产生脉冲的集成电路很多，其中以 555 集成电路应用最为广泛，本章的重点之一就是基于 555 集成电路实现各种脉冲波形发生器。下面，首先介绍 555 集成电路的内部结构及功能。

555 集成电路是一种多用途的数模混合集成电路。由于使用灵活、方便，所以 555 集成电路在波形的产生与变换、测量与控制、家用电器、电子玩具等许多领域中都得到了应用。国际上各主要的电子器件公司都生产 555 集成电路产品，且双极型产品型号最后的 3 位数码都是 555，CMOS 产品型号最后 4 位数码都是 7555，功能和外部引脚的排列完全相同。一般来说，双极型 555 的驱动能力较强，电源电压范围为 5~16 V，最大负载电流可达 200 mA。而 CMOS 定时器的电源电压范围为 3~18 V，最大负载电流在 4 mA 以下，它具有功率低、输入电阻高等优点。为了提高集成度，随后又生产了双定时器产品 556（双极型）和 7556（CMOS 型）。

1. 555 集成电路的电路结构

555 集成电路的内部电路由比较器 C_1 和 C_2、基本 RS 锁存器和集电极开路的放电三极管 VT 及非门 G 等组成，其内部结构如图 9.1 所示。三个 5 kΩ 电阻串联组成分压器，为比较器 C_1 和 C_2 提供参考电压。

放电三极管 VT 为外接电路提供放电通路，具体应用中，该三极管的集电极 7 脚一般要接一个上拉电阻。

$\overline{R}_D$ 是异步清零端。只要在 $\overline{R}_D$ 端输入低电平，输出端 v_0 便立即被置成低电平，不受其他输入端状态的影响。正常工作时必须使 $\overline{R}_D$ 处于高电平。

v_{I1} 是比较器 C_1 的信号输入端，称阈值输入端，v_{I2} 是比较器 C_2 的信号输入端，称触发输入端。当控制输入端 5 脚悬空时（可对地接上 0.01 μF 左右的电容），比较器 C_1 和 C_2 的基准电压分别为 $2V_{CC}/3$ 和 $V_{CC}/3$。如果控制输入端 5 脚外接电压 v_{IC}，则比较器 C_1 和 C_2 的基准电

压就变为 v_{IC} 和 $v_{\text{IC}}/2$。

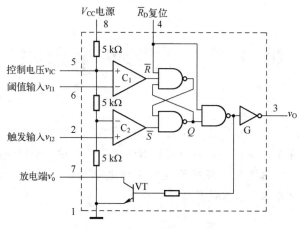

图 9.1　CB555 的电路结构图

2. 电路功能

当 555 集成电路的控制输入端 5 脚悬空时：

（1）当 $v_{\text{I1}}>2V_{\text{CC}}/3$，$v_{\text{I2}}>V_{\text{CC}}/3$ 时，比较器 C_1 输出低电平，比较器 C_2 输出高电平，基本 RS 锁存器 Q 端被清零，三极管 VT 导通，同时 v_{o} 为低电平。

（2）当 $v_{\text{I1}}<2V_{\text{CC}}/3$，$v_{\text{I1}}<V_{\text{CC}}/3$ 时，比较器 C_1 输出高电平，比较器 C_2 输出低电平，基本 RS 锁存器 Q 端被置 1，放电三极管 VT 截止，同时 v_{o} 为高电平。

（3）当 $v_{\text{I1}}<2V_{\text{CC}}/3$，$v_{\text{I2}}>V_{\text{CC}}/3$ 时，基本 RS 锁存器 $R=1$，$S=1$，电路保持原状态。

555 集成电路的功能表如表 9.1 所示。

表 9.1　555 集成电路的功能表

输　　入			输　　出	
阈值输入（v_{I1}）	触发输入（v_{I2}）	复位（$\overline{R}_{\text{D}}$）	输出（v_{o}）	放电三极管 VT
×	×	0	0	导通
$<2V_{\text{CC}}/3$	$<V_{\text{CC}}/3$	1	1	截止
$>2V_{\text{CC}}/3$	$>V_{\text{CC}}/3$	1	0	导通
$<2V_{\text{CC}}/3$	$>V_{\text{CC}}/3$	1	不变	不变

利用 555 集成电路能极方便地构成施密特触发特性、单稳态触发电路和多谐振荡器。

9.1.2　用 555 集成电路实现施密特触发特性

将 555 集成电路的 v_{I1} 和 v_{I2} 两个输入端连在一起作为信号输入端，如图 9.2（a）所示，即实现反相输出的施密特特性。

为提高两个比较器参考电压端的稳定性，通常在 5 脚接 0.01 μF 左右的滤波电容。

由于比较器 C_1 和 C_2 的参考电压不同，因而基本 RS 锁存器的清零和置"1"动作必然由不同的输入信号电平导致。又因为，输出电压 v_0 由高电平变为低电平和由低电平变为高电平对应的阈值电压也不相同，因此，这样就形成了施密特触发特性。

1. v_I 从 0 逐渐升高且大于 $2V_{CC}/3$ 的过程

当 $v_I<V_{CC}/3$ 时，$\overline{R}=1$，$\overline{S}=0$，$Q=1$，故 $v_O=V_{OH}$；

当 $V_{CC}/3<v_I<2V_{CC}/3$ 时，$\overline{R}=\overline{S}=1$，故 $v_O=V_{OH}$ 保持不变；

当 $v_I>2V_{CC}/3$ 以后，$\overline{R}=0$，$\overline{S}=1$，$Q=0$，故 $v_O=V_{OL}$，因此，$V_{T+}=2V_{CC}/3$。

2. v_I 从高于 $2V_{CC}/3$ 开始下降的过程

当 $v_I>2V_{CC}/3$ 时，$v_O=V_{OL}$；

当 $V_{CC}/3<v_I<2V_{CC}/3$ 时，$\overline{R}=\overline{S}=1$，故 $v_O=V_{OL}$ 不变；

当 $v_I<V_{CC}/3$ 以后，$\overline{R}=1$，$\overline{S}=0$，$Q=1$，故 $v_O=V_{OH}$。因此 $V_{T-}=V_{CC}/3$。

由此得到电路的回差电压为

$$\Delta V_T = V_{T+}-V_{T-}=\frac{1}{3}V_{CC}$$

图 9.2（b）是图 9.2（a）电路的电压传输特性。

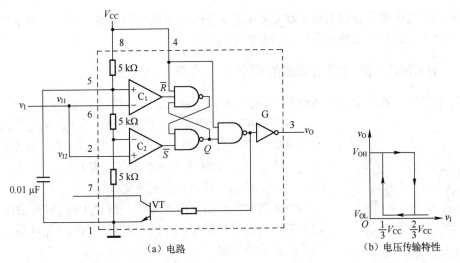

（a）电路　　　　　　　　　　　（b）电压传输特性

图 9.2　用 555 集成电路实现的反相输出施密特特性电路

9.2　单稳态触发电路

单稳态触发电路与第 4 章介绍的触发器不同，如图 9.3 所示，单稳态触发电路具有下述特点。

（1）电路有一个稳态，一个暂稳态。

（2）在外来触发信号作用下，电路由稳态翻转到暂稳态。

（3）暂稳态是一个不能长久保持的状态，经过一段时间后，电路会自动返回到稳态。暂稳态的持续时间取决于电路本身的参数，与触发信号的宽度和幅度无关。

单稳态触发电路被广泛应用于脉冲整形、延时（产生

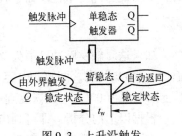

图 9.3　上升沿触发
单稳态触发电路

滞后于触发脉冲的输出脉冲）及定时（产生固定时间宽度的脉冲信号）等。若用单稳态触发电路产生的 t_w 宽度的矩形输出脉冲去控制某电路，即在 t_w 时间内动作（或不动作），则可实现定时应用。例如，利用宽度为 t_w 的正矩形脉冲作为与门输入的信号之一，如图 9.4 所示，则只有这个矩形波存在的 t_w 时间内，信号 v_A 才有可能通过与门。

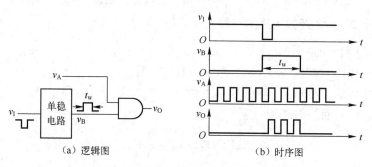

（a）逻辑图　　　　　　　　（b）时序图

图 9.4　集成单稳态触发电路作定时电路的应用

单稳态触发电路的暂稳态通常都是靠 RC 电路的充放电过程来维持的，根据 RC 电路不同接法，把单稳态触发电路分为微分型和积分型两种。

9.2.1　用 CMOS 管门电路组成的微分型单稳态触发电路

图 9.5 是用 CMOS 管门电路和 RC 微分电路构成的微分型单稳态触发电路。

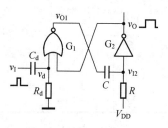

图 9.5　微分型单稳态触发电路

对于 CMOS 管门电路，可以近似地认为 $V_{OH} \approx V_{DD}$、$V_{OL} \approx 0\,V$，而且通常门槛电压 $V_{TH} \approx V_{DD}/2$。在输入端没有触发信号时，即 $v_I = 0\,V$，此时电路处于稳态。在稳态时，$v_{I2} = V_{DD}$，故 $v_0 = 0\,V$，又 $v_{O1} = V_{DD}$，电容 C 上没有电压。

当触发脉冲 v_I 加到输入端时，在 R_d 和 C_d 组成的微分电路输出端得到很窄的脉冲 v_d。当 v_d 瞬间上升到 V_{TH} 以后，将引发如下的正反馈过程：

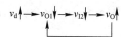

当 v_{O1} 迅速跳变为低电平后，v_{I2} 也同时跳变至低电平，并使 v_0 跳变为高电平，电路进入暂稳态。由于电容 C 上的电压不可能发生突跳，所以，此时即使 v_d 回到低电平，v_0 的高电平仍将维持。与此同时，电容 C 开始充电。随着充电过程的进行 v_{I2} 逐渐升高，当升至 $v_{I2} = V_{TH}$ 时，又引发另外一个正反馈过程：

如果这时触发脉冲已消失（v_d 已回到低电平），则 v_{O1}、v_{I2} 迅速跳变为高电平，并使输出返回 $v_0 = 0\,V$ 状态。同时，电容 C 通过电阻 R 和门 G_2 的输入保护电路向 V_{DD} 放电，直至电容 C 上的电压为 $0\,V$，电路恢复到稳定状态。

根据以上的分析，即可画出电路中各点的电压波形，如图 9.6 所示。

为了定量地描述单稳态触发电路的性能，经常使用输出脉冲宽度 t_w、输出脉冲幅度 V_m、恢复时间 t_{re}、分辨时间 T_d 等几个参数。下面分别介绍。

由图9.6可见，输出脉冲宽度 t_w 等于从电容 C 开始充电到 v_{I2} 上升至 V_{TH} 的这段时间。电容 C 充电的等效电路如图9.7所示，图中的 R_{ON} 是或非门 G_1 输出低电平时的输出电阻。在 $R_{ON} \ll R$ 的情况下，等效电路可以简化为简单的 RC 串联电路。

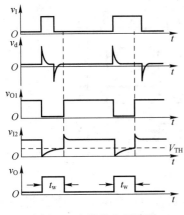

图9.6 电路的电压波形

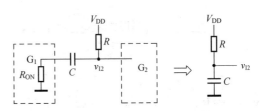

图9.7 电路中电容 C 充电的等效电路

RC 电路一阶电路充、放电过程的全响应为

$$v_C(t) = v_C(\infty) + [v_C(0_+) - v_C(\infty)]e^{-\frac{t}{\tau}}, \quad \text{即} \quad t = \tau\ln\frac{v_C(\infty) - v_C(0_+)}{v_C(\infty) - v_C(t)}$$

式中：$v_C(0_+)$ 是电容电压的起始值；$v_C(\infty)$ 是电容电压充、放电的终了值。由 $v_C(0_+) = 0\,\text{V}$，$v_C(\infty) = V_{DD}$，因此，电容 C 上的电压 v_C 从 $0\,\text{V}$ 充电至 V_{TH} 所经过的时间为

$$t_w = RC\ln\frac{v_C(\infty) - v_C(0_+)}{v_C(\infty) - V_{TH}} = RC\ln\frac{V_{DD} - 0}{V_{DD} - V_{TH}} = RC\ln2 = 0.69315RC \tag{9.1}$$

输出脉冲的幅度为 $V_m = V_{OH} - V_{OL} \approx V_{DD}$。

在 v_0 返回低电平以后，还要等到电容 C 放电完毕电路才恢复为起始的稳态，这段时间称为恢复时间 t_{re}。一般认为经过电路时间常数 τ 的 $3 \sim 5$ 倍时间后，RC 电路已基本达到稳态。图9.5所示电路中电容 C 放电的等效电路如图9.8所示。图中的 VD 是反相器 G_2 输入保护电路的二极管。如果 VD 的正向导通电阻比 R 和 G_1 的输出电阻 R_{ON} 小得多，则恢复时间为

$$t_{re} = (3 \sim 5)R_{ON}C \tag{9.2}$$

分辨时间 T_d 是指在保证电路能正常工作的前提下，允许两个相邻触发脉冲之间的最小时间间隔，故有

$$T_d = t_w + t_{re} \tag{9.3}$$

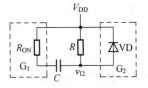

图9.8 电路中电容 C 放电的等效电路

微分型单稳态触发电路可以用窄脉冲触发。在 v_d 的脉冲宽度大于输出脉冲宽度的情况下，电路仍能工作，但是输出脉冲的下降沿较差。因为在 v_0 返回低电平的过程中 v_d 输入的高电平还存在，所以电路内部不能形成正反馈。

图9.9也是常用的基于 CMOS 管门电路的微分型单稳态电路及其时序波形图。稳态时，$v_I = 0\,\text{V}$，$v_0 = 0\,\text{V}$，v_{I2} 为高电平。

当 v_I 上升沿触发时，v_{O1} 变为低电平，电容 C 上电压不能突变，因此 v_{I2} 电压也变为 $0\,\text{V}$，v_0 变为高电平，进入暂态，电容 C 开始充电。暂稳态的时间由 RC 电路放电时间常数决定。

随着充电的进行，v_{I2} 电压不断上升，当 v_{I2} 电压升至 $v_{I2} = V_{TH}$ 时，v_0 变为低电平，进而 v_{O1} 变为高电平，电容 C 通过 G_2 的保护二极管瞬间放电到 $V_{DD} + 0.7\,\text{V}$，并且 RC 电路放电到 $v_{I2} = V_{DD}$，v_0 稳定且为稳态的低电平。

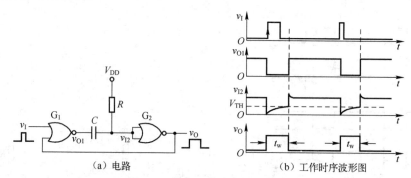

（a）电路　　　　　　　　　（b）工作时序波形图

图 9.9　微分型单稳态触发电路

$v_C(0_+) = 0\,\text{V}$，$v_C(\infty) = V_{DD}$，因此，电容 C 上的电压 v_{I2} 从 $0\,\text{V}$ 充电至 V_{TH} 所经过的时间为

$$t_w = RC\ln\frac{v_C(\infty) - v_C(0_+)}{v_C(\infty) - V_{TH}} = RC\ln\frac{V_{DD} - 0}{V_{DD} - V_{TH}} = RC\ln2 = 0.69315RC \tag{9.4}$$

显然，这两个微分型单稳态电路的暂态脉冲时间宽度一致。

9.2.2　积分型单稳态触发电路

典型的积分型单稳态电路如图 9.10（a）所示，其时序波形图如图 9.10（b）所示。稳态时，$v_I = V_{DD}$，$v_0 = V_{DD}$，v_{I2} 为高电平。

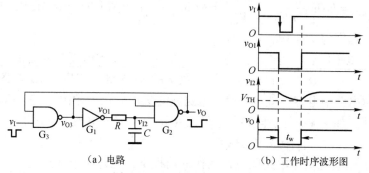

（a）电路　　　　　　　　　（b）工作时序波形图

图 9.10　积分型单稳态电路

当 v_I 下降沿触发时，v_{O3} 变为高电平，v_0 变为低电平，进入暂稳态。v_{O3} 为高，则 v_{O1} 为 $0\,\text{V}$，电容 C 开始放电。暂稳态的时间由 RC 电路放电时间常数决定。随着放电的进行，v_{I2} 电压不断降低，当 v_{I2} 电压降至 $v_{I2} = V_{TH}$ 时，v_0 变为高电平，进而 v_{O3} 变为低电平，v_0 稳定且为高电平。此后对电容 C 充电，回到触发前的状态。

RC 一阶电路充、放电过程的全响应为

$$v_C(t) = v_C(\infty) + [v_C(0_+) - v_C(\infty)]e^{-\frac{t}{\tau}}, \quad \text{即}\ t = \tau\ln\frac{v_C(\infty) - v_C(0_+)}{v_C(\infty) - v_C(t)}$$

式中：$v_C(0_+)$ 是电容电压的起始值；$v_C(\infty)$ 是电容电压充、放电的终了值。由 $v_C(0_+) = V_{DD}$，$v_C(\infty) = 0\,\text{V}$，因此，电容 C 上的电压 v_C 从 $0\,\text{V}$ 充电至 V_{TH} 所经过的时间为

$$t_{\mathrm{w}} = RC\ln\frac{v_{\mathrm{C}}(\infty) - v_{\mathrm{C}}(0_+)}{v_{\mathrm{C}}(\infty) - V_{\mathrm{TH}}} = RC\ln\frac{0 - V_{\mathrm{DD}}}{0 - V_{\mathrm{TH}}} = RC\ln2 = 0.69315RC \tag{9.5}$$

9.2.3　用 555 集成电路组成的单稳态触发电路

用 555 集成电路组成的积分型单稳态触发电路如图 9.11 所示。设定如果没有触发信号时，v_{I} 处于高电平（$v_{\mathrm{I}} > V_{\mathrm{CC}}/3$）。

若假定接通电源后 $Q = 0$，则输出 $v_{\mathrm{O}} = 0\,\mathrm{V}$，且 VT 导通。电容 C 通过放电三极管 VT 放电，使 $v_{\mathrm{C}} \approx 0\,\mathrm{V}$。$v_{\mathrm{O}}$ 将维持低电平不变。基本 RS 锁存器处于保持状态。

如果接通电源后触发器停在 $Q = 1$ 的状态，这时 VT 一定就会截止，V_{CC} 便经 R 向 C 充电。当充到 $v_{\mathrm{C}} = 2V_{\mathrm{CC}}/3$ 时，比较器 C_1 输出变为 0，于是将触发器清零。同时 VT 导通，电容 C 经 VT 迅速放电，$v_{\mathrm{C}} \approx 0\,\mathrm{V}$。此后由于 $\overline{R} = \overline{S} = 1$，触发器保持零状态不变，输出也相应地稳定在 $v_{\mathrm{O}} = 0\,\mathrm{V}$ 的状态。因此，通电后电路便自动地停在 $v_{\mathrm{O}} = 0\,\mathrm{V}$ 的稳态。

当 v_{I} 输入端触发脉冲的下降沿到达时，使 v_{I} 跳变到 $V_{\mathrm{CC}}/3$ 以下时，使 $\overline{S} = 0$（此时 $\overline{R} = 1$），基本 RS 锁存器被置 1，v_{O} 跳变为高电平，电路进入暂稳态。与此同时 VT 截止，V_{CC} 经电阻 R 开始向电容 C 充电。

当充到 $v_{\mathrm{C}} = 2V_{\mathrm{CC}}/3$ 时，比较器 C_1 输出变为 0。如果此时输入端的触发脉冲已消失，v_{I} 回到了高电平，则触发器将被清零，于是输出返回 $v_{\mathrm{O}} = 0\,\mathrm{V}$ 的状态。同时 VT 又变为导通状态，电容 C 经 VT 迅速放电，直至 $v_{\mathrm{C}} \approx 0\,\mathrm{V}$，电路恢复到稳态。图 9.12 所示为在触发信号作用下 v_{C} 和 v_{O} 相应的波形。

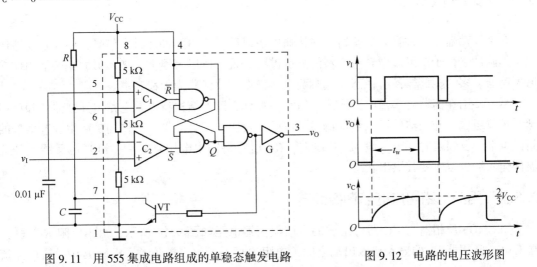

图 9.11　用 555 集成电路组成的单稳态触发电路　　　　图 9.12　电路的电压波形图

输出脉冲的宽度 t_{w} 等于暂稳态的持续时间，而暂稳态的持续时间取决于外接电阻 R 和电容 C 的大小。

由图 9.12 可知，t_{w} 等于电容电压在充电过程中从 0 上升到 $2V_{\mathrm{CC}}/3$ 所需要的时间，即

$$t_{\mathrm{w}} = RC\ln\frac{V_{\mathrm{CC}} - 0}{V_{\mathrm{CC}} - \frac{2}{3}V_{\mathrm{CC}}} = RC\ln3 = 1.0986RC \tag{9.6}$$

通常 R 的取值在几百 Ω 到几兆 Ω 之间，电容的取值范围为几百 pF 到几百 μF，t_{w} 的范

围为几 μs 到几 min。但必须注意,随着 t_w 的宽度增加它的精度和稳定度也将下降。

9.2.4 单稳态触发电路的触发连续性

要说明的是,单稳态触发电路分为不可重复触发单稳态触发电路和可重复触发单稳态触发电路。不可重复触发单稳态触发电路是指电路一旦被触发进入暂稳态后,再加入触发脉冲则无效,必须在暂稳态结束后才接受下一个触发脉冲,重新进入暂稳态。电路的输出脉宽不受触发脉冲的影响。如图 9.13 (a) 所示。

可重复触发单稳态触发电路是指电路在被触发进入暂稳态后,若再次加入触发脉冲则这些触发脉冲有效,电路将重新被触发,使输出脉冲再继续维持 t_w 宽度,如图 9.13 (b) 所示。电路的输出脉宽可根据触发脉冲的输入情况的不同而改变。

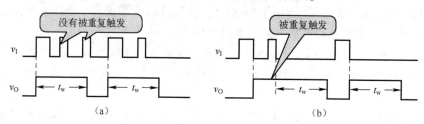

图 9.13 单稳态触发电路

9.3 多谐振荡器

多谐振荡器是一种自激振荡器,在接通电源以后,不需要外加触发信号,便能自动地产生矩形脉冲。由于矩形波中含有丰富的高次谐波分量,所以习惯上又把矩形波振荡器叫作多谐振荡器。多谐振荡器没有稳态,只有两个暂稳态,故又称为无稳态电路。

尽管多谐振荡器有多重电路形式,但它们都具有以下结构特点:电路由开关器件和反馈延时环节组成。开关器件可以是逻辑门、电压比较器、定时器等,其作用是产生脉冲信号的高低电平。反馈延时环节一般为 RC 电路,RC 电路将输出电压延时后,恰当地反馈到开关器件输入端,以改变其输出状态。

9.3.1 用门电路组成的多谐振荡器

用 CMOS 反相器与 RC 器件组成的多谐振荡器电路如图 9.14 所示,由于电阻 R 并联接在 CMOS 反相器 G_1 的输入和输出端之间,电阻 R 两端始终有电位差,电阻 R 中总有电流流过,又由于 G_1 的输入端无电流,所以电容 C 始终有电流流过,因而 v_{I1} 是不稳定的,其上电压总是变化。设 G_1 输出翻转的输入阈值电压为 $V_{TH} = V_{DD}/2$。下面分析振荡器工作过程,如图 9.15 所示。

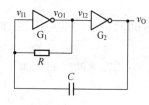

图 9.14 用 CMOS 反相器组成的多谐振荡

（1）假定在 $t=0$ 时刻接通电压,电容 C 尚未充电,电路初始状态为第一暂稳态,$v_{O1}=V_{OH}$,$v_{I1}=v_O=V_{OL}$。此后,电源 V_{DD} 通过 "$\text{VTP}_1 \to R \to C \to \text{VTN}_2 \to$ 地" 回路对 C 充电,使 v_{I1} 按指数规律上升。当 $v_{I1} \geqslant V_{TH} = V_{DD}/2$ 时,产生下列正反馈过程

$$v_{I1} \uparrow \longrightarrow v_{O1} \downarrow \longrightarrow v_{O2} \uparrow$$

使 v_{O1} 很快翻转为 V_{OL}，而 v_O 由 0 上跳为 V_{OH}。此时电容 C 两端电压不能突变，故 v_{I1} 在 V_{TH} 基础上也上跳一个 V_{DD}，但由于 VD_1 的保护限幅，v_{I1} 只能上跳升到 $V_{DD} + 0.7\,V$。进入到第二暂稳态。

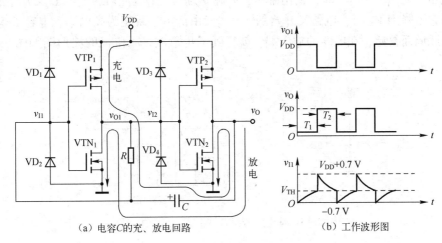

（a）电容 C 的充、放电回路　　　　　　（b）工作波形图

图 9.15　CMOS 反相器组成的多谐振荡器工作过程

（2）进入第二暂稳态后，电容 C 开始放电，其路径为 "$V_{DD} \rightarrow VTP_2 \rightarrow C \rightarrow R \rightarrow VTN_1 \rightarrow$ 地"，使 v_{I1} 按指数规律下降，当 $v_{I1} < V_{TH} = V_{DD}/2$ 时，产生下列正反馈过程

$$v_{I1} \downarrow \longrightarrow v_{O1} \uparrow \longrightarrow v_{O2} \downarrow$$

使 v_{O1} 很快翻转为 V_{OH}，v_O 由 V_{OH} 下跳到 V_{OL}，因此 $v_{I1} = v_C$ 也要在 V_{TH} 的基础上下跳一个 V_{DD}，但由于 VD_2 保护限幅，使 v_{I1} 下跳到 $-0.7\,V$。

此后又重复从第一暂稳态开始，这样周而复始产生振荡输出方波信号。

输出方波 T_1 和 T_2 脉宽相同，故振荡周期为

$$T = 2T_1 = 2RC\ln\frac{v_C(\infty) - v_C(0_+)}{v_C(\infty) - V_{TH}} = 2RC\ln\frac{V_{DD} - 0}{V_{DD} - \dfrac{1}{2}V_{DD}}$$

$$= 2RC\ln 2 \approx 2 \times 0.6932RC \tag{9.7}$$

振荡频率为

$$f = \frac{1}{T} = \frac{1}{1.3864RC} \tag{9.8}$$

可见，多谐振荡器的两个暂稳态的转换过程是通过电容 C 的充放电来实现的，电容 C 的充放电集中体现在 v_{I1} 的变化上。

由门电路组成多谐振荡器电路形式很多，也可由 TTL 门电路组成，这里不再介绍。

9.3.2　用施密特触发门电路构成波形产生电路

由于施密特触发门电路有 V_{T+} 和 V_{T-} 两个不同的阈值电压，如果能使输入电压能在 V_{T+} 和

V_{T-}之间不停地反复变化，就可以在它的输出端得到矩形波。具体地思路是将施密特触发门电路的输出端经 RC 积分电路接回输入端即可，电路如图 9.16（a）所示。

1. 工作原理

设接通电源瞬间，电容 C 上的初始电压为零，输出电压 v_o 为高电平。v_o 通过电阻 R 对电容 C 充电，当 v_C 达到 V_{T+} 时，输出翻转，v_o 跳变为低电平。此后，电容 C 又开始放电，v_C 下降，当它下降到 V_{T-} 时，电路又开始翻转，v_o 又由低电平跳变为高电平，电容 C 又被重新充电。如此周而复始，在电路的输出端，就得到了矩形波。v_C 和 v_o 的波形图如图 9.16（b）所示。

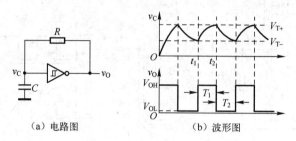

（a）电路图　　　　　　　（b）波形图

图 9.16　基于施密特特性构成波形产生电路

2. 振荡周期的计算

图 9.16（b）中输出 v_o 的周期为 $T=T_1+T_2$，计算如下。

T_1 的计算以图 9.16（b）中 t_1 作为时间起点，根据 RC 一阶电路全响应暂稳态过渡过程公式 $v_C(t)=v_C(\infty)+[v_C(0_+)-v_C(\infty)]e^{-\frac{t}{\tau}}$，以及 $v_C(0_+)=V_{T-}$，$v_C(\infty)=V_{DD}$，$v_C(T_1)=V_{T+}$，$\tau=RC$，可以求出

$$T_1=RC\ln\frac{v_C(\infty)-v_C(0_+)}{v_C(\infty)-v_C(T_1)}=RC\ln\frac{V_{DD}-V_{T-}}{V_{DD}-V_{T+}} \tag{9.9}$$

T_2 的计算则以图 9.16（b）中 t_2 作为时间起点，根据 RC 一阶电路全响应暂态过渡过程公式，以及 $v_C(0^+)=V_{T+}$，$v_C(\infty)=0\text{ V}$，$v_C(T_2)=V_{T-}$，$\tau=RC$，可以求出

$$T_2=RC\ln\frac{v_C(\infty)-v_C(0_+)}{v_C(\infty)-v_C(T_2)}=RC\ln\frac{V_{T+}}{V_{T-}} \tag{9.10}$$

因此，振荡周期 T 为

$$T=T_1+T_2=RC\ln\frac{V_{DD}-V_{T-}}{V_{DD}-V_{T+}}+RC\ln\frac{V_{T+}}{V_{T-}}$$

$$=RC\ln\left(\frac{V_{DD}-V_{T-}}{V_{DD}-V_{T+}}\cdot\frac{V_{T+}}{V_{T-}}\right) \tag{9.11}$$

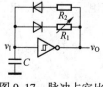

图 9.17　脉冲占空比可调的多谐振荡器

通过调节 R 和 C 的大小，即可改变振荡周期。此外，在图 9.16（a）电路的基础上稍加修改就能实现对输出脉冲占空比的调节，电路的接法如图 9.17 所示，在这个电路中，因为电容的充电和放电分别经过两个不同的电阻 R_1 和 R_2，所以只要改变 R_1 和 R_2 的比值，就能改变占空比。

9.3.3　用 555 集成电路组成的多谐振荡器

既然用 555 集成电路能很方便地实现施密特触发特性，那么就可以先把它接成施密特触发门电路，然后利用前面讲过的方法，在此基础上改接成多谐振荡器。

如图 9.18 所示，如果采用 7555 组成多谐振荡器，输出占空比恒定为 50% 方波。输出振荡频率为

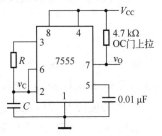

$$f = \frac{1}{2T_2} = \frac{1}{2RC\ln\left(\dfrac{V_{T+}}{V_{T-}}\right)} = \frac{1}{2RC\ln 2} = \frac{0.72135}{RC} \qquad (9.12)$$

图 9.18　用 7555 组成的
多谐振荡器

但是，如果采用三极管工艺的 555，因为其 3 脚（TTL 门输出）的拉电流和灌电流能力有限，R 需要比较大的值，限制了该电路的应用范围。

图 9.19 是利用 555 的 7 脚可以高阻和大灌电流的特点构建的多谐振荡器电路。接通电源后，$v_C = 0\,V$，v_O 输出高电平，放电三极管 VT 处于截止状态，电容 C 被充电。

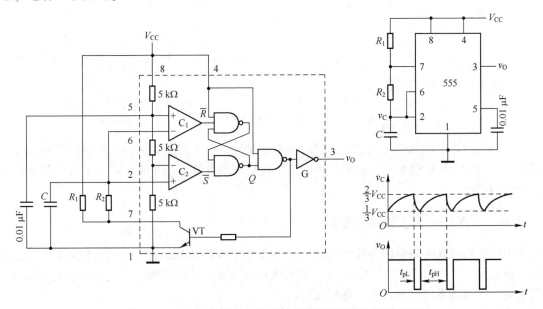

图 9.19　用 555 集成电路接成的多谐振荡器及电压波形图

当 v_C 上升到 $2V_{CC}/3$ 时，使 v_O 输出低电平，同时放电三极管 VT 导通，此时电容 C 通过 R_2 和 VT 放电，v_C 下降。当 R_2 下降到 $V_{CC}/3$ 时，v_O 翻转为高电平，电容器 C 放电所需的时间为

$$t_{pL} = R_2 C \ln \frac{V_{T+}}{V_{T-}} = R_2 C \ln 2 \approx 0.6932 R_2 C \qquad (9.13)$$

当放电结束后，VT 截至，V_{CC} 将通过 R_1、R_2 向电容 C 充电，v_C 由 $V_{CC}/3$ 上升到 $2V_{CC}/3$ 所需的时间为

$$t_{pH} = (R_1 + R_2) C \ln \frac{V_{DD} - V_{T-}}{V_{DD} - V_{T+}} = (R_1 + R_2) C \ln 2 \approx 0.6932 (R_1 + R_2) C \qquad (9.14)$$

当 v_c 上升到 $2V_{CC}/3$ 时，电路又翻转为低电平。如此周而复始，在电路的输出端就得到一个周期性的矩形波。其振荡周期频率为

$$f = \frac{1}{t_{pL} + t_{pH}} \approx \frac{1.443}{(R_1 + 2R_2) C} \qquad (9.15)$$

由于 555 集成电路内部的比较器灵敏度较高，而且采用差分电路形式，多谐振荡器的振荡频率受电源电压及温度影响很小。

如果要使图 9.19 电路实现占空比可调，可以将其改造为图 9.20 所示电路。由于电路中的二极管 VD_1、VD_2 的单向导电性，使电容 C 的充电回路与放电回路分开，调节电位器，就可以调节多谐振荡器的占空比。通过 R_1、VD_1 向电容 C 充电，充电时间为

$$t_{pH} \approx 0.6932 R_1 C \qquad (9.16)$$

电容 C 通过 VD_2、R_2 及放电三极管 VT 放电，放电时间为

$$t_{pL} \approx 0.6932 R_2 C \qquad (9.17)$$

因而，振荡频率为

$$f = \frac{1}{t_{pL} + t_{pH}} \approx \frac{1.443}{(R_1 + R_2) C} \qquad (9.18)$$

电路输出波形的占空比为

$$q\% = \frac{R_1}{R_1 + R_2} \times 100\% \qquad (9.19)$$

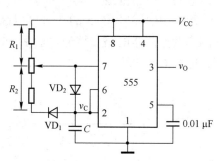

图 9.20　占空比可调的
多谐振荡器

上面仅讨论了用 555 集成电路组成的单稳态触发电路、多谐振荡器和施密特门电路。实际上，由于 555 集成电路的比较器灵敏度高、输出驱动电流大、功能灵活，所以，在电子电路中应用广泛。

9.3.4　CMOS 石英晶体振荡器

用门电路组成的多谐振荡器的振荡周期不仅与时间常数 RC 有关，而且还取决于门电路的阈值电压 V_{TH}。由于 V_{TH} 容易受温度、电源电压及其他干扰的影响，因此频率稳定度较差，只能应用于对频率稳定度要求不高的场合。

由于石英晶体频率稳定性高，选频特性好，Q 值高，因此石英晶体器件组成的多谐振荡器具有很高的频率稳定性。这在精密仪表，计算机中常用作高精度的时间节拍信号。常用的由 CMOS 反相器与晶振组成的串联谐振多谐振荡器电路如图 9.21 所示。CMOS 反相器和电阻 R_1 构成高增益放大器，且由于 CMOS 门极低的输入电流，R_1 取值很大。振荡频率为晶振的并联谐振频率，电路基本上是电容三点式振荡器，C_2 对频率可以进行微调。CMOS 晶体振荡器可以很容易达到 $10^{-6}/℃$ 量级的稳定度。G_2 用于整形和隔离。

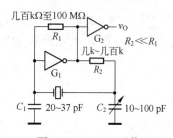

图 9.21　CMOS 石英
晶体多谐振荡器

74HC4060/CD4060（功能和引脚都兼容）是集成有 14 位分频计数器和振荡电路所需逻辑门的集成电路。例如，通过 32768 Hz 晶振与 CD4060 的逻辑门配合产生 32768 Hz 时钟作为计数器时钟源，计数器分频得到标准的 2 Hz 时钟（14 级分频后输出为 $32768/2^{14} = 2$ Hz 方波）用于标准时间计时。CD4060 内部逻辑及输入时钟逻辑电路如图 9.22 所示。

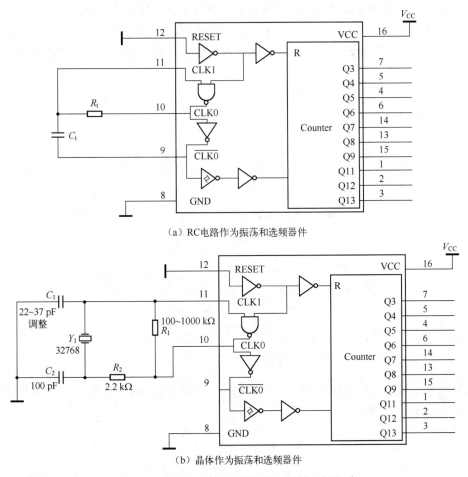

（a）RC电路作为振荡和选频器件

（b）晶体作为振荡和选频器件

图 9.22　CD4060 内部逻辑及输入时钟逻辑电路

9.4　DDS 波形发生原理及正弦波信号发生器设计

随着计算机和微电子技术在测量中的应用及众多领域对波形信号的要求，任意波形发生器越来越成为测量领域的焦点。采用直接数字合成（direct digital synthesizer, DDS）技术来实现的任意波形发生器具有极快的频率切换速度、极高的频率分辨率、相位变化连续、易于集成的优点，本节以 FPGA 为基础，采用 DDS 技术实现频率可控的正弦波发生器。

9.4.1　DDS 工作原理

DDS 技术的核心原理是对连续信号的一个最小周期进行取样、量化、编码，形成一个序列表，并存储于波形存储器中。若波形存储器中的数据定时周期性地传送给 D/A 转换器，再经低通滤波器进一步平滑掉带外杂散分量，滤波器的输出端将周期性再现原连续信号。再现的过程称为合成。

如图 9.23 所示，DDS 主要由时钟、频率控制字、相位累加器、波形存储器、D/A 转换器和低通滤波器组成。图 9.23 中的外部时钟是一个稳定的晶体振荡器，用来同步整个 DDS 的各个组成部分。相位累加器的核心是计数器，在每个时钟脉冲输入时，它的输出就增加一个步长的相位增量值（抽取的步长），这个增量值称为频率控制字 K。显然，一旦给定了频率控制字 K，输出频率也就确定了。相位累加器的实质是对序列的抽取，相位累加器的结构如图 9.24 所示。

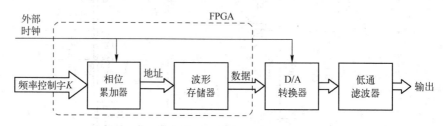

图 9.23　相位累加器结构 DDS 基本原理框图

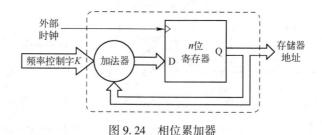

图 9.24　相位累加器

DDS 的数学模型可以这样描述：设波形存储器中共存储 $N = 2^n$ 个数据，时钟频率为 f_{clk}，输出波形的频率为 f，则

$$K = \frac{N}{(1/f)/(1/f_{clk})} = \frac{N \cdot f}{f_{clk}} \tag{9.20}$$

有

$$f = \frac{K \cdot f_{clk}}{N} \tag{9.21}$$

当相位累加器的位数 n 足够多，即 N 足够大，f 就可以有很高的频率分辨率。相位累加器的位数 n 和 f_{clk} 共同决定频率分辨率。

由于 DDS 输出的最大频率受到奈奎斯特定理的限制，所以

$$f_{MAX} = f_{clk}/2 \tag{9.22}$$

相位累加结构的 DDS 的幅值分辨率由 D/A 转换器的分辨率决定。

9.4.2　Verilog HDL 信号发生器设计

下面就给出一个典型的 DDS 信号发生器的 Verilog HDL 代码实例，供读者日后作参考。

整个系统可由几个模块组成：频率控制字输入模块、相位累加器模块、波形选择模块、占空比数据输入模块和比较器模块。按照 Verilog HDL 自顶向下的设计原则，系统顶层模块

如下。

```
module myDDS (
    K,                          //频率控制字输入接口
    WE_F,                       //频率控制字写使能
    CLKP,                       //DDS 时钟
    CE,                         //DDS 使能
    nRST,                       //复位
    SINE_out                    //正弦信号输出,接 DAC
    );
    input [31 : 0]K;
    input WE_F, CLKP, CE, nRST;
    output [13 : 0] SIN_out;     //14 位 DAC

    reg [31:0]DDS_ACC, ACC_P;    //相位累加器和频率控制字寄存器
    always @ ( posedgeCLKP) begin
        if( WE_F) ACC_P <= K;    //同步预置频率控制字
        if( CE)   DDS_ACC <= DDS_ACC + ACC_P;
    end

    wire [13:0] SIN_D;
    //例化:正弦信号 ROM。相应的代码略
    //ROM 表假定 12 位,取相位累加器的高 12 位地址连接到存储器地址总线
    rom_sin sin(. addr(DDS_ACC[31:20]), . clk(CLKP), . dout(SIN_D), . en(CE));

    reg [13:0] SIN_DR;
    always @ ( posedgeCLKP) begin
        if( CE) SIN_DR <= SIN_D;
    end
    assign SIN_out = SIN_DR;
endmodule
```

习题与思考题

9.1　试说明单稳态触发电路的工作特点和主要用途。

9.2　图 9.25 所示为继电器点动时间可控电路。在输入窄脉冲信号 v_1 的触发下，调节 R_w 可改变继电器 KA 的动作时间。

（1）试计算继电器动作时间可调范围。

（2）已知继电器线圈直流电阻为 24 Ω。定时器输出高电平为 3.6 V，三极管 $\beta = 50$。试计算电阻 R_2 的最大值和三极管 VT 的极限参数 I_{CM}、$U_{(BR)CEO}$ 至少应为多大？设三极管饱和压降 $U_{CE(sat)} \approx 0\,V$，$U_{BE} = 0.7\,V$，R_2 值最大为多少？

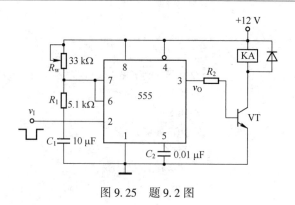

图 9.25　题 9.2 图

9.3　基于施密特触发特性可以实现单稳态电路。试分析图 9.26（a）所示的整形电路，画出输出电压 v_0 的波形。输入电压 v_1 的波形如图 9.26（b）所示，假定它的低电平持续时间比 RC 电路的时间常数大得多。

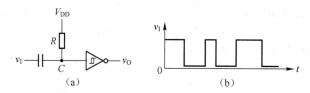

图 9.26　题 9.3 图

9.4　图 9.27 所示电路是由 555 集成电路组成的简易延时门铃。设在引脚 4 复位端电压小于 0.4 V 时为 0，电源电压为 6 V，根据电路参数计算：

（1）当按一下按钮 SB 后，门铃响多长时间才停？

（2）门铃声响的频率多大？

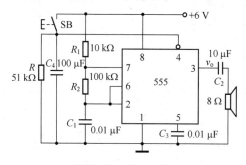

图 9.27　题 9.4 图

9.5　试用 555 集成电路设计一个单稳态触发电路，要求输出脉冲宽度在 $1 \sim 10\,\text{s}$ 的范围内，可手动调节输出频率。给定 555 集成电路的电源为 15 V。触发信号来自 TTL 电路，高、低电平分别为 3.4 V 和 0.1 V。

9.6　图 9.28 所示电路是救护车扬声器的发音电路。在图中给出的电路参数下，试计算扬声器发出声音的高、低频率及持续时间。当 $V_{CC} = 12\,\text{V}$ 时，555 集成电路输出的高低电平分别为 11 V 和 0.2 V，输出电阻小于 $100\,\Omega$。

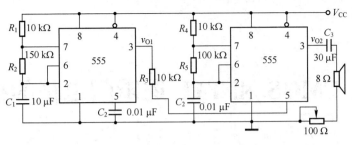

图 9.28 题 9.6 图

9.7 试用原理图输入法设计一种正弦信号发生器内核，频率范围为 $0.001 \sim 2.5 \times 10^7$ Hz，频率分辨率 0.001 Hz。

附录 A CMOS 和 TTL 逻辑门电路的技术参数

表 A.1 不同系列 TTL 两输入与非门性能比较

参数名称和符号	系列					
	74	74S	74LS	74AS	74ALS	74F
输入低电平最大值 $V_{IL(max)}$/V	0.8	0.8	0.8	0.8	0.8	0.8
输出低电平最大值 $V_{OL(max)}$/V	0.4	0.5	0.5	0.5	0.5	0.5
输入高电平最小值 $V_{IH(min)}$/V	2.0	2.0	2.0	2.0	2.0	2.0
输出高电平最小值 $V_{OH(min)}$/V	2.4	2.7	2.7	2.7	2.7	2.7
低电平输入电流最大值 $I_{IL(max)}$/mA	−1.0	−2.0	−0.4	−0.5	−0.2	−0.6
低电平输出电流最大值 $I_{OL(max)}$/mA	16	20	8	20	8	20
高电平输入电流最大值 $I_{IH(max)}$/μA	40	50	20	20	20	20
高电平输出电流最大值 $I_{OH(max)}$/mA	−0.4	−1.0	−0.4	−2.0	−0.4	−1
传输延迟时间 t_{pd}/ns	9	3	9.5	1.5	4	3
每个门的功耗/mW	10	19	2	8	1.2	4
功耗延迟积/pJ	90	57	19	12	4.8	12

表 A.2 不同系列 CMOS 反相器性能参数对比

参数名称和符号	74HC04	74HCT04	74AHC04	74AHCT04	74LVC04	74ALVC04
电源电压范围 V_{DD}/V	2~6	4.5~5.5	2~5.5	4.5~5.5	1.65~3.6	1.65~3.6
输入高电平最小值 $V_{IH(min)}$/V	3.15	2	3.15	2	2	2
输入低电平最大值 $V_{IL(max)}$/V	1.35	0.8	1.35	0.8	0.8	0.8
输出高电平最小值 $V_{OH(min)}$/V	4.4	4.4	4.4	4.4	2.2	2
输出低电平最大值 $V_{OL(max)}$/V	0.33	0.33	0.44	0.44	0.55	0.55
高电平输出电流最大值 $I_{OH(max)}$/mA	−4	−4	−8	−8	−24	−24
低电平输出电流最大值 $I_{OL(max)}$/mA	4	4	8	8	24	24
高电平输入电流最大值 $I_{IH(max)}$/μA	1	1	1	1	5	5
低电平输入电流最大值 $V_{IL(max)}$/μA	−1	−1	−1	−1	−5	−5
平均传输延迟时间 t_{pd}/ns	9	14	5.3	5.5	3.8	2
输入电容最大值 C_i/pF	10	10	10	10	5	3.5
功耗电容 C_{pd}/pF	20	20	12	14	8	23

附录 B　常用 74 系列门电路速查表

表 B.1　74×× 系列集成电路

型号	功　　能	型号	功　　能
7400	4 重 2 输入与非门	7421	2 重 4 输入与门
7402	4 重 2 输入或非门	7427	3 重 3 输入或非门
7403	4 重 2 输入集电极开路输出与非门	7430	8 输入与非门
7404	6 重非门	7432	4 重 2 输入或门
7406	6 重集电极开路输出非门	7442	4 线 BCD-10 线十进制译码器
7407	6 重集电极开路输出缓冲器	7448	BCD-7 段译码器/驱动器
7408	4 重 2 输入与门	7472	与输入 JK 触发器（附复位端和预置端）
7410	3 重 3 输入与非门	7473	2 重 JK 触发器（附复位端）
7411	3 重 3 输入与门	7474	2 重边沿 D 触发器（附复位端和预置端）
7414	6 重施密特触发器反相器	7475	2 重 2 位锁存器
7420	2 重 4 输入与非门	7486	4 重 2 输入异或门

表 B.2　741×× 系列集成电路

型号	功　　能	型号	功　　能
74107	2 重下降沿 JK 触发器（附异步复位端）	74157	四重 2 线-1 线数据选择器（使能和选择端共用）
74109	2 重上升沿 JK 触发器（附异步复位、置位端）	74158	四重 2 线-1 线数据选择器（使能和选择端共用，取非输出）
74112	2 重上升沿 JK 触发器（附异步复位、置位端）	74160	4 位异步清零同步预置 BCD 计数器
74125	4 重三态总线缓冲器（低使能输出）	74161	4 位异步清零同步预置二进制计数器
74126	4 重三态总线缓冲器（高使能输出）	74163	4 位同步清零同步预置端二进制计数器
74138	3 线-8 线译码器	74164	8 位串入并出移位寄存器
74139	2 重 2 线-4 线译码器	74165	8 位异步装载并入串出移位寄存器
74145	BCD-十进制译码驱动器	74173	4 位异步清零三态 D 触发器型寄存器（双同步使能、双输出三态控制使能）
74147	10 线-4 线优先编码器	74174	6 位异步清零 D 触发器型寄存器
74148	8 线-3 线优先编码器	74175	4 位异步清零 D 触发器型寄存器（4 对互补输出）
74150	16 线-1 线数据选择器	74181	算术逻辑单元
74151	8 线-1 线数据选择器	74191	二进制加/减计数器（附预置端）
74153	2 重 4 线-1 线数据选择器	74192	4 位加/减计数器
74154	4 线-16 线译码器	74194	4 位双向移位寄存器

表 B.3　742××系列集成电路

型号	功　　能	型号	功　　能
74240	2 重 4 位三态总线反相器	74257	4 重三态 2 线–1 线数据选择器
74241	2 重（使能信号互补）4 位三态总线缓冲器	74258	4 重三态 2 线–1 线数据选择器
74244	2 重 4 位三态总线缓冲器	74273	8 位异步清零 D 触发器型寄存器
74251	三态 8 线–1 线数据选择器	74280	9 位奇偶发生器/校验器
74254	8 位三态双向总线缓冲器	74290	十进制计数器
74253	2 重三态 4 线–1 线数据选择器	74293	二进制计数器

表 B.4　743××系列集成电路

型号	功　　能	型号	功　　能
74365	6 重三态总线缓冲器	74374	8 位三态 D 触发器型寄存器
74367	6 重三态总线缓冲器	74377	8 位 D 触发器
74368	6 重三态总线反相器	74393	2 重 4 位异步清零计数器
74373	8 位三态 D 锁存器型寄存器		

表 B.5　744×××系列集成电路

型号	功　　能	型号	功　　能
744017	10 位环形计数器	744060	14 位带是中振荡辅助电路计数器
744051	8 通道模拟开关	744069	6 重反相器
744052	同步切换双 4 通道模拟开关	744511	带锁存器的 BCD 到七段码译码器（共阴）
744053	三 2 通道模拟开关		

表 B.6　745××系列集成电路

型号	功　　能	型号	功　　能
74573	8 位三态 D 锁存器型寄存器	74590	带隔离同步输出的 8 位同步使能计数器
74574	8 位三态 D 触发器型寄存器	74595	带隔离同步输出的 8 位移位寄存器

附录 C 可综合 Verilog HDL 语法速查

表 C.1 可综合 Verilog HDL 语法速查表

语法结构或关键词	功能及说明

module \<module name\> (\<port name\>,...,\<port name\>);
   function \<function name\>;
     input \<name\>, : : : , \<name\>;
     \<逻辑功能描述\>
   endfunction
   ...
   function \<function name\>;
     input \<name\>, : : : , \<name\>;
     \<逻辑功能描述\>
   endfunction
 	
   task\<task name\>;
     input \<name\>, : : : , \<name\>;
     \<逻辑功能描述\>
   endtask
   ...
   task\<task name\>;
     input \<name\>, : : : , \<name\>;
     \<逻辑功能描述\>
   endtask
 	
   assign \<wire name\> = \<表达式\>
   ...
   assign \<wire name\> = \<表达式\>
 	
   always \<敏感信号列表\>
   ...
   always \<敏感信号列表\>
   ...
 endmodule
	Verilog HDL 的模块结构:
	 (1) 任务(task)和函数(function)都是模块(mudule)的私有逻辑。可综合的任务和函数语句结构只能用来描述组合逻辑电路
	 (2) 任务的调用格式如下:
	     任务名(端口 1,端口 2,...,端口 n);
	 (3) 函数的调用格式如下:
	     函数名(输入参数 1,输入参数 2,...);
	 (4) input,output,inout 用于定义管脚信号的流向
	 (5) assign 引导并行语句
	 (6) always@ 引导过程语句

begin ... end	块语句。块语句 begin end 仅用于 always @ 引导的过程语句中，条件语句中，case 语句的条件语句中和循环语句中
=、<=	Verilog HDL 有两类赋值方式，阻塞式赋值和非阻塞式赋值，操作符分别为"="和"<="

语法结构或关键词	功能及说明
0、1、z（或 Z）和 x（或 X）	四种不同值
wire、tri、supply 和 supply1	Verilog HDL 可综合的 net 类型子类型除了 wire，还有 tri、supply0 和 supply1，共四种。wire 型最为常用。tri 和 wire 唯一的区别是名称书写上的不同，其功能、使用方法和综合结果完全相同。定义为 tri 型的目的仅仅是增强程序的可读性，表示该信号综合后的电路具有三态的功能。而 supply0 和 supply1 型分表表示地线（逻辑 0）和电源线（逻辑 1）
reg 和 integer	可综合的 variable 类型子类型有 reg 型和 integer 型两种。variable 型变量必须放在过程语句中，在 always 语句结构中被赋值的变量也必须是 variable 类型。integer 型为有符号数，reg 型为无符号数。reg 型作为逻辑对象，而 integer 型变量多被用作循环变量
case（表达式） 　　对比值 1：begin 相应的逻辑功能描述；end 　　对比值 2：begin 相应的逻辑功能描述；end 　　… 　　default：　begin 相应的逻辑功能描述；end endcase	case 语句的一般格式。casez 和 casex 语句与其具有相同的语法格式。但是 casex 语句不能被综合
if(表达式)begin 相应的逻辑功能描述；end if(表达式)begin 相应的逻辑功能描述；end else begin 相应的逻辑功能描述；end if　（表达式 1）begin 相应的逻辑功能描述；end else if(表达式 2)begin 相应的逻辑功能描述；end else if(表达式 3)begin 相应的逻辑功能描述；end 　… else begin 相关语句；end if　（表达式 1）begin 相应的逻辑功能描述；end else if(表达式 2)begin 相应的逻辑功能描述；end else if(表达式 3)begin 相应的逻辑功能描述；end 　…	if 语句的四种形式
`define	宏定义。要注意，被定义后的宏名，调用时都以符号 "`" 开头。`define 从编译器读到这条指令开始到编译结束都有效，或者遇到`undef 命令使之失效
parameter	在 Verilog HDL 中，可以使用 parameter 来声明常量，作用于声明的那个文件。如声明一个数据总线的位宽及数据范围等
posedge、negedge	作为 always@ 语句的上升沿和下降沿敏感信号关键字
&、|、~、^、~^或^~	位运算符
&（与）、~&（与非）、|（或）、~|（或非）、^（异或）和~^（同或）	缩减操作符
<<（左移）、>>（右移）、 <<<（有符号数左移和>>>（有符号数右移）	左移、右移操作符
&&（逻辑与）、||（逻辑或）和!（逻辑非）	逻辑运算符

续表

语法结构或关键词	功能及说明
<, >, <= , >= , == ,! =	关系运算符，=== 和 ! == 是不可综合的
? :	条件运算符
{}	并位运算符，{} 将多个信号组合并位
for（循环变量初始值设置表达式，循环控制条件表达式，循环控制变量增量表达式）begin 循环体语句结构　end	for 循环语句的一般格式
repeat（循环次数表达式）begin 循环体语句结构　end	repeat 循环语句的一般格式。与 for 语句不同，repeat 语句的循环次数是在进入此语句之前就已经决定了，不需要循环次数控制增量表达式及其计算等
while（循环控制条件表达式）begin 循环体语句结构　end	while 循环语句

表 C.2　Verilog HDL 操作符的优先级

优先级序号	操作符	操作符名称
1	!、~	逻辑非、按位取反
2	* 、/,%	乘、除、求余
3	+、-	加、减
4	<<、>>	左移、右移
5	<、<=、>、>=	小于、小于或等于、大于、大于或等于
6	==、! =、===、! ==	等于、不等于、全等、不全等
7	&、~&	缩减与、缩减与非
8	^、^~	缩减异或、缩减同或
9	|、~|	缩减或、缩减或非
10	&&	逻辑与
11	||	逻辑或
12	? :	条件操作符

附录 D　常用逻辑符号对照表

名　称	国标符号/ IEC 标准符号	IEEE 标准符号	名　称	国标符号/IEC 标准符号 /IEEE 标准符号	其他常见符号
与门	A —[&]— F B	A ⟩— F B	高电平更新 D 锁存器	S, 1D, C1, R, Q, $\overline{Q}$	D, CK, $\overline{S_D}$, $\overline{R_D}$, Q, $\overline{Q}$
或门	A —[≥1]— F B	A ⟩— F B	D 触发器	S, 1D, >C1, R, Q, $\overline{Q}$ 上升沿触发	D, >CK, $\overline{S_D}$, $\overline{R_D}$, Q, $\overline{Q}$ 上升沿触发
非门	—[1]—	—▷○—		S, 1D, >C1, R, Q, $\overline{Q}$ 下降沿触发	D, >$\overline{CK}$, $\overline{S_D}$, $\overline{R_D}$, Q, $\overline{Q}$ 下降沿触发
与非	A —[&]○— F B	A ⟩○— F B			
或非	A —[≥1]○— F B	A ⟩○— F B	T 触发器	S, 1T, >C1, R, Q, $\overline{Q}$ 上升沿触发	T, >CK, $\overline{S_D}$, $\overline{R_D}$, Q, $\overline{Q}$ 上升沿触发
与或非	A,B,C,D —[& ≥1]○— F	A,B,C,D ⟩○— F		S, 1T, >C1, R, Q, $\overline{Q}$ 下降沿触发	T, >$\overline{CK}$, $\overline{S_D}$, $\overline{R_D}$, Q, $\overline{Q}$ 下降沿触发
异或	A —[=1]— F B	A ⟩— F B			
同或	A —[=]— F B	A ⟩○— F B	基本 RS 存储器 （与非门型）	$\overline{S}$, $\overline{R}$, Q, $\overline{Q}$	$\overline{S}$, $\overline{R}$, Q, $\overline{Q}$
OC/OD 与非门	A —[& ◇]○— F B	A ⟩○— F B	基本 RS 存储器 （或非门型）	S, R, Q, $\overline{Q}$	S, R, Q, $\overline{Q}$
带施密特 触发特性 的与非门	A —[& ⊓]○— F B	A ⟩○— F B	JK 触发器	S, 1J, >C1, 1K, R, Q, $\overline{Q}$ 上升沿触发	J, >CK, K, $\overline{S_D}$, $\overline{R_D}$, Q, $\overline{Q}$ 上升沿触发
三态输出 非门	[1 EN ▽]	—▷— （▽常省略）			
	[1 EN ▽]	—▷— （▽常省略）		S, 1J, >C1, 1K, R, Q, $\overline{Q}$ 下降沿触发	J, >$\overline{CK}$, K, $\overline{S_D}$, $\overline{R_D}$, Q, $\overline{Q}$ 下降沿触发
半加器	[Σ CO]	[Σ CO]			
全加器	[Σ CI CO]	[Σ CI CO]			

参 考 文 献

[1] 阎石．数字电子技术基础［M］．6 版．北京：高等教育出版社，2016．

[2] 康华光．电子技术基础：数字部分［M］．6 版．北京：高等教育出版社，2014．

[3] 邓元庆，关宇，贾鹏，等．数字设计基础与应用［M］．2 版．北京：清华大学出版社，2010．

[4] 张克农，宁改娣．数字电子技术基础［M］．2 版．北京：高等教育出版社，2010．

[5] 潘松，黄继业．EDA 技术实用教程［M］．4 版．北京：科学出版社，2010．

[6] 刘海成，秦进平，邢传军，等．基于次态输出的 FSM 设计及异步转换条件采样研究［J］．黑龙江工程学院学报，2014，28（4）：38-42．

[7] 刘海成，邹海英，佟宁宁．异步信号的同步化逻辑时序及电路结构研究［J］．黑龙江工程学院学报，2016，30（5）．

[8] 徐光辉，程东旭，黄如．基于 FPGA 的嵌入式开发与应用［M］．北京：电子工业出版社，2006．

[9] 姜书艳．数字逻辑设计与应用［M］．北京：清华大学出版社，2007．

[10] 曹汉房．数字电路与逻辑设计［M］．北京：电子工业出版社，2007．